高职高专教育“十二五”规划教材

AutoCAD 2010 教程

主　编　王君明　马巧娥
副主编　刘　娟　黎　楠　王　藏
　　　　项克舜　李炽岚　董　岚
主　审　庞　璐

黄河水利出版社
·郑州·

内容提要

本书重点介绍了 AutoCAD 2010 中文版的新功能及各种基本绘图方法、绘图功能。本书的最大特点是，以实例的形式进行知识点的讲解，使读者能在实践中掌握 AutoCAD 2010 的使用方法和技巧。

全书分为 12 章，分别介绍了 AutoCAD 2010 应用基础，图形绘制，编辑对象，图案填充与面域绘制，图层管理与图形控制，文字与表格，标注图形尺寸，图块、属性与外部参照，图形输出，二维图形绘制综合实例，绘制三维图形，三维图形绘制综合实例等。通过两章综合实例的训练，可迅速提高读者的绘图技能。另外，在相关章节后提供了上机练习与习题，便于读者总结提高。

本书可以作为高等院校相关专业的教学用书，尤其适合作为 AutoCAD 初学者的自学参考书。

图书在版编目(CIP)数据

AutoCAD 2010 教程/王君明，马巧娥主编．—郑州：黄河水利出版社，2011.5 （2014.7 重印）
高职高专教育"十二五"规划教材
ISBN 978-7-5509-0055-4

Ⅰ.①A… Ⅱ.①王… ②马… Ⅲ.①AutoCAD 软件-教材 Ⅳ.①TP391.72

中国版本图书馆 CIP 数据核字(2011)第 086078 号

组稿编辑：简 群　电话：0371-66026749　E-mail:w_jq001@163.com

出 版 社：黄河水利出版社
地址：河南省郑州市顺河路黄委会综合楼14层　邮政编码：450003
发行单位：黄河水利出版社
发行部电话：0371-66026940、66020550、66028024、66022620(传真)
E-mail: hhslcbs@126.com
承印单位：河南地质彩色印刷厂
开本：787 mm×1 092 mm 1/16
印张：18.75
字数：433 千字　印数：8 101—12 100
版次：2011 年 5 月第 1 版　印次：2014 年 7 月第 3 次印刷

定价：35.00 元

前言

AutoCAD 是由美国 Autodesk 公司开发的大型计算机辅助绘图软件,主要用来绘制工程图样。它为工程设计人员提供了强有力的二维、三维设计与绘图功能。AutoCAD 具有易于掌握、使用方便、体系结构开放等特点,深受广大工程技术人员的喜爱。目前,AutoCAD 已经被广泛应用于机械、建筑、电子、航天和水利等工程领域,现代工程制图几乎都用 AutoCAD 来绘制。

本书的主要特点是以实例的形式进行知识点的讲解,读者可以边学边做,轻松学习,以便在实践中迅速掌握 AutoCAD 2010 的使用方法和技巧。为了便于教师讲解和学生练习,本书在二维图形、三维图形绘制综合实例中,详细地讲解了各个绘图步骤。

本书共分 12 章,主要内容如下:

第一章 AutoCAD 2010 应用基础,主要介绍了 AutoCAD 2010 的界面组成及其新的功能。

第二章图形绘制,主要介绍了图形文件的基本操作、命令输入方法、绘图环境的配置等。

第三章编辑对象,主要介绍了对象的选择,一些常用编辑命令及编辑对象特性。

第四章图案填充与面域绘制,主要介绍了二维图形的图案填充和面域绘制方法。

第五章图层管理与图形控制,主要介绍了绘图工具与图层线型和图层显示的方法。

第六章文字与表格,主要介绍了文字和表格样式的创建与编辑等内容。

第七章标注图形尺寸,主要介绍了图形尺寸标注样式的创建、设置及编辑。

第八章图块、属性与外部参照,主要介绍了块、属性块和动态块的创建与编辑,以及外部参照和 AutoCAD 设计中心的使用方法等。

第九章图形输出,主要介绍了二维图形的输出设置及布局的创建和使用等。

第十章二维图形绘制综合实例,主要介绍了样板文件的创建和使用方法,并通过大量的实例详细地讲解了二维图形的绘制过程以及水利工程和机械工程绘图实例。

第十一章绘制三维图形,主要介绍了三维图形的绘制基础和绘制工具的使用,以及编辑三维实体的方法。

第十二章三维图形绘制综合实例,通过大量的实例介绍了三维图形的绘制过程。

本书结合工程实际,选取大量典型的实例,用实际的操作过程使读者真正掌握软件的操作方法和技能。本书还对 AutoCAD 2010 的新功能、动态图块和参数化功能、参数管理器、图层状态管理器、捕捉和栅格功能增强、支持文件搜索路径等进行了详细的讲解,在有关章节最后提供了上机练习与习题,具有很强的实用性,可以作为高等院校相关专业的教学用书,尤其适合作为 AutoCAD 初学者的自学参考书。

本书的编写人员均具有丰富的教学和实际设计经验，其中，第一、十一、十二章由湖南水利水电职业技术学院刘娟编写，第二章由湖北水利水电职业技术学院黎楠编写，第三章由湖北水利水电职业技术学院王藏编写，第四章由湖北水利水电职业技术学院李炽岚编写，第五章由杨凌职业技术学院马巧娥编写，第六、九章由武汉钢铁公司项克舜编写，第七章由沈阳农业大学高等职业技术学院董岚编写，第八、十章由湖北水利水电职业技术学院王君明编写。全书由王君明、马巧娥担任主编，湖北水利水电职业技术学院庞璐教授担任主审，武汉钢铁公司项克舜高工也参与了审订工作。

因编者水平有限，书中难免有疏漏之处，请广大读者批评指正。

编 者

2011年2月

目　录

第一章　AutoCAD 2010 应用基础

图形是表达和交流技术思想的工具。随着 CAD(计算机辅助设计)技术的飞速发展和普及,越来越多的工程设计人员开始使用计算机绘制各种图形,从而解决了传统手工绘图中存在的效率低、绘图准确度差及劳动强度大等问题。在目前的计算机绘图领域中,AutoCAD 是使用最为广泛的计算机绘图软件。

第一节　AutoCAD 2010 简介

AutoCAD 是由美国 Autodesk 公司开发的通用计算机辅助绘图与设计软件包,其具有功能强大、易于掌握、使用方便、体系结构开放等特点,深受广大工程技术人员的欢迎。AutoCAD 自 1982 年问世以来,已经进行了 10 余次升级,功能日趋完善,已成为工程设计领域应用最为广泛的计算机辅助绘图与设计软件之一。它的主要功能有:绘制与编辑图形、标注图形尺寸、渲染三维图形和输出与打印图形等。

通过 AutoCAD 2010 软件,用户可轻易解决最具挑战性的问题。使用自由曲面设计工具,用户可以设计任何能想象到的形状。许多重要的功能已经自动化,使用户的工作更有效,并且转移到三维设计更为顺畅。对于 PDF 性能的多项升级和惊人的三维打印增强功能,使与同事共享项目和共同工作从未如此简单。这些功能以及用户以前所要求的无数其他新功能,使得 AutoCAD 2010 让任何想法以及将其转化为现实的过程将比以往更快。

AutoCAD 2010 提供了“二维草图与注释”、“三维建模”和“AutoCAD 经典”3 种工作空间模式。

要在 3 种工作空间模式中进行切换,只需在“快速访问”工具栏选择“显示菜单栏”命令,在弹出的菜单中选择“工具”|“工作空间”命令(如图 1-1 所示),或在状态栏中单击“切换工作空间”按钮,在弹出的菜单中选择相应的命令即可。

默认状态下,打开“二维草图与注释”空间(如图 1-2 所示),其界面主要由“菜单浏览器”按钮、“功能区”选项板、“快速访问”工具栏、命令行与文本窗口、状态栏等元素组成。

使用“三维建模”空间(如图 1-3 所示),可以更加方便地在三维空间中绘制图形。在“功能区”选项板中集成了“三维建模”、“视觉样式”、“光源”、“材质”、“渲染”和“导航”等面板,从而为绘制三维图形、观察图形、创建动画、设置光源、为三维对象附加材质等操作提供了非常便利的环境。

对于习惯于 AutoCAD 传统界面的用户来说,可以使用“AutoCAD 经典”空间(如图 1-4 所示),其界面主要由“菜单浏览器”按钮、“快速访问”工具栏、菜单栏、工具栏、命令行与文本窗口、状态栏等元素组成。

AutoCAD 2010 的主要功能如下。

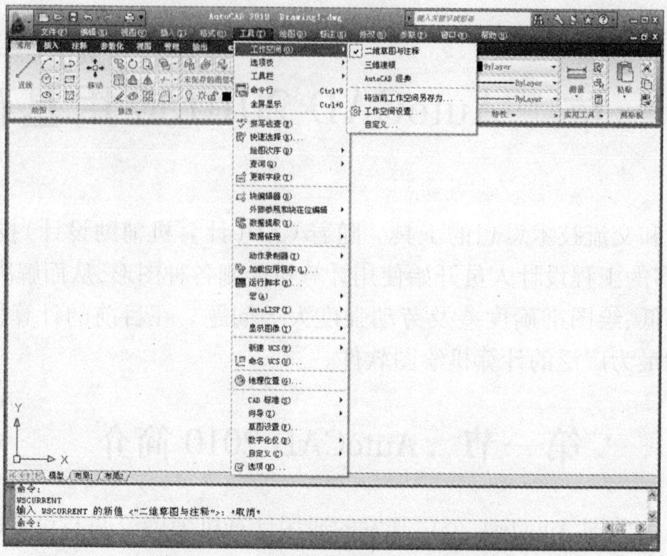

图 1-1　AutoCAD 2010 工作空间模式

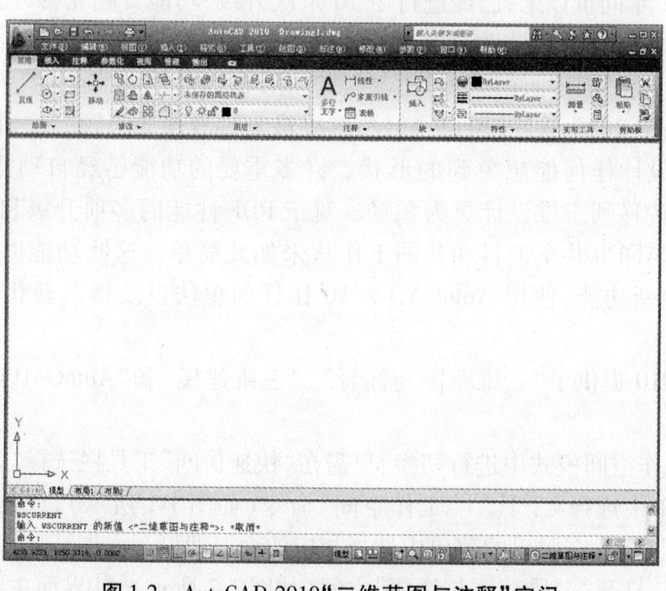

图 1-2　AutoCAD 2010“二维草图与注释”空间

一、绘图功能

用户可以通过输入命令及参数、单击工具按钮或执行菜单命令等方法来绘制各种图形，AutoCAD 2010 会根据命令的具体情况给出相应的提示和可供选择的选项。

二、编辑功能

AutoCAD 2010 提供各种方式让用户对单一或一组图形进行修改，可进行移动、复制、旋转、镜像等操作。用户还可以改变图形的颜色、线宽等特性。熟练掌握编辑命令的运

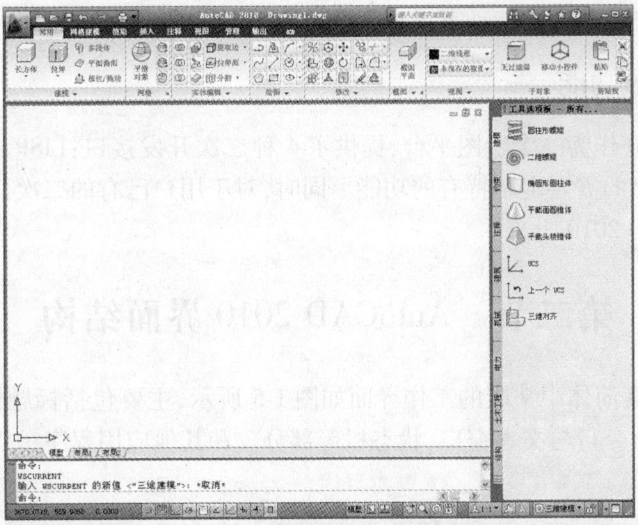

图 1-3　AutoCAD 2010“三维建模”空间

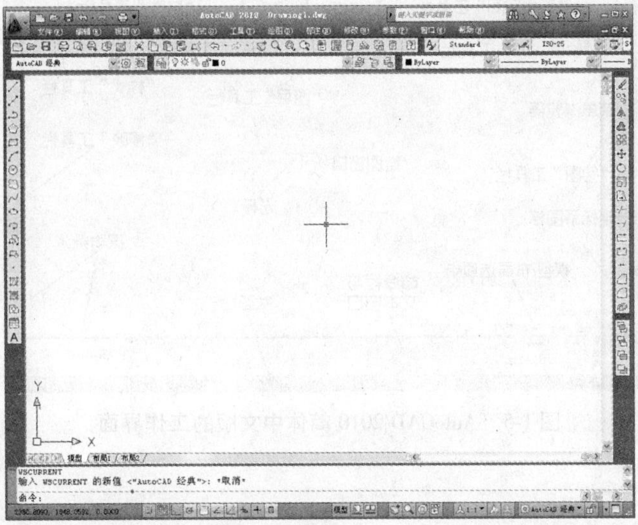

图 1-4　AutoCAD 2010“AutoCAD 经典”空间

用,可以成倍地提高绘图的速度。

三、打印及输出功能

AutoCAD 2010 具有打印及输出各种格式的图形文件的功能,可以调整打印或输出图形的比例、颜色等特征。AutoCAD 2010 支持大多数的绘图仪和打印机,并具有极好的打印效果。

四、三维功能

AutoCAD 2010 专业版提供有三维绘图功能,可用多种方法按尺寸精确绘制三维实体,生成三维真实感图形,支持动态观察三维对象。

五、高级扩展功能

AutoCAD 2010 作为一个绘图平台,提供了 4 种二次开发接口:LISP、VBA、SDS、ZRX,用户可以根据自己的需要定制特有的功能。同时,对于用户已有的二次开发程序,可以轻松移植到 AutoCAD 2010 上来。

第二节　AutoCAD 2010 界面结构

AutoCAD 2010 简体中文版的工作界面如图 1-5 所示,主要包括标题栏、下拉菜单、绘图窗口、工具栏、命令行与文本窗口、状态栏等部分。和其他应用程序一样,用户可以根据需要安排工作界面。

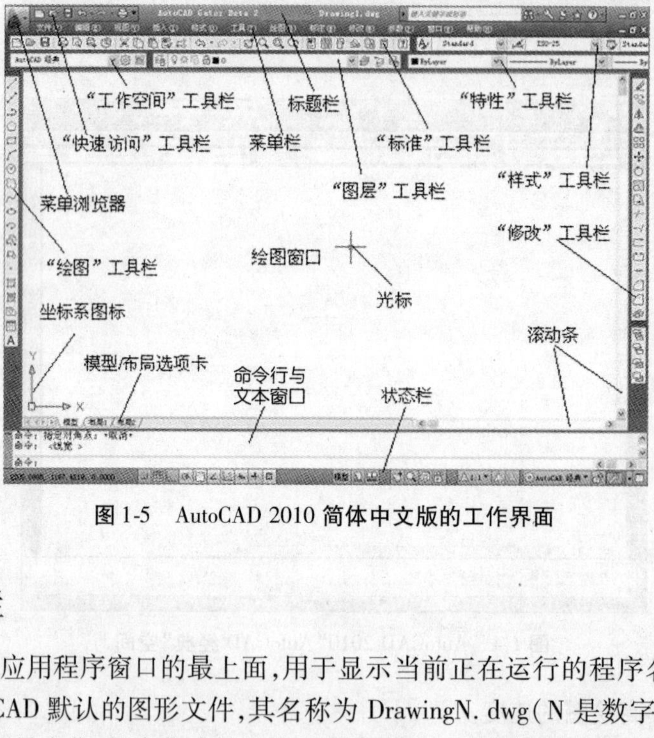

图 1-5　AutoCAD 2010 简体中文版的工作界面

一、标题栏

标题栏位于应用程序窗口的最上面,用于显示当前正在运行的程序名及文件名等信息,如果是 AutoCAD 默认的图形文件,其名称为 DrawingN. dwg(N 是数字)。单击标题栏右端的按钮,可以最小化、最大化或关闭应用程序窗口。标题栏最左边是应用程序的小图标,单击它将会弹出一个 AutoCAD 窗口控制下拉菜单,可以执行最小化或最大化窗口、恢复窗口、移动窗口、关闭 AutoCAD 等操作。

二、下拉菜单

单击工作界面上方的菜单,会弹出该菜单对应的下拉菜单,在下拉菜单中几乎包含了 AutoCAD 所有的命令及功能选项,单击需要执行操作的相应选项,就会执行该项操作。选中每个主菜单后,都会弹出相关的子菜单,如图 1-6 是选中"视图"主菜单后出现的下拉菜单,相应的解释见图 1-6。

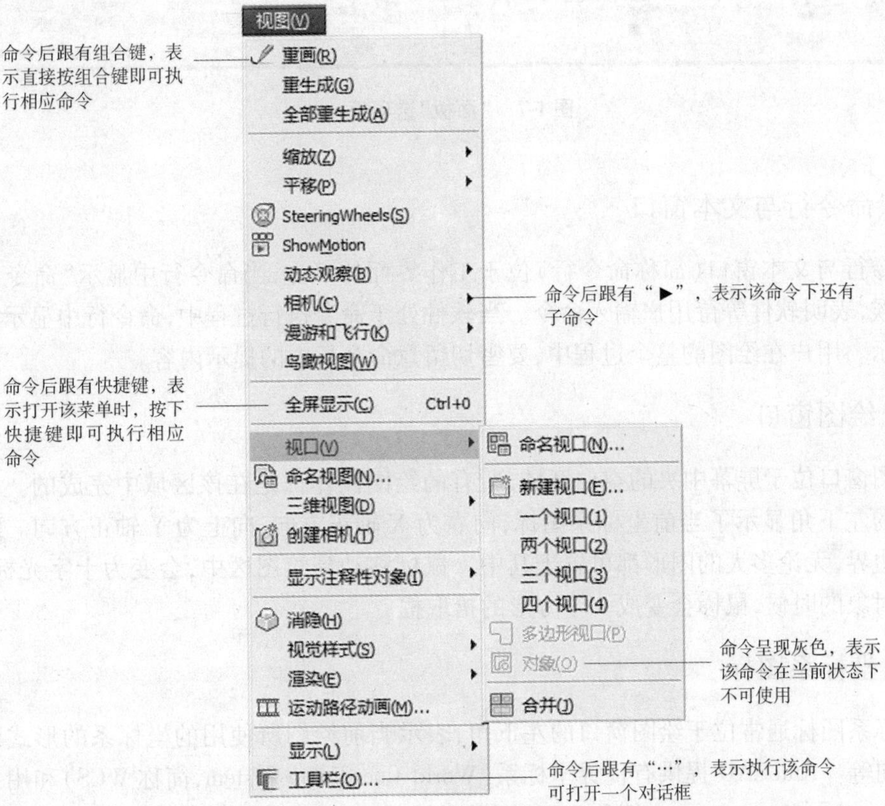

图 1-6 “视图”主菜单

三、工具栏

工具栏是应用程序调用命令的另一种方式,它包含许多由图标表示的命令按钮。单击某一个按钮,即可调用相应的命令。如果把光标指向某个按钮上并停顿一下,屏幕上就会显示出该工具按钮的名称(称为工具提示),并在状态栏中给出该按钮的简要说明。

在 AutoCAD 系统中,共提供了 20 多个已命名的工具栏。默认情况下,“工作空间”和“标准”工具栏处于打开状态。在任一工具栏上右键单击鼠标可弹出一个快捷菜单,在快捷菜单中列出了所有的工具栏,在选中的工具栏名称上单击,即可打开或关闭对应的工具栏。

四、“面板”选项板

面板是一种特殊的选项板,用来显示与基于任务的工作空间相关的按钮和控件,AutoCAD 2010 面板上包含了常用、插入、注释、参数化、视图、管理和输出等 7 个新的控制台(如图 1-7 所示),更易于实现访问图层、注解比例、文字、标注、多种引线、表格、二维导航、对象特性以及块属性等多种控制,提高工作效率。

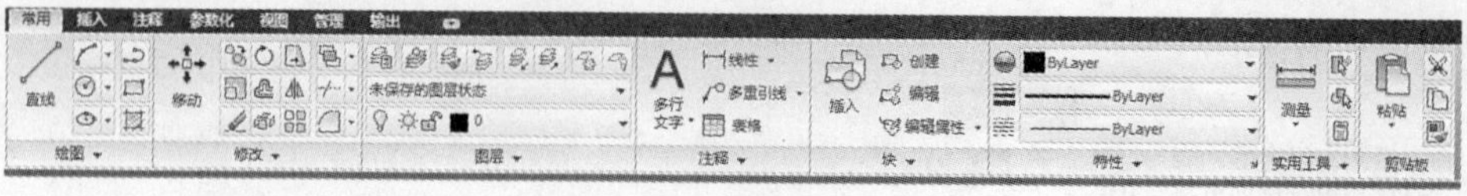

图 1-7 “面板”选项板

五、命令行与文本窗口

命令行与文本窗口(简称命令行)位于工作界面的下方,当命令行中显示“命令:”提示的时候,表明软件等待用户输入命令。当软件处于命令执行过程中,命令行中显示各种操作提示。用户在绘图的整个过程中,要密切留意命令行中的提示内容。

六、绘图窗口

绘图窗口位于屏幕中央的空白区域,所有的绘图操作都是在该区域中完成的。在绘图区域的左下角显示了当前坐标系图标,向右为 X 轴正方向,向上为 Y 轴正方向。绘图区没有边界,无论多大的图形都可置于其中。鼠标移动到绘图区中,会变为十字光标,执行选择对象的时候,鼠标会变成一个方形的拾取框。

七、坐标系图标

坐标系图标通常位于绘图窗口的左下角,表示当前绘图所使用的坐标系的形式以及坐标方向等。AutoCAD 提供有世界坐标系(World Coordinate System,简称 WCS)和用户坐标系(User Coordinate System,简称 UCS)两种坐标系。世界坐标系为默认坐标系。

八、状态栏

状态栏位于界面的最下方,显示了当前十字光标在绘图区所处的绝对坐标位置。同时,还显示了常用的控制按钮,如捕捉、栅格、正交等,点击一次,按钮按下表示启用该功能,再点击则关闭该功能。

九、模型/布局选项卡

模型/布局选项卡用于实现模型空间与图纸空间的切换。

十、滚动条

利用水平和垂直滚动条,可以使图纸沿水平或垂直方向移动,即平移绘图窗口中显示的内容。

十一、菜单浏览器

单击菜单浏览器,AutoCAD 会将浏览器展开,用户可通过菜单浏览器执行相应的操作。

第三节　新增功能

AutoCAD 2010 添加了很多新功能，更加人性化，让用户用起来更加方便，同时，该版本对数据进行了优化，使得软件命令运行占用的计算机硬件资源减少，效率更高，其中图纸打开、重画、实时平移和缩放的运行速度提高显著。各项功能改进能够在常规设计周期内减少重复作业，减少文档编制和交流设计概念的步骤。但是，需要用户一段时间适应它的变化，才能更方便地使用，发挥它的最大作用。

一、效率提升

AutoCAD 2010 对数据进行了优化，使得常用命令执行效率和资源占用情况得到进一步的提高。同时，AutoCAD 2010 对内存资源的使用进行了优化，使得其在一些大图纸的处理能力上能够有优良表现。

(1) Redraw、Pan、Zoom、Open 等显示类命令在 AutoCAD 2010 中的执行更加顺畅，Redraw命令的执行速度有 200% 的提高，Open 命令的执行速度平均有 30% 的提高，对于大图纸执行速度提高更多。

(2) Move、Scale、Rotate、Copy、Array 等编辑命令运行速度都平均提高 15% 左右。

(3) 大图纸内存占用量显著减少，平均下降约 30%。

(4) AutoCAD 2010 的 PDF 发布功能使文件更小，显示质量更高，用户还可以将 PDF 文件附到图纸中。这些功能可使用户的工作效率提高 63%。PDF 导入、嵌入功能及加强的打印功能可以促进用户与外部设计团队的双向沟通，使工作效率提高 43%。

二、新增功能

(一) 动态图块和参数化功能

AutoCAD 2010 实现了参数化功能和动态图块功能的集成，更新后增强的图块编辑器参数化选项卡同时包含了几何和尺寸约束，如图 1-8 所示。此外，图块界面中还添加了一个新的选项卡，用于专门对参数化约束所使用的面板进行定制。在图块编辑器中分配几何约束就如同在绘图编辑器中工作一样。将约束几何体导入图块编辑器之后，其约束性将保留。

还可以将尺寸约束参数添加到动态图块几何体中。这些参数的名称随即显示为图块的属性，非常类似于标准的动态图块参数。将尺寸约束添加到图块几何体时，还能够控制夹点的数量，这样更方便用户进行编辑。

(二) 文字所见即所得

AutoCAD 2010 的文字编辑器有多处改进，文字编辑时显示的样式为最后在图面上的样式，达到了所见即所得的效果。文字编辑器新加入段落设置，可进行制表位、缩进、段落对齐方式、段落间距和段落行距等项目的调整。另外，在文字编辑器内可直接改变文字倾斜、高度、宽度等特征，如图 1-9 所示。

AutoCAD 2010 提供了全新的多行文字编辑器，其中主要包括三部分内容："文字格

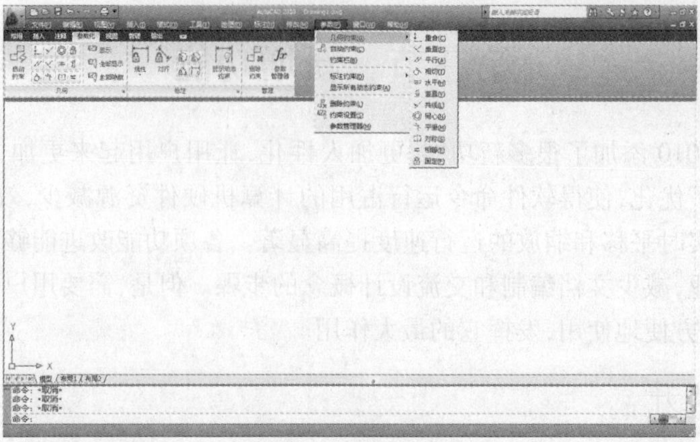

图 1-8　参数化功能

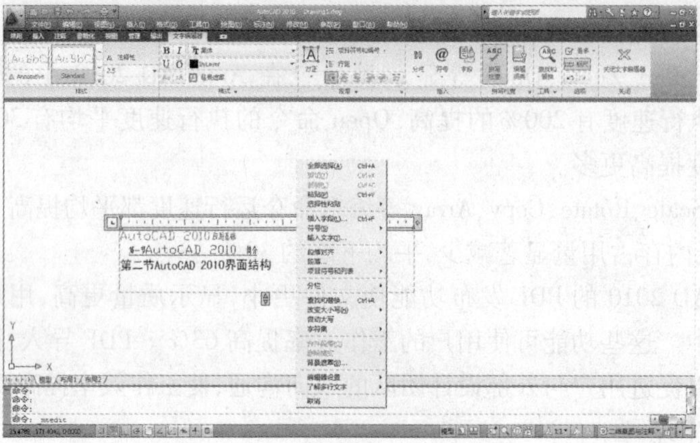

图 1-9　文字编辑器

式”工具栏、“段落”对话框和“选项”菜单，分别介绍如下。

“文字格式”工具栏：该工具栏可用来对多行文字对象的文字样式及选定文字的字符格式和段落格式进行设置，例如文字字体、颜色、堆叠。

“段落”对话框：若要设置段落格式（制表位、缩进、段落对齐方式、段落间距和段落行距），可通过选择“段落”按钮开启“段落”对话框进行设置。

“选项”菜单：通过多行文字编辑器上的“选项”按钮，可显示“选项”菜单。该菜单可用来更改“文字格式”工具栏的方式并提供其他编辑选项。

（三）构造几何体

AutoCAD 2010 实现了可以在插入的图块上创建能够在图块编辑器中显示的构造几何体。新的“图块构造”工具很方便，让用户可以轻松地将当前的几何体转换为结构几何体，转换后的几何体以灰色虚线显示。

（四）测试图块

AutoCAD 2010 实现了不用退出图块编辑器，也可以对图块进行测试。利用新的“测试图块”工具，用户不用再保存变更和退出图块编辑器便可对图块进行检测。

(五)参数管理器

AutoCAD 2010 利用新的参数管理器,可以访问所有类型的图块参数和属性,可以对参数在“属性”面板中是否显示及其排序进行控制。

(六)图层状态管理器

AutoCAD 2010 可以创建多个命名图层状态,以保存图层的状态列表,用户可以通过选择图层状态来表现图纸的不同显示效果。这种图层状态可以输出供其他图纸使用,也可以输入其他保存的图层状态,如图 1-10 所示。

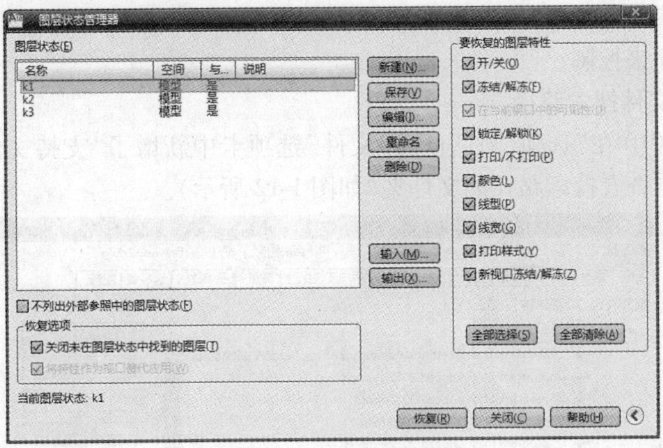

图 1-10　图层状态管理器

(七)捕捉和栅格功能增强

AutoCAD 2010 增强了捕捉和栅格的设置功能,主要体现在“草图设置”对话框的“捕捉和栅格”选项卡上,如图 1-11 所示。

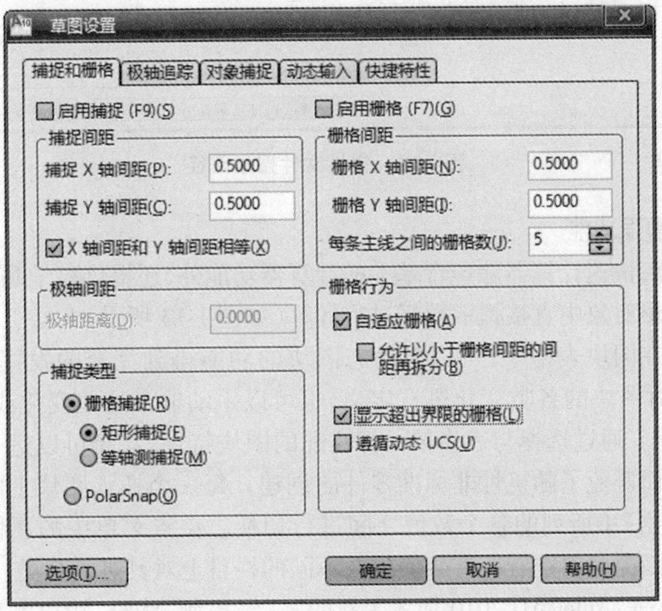

图 1-11　“捕捉和栅格”选项卡

X 轴间距和 Y 轴间距相等:可强制捕捉间距和栅格间距使用相同的 X 和 Y 轴间距值。要注意的是,捕捉间距和栅格间距可分别设置不同值。

每条主线之间的栅格数:可为主栅格线指定相对于次栅格线的频率,以控制当自适应栅格发生变化的时候,栅格大小变化的比例。该值还可使用系统变量 Gridmajor 来控制。

自适应栅格:由系统变量 Griddisplay 来控制,用来限制栅格在缩小时的密度。

允许以小于栅格间距的间距再拆分:若勾选此项,在放大的时候,将自动生成间距更小的栅格线。这些栅格线的频率由主栅格线的频率来控制。

显示超出界线的栅格:勾选此项,即可在超出图形界限外显示栅格。该值还可由系统变量 Griddisplay 来控制。

(八)支持文件搜索路径

AutoCAD 2010 在"选项"对话框的"文件"选项卡中新增了"支持文件搜索路径",可在该文件路径中查看搜索路径的文件夹(如图 1-12 所示)。

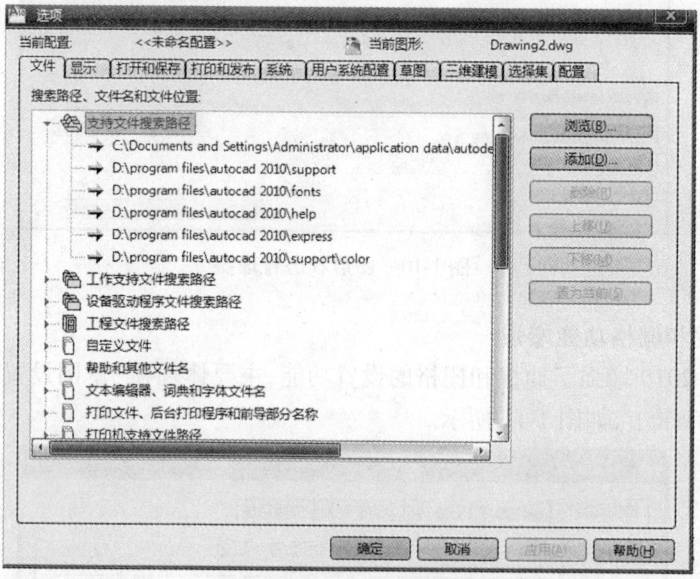

图 1-12　支持文件搜索路径

(九)其他增强功能

快速计算器:快速计算器除包含基本的计算器功能外,还提供科学几何计算和单位转换,并可以从图形对象中直接提取数据进行计算(如图 1-13 所示)。

图块表格:在图块表格中,可以使动态图块的功能得到完全的发挥。借助"图块表格"工具,能够对图块的各类变化进行定义,也可以手动输入这些变化或粘贴来自 Excel 电子表格的变化。通过选择与表格某一行匹配的图块特性,甚至可以进一步对图块的插入进行控制,从而避免了随机性非标准零件的创建。每一个插入图块上的夹点都能够快速地在"图块表格"中所列的各个数值之间进行切换。夹点菜单中的属性表格能够显示整个图块表格,因此可以查看所有数值或在不同的栏目上对其进行分类。

三维比例线框:AutoCAD 2010 加入了新的"三维比例"线框,用以实现更多的三维功能。使用三维视觉样式，线框将会在选中对象时显示。线框能够直接导入选择集的中心。在线框上右击，就能够对线框的行为进行修改。可以将线框限制在不同的轴或平面上，并可以对其进行重新定位和重新排列等操作。

三维打印：利用新的“三维打印”命令，可以将三维 AutoCAD 工程图发送给支持 STL 的三维打印服务提供商。将在所有必要的步骤中确保模型可以用于“三维打印”。选定想要打印的实体对象后，系统将显示“发送到三维打印服务”对话框。用户能够方便地通过其中的面板进行预览，并进行比例控制，调整最终输出尺寸。点击“OK”按钮后，工程图将发送给三维打印服务提供商。

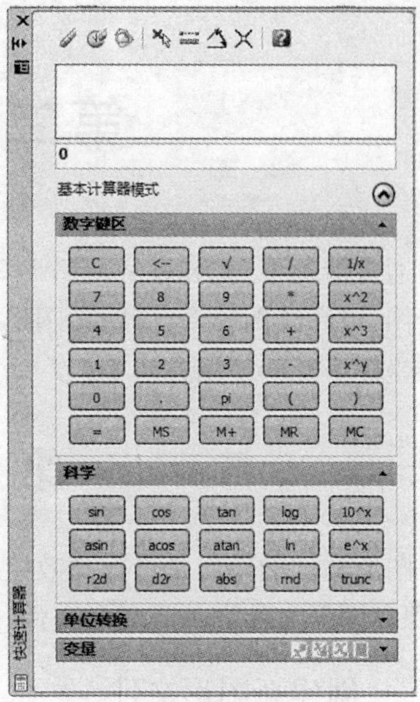

图 1-13　快速计算器

第二章　图形绘制

通常情况下，安装好 AutoCAD 2010 后就可以在其默认状态下绘制图形了。但为了规范绘图，提高绘图效率，应熟悉图形文件的基本操作及命令输入方法，掌握绘图环境的配置和坐标系统的使用方法等。

第一节　基本操作

图形文件的操作是进行高效绘图的基础，它包括创建新图形文件、打开已有的图形文件、保存图形文件和关闭图形文件，以下分别介绍。

一、创建新图形文件

创建新图形文件的操作方式有：在 AutoCAD 2010 经典菜单栏中，选择"文件"|"新建"命令；在"快速访问"工具栏中，选取"新建"按钮命令；在命令行中，输入 New 命令，然后按 Spacebar 键或 Enter 键。

此时系统将弹出"选择样板"对话框，如图 2-1 所示。一般情况下，. dwt 文件是标注的样板文件，通常将一些规定的标准性的样板文件设成. dwt 格式，用户可以在样板列表框中根据需要选择一种样板，单击"打开"按钮即可创建一个新文件。

图 2-1　"选择样板"对话框

二、打开图形文件

打开图形文件的操作方式有：在 AutoCAD 2010 经典菜单栏中，选择"文件"|"打开"命令；在"快速访问"工具栏中，选取"打开"按钮命令；在命令行中，输入 Open 命令，然

后按 Spacebar 键或 Enter 键。

此时系统将弹出“选择文件”对话框,可以从中打开已有的图形文件,如图 2-2 所示。

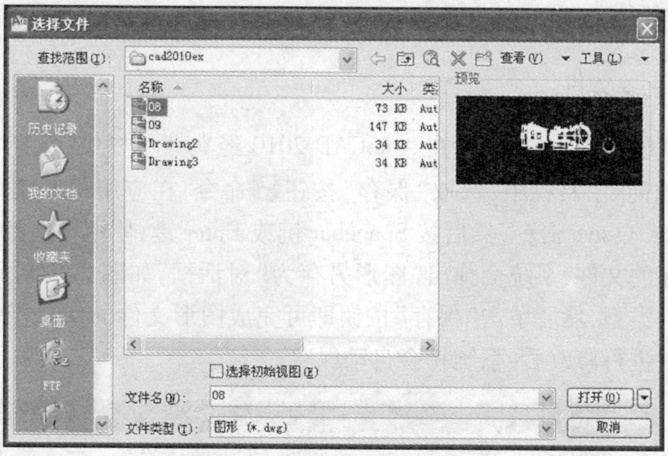

图 2-2 “选择文件”对话框

用户可以在“文件类型”下拉列表框中选择文件格式,文件类型有.dwt、.dwg、.dxf 和.dws格式,其中,默认打开图形文件格式为.dwg 格式。在“选择文件”对话框的文件列表框中,选择需要打开的图形文件后,“文件名”下拉列表框中会显示用户选择的文件名称,在右侧的“预览”框中将显示出该图形的预览图像,然后单击“打开”按钮即可打开该文件。

单击“打开”按钮旁的向下黑三角,可以选择打开方式。在 AutoCAD 中,用户可以以“打开”、“以只读方式打开”、“局部打开”和“以只读方式局部打开”4 种方式打开图形文件。当以“打开”、“局部打开”方式打开图形时,用户可以对打开的图形进行编辑,如果以“以只读方式打开”、“以只读方式局部打开”方式打开图形,用户则无法对打开的图形进行编辑。

如果用户选择以“局部打开”、“以只读方式局部打开”方式打开图形,这时将打开“局部打开”对话框,如图 2-3 所示。

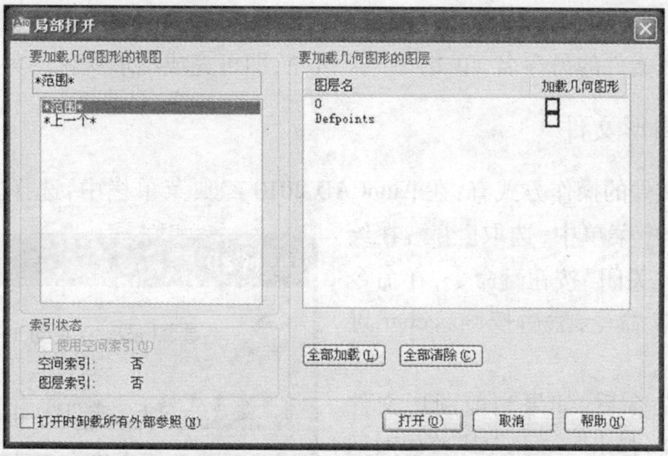

图 2-3 “局部打开”对话框

在该对话框中,用户可以在“要加载几何图形的视图”列表框中选择要打开的视图,在“要加载几何图形的图层”列表框中选择要打开的图层,然后单击“打开”按钮,即可在选定视图中打开选中图层上的对象。

三、保存图形文件

保存图形文件的操作方式有:在 AutoCAD 2010 经典菜单栏中,选择“文件”|“保存”命令;在“快速访问”工具栏中,选取“保存”按钮命令;在应用程序菜单中,选取 保存;在命令行中,输入 Qsave 命令,然后按 Spacebar 键或 Enter 键;使用快捷键 Ctrl + S。

如果是新建的文件,系统会弹出“图形另存为”对话框,如图 2-4 所示,提示用户命名文件及选择文件类型,然后单击“保存”按钮即可完成图形文件的保存操作。如果打开一个已有的文件并进行修改后,系统将会自动保存。

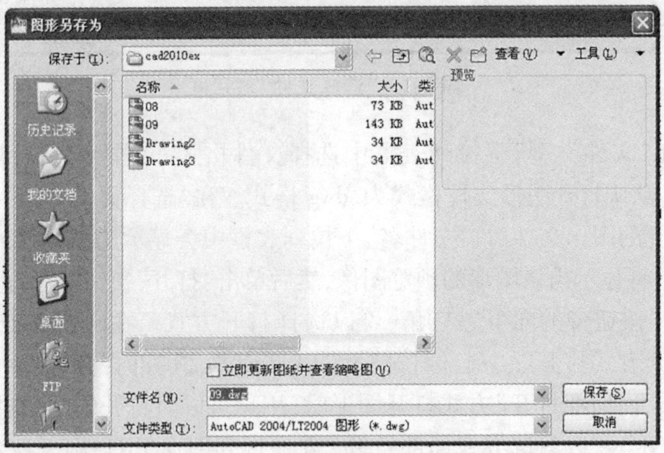

图 2-4 “图形另存为”对话框

如果用户在绘图中需要将图形文件重命名保存,则需要在命令行里输入 Saveas,然后按 Spacebar 键或 Enter 键,或从菜单栏中选择“文件”|“另存为”命令,或使用快捷键 Shift + Ctrl + S,此时系统同样会弹出“图形另存为”对话框,如图 2-4 所示,在“文件名”下拉列表框中输入文件的另存名,单击“保存”按钮,即可完成图形文件的另存为操作。

四、关闭图形文件

关闭图形文件的操作方式有:在 AutoCAD 2010 经典菜单栏中,选择“文件”|“关闭”命令;在应用程序菜单中,选取 关闭;在绘图窗口中,选取“关闭”按钮命令;在命令行中,输入 Close 命令,然后按 Spacebar 键或 Enter 键。

执行关闭命令后,如果当前图形文件没有存盘,系统将弹出“AutoCAD”警告对话框,如图 2-5 所示,询问用户是否保存文件。

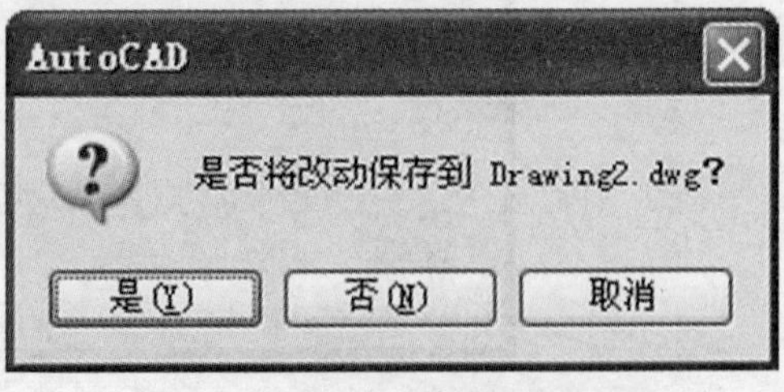

图 2-5 “AutoCAD”警告对话框

此时,单击“是(Y)”按钮,或直接按 Spacebar 键或 Enter 键,或直接用键盘输入字母 Y,均可以保存当前图形文件并将其关闭;单击“否(N)”按钮,或直接用键盘输入字母 N,可以关闭当前图形文件但不存盘;单击“取消”按钮,取消关闭当前图形文件操作,既不保存也不关闭。

第二节　命令输入方法

一、命令和变量

在 AutoCAD 中,执行任何操作都需要输入相关的命令,可以说,命令是绘制与编辑图形的核心。而同一命令的输入往往有多种不同的方法,可以从菜单中选择命令,也可以单击工具栏中的按钮输入命令,还可以在命令行中直接输入英文命令符。在输入命令后,需回车方能执行命令。回车后,将在命令行和鼠标旁的工具栏提示中显示该命令的相关提示或显示一个对话框。在 AutoCAD 中,回车通常可以使用如下三种方式:按回车键,按空格键,鼠标右击。

当命令执行后,通常要设置变量,才能完成一个绘图与编辑操作。变量可以控制所执行的功能,以及设置工作环境与相关工作方式。例如选择绘制圆弧命令后,必须先确定圆弧的起点或圆心的值,这些都属于变量的设置。用户可使用键盘通过提示信息准确设置变量,如图 2-6 所示。

图 2-6　命令行设置变量

如果动态输入功能是打开的,还可以在鼠标旁的工具栏提示中输入需要的变量,如图 2-7所示。输入变量后回车即可执行相应的操作。

图 2-7　动态设置变量

二、对话框和命令行

执行许多 AutoCAD 命令时都会激活对话框,用户可以在对话框中选择不同功能或输入相应信息。对话框操作简便、直观,很容易把复杂的信息及要求反映出来,而且所有信息一目了然,便于修改。因此,学会使用对话框对学习 AutoCAD 来说十分重要。

默认情况下,命令行位于绘图窗口的底部,用于接受用户输入的命令,并显示 AutoCAD 提示的信息,如图 2-8 所示。

图 2-8　命令行

如果用户觉得命令行显示的信息太少，可以根据自己的需要通过拖动命令行与绘图区之间的分隔边框来改变命令行的大小。也可将命令行拖放为浮动窗口，如图 2-9 所示。

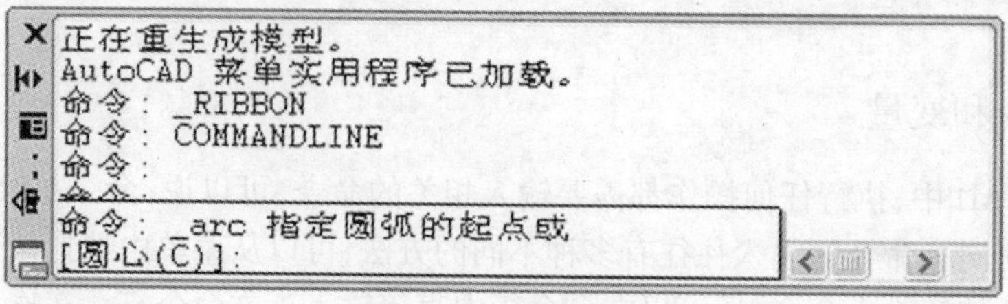

图 2-9　命令行浮动窗口

用户可以在当前命令行提示下输入命令、对象参数等内容。对于大多数命令，命令行中可以显示执行完的两条命令提示（也叫命令历史），而对于一些输出命令，则需要在AutoCAD文本窗口或放大的命令行中显示。

在命令行窗口中单击鼠标右键，AutoCAD 将弹出一个快捷菜单，如图 2-10 所示。用户可以通过它来选择最近使用过的多个命令、复制选定的文字或历史记录、粘贴文字，也可以选中命令历史，并执行“粘贴到命令行”命令，将其粘贴到命令行中，还可以打开“选项”对话框。

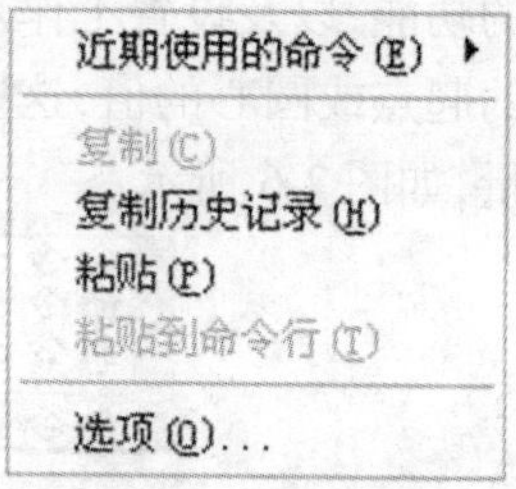

图 2-10　命令行快捷菜单

三、使用键盘输入命令与变量

在 AutoCAD 2010 中，大部分的绘图、编辑功能都需要通过键盘输入来完成。用户可以通过键盘输入命令、系统变量。此外，键盘还是输入文本对象、数值参数、点的坐标或进行参数选择的唯一方法。

四、使用鼠标绘图

在绘图窗口，光标通常显示为“十”字线形式。当光标移至菜单选项、工具或对话框内时，它会变成一个箭头。无论光标是“十”字线形式还是箭头形式，当单击或者按动鼠标键时，都会执行相应的命令或动作。在 AutoCAD 2010 中，鼠标键分三种。

拾取键：一般是指鼠标左键，用于指定屏幕上的点，也可以用来选择对象、按钮和菜单命令等。

回车键：通常指鼠标右键，相当于 Enter 键，用于结束当前执行的命令，此时系统将根据当前绘图状态而弹出不同的快捷菜单。

弹出键：当使用 Shift 键和鼠标右键的组合时，系统将弹出一个快捷菜单，用于设置捕捉点的方法，如图 2-11 所示。对于三键鼠标，弹出键通常是鼠标的中间键。

五、透明命令

在 AutoCAD 2010 中,透明命令是指在执行其他命令的过程中允许插进去执行的命令。此时,透明命令将被优先执行。常使用的透明命令多为修改图形设置的命令及辅助绘图命令,例如 Snap、Grid、Zoom、Pan、Help、Id、Ortho、Layer、Setvar 等命令。

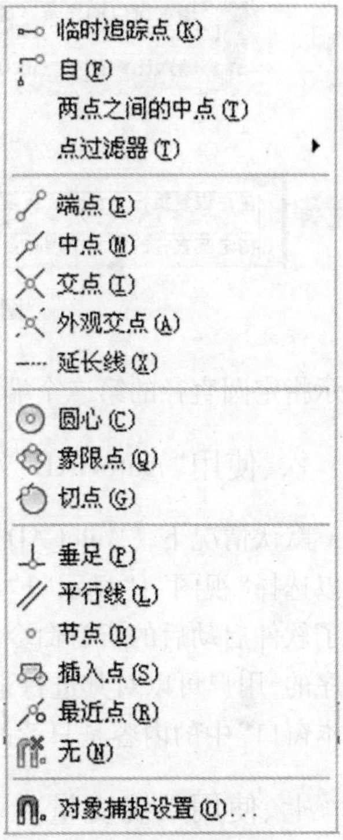

图 2-11　弹出菜单

调用透明命令的方法有多种,可以单击“标准”工具栏或状态栏中的透明命令按钮,也可以从菜单中选择透明命令,还可以在命令行输入透明命令。此时命令行随即显示该命令的系统变量选项,选取合适变量后即会以“ > > ”标示后续的设置,在该提示下输入所需的值即可,完成透明命令的执行后,原来被暂时中止的命令将立即继续执行。

下面是使用透明命令的常见操作方式。

在绘制圆的过程中调整屏幕的显示比例的操作方法为:在菜单中选择“绘图”|“圆”|“两点”命令。

命令行显示如下:

命令:_circle 指定圆的圆心或[三点(3P)/两点(2P)/相切、半径(T)]:_2P 指定圆直径的第一个端点:(使用鼠标在绘图区中单击确定圆直径的第一个端点)

指定圆直径的第二个端点:'zoom(在命令行中输入'zoom,如图 2-12 所示,并按下 Enter键)

> >指定窗口的角点,输入比例因子(nX 或 nXP),或者[全部(A)/中心(C)/动态(D)/范围(E)/上一个(P)/比例(S)/窗口(W)/对象(O)] < 实时 > :S(输入 S,如图 2-13 所示,并按下 Enter 键,表示选择设置缩放比例)

> >输入比例因子(nX 或 nXP):2(输入 2,如图 2-14 所示,并按下 Enter 键,表示将屏幕放大两倍显示)

正在恢复执行 CIRCLE 命令。

指定圆直径的第二个端点:(在屏幕中单击确定该点即完成圆的绘制)

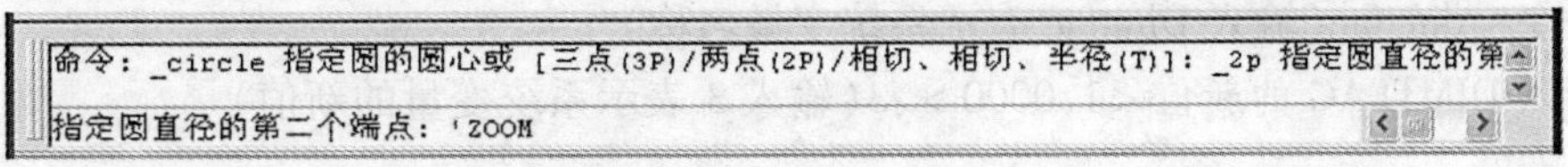

图 2-12　使用透明命令

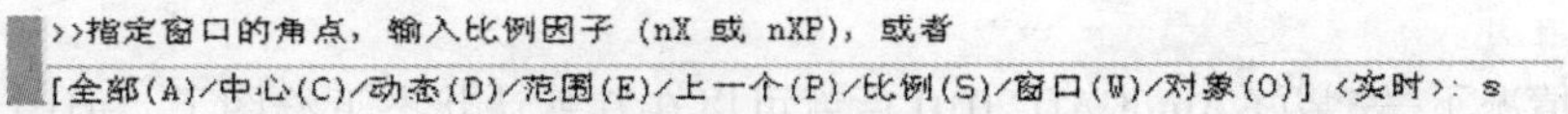

图 2-13　选择设置缩放比例

完成透明命令的执行后,立即出现原来被暂时中止的命令窗口画面,如图 2-15 所示,

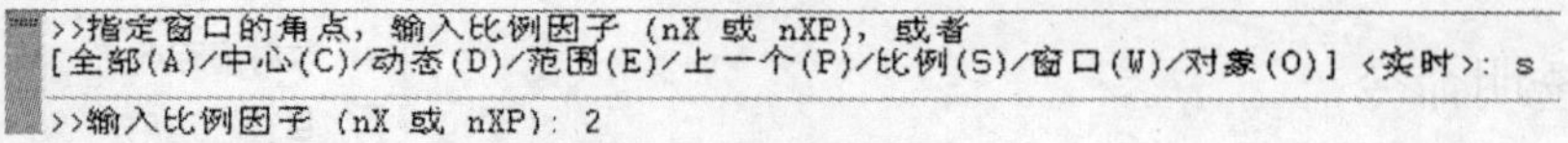

图 2-14　输入比例因子

图 2-15　透明命令执行完毕后的命令窗口

提示指定圆直径的第二个端点，最后在屏幕中单击确定该点即完成圆的绘制。

六、使用“AutoCAD 文本窗口”

默认情况下，“AutoCAD 文本窗口”处于关闭状态。如果想快速查看所有命令记录，可以选择“视图”|“显示”|“文本窗口”命令打开它，也可以按 F2 功能键打开它，其中列出了软件启动后的所有命令提示信息及执行的命令历史。该窗口是完全独立于 AutoCAD 程序的，用户可以对其进行最大化、最小化、关闭及复制、粘贴等操作。但由于“AutoCAD 文本窗口”中的内容是只读的，因此用户不能对其进行修改。

七、使用系统变量

在 AutoCAD 中，系统变量用于控制某些功能和设计环境、命令的工作方式，它可以打开或关闭捕捉、栅格或正交等绘图模式，设置默认的填充图案，或存储当前图形和 AutoCAD配置的有关信息。

系统变量通常有 6 ~ 10 个字符长的缩写名称。许多系统变量有简单的开关设置。例如，系统变量 Ortho 用来显示或关闭正交。当在命令行里输入 Ortho 后，命令行提示“输入模式[开(ON)/关(OFF)] <开>”，默认为打开，即输入 On 或直接回车即可打开正交功能，输入 Off 则关闭正交功能。

用户可以在对话框中修改系统变量，也可以直接在命令行中修改系统变量。例如，要使用系统变量 Dimtfac 设置公差文本的高度比例(即公差文本的高度与一般尺寸文本的高度之比)，可在命令行提示下输入该系统变量名称并按 Enter 键，然后输入新的系统变量值并按 Spacebar 键或 Enter 键即可，详细操作如下。

命令:_dimtfac(输入 Dimtfac 表示系统变量名称)

输入 DIMTFAC 的新值 <1.0000>:3(输入 3 表示系统变量的新值)

第三节　配置绘图环境

通常情况下，安装好 AutoCAD 2010 后就可以在其默认状态下绘图了。但因为每台计算机所使用的显示器、输入设备和输出设备的类型不同，每个用户喜欢的风格也不尽相同，为了提高绘图效率，用户在开始绘图前，最好对软件进行必要的设置，其中包括绘图环境的设置和系统参数的设置，以及对命名对象的管理等。

一、设置参数选项

在绘图前进行参数设置是一项很重要的工作,设置一个合理且适合自己需要的参数,才能提高自己的绘图速度和质量。设置参数选项的操作方式有:在 AutoCAD 2010 菜单栏中,选择“工具”|“选项”命令;在命令行中,输入 Options 命令,然后按 Spacebar 键或 Enter 键。

系统将弹出“选项”对话框,如图 2-16 所示。

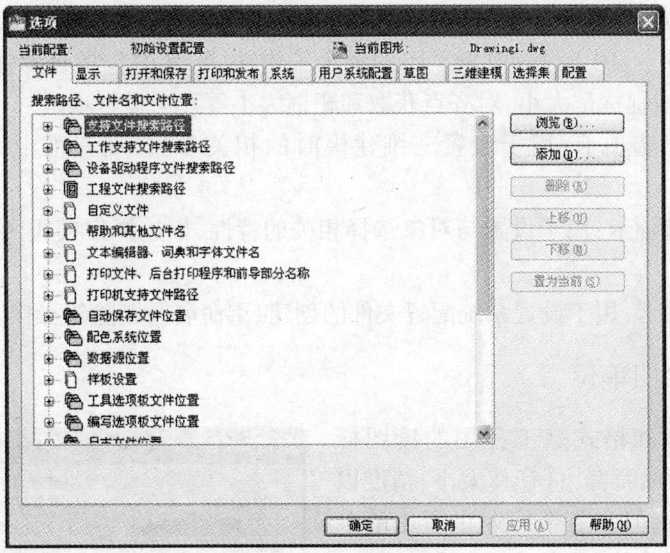

图 2-16 “选项”对话框

在该对话框中包含“文件”、“显示”、“打开和保存”、“打印和发布”、“系统”、“用户系统配置”、“草图”、“三维建模”、“选择集”和“配置”10 个选项卡。各选项卡具体说明如下。

“文件”选项卡:用于设置 AutoCAD 搜索支持文件、驱动程序文件、菜单文件和其他有关文件的路径。在“搜索路径、文件名和文件位置”列表框中共有十几个选项。

“显示”选项卡:用于设置窗口元素、布局元素、十字光标大小、显示精度、显示性能和参照编辑的褪色度等。窗口元素主要用于控制绘图环境特有的显示设置。其中选择“显示屏幕菜单”复选框可以在绘图区域的右侧显示屏幕菜单。选择“在工具栏中使用大按钮”复选框,则可以将原来 15 × 16 像素的图标以 32 × 30 像素的尺寸显示。若单击“颜色”按钮,则系统会弹出“图形窗口颜色”对话框,可以在此设置窗口的背景颜色。若单击“字体”按钮,则可打开“命令行窗口字体”对话框,用户可以指定命令窗口的文字字体。布局元素主要用于控制现有布局和新布局的选项。十字光标大小用于控制十字光标的尺寸。显示精度用于控制对象的显示质量。显示性能用于控制与显示影响性能的相关复选框。参照编辑的褪色度用于指定在编辑参照的过程中对象的褪色度值,默认设置是 50%,有效值的范围为 0 ~ 90%。

“打开和保存”选项卡:用于设置系统是否自动保存文件、自动保存文件的时间间隔和是否保存日志等。

"打印和发布"选项卡:用于设置打印输出设备。AutoCAD 2010 默认的输出设备为 Windows 打印机。用户可以根据自己的需要配置使用专门的绘图仪。

"系统"选项卡:用于设置三维图形的显示特性、定点设备(如鼠标、数字化仪)的控制、OLE 特性对话框的显示控制、警告信息的显示控制、网络链接检查、启动对话框的显示控制及是否允许长符号名称等。

"用户系统配置"选项卡:用于设置系统的有关选项,包括是否使用快捷菜单、插入比例、对象的排序方式及显示字段的背景,还可以设置线宽等。

"草图"选项卡:用于设置对象草图的多个编辑功能,其中包括自动捕捉、对象捕捉、自动追踪、自动捕捉标记大小、对齐点获取和靶框大小等几个设置项目。

"三维建模"选项卡:用于设置三维建模时的相关参数,如三维十字光标、动态输入等。

"选择集"选项卡:用于设置与对象选择相关的特性,如选择集模式、拾取框大小及夹点大小等。

"配置"选项卡:用于设置系统配置文件的创建、重命名及删除等操作。

二、设置绘图单位

图形的单位和格式是工程图的读图标准。对于任何图形而言,总有其大小、精度以及所采用的单位,但在各个行业里所用的单位和精度是不同的,而且各个国家的使用习惯也不同。因此,在进行绘图之前,首先要根据实际项目的不同要求设置正确的单位和格式。这项设置最好在制作"样板文件"时就进行,并保存在"样板文件"中,做到一劳永逸。

设置绘图单位的操作方式有:在 AutoCAD 2010 的应用程序菜单中,选取 

,再选取 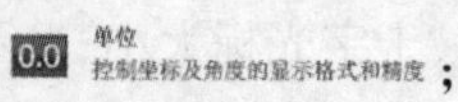

;在经典菜单栏中,选择"格式"|"单位"命令;在命令行中,输入 Units(或 UN)命令,然后按 Spacebar 键或 Enter 键。

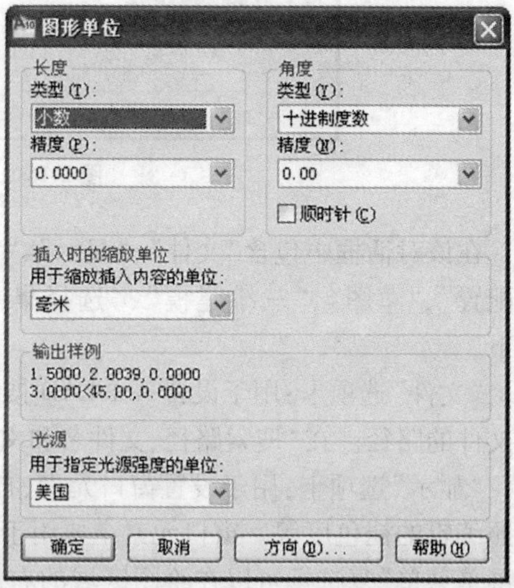

图 2-17 "图形单位"对话框

系统将会打开"图形单位"对话框,如图 2-17 所示。

各选项具体说明如下。

(一)长度

(1)类型:用于设置长度单位的类型。在该下拉列表框中共有分数、工程、建筑、科学和小数等 5 种单位,用户可以选择一种适合本行业的单位。系统默认的长度单位是小数,该项符合我国工程设计的规定。

(2)精度:用于设置长度单位的精度,这里进行的设置会影响状态栏中坐标的显示精度。用户可在列表中选择一种合适的精度。系统默认的精度是 0.0000。

(二)角度

(1)类型:用于设置角度的单位类型。列表中包括百分度、度/分/秒、弧度、勘测单位和十进制度数等5种单位。系统默认的设置是十进制度数,这也是最常用的一种角度单位。

(2)精度:用于设置角度的精度。系统的默认精度为0.00。

(3)顺时针:用于设置测量角度的正方向。系统默认的设置是逆时针方向,这也符合我国工程设计的规定。如果选中了该复选框,则测量角度的正方向为顺时针方向。

(三)插入时的缩放单位

该选项用于控制插入到当前图形中的块和图形的测量单位。用户可在该选项的下拉列表中选择图块的当前绘图单位。如果块或图形创建时使用的单位与该选项指定的单位不同,则在插入这些块或图形时,将对其按比例缩放。例如创建块时使用的单位为毫米,插入时的缩放单位为厘米,则插入的块将被缩小1/10。如果插入块时不按指定单位缩放,应选择"无单位"选项。

(四)输出样例

该选项用于显示用当前长度和角度设置的例子。

(五)光源

该选项用于控制当前图形中光源强度的单位。

(六)方向

单击"方向"按钮,系统将弹出"方向控制"对话框,如图2-18所示。

在该对话框中,用户可以设置测量角度的基准方向,即0°角的方向。系统默认的基准方向是"东",它与世界坐标系的X轴正向一致,这也是最常用的选项。用户还可以选择其他方向,如果选择"其他"选项,则可以在输入框中输入一个角度,并以该角度所在的方向作为基准方向;如果单击"拾取角度"按钮,则在图形窗口中通过拾取两个点来确定测量角度的基准方向。

图2-18 "方向控制"对话框

三、设置图形界限

在利用AutoCAD 2010绘制图形时,绘图界限就是一个假想的矩形绘图区域,也是用户的有效工作区域。如同手工绘图时要选择适当型号的图纸一样,用AutoCAD 2010绘图时,必须设置绘图界限,以便控制绘图的范围。默认情况下,图形文件的大小为420 mm×297 mm。

国家标准规定,绘制图样的图纸有5种型号,即A0、A1、A2、A3、A4,它们的尺寸大小分别为1189 mm×841 mm、841 mm×594 mm、594 mm×420 mm、420 mm×297 mm、297 mm×210 mm,该规定是设置绘图界限的依据。图形界限也是栅格显示的范围和图形缩放的范围。

设置图形界限的操作方式有：在 AutoCAD 2010 菜单栏中，选择“格式”|“图形界限”命令；在命令行中，输入 Limits 命令，然后按 Spacebar 键或 Enter 键。

在世界坐标系下，图形界限由一对二维点确定，即左下角点和右上角点。在执行命令后，命令行将显示如下提示信息：

指定左下角点或［开(ON)/关(OFF)］<0.0000,0.0000>：

下面是设置图纸的图形界限的常见操作方式。

设置 A2 图纸的图形界限的操作方法为：在菜单栏中选择“格式”|“图形界限”命令。

命令行显示如下：

命令：_limits

重新设置模型空间界限：

指定左下角点或［开(ON)/关(OFF)］<0.0000,0.0000>：0,0(输入左下角的绝对坐标 0,0，按 Enter 键)

指定右上角点 <420.0000,297.0000>：420,594(输入右上角的绝对坐标 420,594，按 Enter 键)

命令：(单击状态栏的“栅格”按钮，如图 2-19 所示，显示设置的模型空间界限)

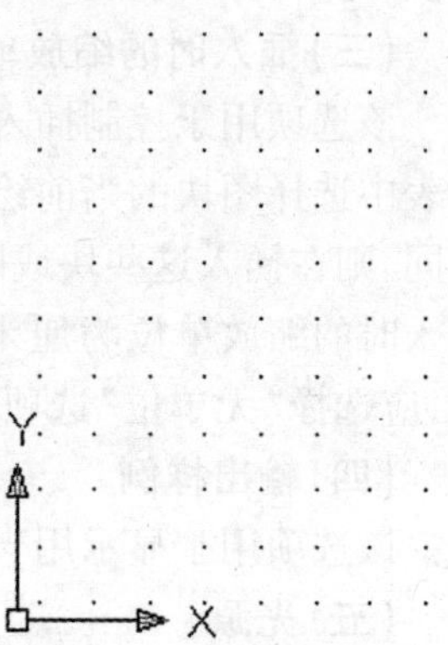

图 2-19 开栅格显示

四、自定义工具栏

在 AutoCAD 2010 的经典菜单栏中，选择“工具”|“工作空间”，再选择“AutoCAD 经典空间”，则进入 AutoCAD 的经典界面。在此界面上可以自定义工具栏，工具栏涉及的内容很多，每个工具栏都由多个图标按钮组成，每个图标按钮分别对应相应的命令调用。复杂的工具栏会降低用户的工作效率。因此，AutoCAD 为用户提供了一套自定义工具栏命令，用户可以对工具栏中的按钮进行调整，从而加快工作流程，还能使屏幕变得更加整洁，排除不必要的按钮对工作界面的干扰。

(一) 控制工具栏显示

如果操作界面中没有所需的工具栏，可以在目前显示的任意工具栏上单击鼠标右键，即可打开工具栏快捷菜单，如图 2-20 所示。其中左侧打“√”的项目为已经显示出来的工具栏，单击鼠标左键即可取消选择；而对于未打“√”的项目，只要左键单击即可将该工具栏显示出来。

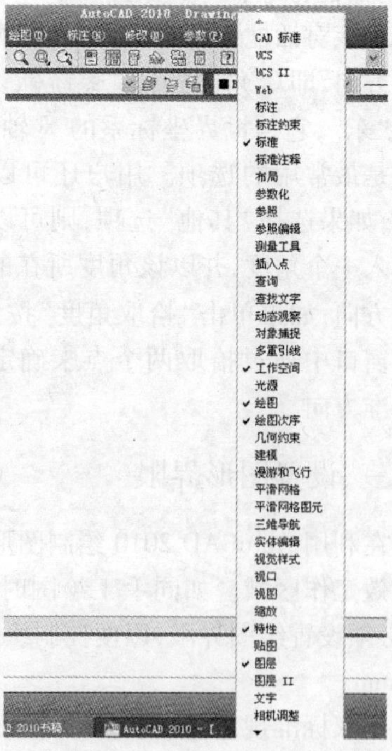

图 2-20 工具栏快捷菜单

(二)定位工具栏

AutoCAD 的所有工具栏都是浮动的,可以放在屏幕上的任何位置,并且可以改变其大小和形状。在每个工具栏的左侧或者上侧都会有图标,只要将鼠标移至该图标上,并按住左键进行拖动,就可以移动工具栏的位置;把鼠标放置在它的边界地方,当光标成为双向箭头时,按下鼠标左键拖动,即可改变工具栏的大小和形状,如图 2-21 所示。当拖动目前浮动的工具栏至窗口任意一侧时,则工具栏会紧贴于窗口。

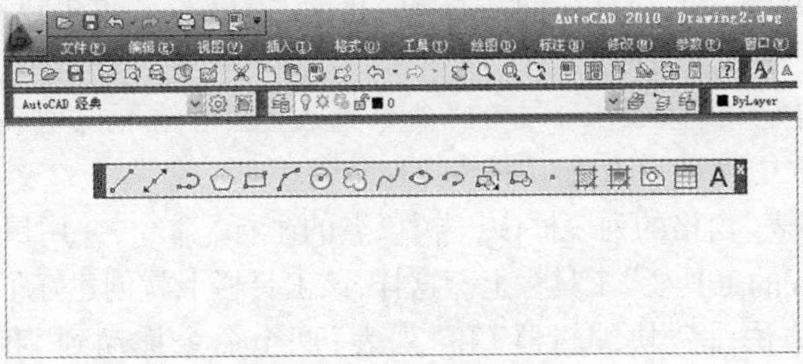

图 2-21 浮动工具栏

(三)锁定工具栏

锁定工具栏就是将工具栏固定在特定的位置。锁定一个工具栏的方法是:先在工具栏的标题上按下鼠标左键并将工具栏拖到 AutoCAD 窗口的上下两边或左右两边,这些地方都是 AutoCAD 的锁定区域。当工具栏的外轮廓线出现在锁定区域之后,释放鼠标左键,然后可采用以下 3 种操作方式锁定:

在 AutoCAD 2010 菜单栏中,选择“窗口”|“锁定位置”|“全部”|“锁定”命令,如图 2-22所示;单击窗口右下方的锁定图标,从弹出的菜单中选择“全部”|“锁定”命令,如图 2-23 所示;或者在任意工具栏上右击,从弹出的菜单中选择“锁定位置”|“全部”|“锁定”命令。

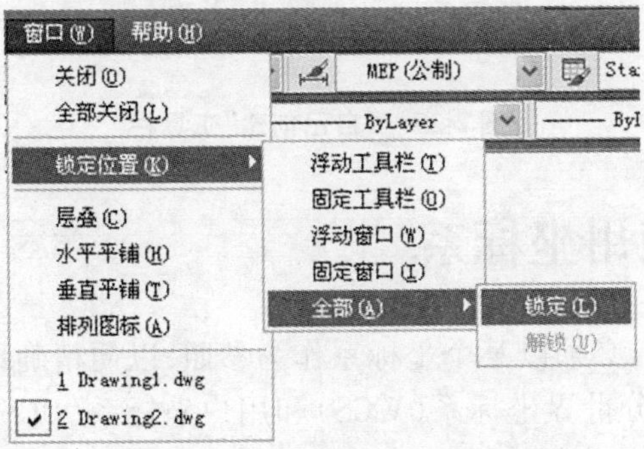

图 2-22 通过菜单锁定工具栏

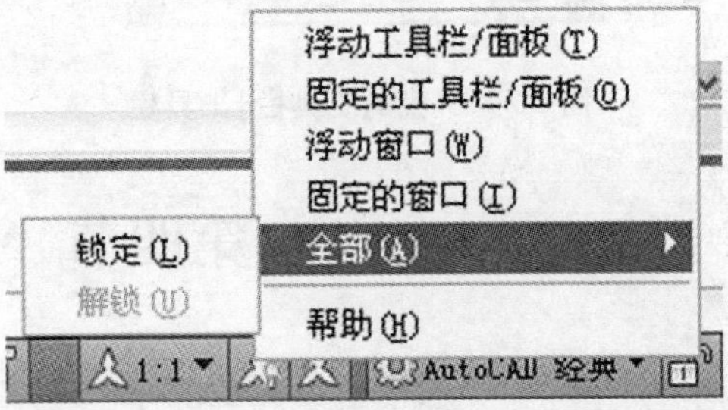

图 2-23 通过锁定图标锁定工具栏

(四)自定义工具栏

用户可以向工具栏添加按钮、删除不常用的按钮,以及重新排列按钮和工具栏,还可以创建自己的工具栏,将常用的一些工具按钮放置到自己的工具栏上,并创建或更改与工具栏命令相关联的按钮图像。下面是一个自定义工具栏的常见操作方式。

创建一个名为“我的工具栏”的工具栏，该工具栏上包括“点的坐标”、“块编辑器”、“列表”等3个工具按钮，以及“图层”、“标注”、“绘图”、“样式”及“对象捕捉”等5个弹出式工具按钮。操作方法如下：

(1)选择“工具”|“自定义”|“界面”选项，打开“自定义用户界面”对话框。

(2)在左边的“自定义”窗格的下拉列表中选择“所有自定义文件”选项。

(3)在“自定义”窗格的列表框的“工具栏”节点上右击，从显示的快捷菜单中选择“新建工具栏”选项，输入该工具栏的名称为“我的工具栏”。也可以在右边的“特性”窗格的“名称”选项中输入该名称。

(4)在左边“自定义”选项卡下方的“命令列表”窗格的下拉列表中，选择“工具”选项，在下面的列表框中将显示该选项中的所有命令。

(5)在“命令列表”窗格的列表框中，选中“点的坐标”命令，并用鼠标将其拖动到上面“自定义”窗格中“我的工具栏”工具栏上。这样，该工具栏上就创建好了一个工具按钮。

(6)用同样的方法，将“块编辑器”和“列表”两个命令拖动到“我的工具栏”工具栏上，就完成了3个工具按钮的创建。

(7)在“自定义”窗格列表框的“我的工具栏”工具栏上右击，选择“新建弹出”选项。这时，在“工具栏”主节点下和“我的工具栏”节点下，都将显示一个默认名称为“工具栏2”的工具栏，将该名称命名为“自己创建”。

(8)在“自定义”窗格中，选中“图层”工具栏，并将其拖动到“我的工具栏”|“自己创建”工具栏中，这样，一个弹出式的工具按钮就创建好了。

(9)用同样的方法，将“标注”、“绘图”、“样式”及“对象捕捉”等4个工具栏拖动到“自己创建”工具栏中，创建出它们的弹出式工具栏。

(10)在“自定义用户界面”对话框中，单击“确定”按钮，完成自定义工具栏的创建。结果如图2-24、图2-25所示。

图2-24 “我的工具栏”工具栏

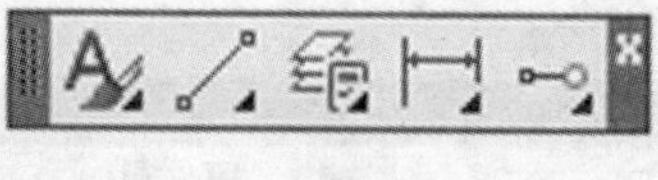

图2-25 “自己创建”工具栏

第四节 使用坐标系

在绘图过程中，想要精确定位某个对象时，必须以某个坐标系作为参照，以便精确地拾取点的位置。在AutoCAD 2010中，坐标系分世界坐标系(WCS)和用户坐标系(UCS)两种。用户可以在两种坐标系下通过坐标(x,y)来精确定位点。

一、认识坐标系

开始绘图时，系统默认的坐标系为世界坐标系，它包括X轴和Y轴，如果在三维空间工作，还有一个Z轴。其中，X轴的正方向为水平向右；Y轴的正方向为垂直向上；Z轴的正方向为垂直于XY平面向外，坐标原点位于绘图区的左下角。当用户绘制图形时，图形中的任何一点都是用相对于坐标原点(0,0,0)的距离和方向来表示的。

WCS是一种固定坐标系,它的坐标原点始终位于图形窗口的左下角,尽管可通过图形的显示操作来改变其坐标系原点的显示位置,但该坐标系原点的真实位置在绘图过程中仍保持不变。当WCS位于绘图窗口的左下角时,其显示状态如图2-26所示。通过图形的显示操作,使WCS的坐标原点不在绘图窗口的左下角时,坐标系的显示状态如图2-27所示,这也是位于原点(0,0,0)处的UCS图标。

有时候,在绘制复杂图形或三维图形时,如果只使用WCS,用户可能会感到非常不方便。为了能够更好地辅助绘图,经常需要修改坐标系的原点和方向,这时就要用到UCS。在绘图过程中,UCS可以改变原点的位置和各坐标轴的方向,以便确定图形中各点的位置。当WCS的原点或各坐标轴的方向发生变化时,WCS就转变成了UCS,如图2-28所示。在UCS中,X、Y、Z三坐标轴仍然保持相互垂直的状态。

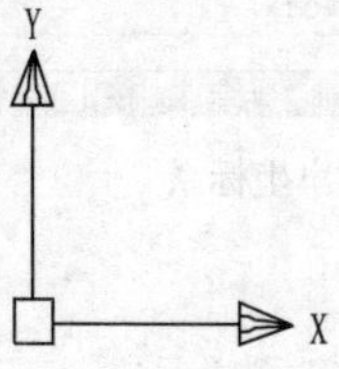

图2-26 左下角的WCS

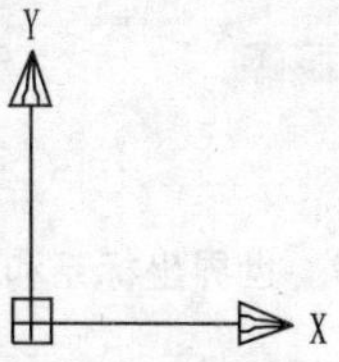

图2-27 其他位置的WCS

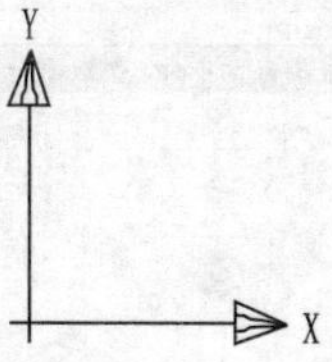

图2-28 UCS

下面是将世界坐标系改为用户坐标系的操作方法:

首先,选择菜单栏中的“工具”|“新建UCS”|“原点”命令。

命令行显示如下:

指定UCS的原点或[面(F)/命名(NA)/对象(OB)/上一个(P)/视图(V)/世界(W)/X/Y/Z轴(ZA)]<世界>:_O 指定新原点<0,0,0>:(在图2-29(a)中单击圆心O,将世界坐标系变为用户坐标系并移动到圆心O处,此时世界坐标系为用户坐标系,O点成了新坐标系的原点,如图2-29(b)所示)

二、坐标的表示方法

在AutoCAD 2010中,点的坐标可以使用绝对直角坐标、绝对极坐标、相对直角坐标和相对极坐标4种方法表示。

(一)绝对直角坐标

绝对直角坐标是指从(0,0)或(0,0,0)出发的位移。要使用绝对直角坐标时,可以通过命令行直接输入点的坐标值,其单位可以使用分数、小数或科学记数等形式表示,坐标之间用逗号隔开。

(二)绝对极坐标

绝对极坐标是指从(0,0)或(0,0,0)出发的位移,但给定的是距离和角度,其中距离和角度用“<”分开,而且规定X轴正方向为0°,Y轴正方向为90°。

(三)相对直角坐标和相对极坐标

相对坐标是指相对于某点的X轴和Y轴的位移,或者距离和角度。它的表示方法是在绝对坐标表达式前面加上“@”符号。其中,相对极坐标中的角度是新点和上一点的连

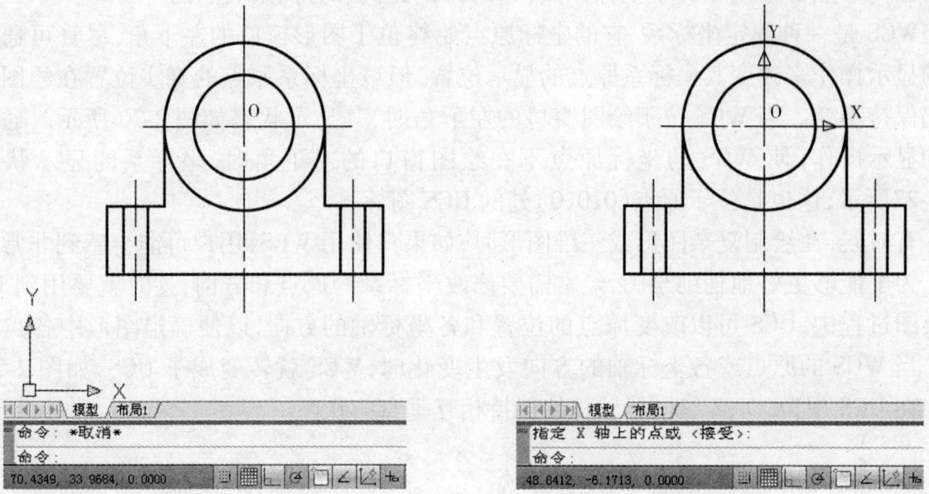

(a)世界坐标系　　　　(b)用户坐标系

图 2-29　世界坐标系和用户坐标系

线与 X 轴的夹角。

下面是使用坐标创建图形(如图 2-30 所示)的 4 种常见操作方式。

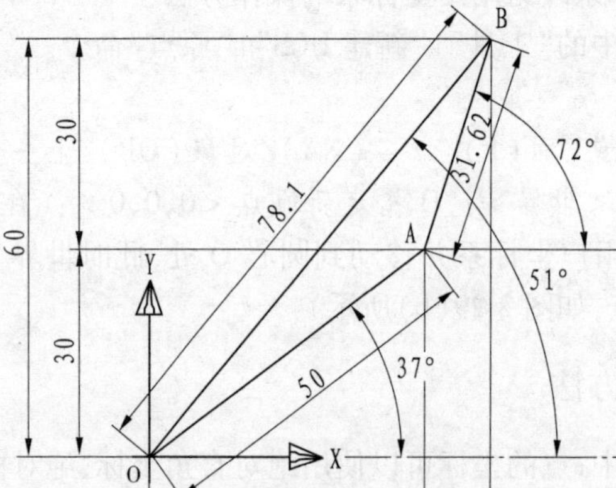

图 2-30　使用坐标创建图形

1. 使用绝对直角坐标

操作方法是:单击工具栏中的“直线”按钮。

命令行显示如下:

命令:_line 指定第一点:0,0(输入 O 点的直角坐标值,并回车)

指定下一点或[放弃(U)]:40,30(输入 A 点的直角坐标值,并回车)

指定下一点或[放弃(U)]:50,60(输入 B 点的直角坐标值,并回车)

指定下一点或[闭合(C)/放弃(U)]:C(输入 C,并回车,闭合三角形)

2. 使用绝对极坐标

操作方法是：单击工具栏中的“直线”按钮。

命令行显示如下：

命令：_line 指定第一点：0 <0（输入 O 点的极坐标值，并回车）

指定下一点或［放弃（U）］：50 <37（输入 A 点的极坐标值，并回车）

指定下一点或［放弃（U）］：78.1 <51（输入 B 点的极坐标值，并回车）

指定下一点或［闭合（C）/放弃（U）］：C

3. 使用相对直角坐标

操作方法是：单击工具栏中的“直线”按钮。

命令行显示如下：

命令：_line 指定第一点：0，0

指定下一点或［放弃（U）］：@ 40，30（输入 A 点相对于 O 点的相对直角坐标值，并回车）

指定下一点或［放弃（U）］：@ 10，30（输入 B 点相对于 A 点的相对直角坐标值，并回车）

指定下一点或［闭合（C）/放弃（U）］：C

4. 使用相对极坐标

操作方法是：单击工具栏中的“直线”按钮。

命令行显示如下：

命令：_line 指定第一点：0 <0

指定下一点或［放弃（U）］：@ 50 <37（输入 A 点相对于 O 点的相对极坐标值，并回车）

指定下一点或［放弃（U）］：@ 31.62 <72（输入 B 点相对于 A 点的相对极坐标值，并回车）

指定下一点或［闭合（C）/放弃（U）］：C

三、控制坐标的显示

当用户在绘图窗口中移动光标时，在默认情况下，状态栏上将会动态显示当前指针的坐标。在 AutoCAD 2010 中，坐标显示取决于所选择的模式和程序中运行的命令，一共有 3 种模式。

（1）模式“关”，即静态显示模式。此时坐标显示区呈灰色状态，显示值为上一个拾取点的绝对坐标。当鼠标移动时，它的显示值不能实时动态更新，只有在鼠标拾取新点时，显示值才会更新。但是，如果从键盘输入一个新点坐标，输入值将不会更新显示。

（2）模式“绝对”，即动态直角坐标模式。这是系统默认的显示模式，显示值随光标的移动而实时更新，此时的值为光标的绝对直角坐标。

（3）模式“相对”，即动态相对极坐标模式。该模式必须在已经绘制了一点的情况下才能使用。显示值为一个相对极坐标。选择这个方式时，如果当前处在拾取点状态，系统就会显示光标所在位置相对于上一个点的距离和角度。若离开拾取点状态，系统将自动恢复到模式“绝对”。

切换坐标显示模式的操作方式有：用鼠标左键循环单击状态栏坐标区；用鼠标右击状态栏坐标区，然后从弹出的快捷菜单中选择，如图 2-31 所示。

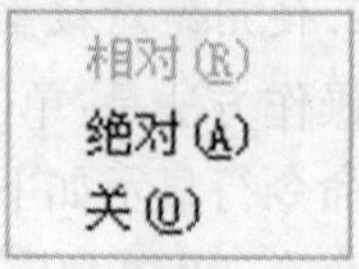

图 2-31　坐标区快捷菜单

四、创建与使用用户坐标系

在 AutoCAD 2010 中，用户可以用“工具”|“命名 UCS”命令命名用户坐标系，也可以选择“工具”|“新建 UCS”命令，利用其子菜单命令进行用户坐标系的创建等工作，如图 2-32所示。

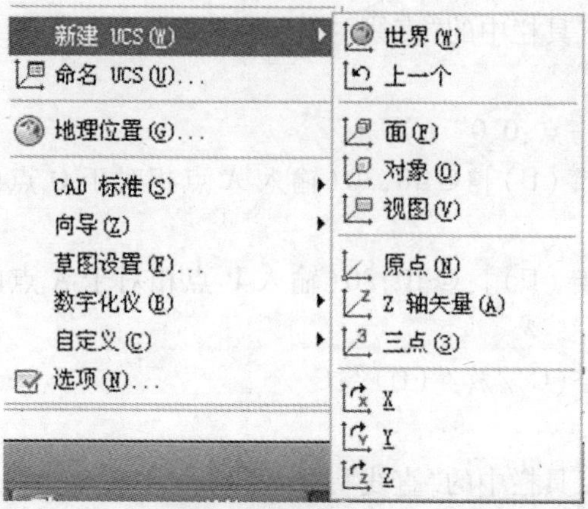

图 2-32　“工具”里的“新建 UCS”子菜单

(一) 命名 UCS

选择菜单栏中的“工具”|“命名 UCS”命令，打开“UCS”对话框，如图 2-33 所示。单击“命名 UCS”选项卡，用户可以在“当前 UCS”列表框中选中“世界”、“上一个”或其他 UCS 选项，然后单击“置为当前”按钮，便可将其设置为当前坐标系，此时，在该 UCS 前将显示“▶”标记。用户也可以单击“详细信息”按钮，在“UCS 详细信息”对话框中查看坐标系的详细信息，如图 2-34 所示。

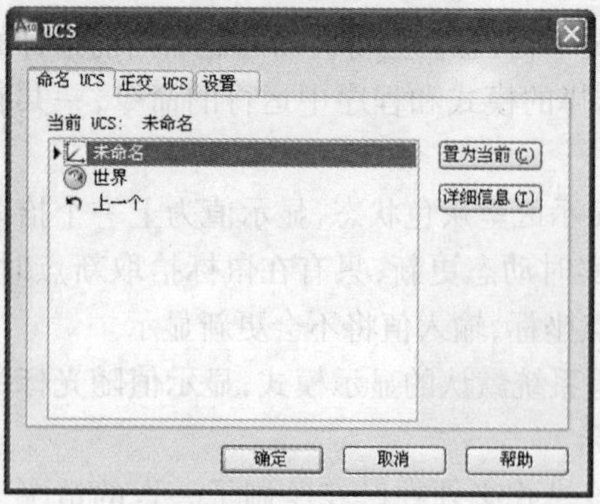

图 2-33　“UCS”对话框

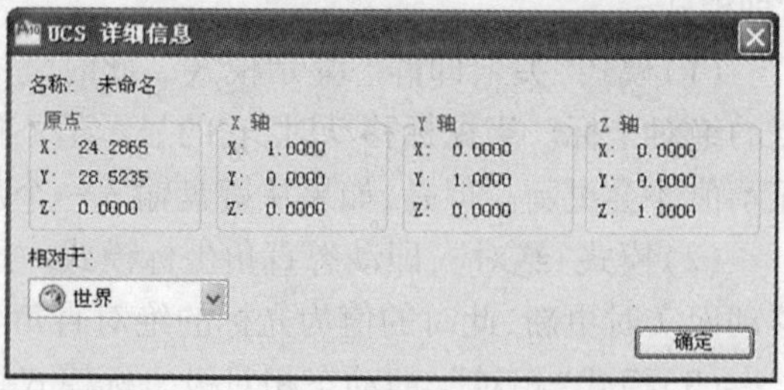

图 2-34　“UCS 详细信息”对话框

(二) 使用正交 UCS

选择菜单栏中的“工具”|“命名 UCS”命令，打开“UCS”对话框，如图 2-33 所示。选

择“正交 UCS”选项卡,如图 2-35 所示。AutoCAD 2010 提供了俯视、仰视、前视、后视、左视、右视等 6 个正交坐标系。只要选择任意一个,就可以将当前用户坐标系设置与所选正交坐标系对齐。

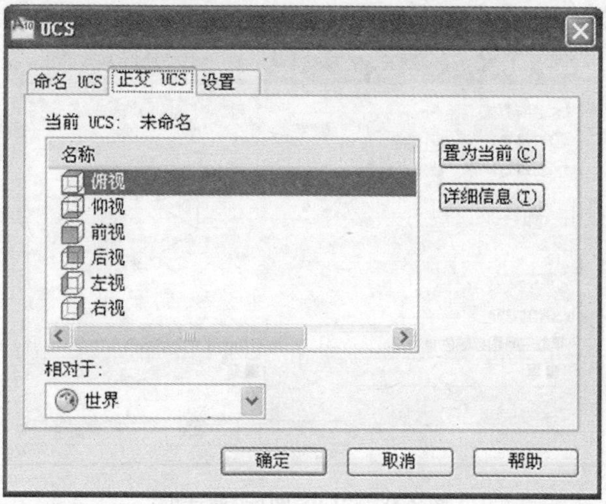

图 2-35 “正交 UCS”选项卡

(三)设置 UCS

选择菜单栏中的“工具”|“命名 UCS”命令,打开“UCS”对话框,如图 2-33 所示。选择“设置”选项卡,如图 2-36 所示。用户可以在“UCS 图标设置”和“UCS 设置”选项组中设置 UCS 图标是否为开、UCS 原点是否显示、是否应用到所有活动视口,以及 UCS 是否与视口一起保存、修改 UCS 时是否更新平面视图等。

此外,用户还可以通过选择“视图”|“显示”|“UCS 图标”子菜单中的命令,控制坐标系图标的可见性及显示方式,如图 2-37 所示。

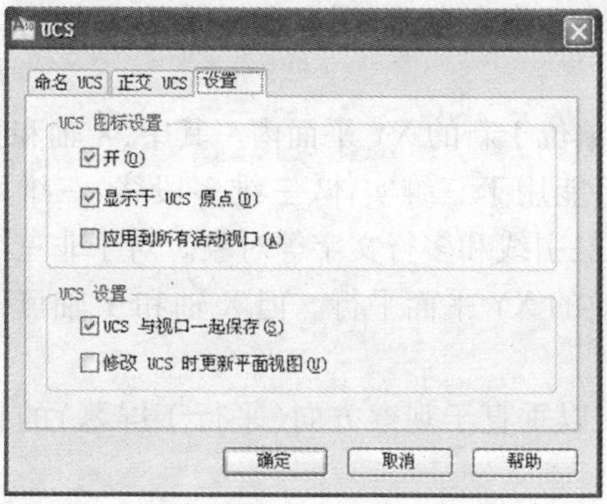

图 2-36 “设置”选项卡

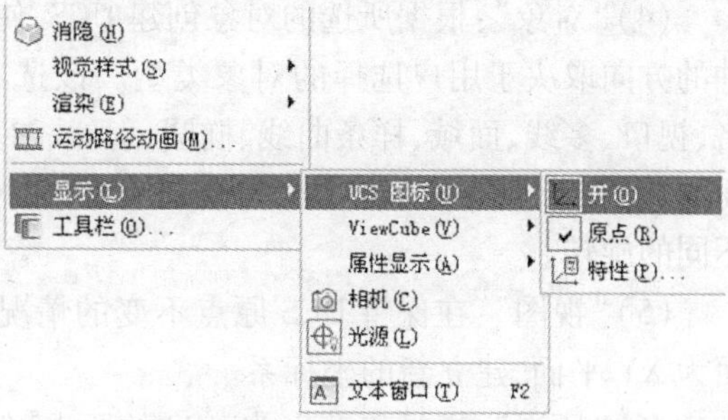

图 2-37 “UCS 图标”子菜单

下面对图 2-37 中的子菜单命令作简单介绍。

(1)“开”:选中该命令,可以在当前视口中打开 UCS 图符显示;否则,UCS 图符不在当前视口中显示。

(2)“原点”:选中该命令,可以在当前坐标系的原点处显示 UCS 图符;否则,可以在视口的左下角显示 UCS 图符,但不考虑当前坐标系的原点。

(3)“特性”:选中该命令,可打开“UCS 图标”对话框,如图 2-38 所示。用户可以从中设置 UCS 图标样式、大小、颜色及布局选项卡图标颜色。

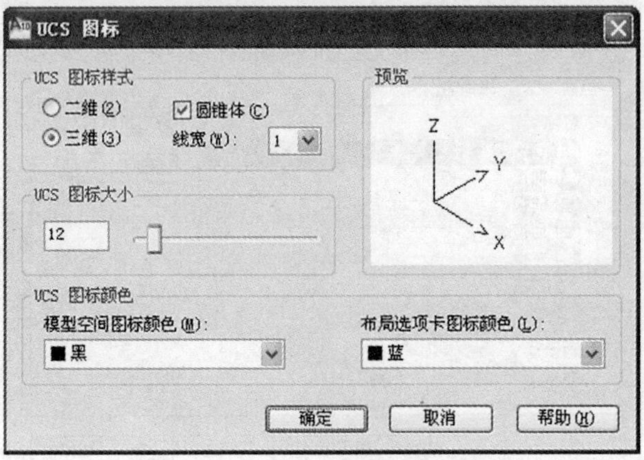

图 2-38 “UCS 图标”对话框

(四)新建 UCS

选择“工具”|“新建 UCS”命令,如图 2-32 所示,用户可利用其子菜单命令方便地创建 UCS。

下面对其子菜单命令作简单介绍。

(1)“世界”:将当前的 UCS 切换到默认的 WCS。WCS 是所有 UCS 的基准,不能被重新定义。

(2)“上一个”:打开上一次保存的 UCS。

(3)“面”:将用户坐标系与实体对象的选中面对齐。用户若要选择一个面,可以在该面的边界内或面的边界上单击鼠标左键,被选中的面将会亮显,用户坐标系的 X 轴将会与找到的第一个面上的最近的边对齐。

(4)“对象”:根据所选的对象创建 UCS,使对象位于新的 XY 平面内。其中,X 轴和 Y 轴的方向取决于用户选择的对象类型。该选项不能用于三维实体、三维多段线、三维网格、视口、多线、面域、样条曲线、椭圆、射线、参照线、引线和多行文字等对象。对于非三维面的对象,新 UCS 的 XY 平面与绘制该对象时生效的 XY 平面平行。但 X 轴和 Y 轴可作不同的旋转。

(5)“视图”:在保持 UCS 原点不变的情况下,以垂直于观察方向(平行于屏幕)的平面为 XY 平面,建立新的坐标系。

(6)“原点”:通过移动当前 UCS 的原点,保持其 X、Y、Z 三轴方向不变,从而定义新的 UCS。用户使用此命令可以在任何高度建立坐标系。如果没有给原点指定 Z 轴方向的坐标值,则将使用当前标高。

(7)“Z 轴矢量”:用特定的 Z 轴正半轴定义 UCS。这时,用户必须选择两点,第一点作为新坐标系的原点,第二点则决定 Z 轴的正向,XY 平面垂直于新的 Z 轴。

(8)“三点”:用户可以通过在 3D 空间的任意位置指定 3 点,来确定新 UCS 原点及其 X、Y 轴的正方向,而 Z 轴则由右手定则来确定。其中,第一点确定了坐标系的原点,第二、三点分别确定了 X、Y 轴的正方向。

(9)“X”/“Y”/“Z”:旋转当前的 UCS 轴来创建新的 UCS。在命令行提示中,可以输入正或负的角度以旋转 UCS,而该轴的正向则由右手定则来确定。

第五节　图形绘制

在工程设计过程中,绘制二维图形是最常见的工作,二维图形是加工、制造和施工的重要依据。AutoCAD 2010 软件具有强大的绘图功能,它能使二维图形的绘制更加快捷和准确。

二维平面图形的形状都很简单,创建起来也很容易,它们是整个 AutoCAD 的绘图基础。因此,只有熟练地掌握二维平面图形的绘制方法和技巧,才能够更好地绘制出复杂的图形。

选择二维图形命令的方法有 4 种:在经典菜单栏中选择“绘图”菜单中的命令;在“二维草图与注释”空间的“绘图”选项卡中选取绘图工具;在“AutoCAD 经典”空间的“绘图”工具栏上或“面板”选项板上选取二维绘图工具;在命令行中输入相关的绘图命令。

图 2-39 是“绘图”菜单中的绘制二维图形命令。

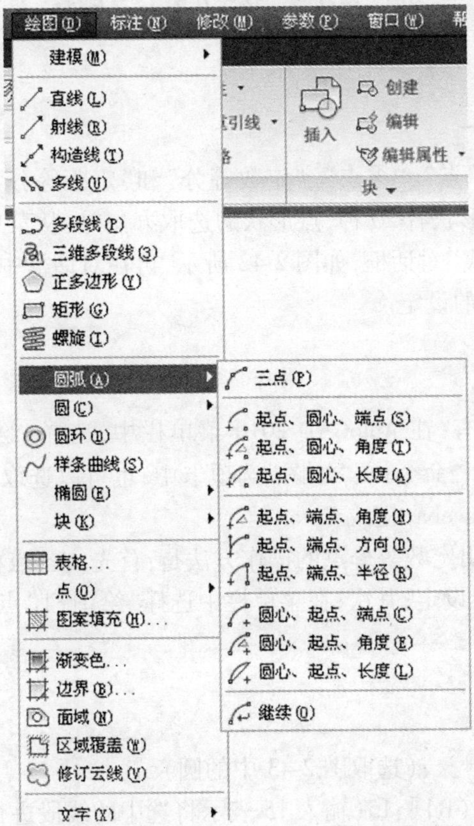

图 2-39　“绘图”菜单中的绘制二维图形命令

图 2-40 是“绘图”工具栏上的二维绘图工具。若在默认情况下系统没有打开“绘图”工具栏，则用右键单击“标准”工具栏，在弹出的快捷菜单中选取“绘图”命令，即可打开“绘图”工具栏。图 2-41 为“绘图”选项卡。

图 2-40 “绘图”工具栏上的二维绘图工具

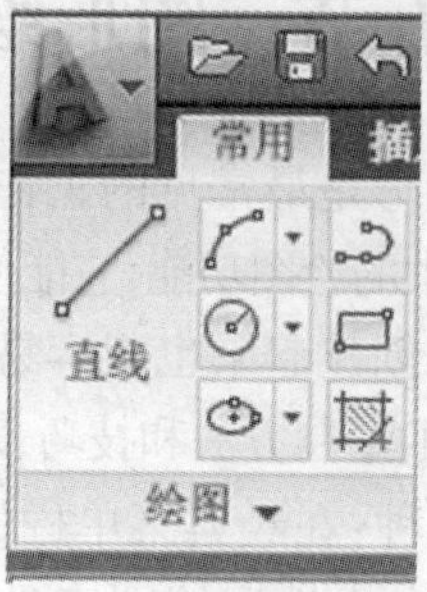

图 2-41 “绘图”选项卡

第六节　绘制点对象

一、点样式的设定

点对象可以通过“单点”、“多点”、“定数等分”和“定距等分”4 种方法进行创建。在 AutoCAD 2010 中，点的形状有 20 种，点形状的选取办法是：从菜单栏中选择“格式”|“点样式”命令，弹出“点样式”对话框，如图 2-42 所示，再在对话框中选取一种图案，单击“确定”按钮，即完成点样式的设定。

二、点的绘制

绘制点的操作方式有：在 AutoCAD 2010 菜单栏中，选择“绘图”|“点”命令；在“绘图”工具栏中，选取按钮 · 命令；在“绘图”选项卡中，也可以选取 · 按钮；在命令行中，输入 Point 命令，然后按 Spacebar 键或 Enter 键。

在选定的线段上画出定数等分点的操作方法是：首先，在“点样式”对话框（如图 2-42 所示）中对点的样式进行设定；其次，在菜单栏中选择“绘图”|“点”|“定数等分”命令，等分已知线段。

命令行显示如下：

命令：_divide

选择要定数等分的对象：（选取图 2-43 中的圆）

输入线段数目或［块(B)］：15（输入 15 表示将选中的线段进行 15 等分）

“定距等分”的操作方法与“定数等分”相似。

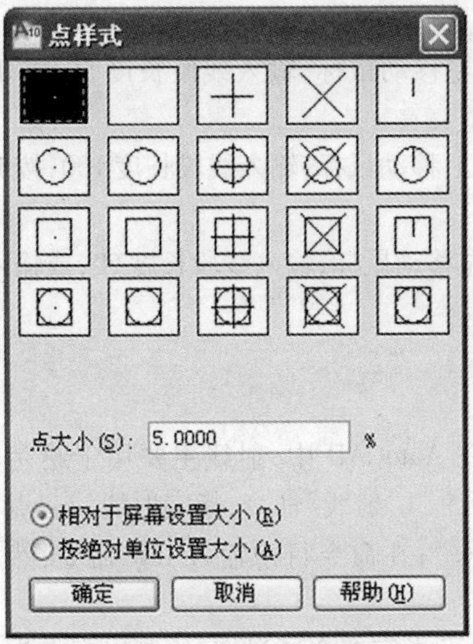

图 2-42 “点样式”对话框

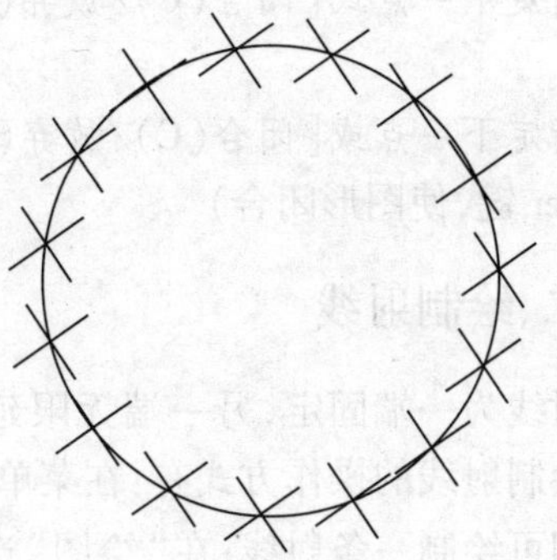

图 2-43 定数等分点

第七节 绘制直线、射线和构造线

图形由对象组成,可以使用定点设备指定点的位置或者在命令行输入坐标值来绘制对象。在 AutoCAD 中,直线、射线和构造线是最简单的一组线性对象。

一、绘制直线

点和直线都是组成图形的重要基本元素。绘制直线的操作方式有:在菜单栏中选择“绘图”|“直线”命令;在“绘图”工具栏中单击“直线”按钮;在“绘图”选项卡中单击;在命令行中输入 Line(或 L)命令,然后按 Spacebar 键或 Enter 键。

下面用直线命令来绘制如图 2-44 所示的平面图形。命令行提示如下:

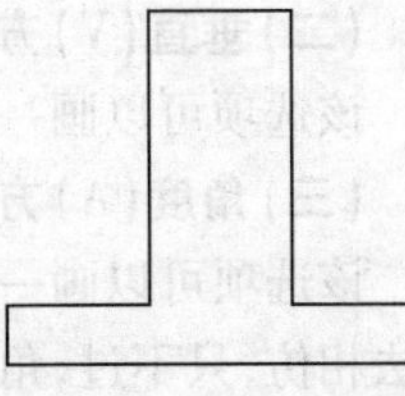

图 2-44 平面图形

命令:_line 指定第一点:(选择直线命令后,用鼠标在绘制区中单击,确定图形绘制的起点)

指定下一点或[放弃(U)]:<正交开>100(在屏幕上单击,并向下移动鼠标,输入线段长度 100,按 Enter 键。如正交模式未打开,可先按 F8 键打开正交模式)

指定下一点或[放弃(U)]:50(向左移动鼠标,输入线段长度 50,按 Enter 键)

指定下一点或[闭合(C)/放弃(U)]:20(向左移动鼠标,输入线段长度 20,按 Enter 键)

指定下一点或[闭合(C)/放弃(U)]:150(向右移动鼠标,输入线段长度 150,按 Enter 键)

指定下一点或[闭合(C)/放弃(U)]:20(向上移动鼠标,输入线段长度 20,按 Enter

键)

指定下一点或[闭合(C)/放弃(U)]:50(向左移动鼠标,输入线段长度 50,按 Enter 键)

指定下一点或[闭合(C)/放弃(U)]:100(向上移动鼠标,输入线段长度 100,按 Enter 键)

指定下一点或[闭合(C)/放弃(U)]:50(向左移动鼠标,输入线段长度 50,或输入 C,按 Enter 键,使图形闭合)

二、绘制射线

射线为一端固定,另一端无限延伸的直线,在 AutoCAD 中,射线主要用于绘制辅助线。绘制射线的操作方式有:在菜单栏中选择“绘图”|“射线”命令,指定射线的起点和通过点即可绘制一条射线;在“绘图”选项卡中单击;在命令行中输入 Ray 命令,然后按 Spacebar 键或 Enter 键。

指定射线的起点后,可在“指定通过点:”提示下指定多个通过点,绘制以起点为端点的多条射线,直到按 Esc 键或 Enter 键退出为止。

三、绘制构造线

构造线为两端可以无限延伸的直线,没有起点和终点,可以放置在三维空间的任何地方,在 AutoCAD 中,构造线主要用于绘制辅助线。绘制构造线的操作方式有:在菜单栏中选择“绘图”|“构造线”命令;在“AutoCAD 经典”空间的“绘图”工具栏中,或“二维草图与注释”空间的“绘图”选项卡中,单击“构造直线”按钮;在命令行中输入 Xline 命令,然后按 Spacebar 键或 Enter 键。

绘制构造线的方式有以下几种。

(一)水平(H)方式

该选项可以画一条或多条通过指定点且平行于 X 轴的构造线。

(二)垂直(V)方式

该选项可以画一条或多条通过指定点且平行于 Y 轴的构造线。

(三)角度(A)方式

该选项可以画一条或多条指定角度的构造线。垂直和角度方式的构造线与水平方式画法相仿,只不过,角度方式中输入的数值表示所绘构造线的倾斜角度值。

选择构造线命令后,命令行提示如下:

命令:_xline 指定点或[水平(H)/垂直(V)/角度(A)/二等分(B)/偏移(O)]:A(输入 A 表示以角度方式画构造线)

输入构造线的角度(0)或[参照(R)]:50(输入 50 表示构造线的倾斜角度值为 50°)

指定通过点:(选取图 2-45 中的点 2)

所得构造线如图 2-45 中的构造线 1。

(四)二等分(B)方式

该选项可以画角平分线(不在同一条直线上的三点构成的角)或多条构造线。

选择构造线命令后，命令行提示如下：

命令：_xline 指定点或[水平(H)/垂直(V)/角度(A)/二等分(B)/偏移(O)]：B(输入 B 表示以二等分方式画构造线)

指定角的顶点：(选取图 2-45 中的点 1)

指定角的起点：(选取图 2-45 中的点 2)

指定角的端点：(选取图 2-45 中的点 3)

指定角的端点：(按 Enter 键结束绘制)

所得构造线如图 2-45 中的构造线 2。

(五)偏移(O)方式

该选项可以画一条或多条平行于已知直线的构造线。

选择构造线命令后，命令行提示如下：

命令：_xline 指定点或[水平(H)/垂直(V)/角度(A)/二等分(B)/偏移(O)]：O(输入 O 表示以偏移方式画构造线)

指定偏移距离或[通过(T)]<通过>：60(输入偏移距离 60)

选择直线对象：(选取图 2-45 中的直线 4)

指定向哪侧偏移：(在直线 4 的右侧单击，按 Enter 键结束绘制)

所得构造线如图 2-45 中的构造线 3。

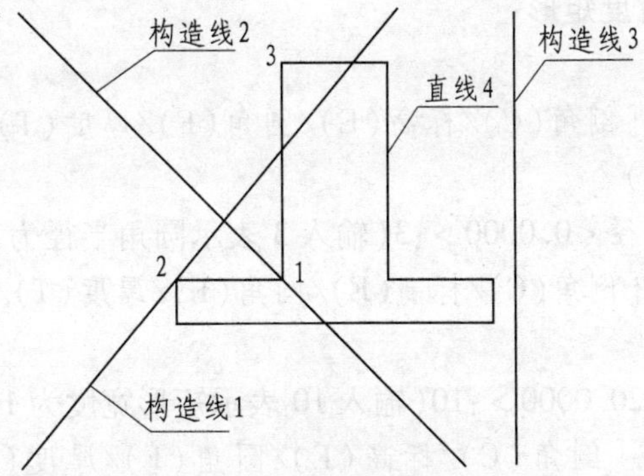

图 2-45　构造线的绘制

第八节　绘制矩形和正多边形

在 AutoCAD 中，矩形及正多边形的各边并非单一对象，它们构成一个单独的对象。使用 Rectang 命令可以绘制矩形，使用 Polygon 命令可以绘制多边形。

一、绘制矩形

用矩形命令不仅可绘制出直角矩形，还可绘制出倒角矩形、圆角矩形、厚度矩形、宽度矩形等多种矩形，如图 2-46 所示。

操作方式如下：在菜单栏中选择“绘图”|“矩形”命令；在“AutoCAD 经典”空间的“绘图”工具栏中，或“二维草图与注释”空间的“绘图”选项卡中，单击“矩形”按钮▭；在命令

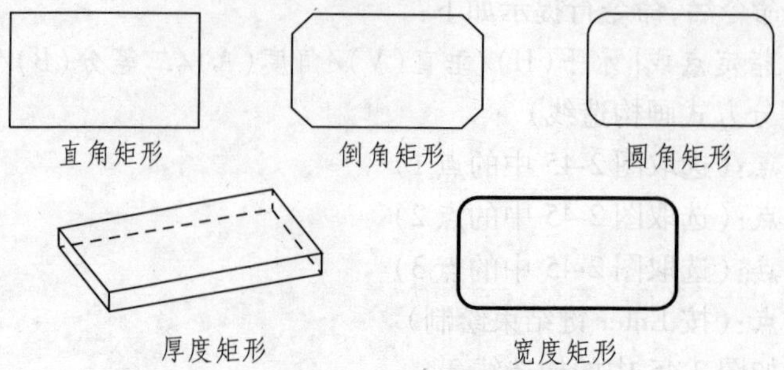

图 2-46　矩形样式

行中，输入 Rectang（或 REC）命令，然后按 Spacebar 键或 Enter 键。

绘制矩形的方式有以下几种。

（一）默认方式画直角矩形

命令：_rectang

指定第一个角点或［倒角（C）/标高（E）/圆角（F）/厚度（T）/宽度（W）］：（选取图 2-47（a）中的点 1）

指定另一个角点或［面积（A）/尺寸（D）/旋转（R）］：（选取图 2-47（a）中的点 2）

所得矩形如图 2-47（a）所示。

（二）圆角方式画宽度矩形

命令：_rectang

指定第一个角点或［倒角（C）/标高（E）/圆角（F）/厚度（T）/宽度（W）］：F（输入 F 表示以圆角方式画矩形）

指定矩形的圆角半径 <0.0000>：3（输入 3 表示圆角半径为 3）

指定第一个角点或［倒角（C）/标高（E）/圆角（F）/厚度（T）/宽度（W）］：W（输入 W 表示画宽度矩形）

指定矩形的线宽 <20.0000>：10（输入 10 表示矩形宽度为 10）

指定第一个角点或［倒角（C）/标高（E）/圆角（F）/厚度（T）/宽度（W）］：（选取图 2-47（b）中的点 1）

指定另一个角点或［面积（A）/尺寸（D）/旋转（R）］：（选取图 2-47（b）中的点 2）

所得矩形如图 2-47（b）所示。

（三）倒角方式画宽度旋转矩形

命令：_rectang

指定第一个角点或［倒角（C）/标高（E）/圆角（F）/厚度（T）/宽度（W）］：C（输入 C 表示以倒角方式画矩形）

指定矩形的第一个倒角距离 <3.0000>：3（输入 3 表示倒角距离为 3）

指定矩形的第二个倒角距离 <3.0000>：3（输入 3 表示倒角距离为 3）

指定第一个角点或［倒角（C）/标高（E）/圆角（F）/厚度（T）/宽度（W）］：W（输入 W 表示画宽度矩形）

指定矩形的线宽 <20.0000>：10（输入 10 表示矩形宽度为 10）

指定第一个角点或[倒角(C)/标高(E)/圆角(F)/厚度(T)/宽度(W)]:(选取图2-47(c)中的点1)

指定另一个角点或[面积(A)/尺寸(D)/旋转(R)]:R(输入R表示以旋转方式画矩形)

指定旋转角度或[拾取点(P)]<30>:45(输入45表示旋转角度值为45°)

指定另一个角点或[面积(A)/尺寸(D)/旋转(R)]:(选取图2-47(c)中的点2)

所得矩形如图2-47(c)所示。

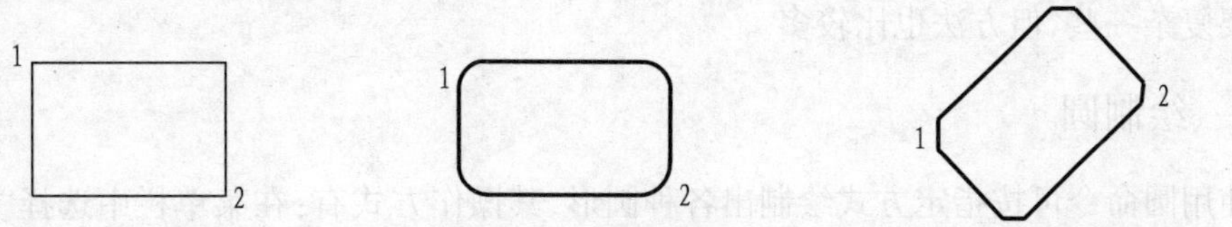

(a)默认方式画直角矩形　(b)圆角方式画宽度矩形　(c)倒角方式画宽度旋转矩形

图2-47　矩形绘制

二、绘制正多边形

使用正多边形命令可按指定方式绘制出边数为3~1024的正多边形。正多边形的操作方式有:在菜单栏中选择“绘图”|“正多边形”命令;在“AutoCAD经典”空间的“绘图”工具栏中,或“二维草图与注释”空间的“绘图”选项卡中,单击“正多边形”按钮;在命令行中输入Polygon命令,然后按Spacebar键或Enter键。

绘制正多边形的方式有以下几种。

(一)默认方式画正多边形

命令:_polygon 输入边的数目<6>:6

指定正多边形的中心点或[边(E)]:(选取图2-48(a)中的点1为中心点)

输入选项[内接于圆(I)/外切于圆(C)]<I>:I(输入I表示画内接正多边形)

指定圆的半径:20(输入20表示内接圆半径为20)

所得正多边形如图2-48(a)所示。

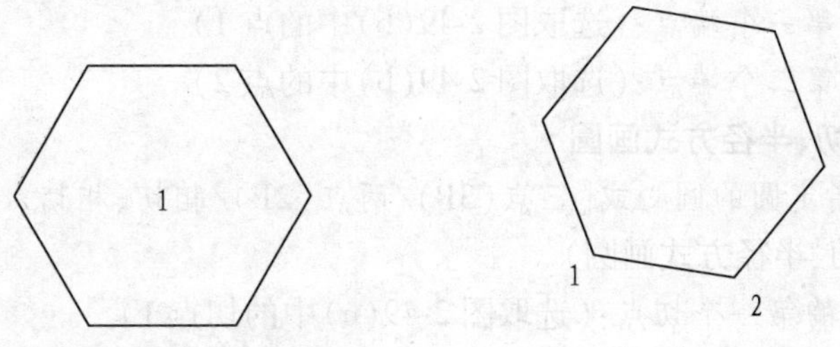

(a)默认方式画正多边形　(b)边方式画正多边形

图2-48　正多边形绘制

(二)边方式画正多边形

命令:_polygon 输入边的数目<6>:6

指定正多边形的中心点或[边(E)]:E(输入E表示以边方式画正多边形)

指定边的第一个端点:(选取图 2-48(b)中线段 12 的端点 1)

指定边的第二个端点:(选取图 2-48(b)中线段 12 的端点 2)

所得正多边形如图 2-48(b)所示。

第九节　绘制圆、圆弧、椭圆和椭圆弧

在 AutoCAD 2010 中,圆、圆弧、椭圆和椭圆弧都属于曲线对象,其绘制方法相对线性对象要复杂一些,但方法也比较多。

一、绘制圆

使用圆命令可按指定方式绘制出各种圆形,其操作方式有:在菜单栏中选择“绘图”|“圆”命令中的子命令;在“AutoCAD 经典”空间的“绘图”工具栏中,或“二维草图与注释”空间的“绘图”选项卡中,单击“圆”按钮;在命令行中输入 Circle 命令,然后按 Spacebar 键或 Enter 键。

在 AutoCAD 2010 中,可以使用 6 种方法绘制圆,分别是:指定圆心和半径,指定圆心和直径,指定两点,指定三点,指定两个相切对象和半径,指定三个相切对象。下面是常见的几种画圆方式。

(一)三点方式画圆

命令:_circle 指定圆的圆心或[三点(3P)/两点(2P)/相切、相切、半径(T)]:3P(输入 3P 表示以三点方式画圆)

指定圆上的第一个点:(选取图 2-49(a)中的点 1)

指定圆上的第二个点:(选取图 2-49(a)中的点 2)

指定圆上的第三个点:(选取图 2-49(a)中的点 3)

(二)两点方式画圆

命令:_circle 指定圆的圆心或[三点(3P)/两点(2P)/相切、相切、半径(T)]:2P(输入 2P 表示以两点方式画圆)

指定圆直径的第一个端点:(选取图 2-49(b)中的点 1)

指定圆直径的第二个端点:(选取图 2-49(b)中的点 2)

(三)相切、相切、半径方式画圆

命令:_circle 指定圆的圆心或[三点(3P)/两点(2P)/相切、相切、半径(T)]:T(输入 T 表示以相切、相切、半径方式画圆)

指定对象与圆的第一个切点:(选取图 2-49(c)中的切点 1)

指定对象与圆的第二个切点:(选取图 2-49(c)中的切点 2)

指定圆的半径 <11.9933>:10(输入 10 表示圆的半径为 10)

二、绘制圆弧

使用圆弧命令可按指定方式绘制出各种圆弧,其操作方式有:在菜单栏中选择“绘图”|“圆弧”命令中的子命令;在“AutoCAD 经典”空间的“绘图”工具栏中,或“二维草图

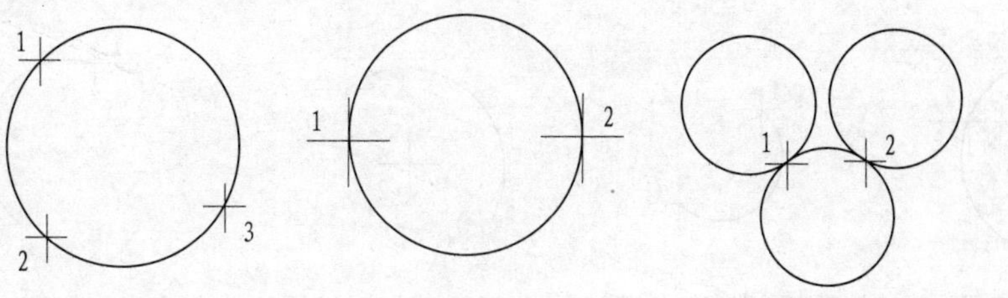

(a)三点方式　(b)两点方式　(c)相切、相切、半径方式

图 2-49　圆的绘制

与注释"空间的"绘图"选项卡中,单击"圆弧"按钮;在命令行中输入 Arc 命令,然后按 Spacebar 键或 Enter 键。

在 AutoCAD 2010 中,圆弧的绘制方法有 11 种。下面选取几种常见的方式进行介绍。

(一)默认方式画圆弧

命令:_arc 指定圆弧的起点或[圆心(C)]:(选取图 2-50(a)中的点 1)

指定圆弧的第二个点或[圆心(C)/端点(E)]:(选取图 2-50(a)中的点 2)

指定圆弧的端点:(选取图 2-50(a)中的点 3)

(二)起点、端点、角度方式画圆弧

命令:_arc 指定圆弧的起点或[圆心(C)]:(选取图 2-50(b)中的点 1)

指定圆弧的第二个点或[圆心(C)/端点(E)]:E(输入 E 表示以端点方式画圆弧)

指定圆弧的端点:(选取图 2-50(b)中的点 2)

指定圆弧的圆心或[角度(A)/方向(D)/半径(R)]:A(输入 A 表示以角度方式画圆弧)

指定包含角:60(输入 60 表示圆弧角度为 60°)

(三)起点、圆心、弦长方式画圆弧

该命令从起点开始,沿逆时针方向画指定圆弧弦长的圆弧,当指定弦长为正值时,所绘制的圆弧小于半圆,当指定弦长为负值时,所绘制的圆弧大于半圆。

命令:_arc 指定圆弧的起点或[圆心(C)]:(选取图 2-50(c)中的点 1)

指定圆弧的第二个点或[圆心(C)/端点(E)]:C(输入 C 表示以圆心方式画圆弧)

指定圆弧的圆心:(选取图 2-50(c)中的点 2 作为圆心)

指定圆弧的端点或[角度(A)/弦长(L)]:L(输入 L 表示以弦长方式画圆弧)

指定弦长:80(输入 80 表示指定弦长为 80)

(四)起点、端点、半径方式画圆弧

命令:_arc 指定圆弧的起点或[圆心(C)]:(选取图 2-50(d)中的点 1)

指定圆弧的第二个点或[圆心(C)/端点(E)]:E(输入 E 表示以端点方式画圆弧)

指定圆弧的端点:(选取图 2-50(d)中的点 2)

指定圆弧的圆心或[角度(A)/方向(D)/半径(R)]:R(输入 R 表示以半径方式画圆弧)

指定圆弧的半径:15(输入 15 表示所画圆弧半径为 15)

以常见方式所画的圆弧分别如图 2-50(a)~(d)所示。

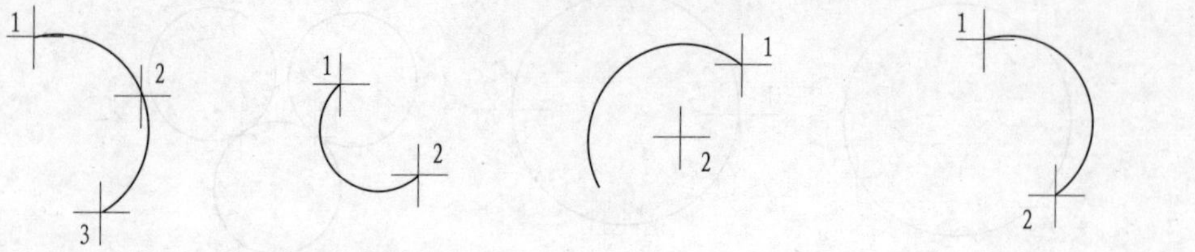

(a)默认方式　(b)起点、端点、角度方式　(c)起点、圆心、弦长方式　(d)起点、端点、半径方式

图 2-50　圆弧的绘制

三、绘制椭圆

椭圆的绘制方式有：在菜单栏中选择"绘图"|"椭圆"|"中心点"命令，指定椭圆中心、一个轴的端点（主轴）以及另一个轴的半轴长度绘制椭圆；选择"绘图"|"椭圆"|"轴、端点"命令，指定一个轴的两个端点（主轴）和另一个轴的半轴长度绘制椭圆；在"AutoCAD 经典"空间的"绘图"工具栏中，或"二维草图与注释"空间的"绘图"选项卡中，单击"椭圆"按钮；在命令行中输入 Ellipse 命令，然后按 Spacebar 键或 Enter 键。

（一）默认方式画椭圆

命令：_ellipse

指定椭圆的轴端点或[圆弧(A)/中心点(C)]：（选取图 2-51(a)中的点 1）

指定轴的另一个端点：（选取图 2-51(a)中的点 2）

指定另一条半轴长度或[旋转(R)]：（指定图 2-51(a)中的点 3 确定另一条半轴长度）

（二）中心点方式画椭圆

命令：_ellipse

指定椭圆的轴端点或[圆弧(A)/中心点(C)]：C（输入 C 表示以中心点方式画椭圆）

指定椭圆的中心点：（选取图 2-51(b)中的点 1 为中心点）

指定轴的端点：（选取图 2-51(b)中的点 2）

指定另一条半轴长度或[旋转(R)]：（指定图 2-51(b)中的点 3 确定另一条半轴长度）

(a)默认方式　(b)中心点方式

图 2-51　椭圆的绘制

（三）旋转方式画椭圆

命令：_ellipse

指定椭圆的轴端点或[圆弧(A)/中心点(C)]：（选取图 2-52(a)中的点 1）

指定轴的另一个端点:(选取图 2-52(a)中的点 2)

指定另一条半轴长度或[旋转(R)]:R(输入 R 表示以旋转方式画椭圆)

指定绕长轴旋转的角度:30(输入 30 表示旋转角度为 30°)

所得结果如图 2-52(a)所示。当将旋转角度设为 120°时,所得结果如图 2-52(b)所示。

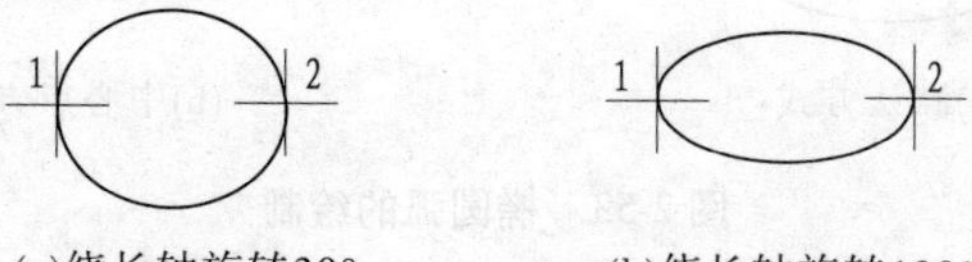

(a)绕长轴旋转30°　　(b)绕长轴旋转120°

图 2-52　旋转方式画椭圆

四、绘制椭圆弧

在 AutoCAD 2010 中,椭圆弧的绘图命令和椭圆的绘图命令都是 Ellipse,但命令行的提示不同。椭圆弧的绘制方式有:在菜单栏选择“绘图”|“椭圆”|“圆弧”命令;在“AutoCAD 经典”空间的“绘图”工具栏中,或“二维草图与注释”空间的“绘图”选项卡中,单击“椭圆弧”按钮。

下面是常见的椭圆弧的绘制方法举例。

(一)默认方式画椭圆弧

命令:_ellipse

指定椭圆弧的轴端点或[中心点(C)]:(指定图 2-53(a)中的点 1 作为椭圆轴的端点)

指定轴的另一个端点:(指定图 2-53(a)中的点 2 作为椭圆轴的另一个端点)

指定另一条半轴长度或[旋转(R)]:(指定图 2-53(a)中的点 3 确定另一条半轴的长度)

指定起始角度或[参数(P)]:0(输入 0 表示椭圆弧的起始角度为 0°)

指定终止角度或[参数(P)/包含角度(I)]:330(输入 330 表示椭圆弧的终止角度为 330°)

(二)中心点方式画椭圆弧

命令:_ellipse

指定椭圆弧的轴端点或[中心点(C)]:C(输入 C 表示以中心点方式画椭圆弧)

指定椭圆弧的中心点:(选取图 2-53(b)中的点 1 作为椭圆中心)

指定轴的端点:(选取图 2-53(b)中的点 2 作为轴的端点)

指定另一条半轴长度或[旋转(R)]:(指定图 2-53(b)中的点 3 确定另一条半轴的长度)

指定起始角度或[参数(P)]:0(输入 0 表示椭圆弧的起始角度为 0°)

指定终止角度或[参数(P)/包含角度(I)]:330(输入 330 表示椭圆弧的终止角度为 330°)

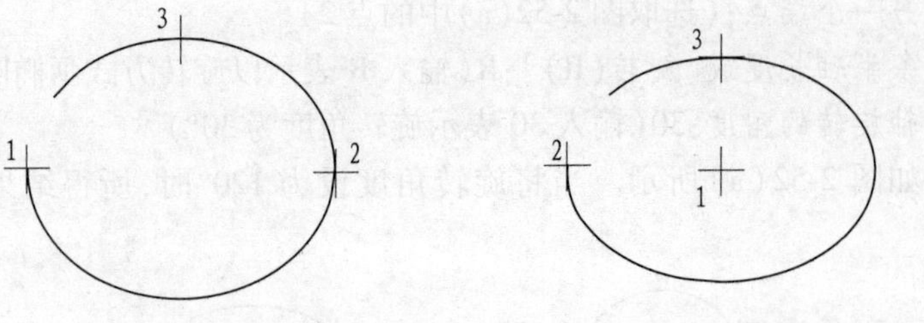

(a)默认方式　　(b)中心点方式

图 2-53　椭圆弧的绘制

五、绘制与编辑多线

多线是一种由多条平行线组成的组合对象。平行线之间的间距和数目是可以调整的，多线常用于绘制建筑图中的墙体、电子线路图等平行线对象。

在 AutoCAD 2010 中，多线可由 1 ~ 16 条平行线组成，这些平行线称为多线的元素。多线的特性包括：元素的总数和每个元素的位置、每个元素与多线中间的偏移距离、每个元素的颜色和线型、每个顶点出现的被称为 Joints 的直线的可见性、使用的封口类型等。图 2-54 列出了常见的几种多线封口。

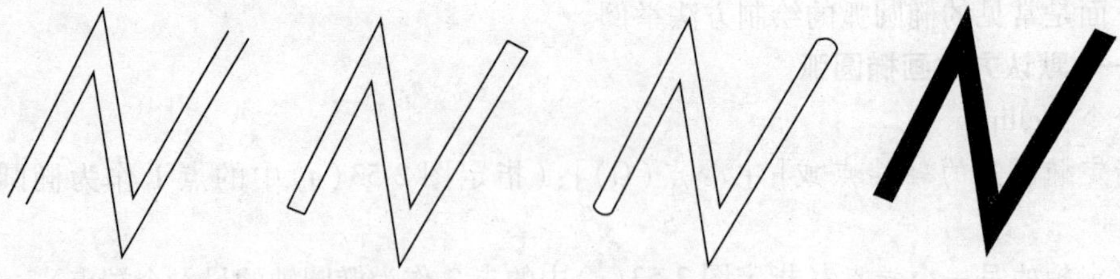

无封口　　直线封口　　圆弧封口　　直线封口并填充

图 2-54　常见的几种多线封口

绘制多线之前，可以修改或指定多线样式。利用“多线样式”对话框，可以新建一个多线样式，或者修改当前样式，也可以从多线库中加载已经定义的多线样式，还可以将当前的多线样式保存为一个多线样式文件（*. mln），并可对选定的用户多线样式进行重新命名。

（一）创建多线样式

在菜单栏中选择“格式”|“多线样式”命令，打开“多线样式”对话框，如图 2-55 所示。可以根据需要创建多线样式，设置其线条数目和线的拐角方式。

创建多线样式的步骤如下：

（1）单击“多线样式”对话框中的“新建”按钮，弹出“创建新的多线样式”对话框，在对话框中输入新样式名 MODEL1，如图 2-56 所示。

（2）在“创建新的多线样式”对话框中，单击“继续”按钮，将打开“新建多线样式”对话框，如图 2-57 所示，可分别设置多线的封口、多线的填充颜色、多线元素的特性（如偏移、颜色、线型）等。如果单击“置为当前”按钮，则可以将选定的样式设定当前样式。如

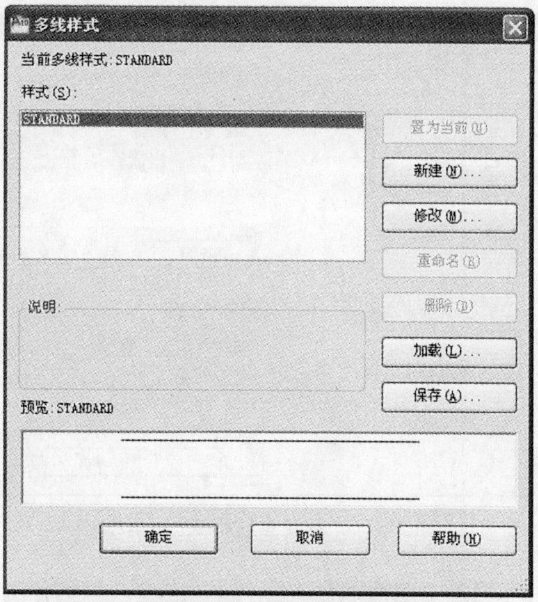

图 2-55 “多线样式”对话框

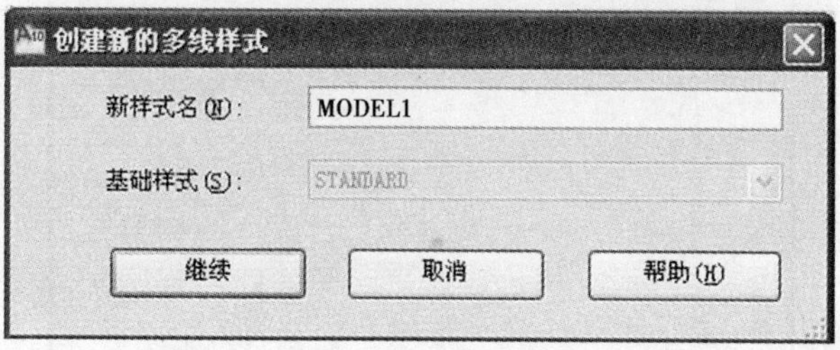

图 2-56 “创建新的多线样式”对话框

果要修改当前样式，可以单击“修改”按钮，打开“修改多线样式”对话框，以修改创建的多线样式。“修改多线样式”对话框与“新建多线样式”对话框中的内容完全相同，用户可参照创建多线样式的方法对多线样式进行修改。

（3）在“新建多线样式”对话框的“封口”选项组中，选中外弧的起点和端点复选框，并将多线的填充颜色设置为红色，单击“确定”按钮后，可返回到“多线样式”对话框，在预览窗口中能看到所创建的新样式效果，如图 2-58 所示。

（4）单击“多线样式”对话框中的“确定”按钮，完成新样式 MODEL1 的创建。

今后，在用样式方式画多线时，可输入已创建的多线样式名 MODEL1 来进行指定的多线绘制。

（二）绘制多线

绘制多线的方式有：在菜单栏中选择“绘图”|“多线”命令；在命令行输入 Mline 命令，然后按 Spacebar 键或 Enter 键。

1. 默认方式画多线

命令：_mline

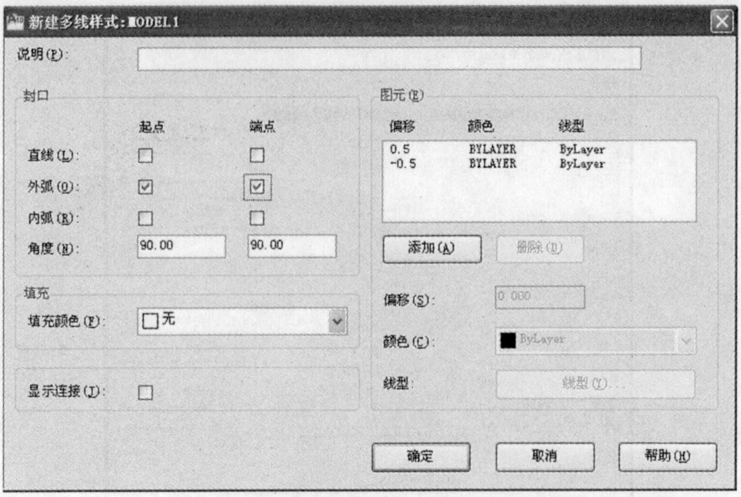

图 2-57 “新建多线样式”对话框

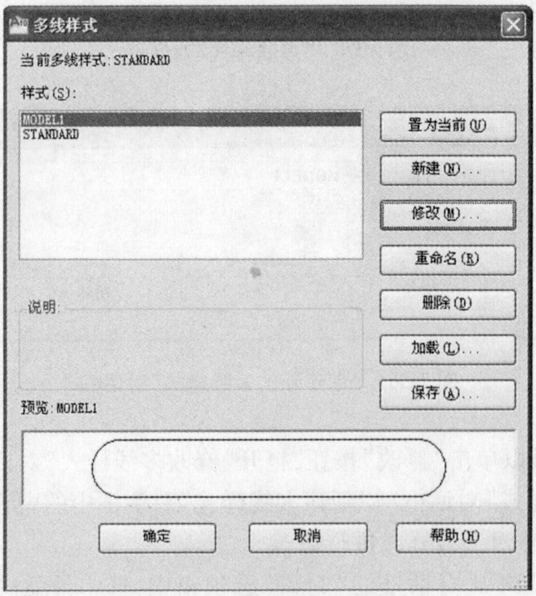

图 2-58 “多线样式”对话框

当前设置:对正 = 上,比例 = 20.00,样式 = STANDARD

指定起点或[对正(J)/比例(S)/样式(ST)]:(指定图 2-59 中的点 1 作为多线的起点)

指定下一点:(指定图 2-59 中的点 2)

指定下一点或[放弃(U)]:(指定图 2-59 中的点 3)

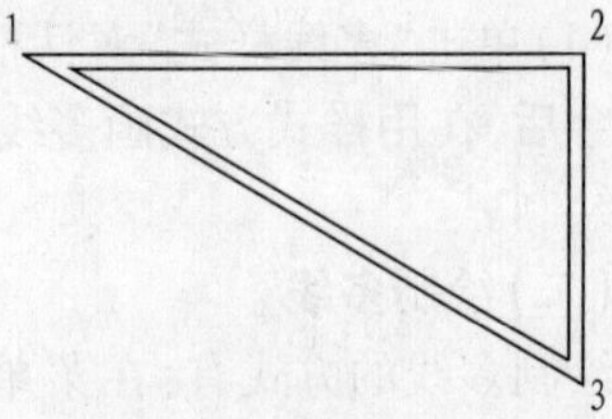

图 2-59 默认方式画多线

指定下一点或[闭合(C)/放弃(U)]:(按 Enter 键结束多线的绘制)

2. 对正方式画多线

对正类型有 3 种,分别如图 2-60 中的上类型、无类型和下类型。

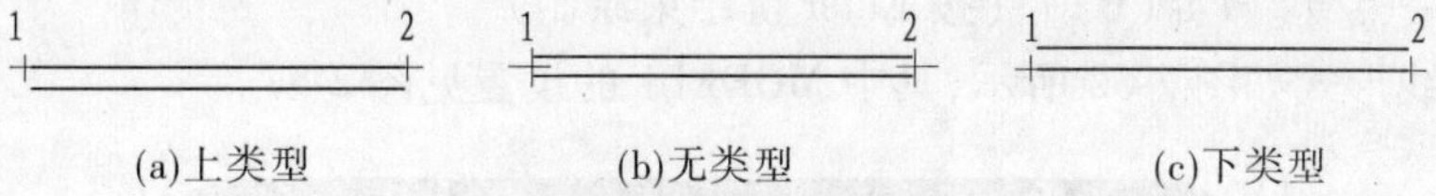

图 2-60　对正方式画多线

命令:_mline

当前设置:对正 = 下,比例 =20.00,样式 = STANDARD

指定起点或[对正(J)/比例(S)/样式(ST)]:J(输入 J 表示以对正方式画多线)

输入对正类型[上(T)/无(Z)/下(B)] < 下 > :T(输入 T 表示以对正方式中的上类型画多线)

当前设置:对正 = 上,比例 =20.00,样式 = STANDARD(设置后的当前参数)

指定起点或[对正(J)/比例(S)/样式(ST)]:(指定图 2-60 中的点 1 作为多线的起点)

指定下一点:(指定图 2-60 中的点 2)

指定下一点或[放弃(U)]:(按 Enter 键结束多线的绘制)

3. 比例方式画多线

该命令按指定的最外侧两线的间距画多线。命令行提示如下:

命令:_mline

当前设置:对正 = 上,比例 =20.00,样式 = STANDARD(默认设置)

指定起点或[对正(J)/比例(S)/样式(ST)]:S(输入 S 表示按比例方式画多线)

输入多线比例 <20.00 > :50(输入 50 表示最外侧两线的间距为 50)

当前设置:对正 = 上,比例 =50.00,样式 = STANDARD(设置后的当前参数)

指定起点或[对正(J)/比例(S)/样式(ST)]:(指定图 2-61 中的点 1 为起点)

指定下一点:(指定图 2-61 中的点 2)

指定下一点或[放弃(U)]:(按 Enter 键结束绘制)

所得多线如图 2-61 所示,其中图 2-61(a)比例为 20,图 2-61(b)比例为 50。

图 2-61　比例方式画多线

4. 样式方式画多线

在命令行中输入 ST,命令行提示输入已创建的多线样式名 MODEL1(前面创建好的多线样式),将其置为当前设置。

命令:_mline

指定起点或[对正(J)/比例(S)/样式(ST)]:ST(输入 ST 表示按样式方式画多线)

输入多线样式名或[?]:MODEL1(表示选取当前多线样式为 MODEL1 型)

指定起点或[对正(J)/比例(S)/样式(ST)]:(指定图 2-62 中的点 1 为起点)

指定下一点:(指定图 2-62 中的点 2)

指定下一点或[放弃(U)]:(按 Enter 键结束绘制)

完成多线形式如图 2-62 所示,其中 MODEL1 的设置见图 2-57。

图 2-62　样式方式画多线

(三)编辑多线

多线编辑命令是一个专用于多线对象的编辑命令,在菜单栏中选择“修改”|“对象”|“多线”命令,可打开“多线编辑工具”对话框,如图 2-63 所示。该对话框中的各个图像按钮形象地说明了编辑多线的方法。

图 2-63　“多线编辑工具”对话框

进行多线编辑时,先选取图 2-63 中的多线编辑样式,再用鼠标选中要编辑的多线即可。

图 2-64(a)是编辑前的图形,共由 3 条多线组成。图 2-64(b)是选中“十字打开”方式编辑后的多线样式。

六、绘制与编辑多段线

在 AutoCAD 中,多段线是一种非常有用的线段对象,它是由多段直线段或圆弧段组成的一个组合体,既可以一起编辑,也可以分别编辑,还可以具有不同的宽度。

(一)绘制多段线

使用多段线命令可以绘制直线、圆弧、等宽或不等宽的线段,以及直线与圆弧的组合

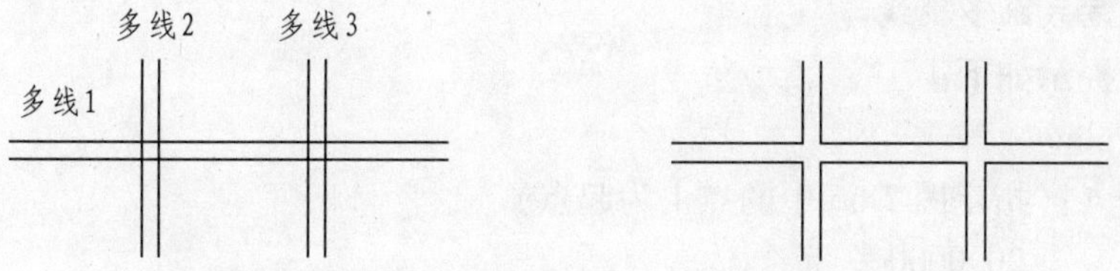

(a)多线编辑前　　(b)多线编辑后

图 2-64　“十字打开”方式编辑多线

线段。其操作方式有：在菜单栏中选择“绘图”|“多段线”命令；在“AutoCAD 经典”空间的“绘图”工具栏中，或“二维草图与注释”空间的“绘图”选项卡中，单击“多段线”按钮 ；在命令行中输入 Pline 命令，然后按 Spacebar 键或 Enter 键。

以下是常见的多段线绘制方法。

1. 默认方式画多段线

命令行提示如下：

命令：_pline

指定起点：(指定图 2-65(a) 中的点 1 为起点)

当前线宽为 0.0000

指定下一个点或[圆弧(A)/半宽(H)/长度(L)/放弃(U)/宽度(W)]：(指定图 2-65(a) 中的点 2、点 3 和点 4，并按 Enter 键结束)

绘制的多段线如图 2-65(a) 所示。

2. 圆弧方式画多段线

命令行提示如下：

命令：_pline

指定起点：(指定图 2-65(b) 中的点 1 为起点)

当前线宽为 0.0000

指定下一个点或[圆弧(A)/半宽(H)/长度(L)/放弃(U)/宽度(W)]：A(输入 A 表示以圆弧方式画多段线)

指定圆弧的端点或[角度(A)/圆心(CE)/方向(D)/半宽(H)/直线(L)/半径(R)/第二个点(S)/放弃(U)/宽度(W)]：(依次指定图 2-65(b) 中的点 2、点 3 和点 4，并按 Enter 键结束)

绘制的多段线如图 2-65(b) 所示。

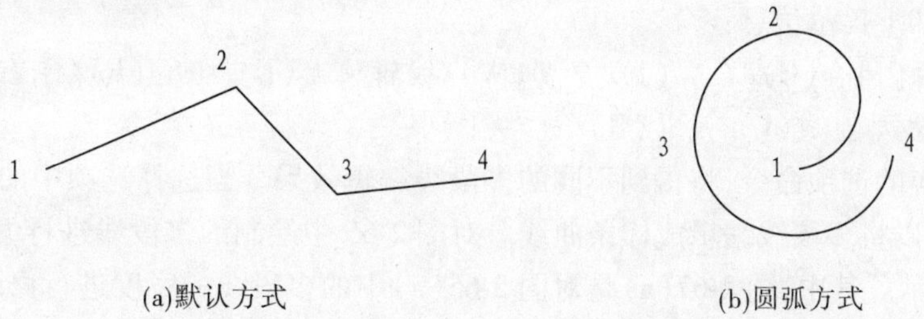

(a)默认方式　　(b)圆弧方式

图 2-65　绘制多段线

3. 半宽方式画多段线

命令行提示如下:

命令:_pline

指定起点:(指定图 2-66 中的点 1 为起点)

当前线宽为 20.0000

指定下一个点或[圆弧(A)/半宽(H)/长度(L)/放弃(U)/宽度(W)]:A(输入 A 表示以圆弧方式画多段线)

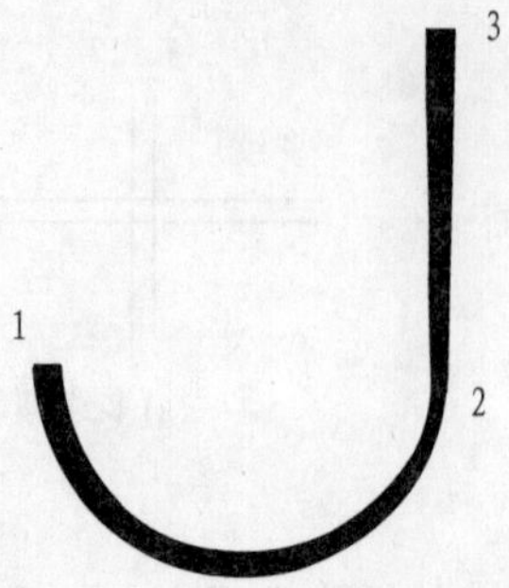

图 2-66 半宽方式绘制多段线

指定圆弧的端点或[角度(A)/圆心(CE)/方向(D)/半宽(H)/直线(L)/半径(R)/第二个点(S)/放弃(U)/宽度(W)]:H(输入 H 表示以半宽方式画多段线)

指定起点半宽 <10.0000>:40(输入 40 表示多段线起点时的半宽为 40)

指定端点半宽 <40.0000>:15(输入 15 表示多段线终点时的半宽为 15)

指定圆弧的端点或[角度(A)/圆心(CE)/方向(D)/半宽(H)/直线(L)/半径(R)/第二个点(S)/放弃(U)/宽度(W)]:(指定图 2-66 中的点 2)

指定圆弧的端点或[角度(A)/圆心(CE)/闭合(CL)/方向(D)/半宽(H)/直线(L)/半径(R)/第二个点(S)/放弃(U)/宽度(W)]:L(输入 L 表示以直线方式画多段线)

指定下一点或[圆弧(A)/闭合(C)/半宽(H)/长度(L)/放弃(U)/宽度(W)]:H(输入 H 表示以半宽方式画多段线)

指定起点半宽 <15.0000>:15(输入 15 表示多段线起点时的半宽为 15)

指定端点半宽 <15.0000>:40(输入 40 表示多段线终点时的半宽为 40)

指定下一点或[圆弧(A)/闭合(C)/半宽(H)/长度(L)/放弃(U)/宽度(W)]:(指定图 2-66 中的点 3)

指定下一点或[圆弧(A)/闭合(C)/半宽(H)/长度(L)/放弃(U)/宽度(W)]:(按 Enter 键结束)

宽度方式画多段线与半宽方式画多段线操作相同,只不过是指定的线宽不同,这两种方式都是用来指定所画线条的宽度。

(二)编辑多段线

在 AutoCAD 2010 中,可以一次编辑一条或多条多段线。在菜单栏中选择“修改”|“对象”|“多段线”命令,调用编辑二维多段线命令,然后用鼠标单击要编辑的多段线,命令行将显示如下提示信息:

输入选项[闭合(C)/合并(J)/宽度(W)/编辑顶点(E)/拟合(F)/样条曲线(S)/非曲线化(D)/线型生成(L)/反转(R)/放弃(U)]:

选取相应的选项命令,将得到不同的多段线编辑效果。当选择选项中的“样条曲线”命令时,还可以将多段线编辑成样条曲线。对图 2-65 中绘制的多段线进行编辑的效果图如图 2-67 所示。其中,图 2-67(a)是对图 2-65(a)中的多段线的宽度进行修改后的效果,图 2-67(b)是对图 2-65(b)中的多段线进行闭合修改后的效果。

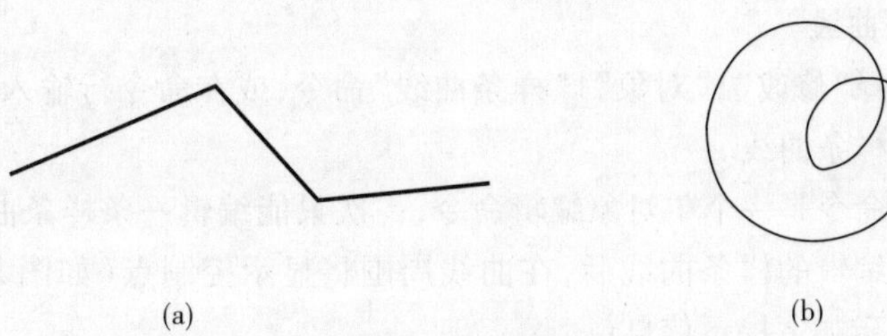

图 2-67　编辑多段线

七、绘制与编辑样条曲线

在机械制图中,零件图或者装配图中的局部剖视图的边界常用样条曲线来表示。

样条曲线是一种通过或接近指定点的拟合曲线。在 AutoCAD 中,其类型是非均匀关系基本样条曲线(Non - Uniform Rational Basis Splines,简称 NURBS),适于表达具有不规则变化曲率半径的曲线。通过指定一系列的控制点,AutoCAD 可以在指定的公差范围内把控制点拟合成光滑的 NURBS。在样条曲线中,引入了公差的概念,即公差是表示样条曲线拟合所指定的拟合点集时的拟合精度。公差越小,样条曲线与拟合点越接近。当公差为 0 时,样条曲线将通过该点。

在 AutoCAD 中可以通过指定点来创建样条曲线,也可以将样条曲线起点和端点重合而形成封闭的图形。

(一)绘制样条曲线

绘制样条曲线的操作方法为:在菜单栏中选择“绘图”|“样条曲线”命令;在“AutoCAD 经典”空间的“绘图”工具栏中,或“二维草图与注释”空间的“绘图”选项卡中,单击“样条曲线”按钮~;在命令行中输入 Spline 命令,按 Spacebar 键或 Enter 键。

此时,命令行将显示“指定第一个点或[对象(O)]:”提示信息。当选择“对象(O)”时,可以将多段线编辑得到的二次或三次拟合样条曲线转换成等价的样条曲线。

通过指定点绘制样条曲线时,命令行提示如下:

命令:_spline

指定第一个点或[对象(O)]:(指定图 2-68 中的点 1 作为样条曲线的起点)

指定下一点:(指定图 2-68 中的点 2)

指定下一点或[闭合(C)/拟合公差(F)]<起点切向>:(依次指定图 2-68 中的点 3、点 4 和点 5,最后按 Enter 键结束绘制)

指定起点切向:(可用鼠标单击的方式确定起始点的切线方向,也可输入点的坐标)

指定端点切向:(同上)

绘制的样条曲线如图 2-68 所示。

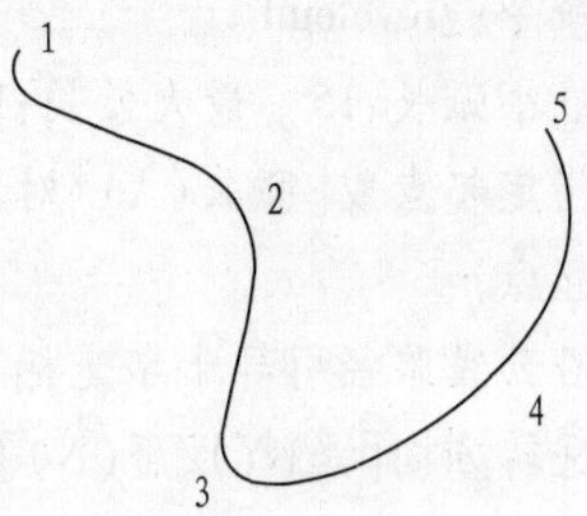

图 2-68　样条曲线的绘制

(二) 编辑样条曲线

在菜单栏中选择“修改”|“对象”|“样条曲线”命令,或在命令行输入 Splinedit 命令,就可以编辑选中的样条曲线。

样条曲线编辑命令是一个单对象编辑命令,一次只能编辑一条样条曲线对象。执行该命令并选择需要编辑的样条曲线后,在曲线周围将显示控制点(如图 2-69(a)中的黑点),同时命令行显示如下提示信息:

输入选项[拟合数据(F)/闭合(C)/移动顶点(M)/精度(R)/反转(E)/放弃(U)]:

图 2-69(b)是对图 2-68 中的样条曲线进行闭合修改后的效果。

另外,通过控制点的移动也能对样条曲线进行修改。

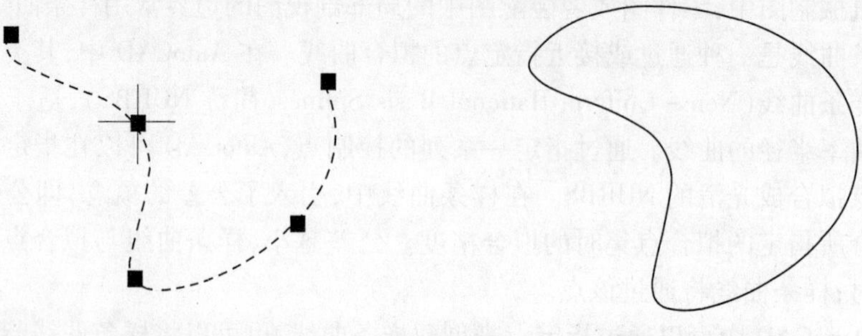

(a)控制点　　(b)编辑后的样条曲线

图 2-69　样条曲线的编辑

八、徒手绘制图形

在 AutoCAD 2010 中,可以使用“绘图”|“修订云线”命令绘制云彩对象,并可使用“绘图”|“区域覆盖”命令绘制区域覆盖对象,它们的共同点在于可以通过拖动鼠标指针来徒手绘制。

(一) 默认方式徒手绘制云线

命令:_revcloud

最小弧长:15　最大弧长:15　样式:普通

指定起点或[弧长(A)/对象(O)/样式(S)]<对象>:(指定图 2-70 中的点 1 作为云线的起点)

沿云线路径引导十字光标...

反转方向[是(Y)/否(N)]<否>:Y(在路径终点 2 处按右键结束绘制)

云线绘制完成,如图 2-70 所示。

(二) 绘制区域覆盖对象

在菜单栏中选择“绘图”|“区域覆盖”命令,或在命令行输入 Wipeout 命令,可以创建一个多边形区域,并使用当前的背景色来遮挡它下面的对象。执行该命令时,命令行显示如下提示信息:

命令:_wipeout 指定第一点或[边框(F)/多段线(P)]<多段线>:(默认方式绘制多

段线组成的覆盖区域,先指定图 2-71 中的点 1)

指定下一点:(指定图 2-71 中的点 2)

指定下一点或[放弃(U)]:(指定图 2-71 中的点 3)

指定下一点或[闭合(C)/放弃(U)]:(按 Enter 键结束绘制)

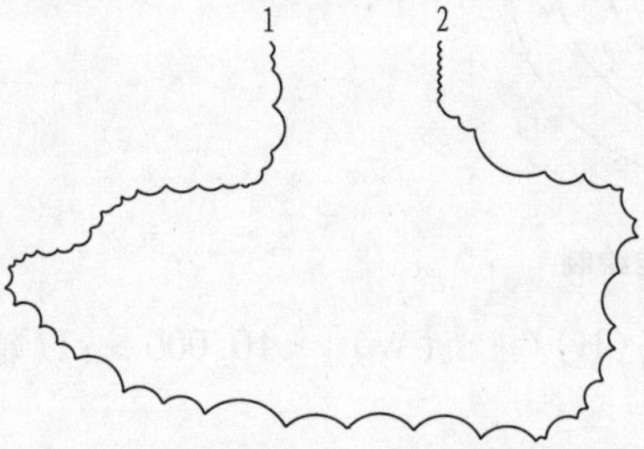

图 2-70 默认方式徒手绘制云线

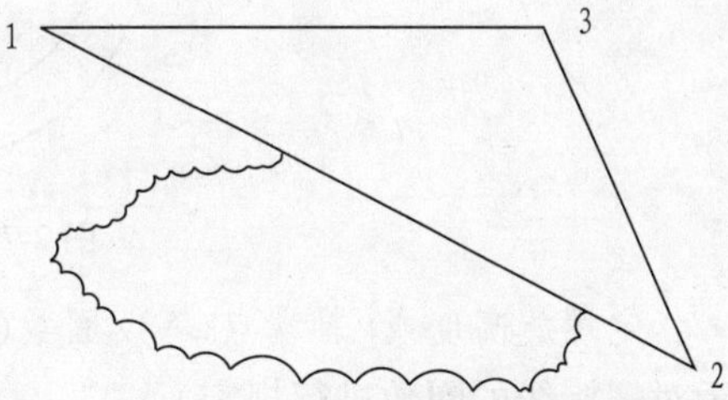

图 2-71 绘制区域覆盖对象

在图 2-71 中,绘制的多段线 123 所组成的区域覆盖住了图 2-70 中绘制的部分云线。

九、绘制圆环

在 AutoCAD 中绘制圆环的操作方式有:在菜单栏中选择"绘图"|"圆环"命令;在命令行中输入 Donut 命令,然后按 Spacebar 键或 Enter 键。

绘制圆环时,命令行显示如下:

命令:_donut

指定圆环的内径 <0.5000>:20(输入 20 表示所绘制的圆环内径为 20)

指定圆环的外径 <1.0000>:40(输入 40 表示所绘制的圆环外径为 40)

指定圆环的中心点或 <退出>:(选取图 2-72 中的点 1 为圆环的中心)

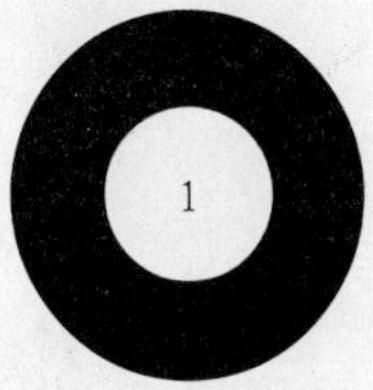

图 2-72 圆环绘制

在圆环绘制过程中,若输入圆环的内径为 0,可绘制实心圆环。

十、绘制螺旋线

在 AutoCAD 中绘制螺旋线的操作命令有:在菜单栏中选择"绘图"|"螺旋线"命令;在命令行中输入 Helix 命令,然后按 Spacebar 键或 Enter 键。

绘制螺旋线时,命令行显示如下:

命令:_helix

圈数 = 3.000 扭曲 = CW(当前螺旋线的参数设置)

指定底面的中心点:(选取图 2-73 中的点 1 为中心点)

指定底面半径或[直径(D)] <5.000>:5(指定底面半径为 5)

指定顶面半径或[直径(D)] <5.000>:2.5(指定顶面半径为 2.5)

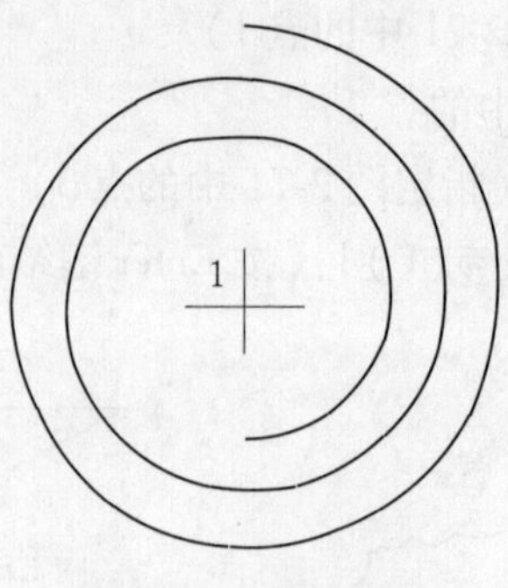

图 2-73　螺旋线绘制

指定螺旋高度或[轴端点(A)/圈数(T)/圈高(H)/扭曲(W)]<10.000>:T(输入T表示对螺旋线的圈数进行规定)

输入圈数<3.000>:2.5(指定螺旋线的圈数为2.5)

指定螺旋高度或[轴端点(A)/圈数(T)/圈高(H)/扭曲(W)]<10.000>:10(指定螺旋高度为10)

上机练习与习题

1. 绘制如图2-74所示扇形齿轮,可不标注及填充。

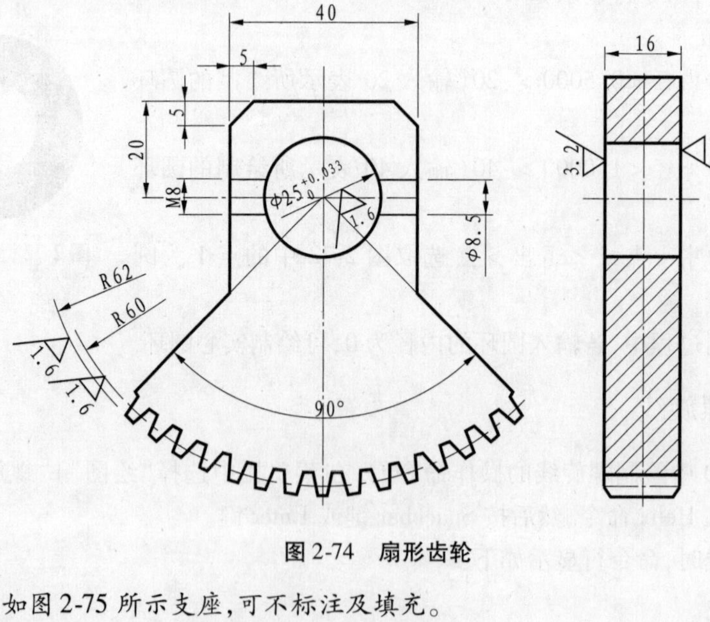

图 2-74　扇形齿轮

2. 绘制如图2-75所示支座,可不标注及填充。

3. 绘制如图2-76所示端盖,可不标注及填充。

4. 绘制如图2-77所示轴承座,可不标注及填充。

5. 绘制如图2-78所示三视图,不标注。

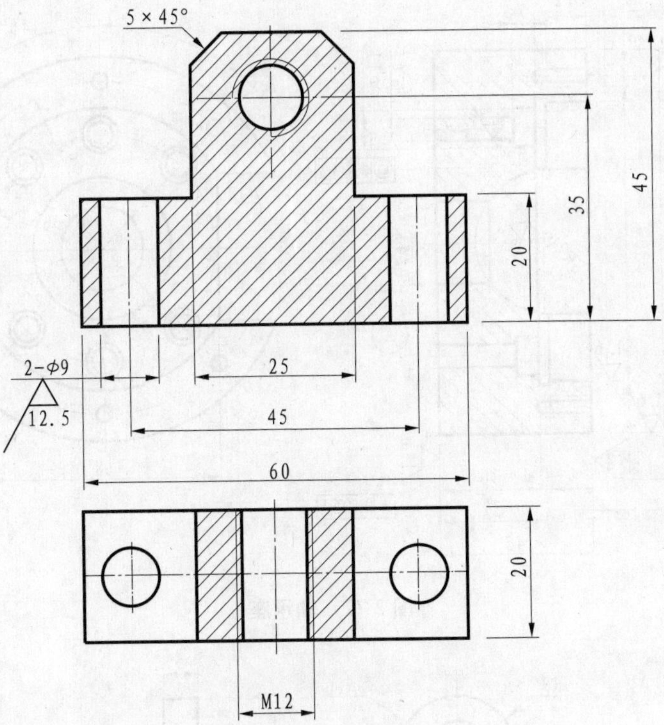

图 2-75　支座

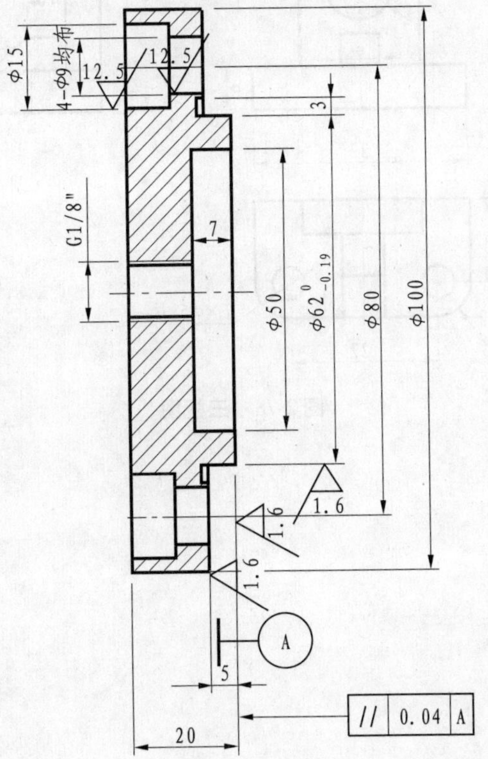

图 2-76　端盖

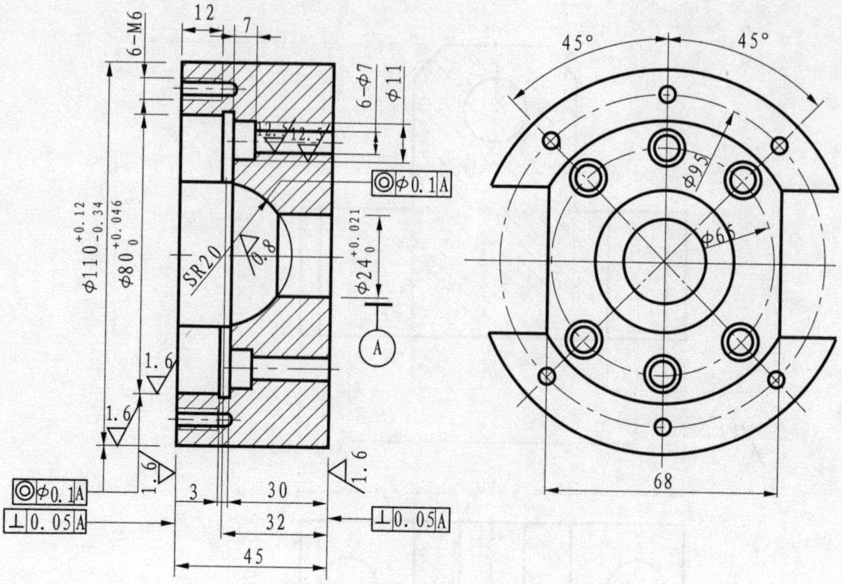

图 2-77　轴承座

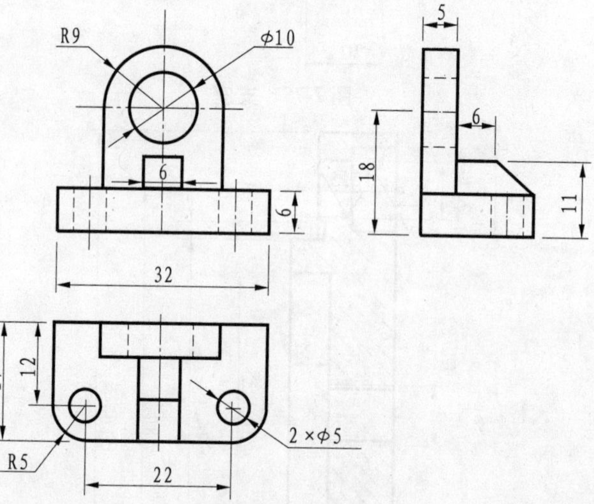

图 2-78　三视图

第三章　编辑对象

在绘图设计时，如果出现了失误，可以用撤销命令来放弃刚执行过的绘图动作，也可用重做命令来恢复上一个放弃的绘图动作。

撤销和重做的操作方式为：从菜单栏中选择“编辑”|“放弃”命令；单击“标准”工具栏中的“放弃”工具按钮或；在命令行输入 Undo（或 U）命令，然后按 Spacebar 键或 Enter 键。

另外，用“修改”工具栏中的修改工具可对选择的图形对象进行适当的修改。

在默认情况下，“修改”工具栏是隐藏的，可用鼠标右键单击“标准”工具栏，在弹出的快捷菜单中选择“ACAD”|“修改”命令，即可打开“修改”工具栏。

第一节　选择对象

绘制图形或者编辑图形时，系统常会提示选择对象，在这里，对象是指已经存在的图形。对象被选中时，该对象图形以虚线来表示。

常用的对象选择方式有点选方式、窗口选择方式、交叉选择方式。

一、点选方式

当执行图形编辑命令或进行其他某些操作，命令行出现“选择对象：”的提示信息时，十字光标变成一个小小的正方形，此正方形常被称为拾取框。将拾取框移动到要选择的对象上，单击鼠标左键，即选中了对象，可以使用同样的方法连续选择多个对象。按 Enter 键或鼠标右键结束对象选择。注意，如果将系统变量 Pickfirst 设置为 1（先选择后执行），则可以先选择对象，再输入命令。

二、窗口选择方式

在绘图区域确定第一对角点后，从左向右拖动光标至第二对角点，将出现一个矩形框，全部位于矩形框中的对象即被选中，如图 3-1 所示，图中中心线全部位于矩形框中，则中心线被选中。

图 3-1　窗口选择

三、交叉选择方式

在绘图区域确定第一对角点后，从右向左上拖动光标至第二对角点，将出现一个虚线的矩形框，被矩形框包围的或与矩形框相交的对象将全部被选中，如图 3-2 所示。

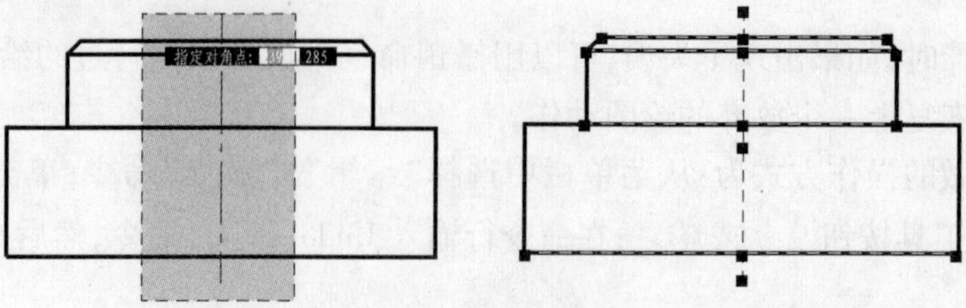

图 3-2　交叉选择

第二节　使用夹点编辑对象

夹点是一些实心的小方框，使用定点设备指定对象时，对象关键点上将出现夹点。可以拖动这些夹点快速拉伸、移动、旋转、缩放或镜像对象。

夹点打开后，可以在输入命令之前选择要操作的对象，然后使用定点设备操作这些对象。注意：锁定图层上的对象不显示夹点。图 3-3 是不同对象的夹点特性。

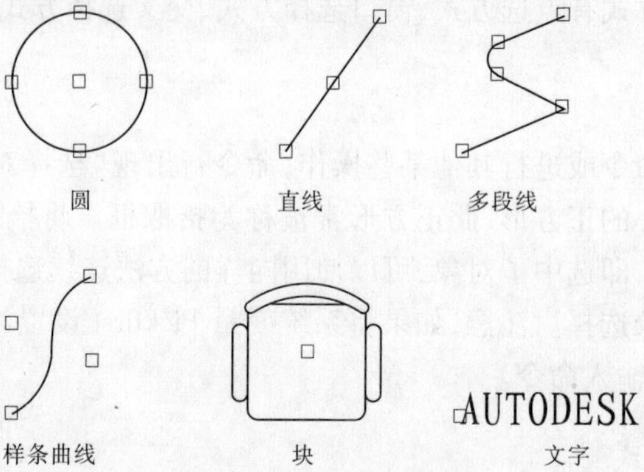

图 3-3　夹点

夹点模式功能简介如下：

(1)使用象限点夹点。对于圆和椭圆上的象限夹点，通常从中心点而不是选定的夹点测量距离。例如，在“拉伸”模式中，可以选择象限夹点拉伸圆，然后在半径的命令提示中指定距离。距离从圆心而不是选定的象限进行测量。如果选择圆心点拉伸圆，圆就会移动。

(2)选择和修改多个夹点。可以使用多个夹点作为操作的基夹点。选择多个夹点(也称为多个热夹点选择)时，选定夹点间对象的形状将保持原样。要选择多个夹点，请按住 Shift 键，然后选择适当的夹点。

(3)使用夹点拉伸。可以通过将选定夹点移动到新位置来拉伸对象。文字、块参照、直线中点、圆心和点对象上的夹点将移动对象而不是拉伸它。这是移动块参照和调整标注的好方法。

(4)使用夹点移动。可以通过选定的夹点移动对象。选定的对象被亮显并按指定的下一点位置移动一定的方向和距离。

(5)使用夹点旋转。可以通过拖动和指定点位置来绕基点旋转选定对象,还可以输入角度值。这是旋转块参照的好方法。

(6)使用夹点缩放。可以相对于基点缩放选定对象。通过从基夹点向外拖动并指定点位置来增大对象尺寸,或通过向内拖动减小尺寸。另外也可以为相对缩放输入一个值。

第三节　删除、移动、旋转和对齐对象

制图是一个设计过程,在这个过程中如果发现绘制了一些多余的或者错误的图形,可以使用删除、移动、旋转和对齐等命令来对图形进行必要的修改。

一、删除对象

删除对象的步骤如下:

(1)在“修改”菜单中选择“删除”命令;在工具栏中单击按钮;在命令行中输入 Erase(或 E)命令,然后按 Spacebar 键或 Enter 键。

(2)在图形区域中选择要删除的对象,如图 3-4(a)所示。

(3)按 Spacebar 键或 Enter 键,被选择的对象即可被删除,如图 3-4(b)所示。

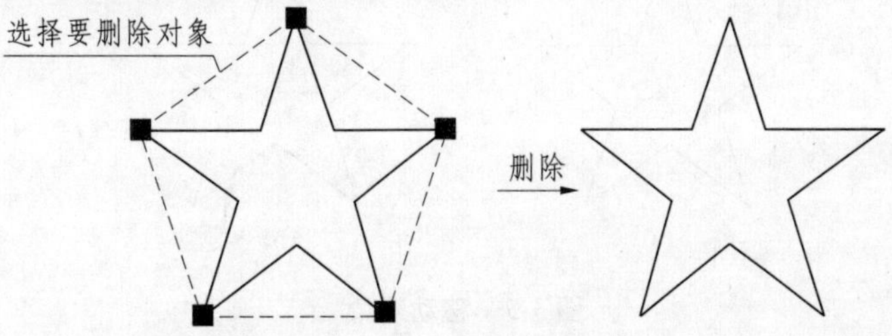

(a)　　(b)

图 3-4　删除对象

在上述步骤(3)中,也可以直接单击鼠标右键,利用右键菜单命令将对象删除。

此外,也可以先选择要删除的对象,再选择“删除”命令或直接按 Delete 键将对象删除。

如果需要恢复刚刚被删除的对象,则可以在命令行中输入 Oops 命令。Oops 命令的作用是恢复最近一次由 Erase 命令删除的对象。而当需要恢复先前连续多次删除的对象时,则使用 Undo 命令,然后按 Spacebar 键或 Enter 键,也可以选择“恢复之前”工具按钮,或按 Ctrl + Z 键。

二、移动

执行移动对象操作的步骤如下：

(1)在“修改”菜单中选择“移动”命令；在工具栏中单击 按钮；在命令行中输入 Move(或 M)命令，然后按 Spacebar 键或 Enter 键。

(2)选择需要移动的对象，按 Spacebar 键或 Enter 键，或者单击鼠标右键确认。

(3)指定基点或位移。选定对象将其移到由第一点和第二点间的方向及距离确定的新位置。

在指定基点的时候，如果采用输入坐标值(x，y)的方式，那么系统将基点的坐标值作为 X、Y 坐标的相对坐标值，即图形位移量 $\Delta X = x$，$\Delta Y = y$。

下面以一个简单的实例来进行具体的讲解。在该实例中，需要将基本绘制好的视图移动到图框中，移动前的图形如图 3-5(a)所示。命令行提示如下：

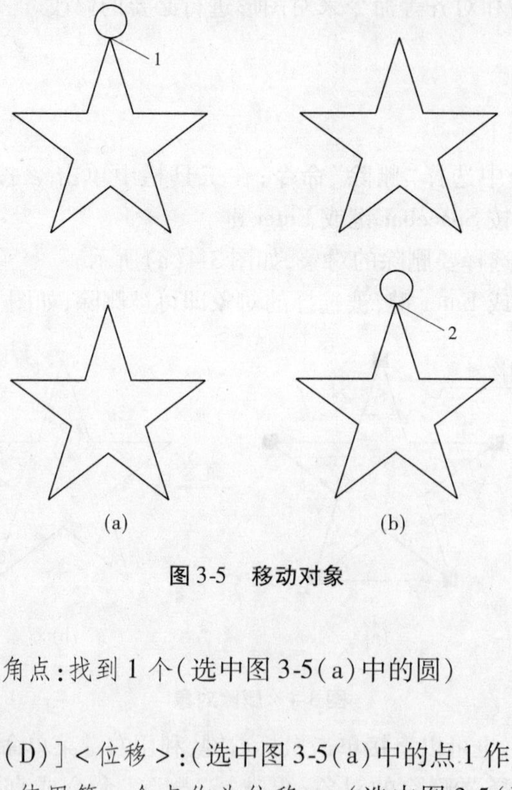

图 3-5　移动对象

命令：_move

选择对象：指定对角点：找到 1 个(选中图 3-5(a)中的圆)

选择对象：

指定基点或[位移(D)]<位移>：(选中图 3-5(a)中的点 1 作为基点)

指定第二个点或<使用第一个点作为位移>：(选中图 3-5(b)中的点 2 作为安放位置)

单击鼠标左键后，完成图形的移动操作，见图 3-5(b)。

三、旋转

旋转的功能是将指定对象绕指定基点旋转设定角度。一般情况下，多将旋转基点定在旋转图形的中心或者特殊点上，若旋转基点定在不同的位置上，那么旋转后的图形所处的位置也将不同。在设定旋转角度后，图形绕旋转基点旋转该角度，如果输入的角度为正，则按逆时针方向旋转；如果输入的角度为负，则按顺时针方向旋转。

执行旋转对象操作的方法有：在“修改”菜单中选择“旋转”命令；在工具栏中单击按钮；在命令行中输入 Rotate 命令。

执行旋转命令后，命令行提示如下：

命令：_rotate

UCS 当前的正角方向：ANGDIR = 逆时针　ANGBASE = 0

选择对象：找到 10 个（选取图 3-6(a)中的所有对象）

选择对象：（按 Spacebar 键或 Enter 键结束选取）

指定基点：（选取图 3-6(a)中的点 B 为旋转基点）

指定旋转角度，或[复制(C)/参照(R)] <60>：60（输入 60 表示逆时针旋转 60°）

其中图 3-6(b)和图 3-6(c)分别为绕基点旋转 60°和 –60°所得的结果。

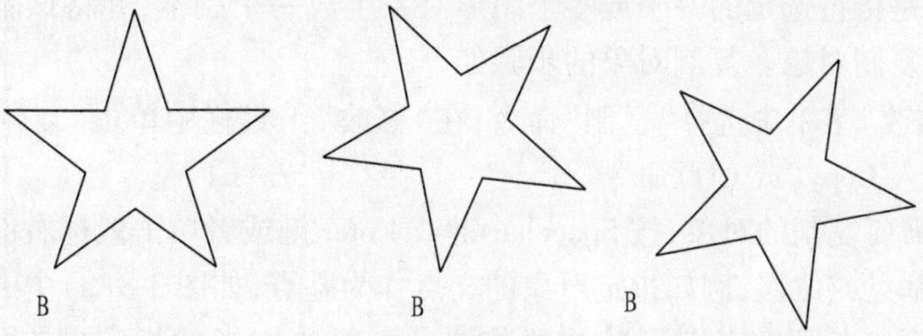

(a)旋转对象　(b)旋转60°　(c)旋转–60°

图 3-6　旋转操作

四、对齐

可以通过移动、旋转或倾斜对象来使该对象与另一个对象对齐。在图 3-7 中，使用窗口选择框选择要对齐的对象来对齐管道段，通过端点对象捕捉精确地对齐管道段。

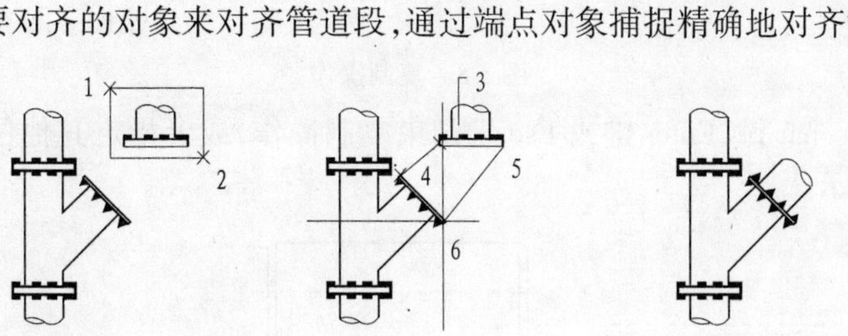

通过窗口选择选定的对象　源点和目标点　使用比例缩放选项所得的结果

图 3-7　对齐对象

对齐两个对象的步骤如下：

(1)从“修改”菜单中选择“三维操作”|“对齐”命令；在命令行中输入 Align 命令。

(2)选择要对齐的对象。

(3)指定第一个源点，然后指定第一个目标点。如果现在按 Spacebar 键或 Enter 键，对象将从源点移到目标点。

(4)指定第二个源点,然后指定第二个目标点。

(5)指定第三个源点或按 Spacebar 键或 Enter 键继续。

(6)指定是否缩放对象到对齐点。

对象先对齐(移动和旋转到位),后缩放。第一个目标点是缩放的基点,第一个源点和第二个源点之间的距离是参照长度,第一个目标点和第二个目标点之间的距离是新的参照长度。

第四节　复制、阵列、偏移和镜像对象

一、复制

复制功能是指将选定的一个或多个图形对象生成一个副本,并将该副本放置到指定位置。可多次复制对象。复制对象的步骤如下:

(1)从“修改”菜单中选择“复制”命令;在“修改”工具栏中单击“复制”工具按钮;在命令行中输入 Copy(或 CO)命令。

(2)选择需要复制的对象,按 Spacebar 键或 Enter 键或者单击鼠标右键。

(3)指定基点或位移,例如指定对象的交点作为基点,如图 3-8(a)中的点 1。

(4)指定第二点以确定图形的放置位置。一般使用光标指定副本的放置位置,如图 3-8(b)中的点 2。

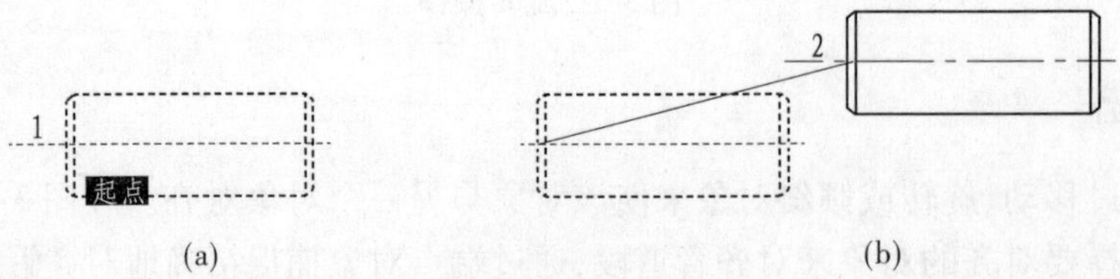

图 3-8　复制操作

(5)按 Spacebar 键、Enter 键或 Esc 键结束复制操作,或者指定其他位置继续创建副本,如图 3-9 所示。

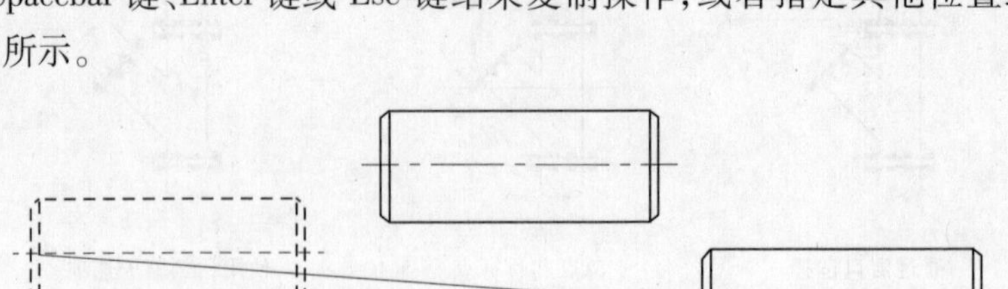

图 3-9　继续创建副本

二、阵列

阵列功能是将选定的对象按矩形阵列或环形阵列的方式来进行多重复制。进行阵列

操作的一般步骤如下：

(1)在“修改”工具栏上单击“阵列”工具按钮；在命令行输入 Array(或 AR)命令，打开如图 3-10 所示的“阵列”对话框。

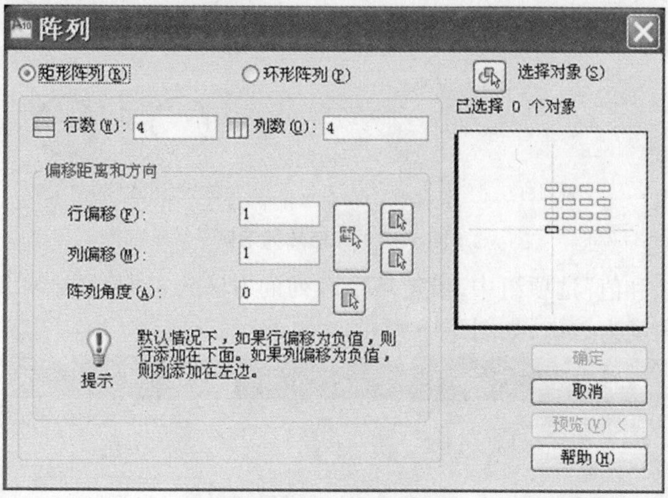

图 3-10 “阵列”对话框

(2)单击“选择对象”按钮，选择要阵列的源对象，按 Enter 键确认。

(3)在“阵列”对话框上选择阵列的方式。

(4)设定阵列的参数。

(5)单击“确定”按钮，完成阵列操作。

执行矩形阵列操作的示例如图 3-11 所示。在执行阵列操作之前只存在一个直径为 30 的圆。在该矩形阵列中，设定行数为 3，列数为 4，行偏移为 50，列偏移为 50，阵列角度为 30°，其中阵列角度是指矩形阵列与当前基准线(如水平线)之间的角度。

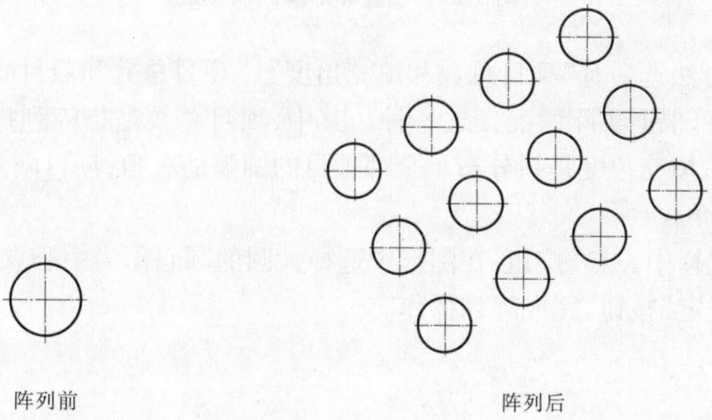

图 3-11 矩形阵列示例

执行环形阵列操作的示例如图 3-12 所示。该环形阵列的操作过程如下：

(1)单击“阵列”工具按钮，打开“阵列”对话框。

(2)单击“选择对象”按钮，选择粗实线的小圆作为要阵列的源对象，按 Enter 键确认。

(3)在“阵列”对话框中选择“环形阵列”单选框。

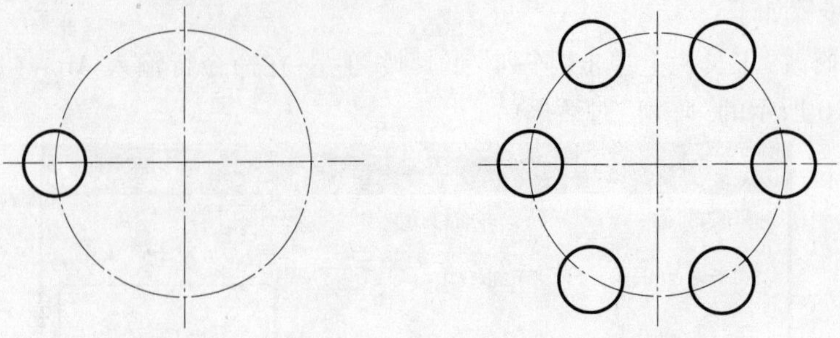

阵列前　　　　　　　　阵列后

图 3-12　环形阵列示例

(4)在“方法和值”选项组中,指定环形阵列的方法为“项目总数和填充角度”,项目总数为 6,填充角度为 360°,如图 3-13 所示。

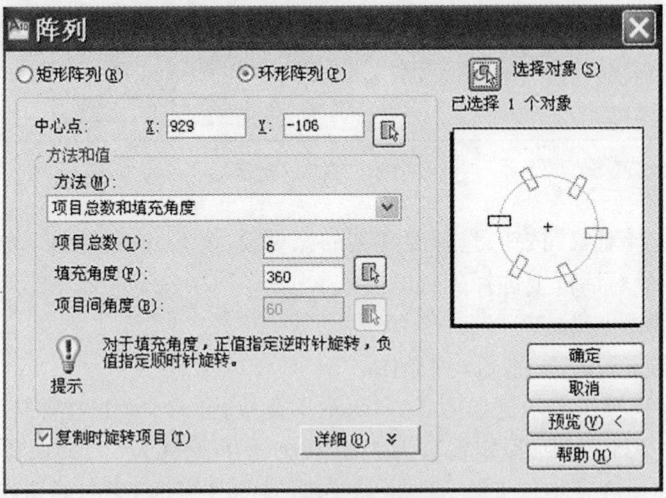

图 3-13　设置环形阵列的参数

说明:列的方法选项有“项目总数和填充角度”、“项目总数和项目间角度”及“项目间角度”3 种,用户可根据实际情况任选一种。其中,项目总数是指阵列操作后源对象及其副本对象的总数;填充角度是指分布了全部项目的圆弧的夹角;项目间角度则是指两个相邻项目之间的夹角。

(5)单击“选择中心点”按钮,在图形中选择大圆的圆心作为中心点。

(6)单击“确定”按钮,完成阵列操作。

三、偏移

偏移也称偏距,它主要用来复制平行线或者同心圆。在 AutoCAD 2010 中,可使用两种方式来对选定的对象进行偏移操作,一种是按指定的距离来进行偏移,另一种则是通过指定点来进行偏移。

这里以简单的例子讲解如何按指定的距离进行偏移操作,其具体步骤如下:

(1)在“修改”工具栏中单击“偏移”工具按钮;在命令行中输入 Offset 命令。

(2)输入偏移的距离,例如在本例中输入 50。

(3)选择要偏移复制的对象,如图 3-14(a)中的中心线。

(4)在对象右侧的任意位置单击,从而定义偏移方向。

完成偏移操作后的效果如图 3-14(b)所示。

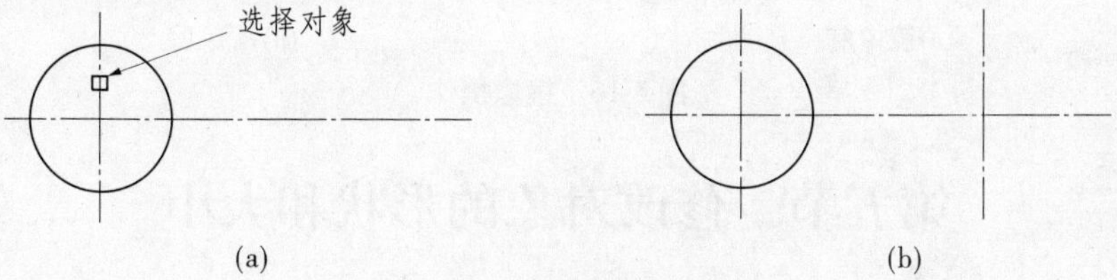

图 3-14　偏移操作

通过指定点来进行偏移操作的步骤如下:

(1)在"修改"工具栏中单击"偏移"工具按钮;在命令行中输入 Offset 命令。

(2)在当前命令行中输入 T。

(3)选择要偏移复制的对象,如图 3-15(a)中的圆。

(4)指定通过点,如图 3-15(b)中的点 1。

完成偏移操作后的效果如图 3-15(c)所示。

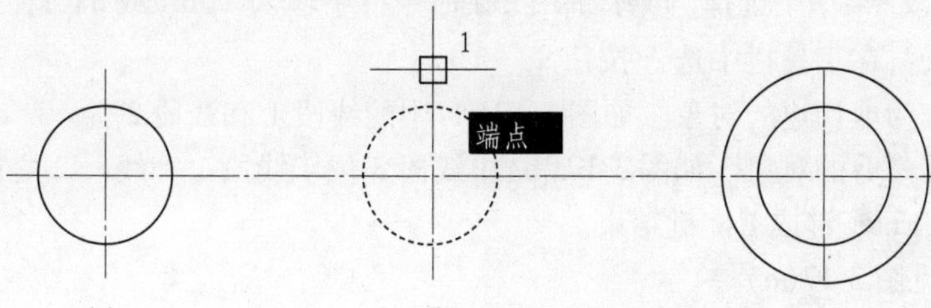

图 3-15　指定点偏移操作

四、镜像对象

镜像功能是将选定的图形对象,相对镜像轴(中心轴)生成一个对称图形。执行图形镜像操作的步骤如下:

(1)在"修改"工具栏中单击"镜像"工具按钮;在命令行中输入 Mirror(或 MI)命令。

(2)选择要镜像的源对象。例如选择如图 3-16(a)中虚线显示的图形,按 Spacebar 键或 Enter 键,或者单击鼠标右键确认。

(3)分别指定两点,定义镜像线,如图 3-16(a)所示。所得结果如图 3-16(b)所示。

技巧:①在定义镜像线时,建议设置和打开对象捕捉模式。②当前命令行中出现"是否删除源对象?[是(Y)/否(N)]<N>"的提示时,按 Enter 键,保留源对象(说明:如果输入 Y,源对象将被删除)。

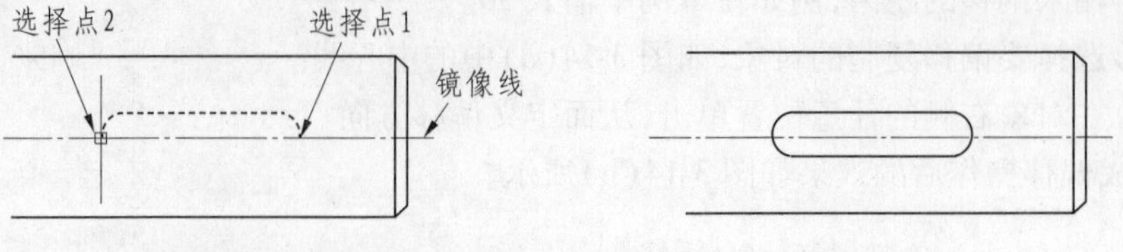

(a)镜像前　　(b)镜像后

图 3-16　镜像操作

第五节　修改对象的形状和大小

一、修剪对象

可以通过修剪对象,使它们精确地终止于由其他对象定义的边界上。剪切边可以是直线、圆弧、圆、多段线、椭圆、样条曲线、参照线、射线、块和射线,也可以是图纸空间的布局视口对象。

修剪对象的步骤如下。

方法一:

(1)从“修改”菜单中选择“修剪”命令;在命令行中输入 Trim(或 TR)命令,按 Spacebar 键或 Enter 键;在工具栏中选按钮。

(2)选择作为剪切边的对象。如图 3-17(a)中的线段 1 和线段 2。

(3)选择要修剪的对象。如图 3-17(b)中线段 3 位于线段 1 和线段 2 之间的部分,并按 Spacebar 键、Enter 键或 Esc 键结束。

所得结果见图 3-17(c)。

方法二:

(1)从“修改”菜单中选择“修剪”命令;在命令行中输入 Trim(或 TR)命令,按 Spacebar 键或 Enter 键;在工具栏中选按钮。

(2)单击 Spacebar 键或 Enter 键。

(3)选择要修剪的对象。如图 3-17(b)中线段 3 位于线段 1 和线段 2 之间的部分,并按 Spacebar 键、Enter 键或 Esc 键结束。

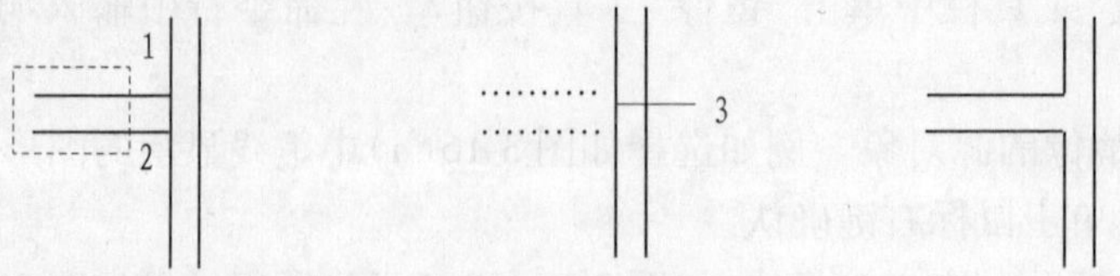

(a)选择剪切边　　(b)选择剪切对象　　(c)结果

图 3-17　修剪对象

二、延伸对象

延伸与修剪的操作方法相同。可以通过延伸对象,使它们精确地延伸至由其他对象定义的边界上。延伸对象的步骤为：

(1)从“修改”菜单中选择“延伸”命令；在命令行中输入 Extend 命令；在工具栏中选按钮。

(2)选择作为边界的对象。如图 3-18(a)中的圆作为延伸边界，按 Enter 键或单击鼠标右键结束选择(当要选择图形中的所有对象作为可能的边界时，直接按 Enter 键而不选择任何对象)。

(3)选择要延伸的对象，如图 3-18(b)中圆内的所有曲线段。

所得结果如图 3-18(c)所示，直线被精确地延伸到由一个圆定义的边界上。

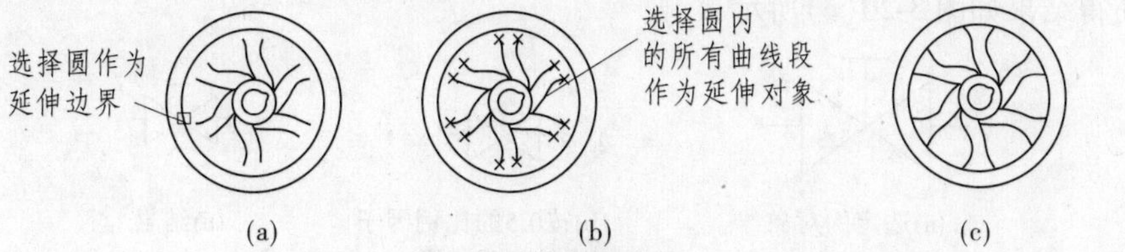

图 3-18　延伸对象

三、拉伸对象

拉伸对象的步骤为：

(1)从“修改”菜单中选择“拉伸”命令；在命令行中输入 Stretch 命令；在工具栏中选按钮。

(2)使用交叉窗口选择对象，如图 3-19(a)虚线范围所示。

(3)为拉伸指定一个基点，如图 3-19(b)中的点 3，然后指定位移点，如图 3-19(b)中的点 4。

所得结果如图 3-19(c)所示。

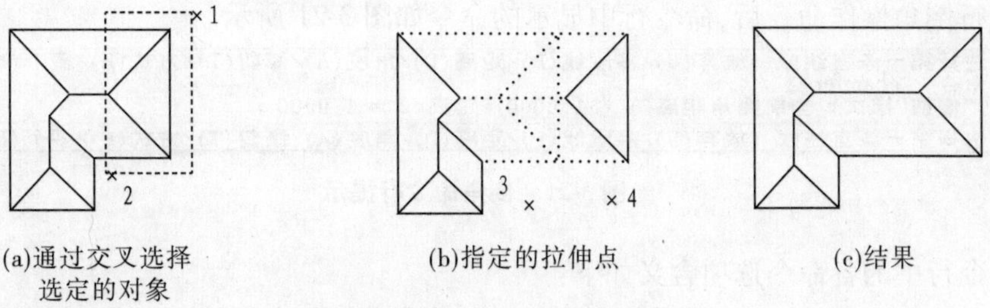

图 3-19　拉伸对象

由于拉伸移动位于交叉选择窗口内部的端点，因此必须用交叉选择选取对象。要更精确地拉伸对象，可以在进行对象捕捉、栅格捕捉和相对坐标输入的同时使用夹点编辑。

四、缩放对象

通过缩放，可以使对象变得更大或更小，但不改变它的比例。可以通过指定基点和长度或输入比例因子(被用做基于当前图形单位的比例因子)来缩放对象。也可以为对象指定当前长度和新长度。缩放可以修改选定对象的所有标注尺寸。比例因子大于 1 时将放大对象。比例因子小于 1 时将缩小对象。

缩放对象的步骤为：

(1)从“修改”菜单中选择“缩放”命令；在命令行中输入 Scale(或 SC)命令；在工具栏中选 按钮。

(2)使用交叉窗口选择缩放对象，选择图 3-20(a)中的图形。

(3)指定缩放定基点，如图 3-20(b)中的点 2。

(4)指定比例因子，如指定比例因子为 0.5。

所得结果如图 3-20(c)所示。

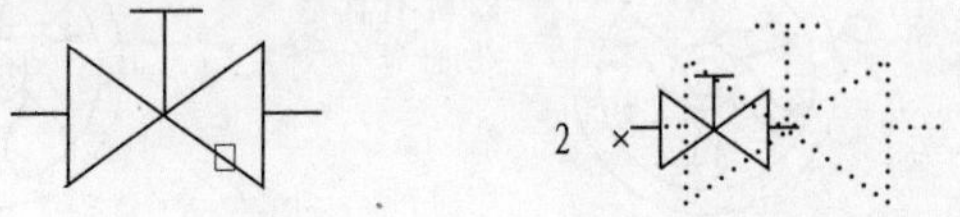

(a)选定的对象　　(b)按0.5的比例因子缩放的对象　　(c)结果

图 3-20　缩放对象

第六节　倒角、倒圆角、打断、合并和分解

一、倒角

倒角特征更多地考虑了零件工艺性，使零件避免出现尖锐的棱角。在 AutoCAD 中，可以在两条直线间绘制倒角或对一条多段线进行倒角操作。

创建倒角的一般方式有：在“修改”菜单中选择“倒角”命令；在工具栏中单击“倒角”工具按钮；在命令行中输入 Chamfer 命令。

执行倒角操作命令后，命令行中显示的命令如图 3-21 所示。

```
选择第一条直线或 [放弃(U)/多段线(P)/距离(D)/角度(A)/修剪(T)/方式(E)/多个(M)]:
命令: _chamfer
("修剪"模式) 当前倒角距离 1 = 1.0000, 距离 2 = 1.0000
选择第一条直线或 [放弃(U)/多段线(P)/距离(D)/角度(A)/修剪(T)/方式(E)/多个(M)]:
```

图 3-21　倒角命令行提示

命令行中的各命令选项含义如下：

多段线(P)：选择该选项，将提示用户选择多段线，并对该多段线的各折角进行倒角，如图 3-22 所示。

距离(D)：确定倒角时的倒角距离。

角度(A)：确定第一倒角距离和角度。

修剪(T)：确定倒角时是否对相应的倒角进行修剪，见图 3-23。

方式(E)：选择该选项，系统会提示：“输入修剪方法[距离(D)/角度(A)]<距离>：”。

多个(M)：可连续创建倒角。

图 3-22　对多段线进行倒角

图 3-23　倒角修剪与不修剪比较

下面举例说明。倒角命令后,命令行显示如下:

命令:_chamfer

("修剪"模式)当前倒角距离 1 = 0.0000,距离 2 = 0.0000(当前倒角参数设置)

选择第一条直线或[放弃(U)/多段线(P)/距离(D)/角度(A)/修剪(T)/方式(E)/多个(M)]:D(输入 D 表示以倒角距离方式进行倒角)

指定第一个倒角距离 <0.0000>:5(输入 5 确定第一个倒角距离为 5)

指定第二个倒角距离 <5.0000>:5(输入 5 确定第二个倒角距离为 5)

选择第一条直线或[放弃(U)/多段线(P)/距离(D)/角度(A)/修剪(T)/方式(E)/多个(M)]:M(在当前命令行中输入 M,以便可以连续创建倒角)

选择第一条直线或[放弃(U)/多段线(P)/距离(D)/角度(A)/修剪(T)/方式(E)/多个(M)]:(选择要倒角的边 1,如图 3-24(a)所示)

选择第二条直线,或按住 Shift 键选择要应用角点的直线:(选择要倒角的边 2,如图 3-24(a)所示,完成第一处倒角)

选择第一条直线或[放弃(U)/多段线(P)/距离(D)/角度(A)/修剪(T)/方式(E)/多个(M)]:(选择要倒角的边 2,如图 3-24(b)所示)

选择第二条直线,或按住 Shift 键选择要应用角点的直线:(选择要倒角的边 3,如图 3-24(b)所示,完成第二处倒角)

完成倒角后,再给两处倒角处添加一条直线段,所得结果如图 3-24(c)所示。

二、倒圆角

倒圆角是指用光滑的圆弧把两个对象连接起来,从而消除尖锐的边角。

倒圆角命令的操作及选择项和倒角命令类似。在进行倒圆角操作时,如果用默认半径来绘制圆角,那么可直接选择需要倒圆角的对象;如果要重新指定半径值,可以先输入 R,然后输入半径值,最后选择要倒圆角的对象;如果要连续绘制倒圆角,可以输入 M。

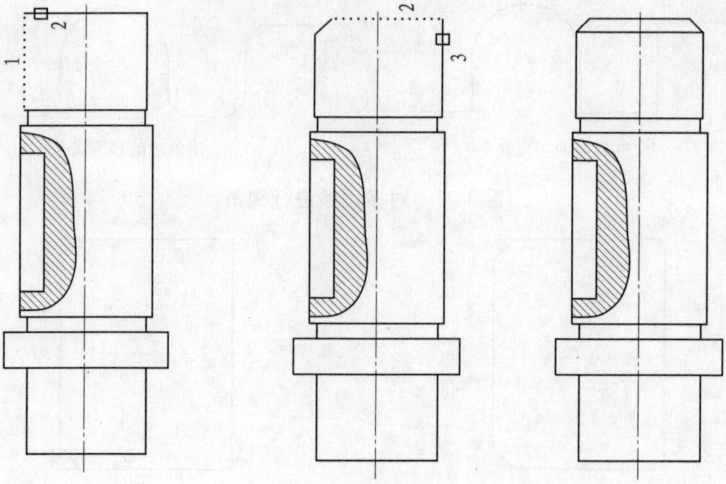

(a) (b) (c)

图 3-24 倒角操作

创建倒圆角的步骤如下:

(1)从"修改"菜单中选择"倒圆角"命令;在工具栏中单击"倒圆角"工具按钮;在命令行中输入 Fillet 命令。

(2)在当前命令行中输入 R。

(3)输入圆角半径,如输入半径为 5。

(4)选择要倒圆角的第一个对象和第二个对象,如图 3-25(a)所示。

完成的效果如图 3-25(b)所示。

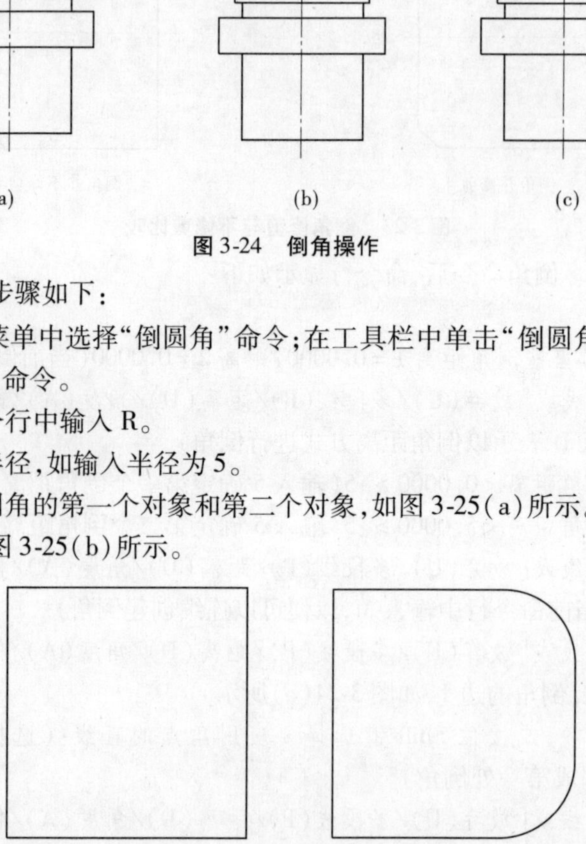

(a) (b)

图 3-25 倒圆角操作

三、打断

打断命令也是一个比较实用的图形编辑命令,利用该命令可以将一个图形对象打断为两个对象,对象之间可以具有间隙,也可以没有间隙。值得注意的是,一般要打断对象而不创建间隙时,则需要在相同的位置指定两个打断点,因此最快捷的方法是在提示输入第二点时输入:@0,0。断开方式有两种:一种是在一点打断选定的对象,另一种是在两点之间打断选定的对象。

打断命令的操作方式有:从"修改"菜单中选择"打断"命令;在工具栏中单击"打断"

工具按钮；在命令行中输入 Break 命令。

下面举实例说明。选择打断命令后，命令行显示如下：

命令：_break 选择对象：（用鼠标单击图 3-26（a）中的点 1）

指定第二个打断点或［第一点（F）］：（用鼠标单击图 3-26（a）中的点 2，从而删除点 1 和点 2 之间的线段）

打断完成后，在打断缺口处补上相应的圆和圆弧，所得结果如图 3-26（b）所示。

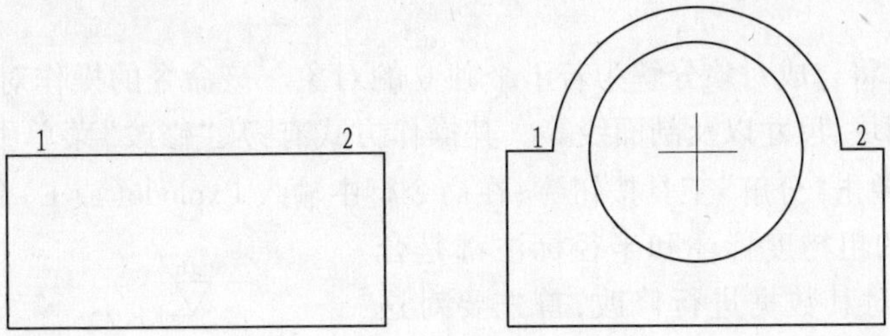

(a)　　(b)

图 3-26　打断对象

上面例子中，选择对象的同时鼠标直接单击在点 1 上，若鼠标未击中点 1，可在命令行中输入 F，重新选择点 1。

若仅需在一点处打断选定的对象，则按“打断”工具按钮。

四、合并

合并命令是将两个断开的对象合并在一起，形成一个完整的对象。其操作方式有：从“修改”菜单中选择“合并”命令；在工具栏中单击“合并”工具按钮；在命令行中输入 Join 命令。

下面举例说明。选中合并命令后，直线合并命令行显示如下：

命令：_join 选择源对象：（选取图 3-27（a）中的线段 1 作为源对象）

选择要合并到源的直线：找到 1 个（选取图 3-27（a）中的线段 2）

选择要合并到源的直线：（若还有线段要合并，可继续选择）

合并后的直线如图 3-27（b）所示。

圆弧合并命令行显示如下：

命令：_join 选择源对象：（选取图 3-27（c）中的线段 1 作为源对象）

选择圆弧，以合并到源或进行［闭合（L）］：（选取图 3-27（c）中的线段 2）

选择要合并到源的圆弧：找到 1 个

已将 1 个圆弧合并到源

合并后的圆弧如图 3-27（d）所示。若在选择源对象圆弧后，直接输入 L，则可闭合圆弧为圆，如图 3-27（e）所示。

注意：合并直线时，合并的线段必须位于同一直线上；合并圆弧时，合并的圆弧也必须位于同一圆弧或椭圆弧上。

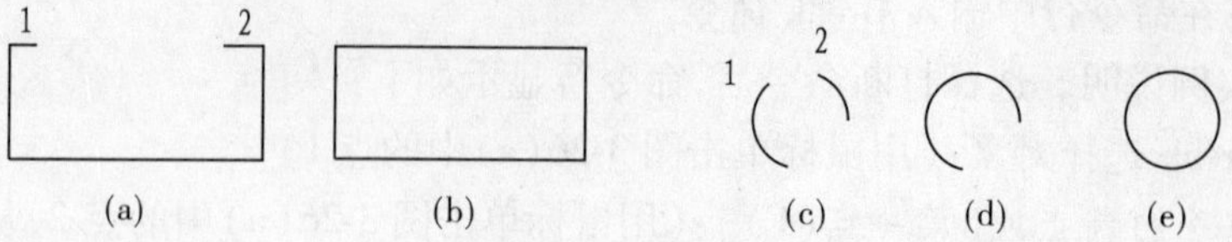

图 3-27　合并对象

五、分解

分解命令可将合成对象分解为若干个独立的对象。该命令的操作对象为多线段、矩形、正多边形、图块、尺寸以及剖面线等。其操作方式有:从"修改"菜单中选择"分解"命令;在工具栏中单击"分解"工具按钮;在命令行中输入 Explode(或 E)命令。

图 3-28 中的粗糙度标注和半径标注都是合成对象,现在要对其数据进行修改,首先要对这两个对象进行分解。分解时命令行显示如下:

命令:_explode

选择对象:找到 1 个(选取图 3-28(a)中的粗糙度标注)

选择对象:找到 1 个,总计 2 个(选取图 3-28(a)中的半径标注)

分解动作完成后,双击数据进行修改,修改完后的结果如图 3-28(b)所示。

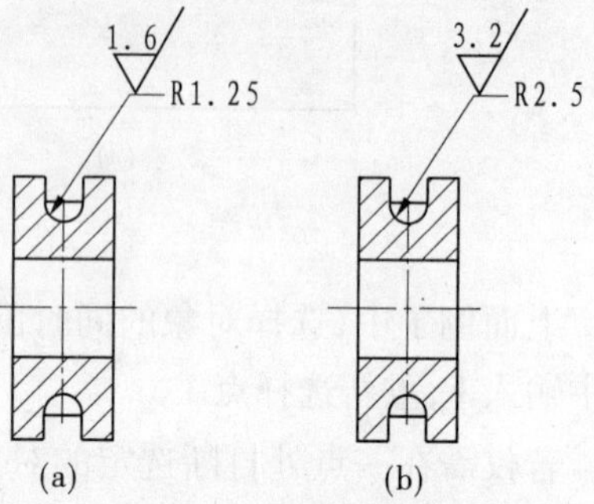

图 3-28　分解对象

第七节　编辑对象特性

"特性"选项板列出了选定对象或对象集的特性的当前设置。可以通过指定新值进行特性的更改。在图形对象上用鼠标右键单击可打开"特性"选项板。图 3-29 显示的是多段线的特性。

更改"特性"选项板上对象特性的步骤如下:

(1)选择一个或多个对象。

(2)在图形中单击鼠标右键,然后在快捷菜单上单击"特性"。

(3)在"特性"选项板中,使用标题栏旁边的滚动条在特性列表中滚动。可以单击每个类别右侧的箭头展开或折叠列表。

(4)选择要更改的值,然后使用下列方法之一对值进行更改:①输入新值;②单击右侧的箭头并从列表中选择一个值;③单击"…"按钮并在对话框中更改特性值;④单击"拾取点"按钮,使用定点设备更改坐标值;⑤单击鼠标右键,然后在快捷菜单上单击"编辑"选项,更改将立即生效。

要放弃更改,请在选项板中的空白区域中单击鼠标右键,然后在快捷菜单上单击"放弃"选项,也可以按 Esc 键删除选择。

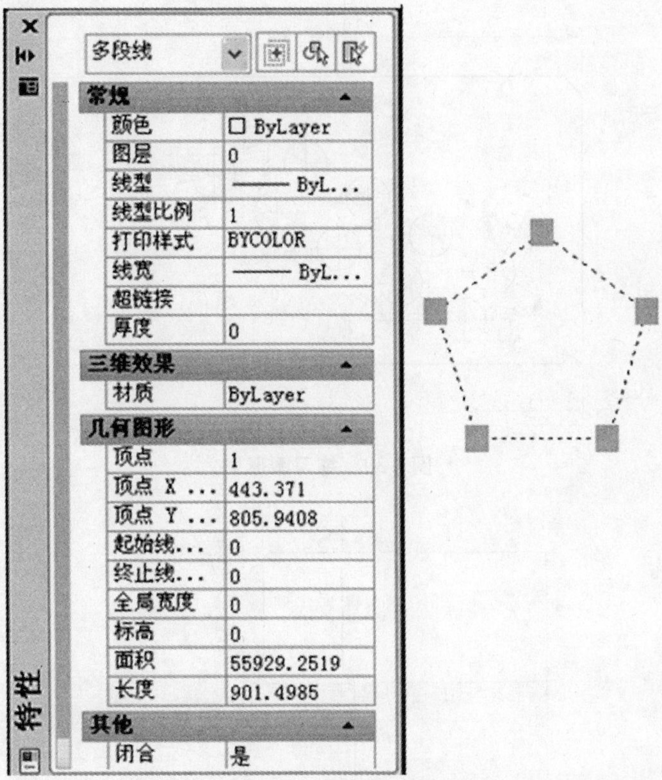

图 3-29　多段线的特性

上机练习与习题

1. 在 AutoCAD 2010 中,删除对象的操作方法主要有哪几种?

2. 图形阵列的类型分为哪两种?

3. 在 AutoCAD 2010 中,图形断开的方式有哪两种? 它们的区别在什么地方?

4. 扩展类思考题:如何把一个圆等分成几段圆弧?

提示:可以使用 Divide 命令对一个对象进行等分,为了显示分割点时可设置点的显示样式。参考的操作步骤如下:

(1)在当前命令行中输入 Ddptype 命令,按 Enter 键。

(2)弹出"点样式"对话框,从中选择一种可见的点样式。

(3)在当前命令行中输入 Divide 命令,按 Enter 键。

(4)选择要等分的圆。

(5)输入要分割的段数,按 Enter 键。

5. 根据如图 3-30 所示的相关尺寸,绘制图形,注意倒角、阵列、删除等操作。

6. 根据如图 3-31 所示的相关尺寸,绘制图形。

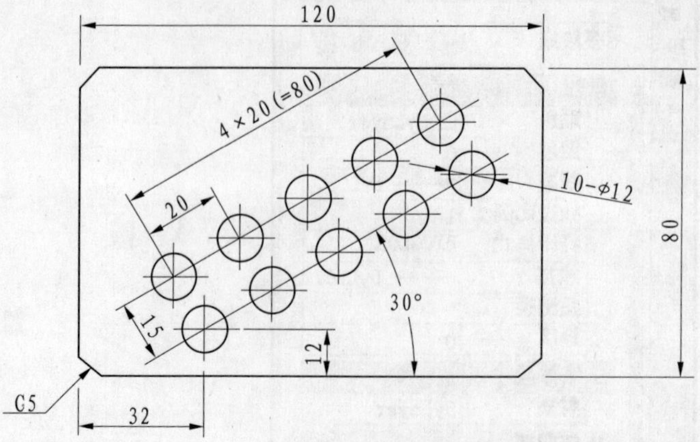

图 3-30　练习图形 1

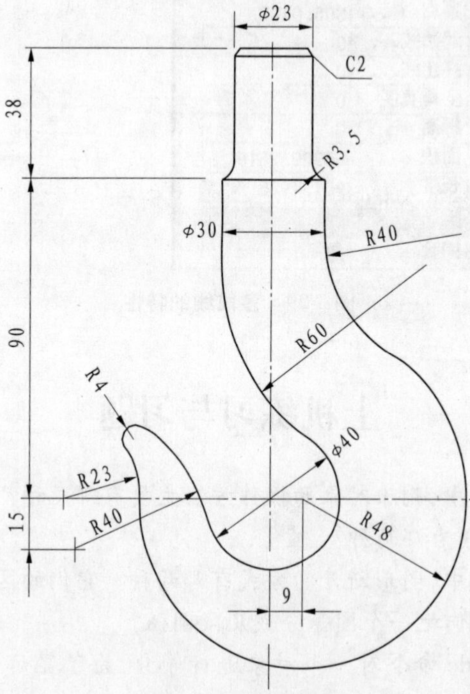

图 3-31　练习图形 2

第四章　图案填充与面域绘制

第一节　创建面域

一、将图形转换为面域

面域是使用形成闭合环的对象创建的二维闭合区域，如图 4-1 所示。环可以是直线、多段线、圆、圆弧、椭圆、椭圆弧和样条曲线的组合。组成环的对象必须闭合或通过与其他对象共享端点而形成闭合的区域。

图 4-1　构成面域的形状

可以通过多个环或者端点相连形成环的开曲线来创建面域。不能通过开放对象内部相交构成的闭合区域构造面域，例如，相交圆弧或自相交曲线。

创建面域的操作方法有：从菜单栏中选择"绘图"|"面域"命令；在右侧面板上或者在"绘图"工具栏上单击"面域"按钮；在命令行中输入 Region 命令，然后按 Spacebar 键或 Enter 键。

也可以使用 Boundary（边界）命令创建面域。使用边界定义面域的步骤为：

（1）在菜单栏中单击"绘图"|"边界"命令，或在命令行提示下，输入 Boundary 命令，然后按 Spacebar 键或 Enter 键。

（2）在"边界创建"对话框（如图 4-2 所示）的"对象类型"列表中，选择"多段线"或"面域"（均可）。

（3）单击"拾取点"按钮。

（4）在图形中每个要定义为面域的闭合区域内指定一点，然后按 Spacebar 键或 Enter 键，或点击鼠标右键。此点称为内部点。

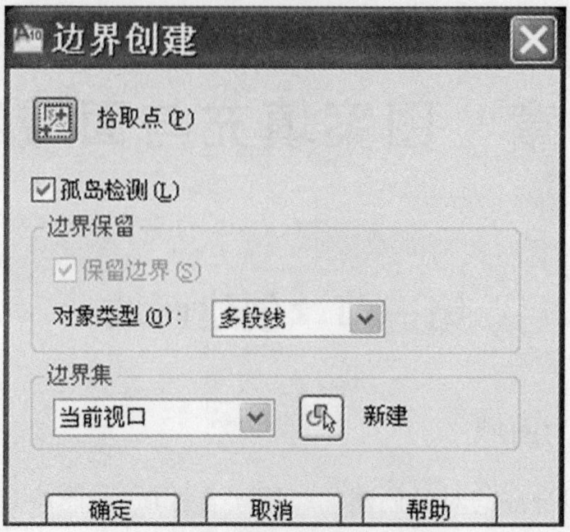

图 4-2 "边界创建"对话框

下面举实例说明。

在"绘图"工具栏上单击"面域"按钮后,命令行提示如下:

命令:_region

选择对象:找到 1 个(选取图 4-3(a)中的圆 1)

选择对象:找到 1 个,总计 2 个(选取图 4-3(a)中的圆 2)

选择对象:

已提取 2 个环。

已创建 2 个面域。

使用 Boundary(边界)命令创建面域时,在命令行提示下,输入 Boundary 命令,其命令行提示如下:

命令:_boundary

拾取内部点:正在选择所有对象…(拾取图 4-3(b)中区域 1 的内部点)

……

拾取内部点:(拾取图 4-3(b)中区域 2 的内部点)

……

BOUNDARY 已创建 2 个面域

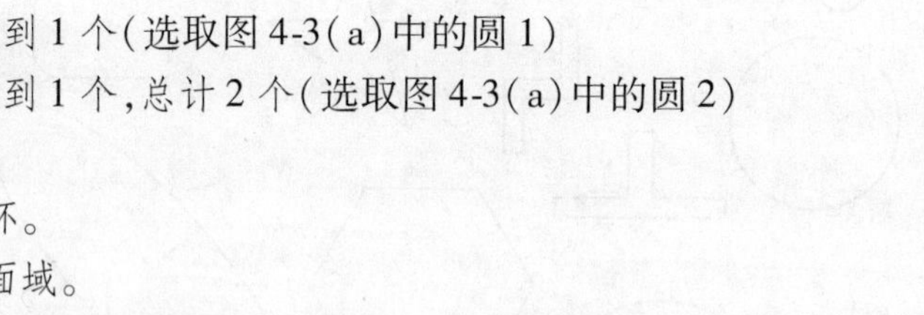

(a) (b)

图 4-3 创建面域

二、创建组合面域

可以通过并、差、交等布尔运算的方法，即通过结合、减去或查找面域的交点来创建组合面域。

(1)使用 Union(并集)命令创建组合面域。

在命令行提示下，输入 Union，其命令行提示如下：

命令:_union

选择对象:找到 1 个(选取图 4-4 中的面域 1)

选择对象:找到 1 个，总计 2 个(选取图 4-4 中的面域 2，按 Enter 键退出对象选择)

所得组合面域的结果见图 4-4。

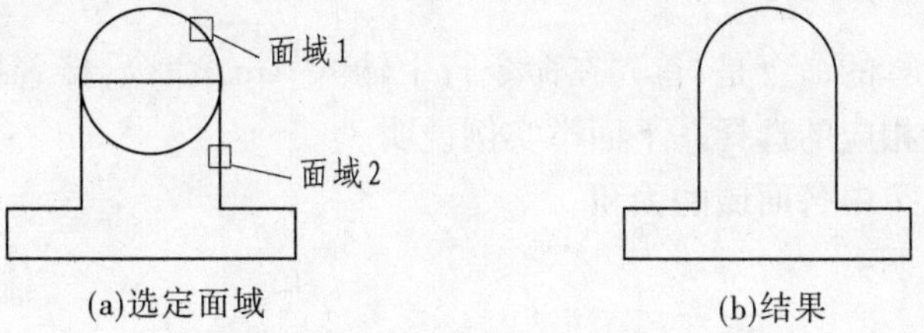

图 4-4　并集组合面域

(2)使用 Subtract(差集)命令创建组合面域。

在命令行提示下，输入 Subtract，其命令行提示如下：

命令:_subtract

选择要从中减去的实体或面域…(选取图 4-5 中的面域 1)

选择对象:找到 1 个

选择对象:(按 Enter 键退出被减面域的选择)

选择要减去的实体或面域…(选取图 4-5 中的面域 2)

选择对象:找到 1 个(按 Enter 键退出对象选择)

所得组合面域的结果见图 4-5。

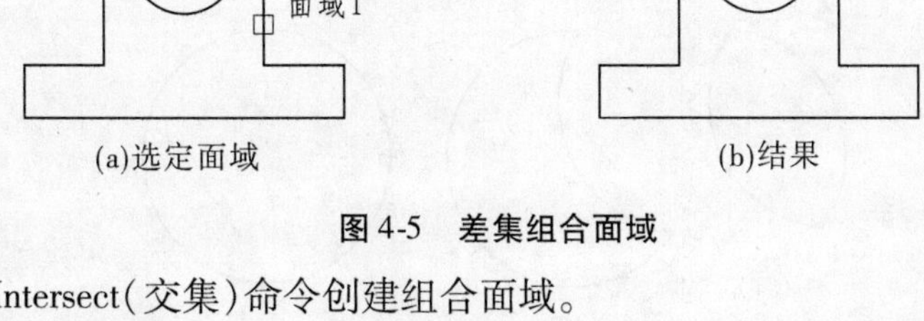

图 4-5　差集组合面域

(3)使用 Intersect(交集)命令创建组合面域。

在命令行提示下，输入 Intersect，其命令提示如下：

命令:_intersect

选择对象:指定对角点:找到 3 个(以交叉选择方式选取图 4-6 中的所有 3 个面域)

选择对象:(按 Enter 键退出对象选择)

所得组合面域的结果见图 4-6。

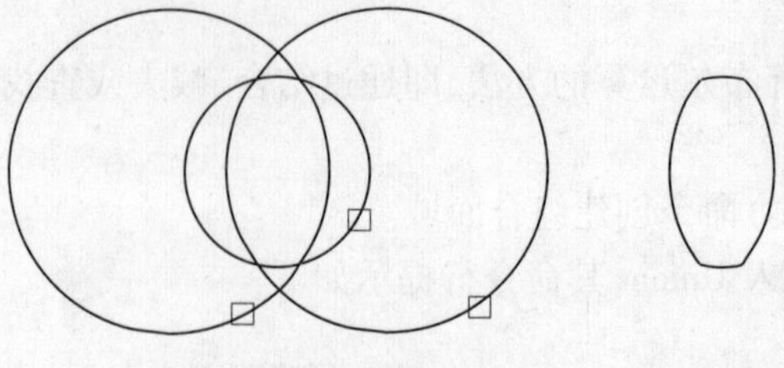

(a)选定相交的面域　　(b)结果

图 4-6　交集组合面域

三、对面域面积的计算

对面域面积计算的命令是：首先在命令行中输入 Area 命令，接着按 Enter 键，再根据命令行的提示进行相应的选择。下面举实例说明。

(一)计算图 4-7 中各面域的面积

命令行提示如下：

命令：_area

指定第一个角点或[对象(O)/加(A)/减(S)]：O(输入 O 进行对象选择，按 Enter 键)

选择对象：(选取图 4-7 中的面域 1)

面积 =141999.5372，周长 =1424.1887

命令：_area

指定第一个角点或[对象(O)/加(A)/减(S)]：O

选择对象：(选取图 4-7 中的面域 2)

面积 =221168.5736，周长 =2136.2830

命令：_area

指定第一个角点或[对象(O)/加(A)/减(S)]：O

选择对象：(选取图 4-7 中的面域 3)

面积 =363168.1108，周长 =2136.2830

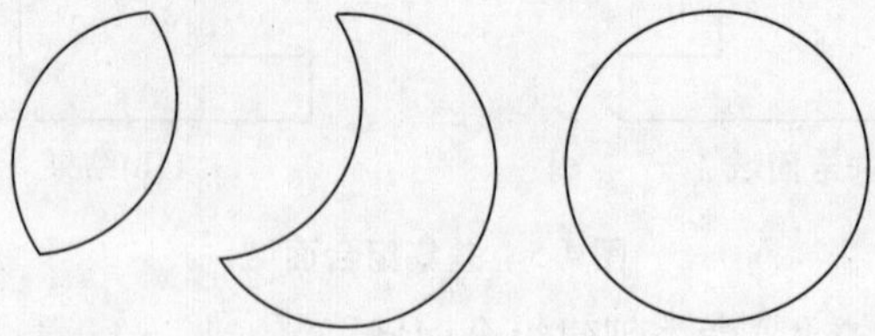

面域 1　　面域 2　　面域 3

图 4-7　面域面积的计算

(二)计算图 4-7 中面域 1 + 面域 2 的面积

命令行提示如下：

命令:_area

指定第一个角点或[对象(O)/增加面积(A)/减少面积(S)] <对象(O)>:A(输入A,然后按 Spacebar 键或 Enter 键,选择“加”模式)

指定第一个角点或[对象(O)/减少面积(S)]:O(输入 O 进行对象选择,然后按Spacebar键或 Enter 键)

(“加”模式)选择对象:(选取图 4-7 中的面域 1)

面积 =141999.5372,周长 =1424.1887

总面积 =141999.5372

(“加”模式)选择对象:(选取图 4-7 中的面域 2)

面积 =221168.5736,周长 =2136.2830

总面积 =363168.1108

(三)计算图 4-7 中面域 3 - 面域 2 - 面域 1 的面积

命令行提示如下:

命令:_area

指定第一个角点或[对象(O)/加(A)/减(S)]:A(输入 A,然后按 Spacebar 键或Enter 键,选择“加”模式)

指定第一个角点或[对象(O)/减(S)]:O(输入 O 进行对象选择,然后按 Spacebar 键或 Enter 键)

(“加”模式)选择对象:(选取图 4-7 中的面域 3)

面积 =363168.1108,周长 =2136.2830

总面积 =363168.1108

(“加”模式)选择对象:(退出“加”模式选择对象)

指定第一个角点或[对象(O)/减少面积(S)]:S(输入 S,然后按 Spacebar 键或 Enter键,选择“减”模式)

指定第一个角点或[对象(O)/增加面积(A)]:O(输入 O 进行对象选择,然后按Spacebar键或 Enter 键)

(“减”模式)选择对象:(选取图 4-7 中的面域 2)

面积 =221168.5736,周长 =2136.2830

总面积 =141999.5372

(“减”模式)选择对象:(选取图 4-7 中的面域 1)

面积 =141999.5372,周长 =1424.1887

总面积 =0.0000

注意:在做面域面积的差运算时,要先选择“加”模式,才能得出正确结果,否则会得出错误的结果。

第二节 使用图案填充

图案填充是指选用某一个图案来填充封闭区域,从而使该区域表达一定的信息。图案填充常用于表达零件的剖面和断面。在机械制图中,在金属零件的剖面区域填充的图案称为剖面线,该剖面线用与水平方向的锐角角度为 45°间距,间距均匀的细实线表达,向左或者向右倾斜均可。

在同一金属零件的零件图中,剖面线方向与间距必须一致。如图 4-8 所示,在传动轴的剖面区域绘制了剖面线,即填充有指定的图案。

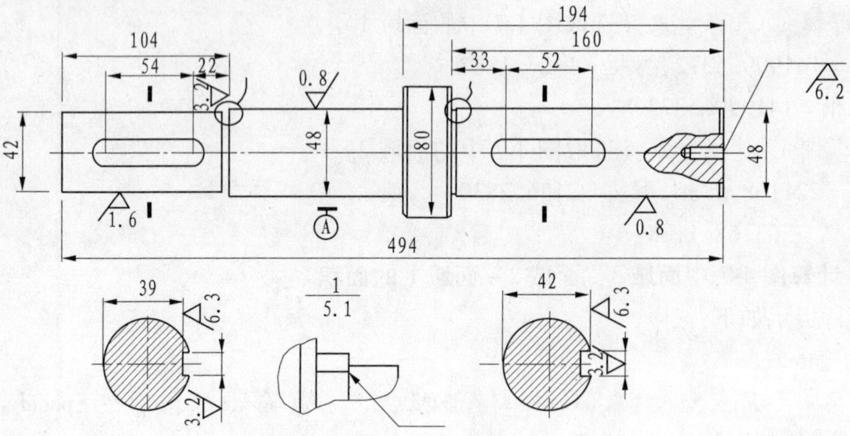

图 4-8 传动轴

一、图案填充

图案填充命令可以用图案或渐变色来填充封闭的区域,也可以填充选中的对象。其操作方式为:从菜单栏中选择“绘图”|“图案填充”命令;在右侧面板上或者在“绘图”工具栏上单击“图案填充”按钮;在命令行中输入 Hatch(或 H)命令,然后按 Spacebar 键或 Enter 键。

在“绘图”工具栏上单击“图案填充”按钮后,将弹出“图案填充和渐变色”对话框,如图 4-9 所示。

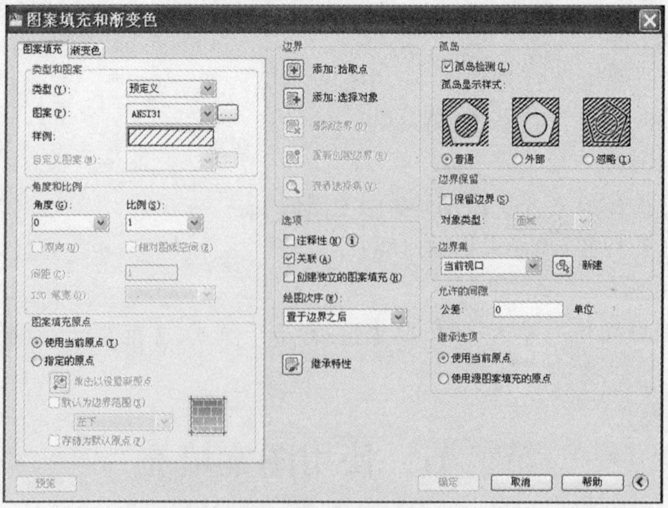

图 4-9 “图案填充和渐变色”对话框

在“图案填充”选项卡中所显示的内容有以下几项。

(一)类型和图案

在对话框中,单击“图案”后面的按钮 … ,将弹出“填充图案选项板”对话框,如图4-10所示。在该对话框中提供了4个选项卡,分别为ANSI(美国国家标准学会标准)、ISO(国际标准)、其他预定义和自定义。当选择ISO图案时,可以指定笔宽,笔宽决定了图案中的线宽。可以根据制图需要,任意选用某一种标准的图案。

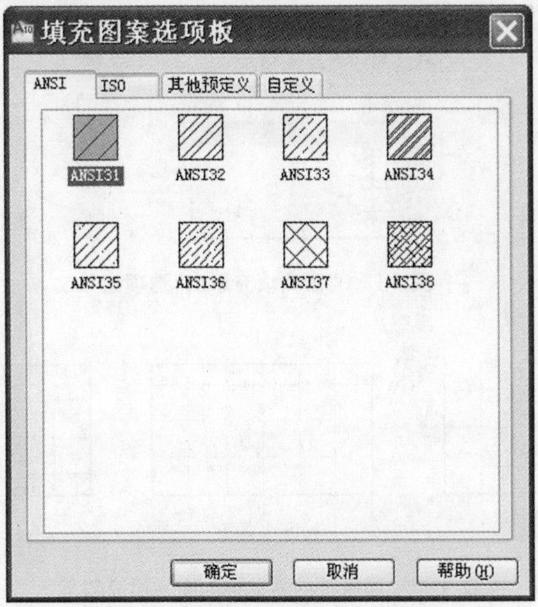

图4-10 “填充图案选项板”对话框

(二)角度和比例

角度和比例可以改变选定图案填充的线型角度和图案的比例大小。当在“图案填充”选项卡上将类型设为”用户定义”后,“双向”选项被激活,当“双向”选项被选中后,将进行交叉线图案的绘制,两交叉线的角度成直角。图4-11是双向填充和单向填充效果。

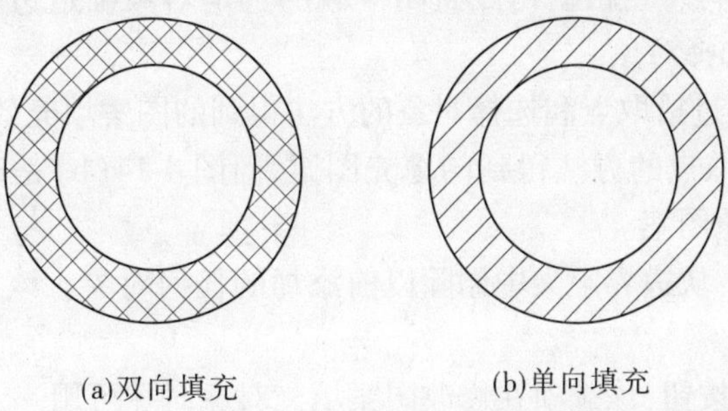

(a)双向填充　　(b)单向填充

图4-11 双向填充和单向填充效果

(三)图案填充原点

此选项组可用来控制填充图案生成的起始位置。在默认情况下,填充图案始终是相互对齐的。而在某些图案填充时,可能需要移动图案填充的起点(称为原点),在这种情况下,应使用“图案填充原点”选项组中“指定的原点”选项,并选中“默认为边界范围”复选框,再根据下拉列表框中的选项来指定原点是位于边界的左下、左上还是正中等情况,如图 4-12 所示。图 4-13 是图案填充中的原点分别为默认、左下、右上等情况下的效果。

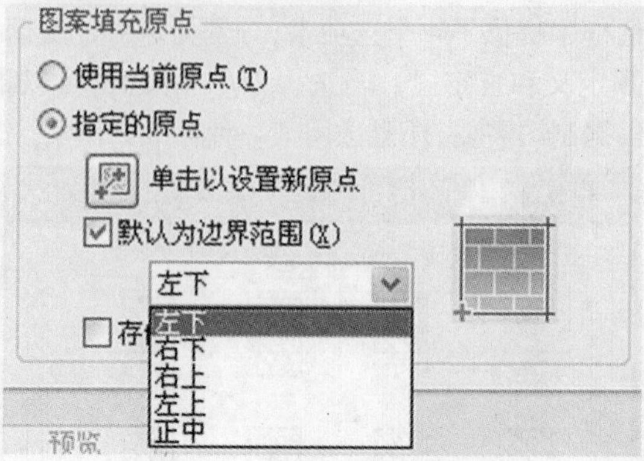

图 4-12 “图案填充原点”选项组

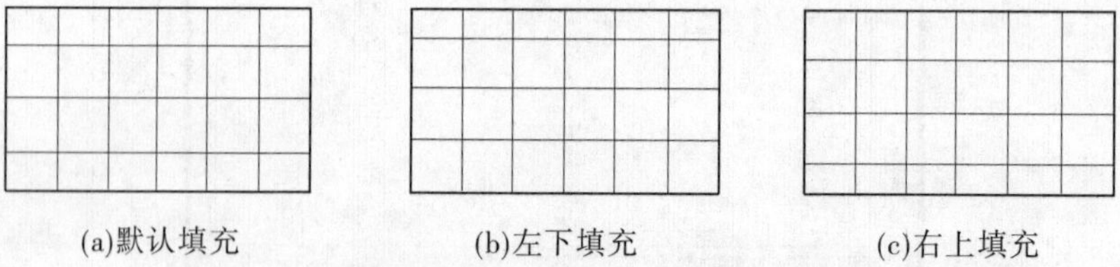

图 4-13 原点不同情况下的图案填充效果

(四)边界

此选项组用来选择剖面线的边界并控制定义剖面线边界的方法,该区包含 5 个按钮,分别介绍如下。

“添加:拾取点”按钮:根据围绕指定点构成封闭区域的现有对象确定边界。对话框将关闭,系统将会提示用户拾取一个点。

“添加:选择对象”按钮:根据构成封闭区域的选定对象确定边界。对话框将暂时关闭,系统将提示用户选择对象。

图 4-14 分别是通过拾取点和选择对象的方法得到的图案填充效果。其中图 4-14(a)是通过在多边形内拾取点的方法得到的填充图案,而图 4-14(b)是通过选择多边形的边 1、2、3、4 后得到的填充图案。

“删除边界”按钮:从边界定义中删除以前添加的任何对象。该选项只有在已选取边界后才可用。

“重新创建边界”按钮:该选项在修改图案填充对象时才可用。

“查看选择集”按钮:暂时关闭对话框,并使用当前的图案填充设置显示当前定义的边界。如果未定义边界,则此选项不可用。

(五)选项

此选项组用于设置几个常用的图案填充或填充选项。

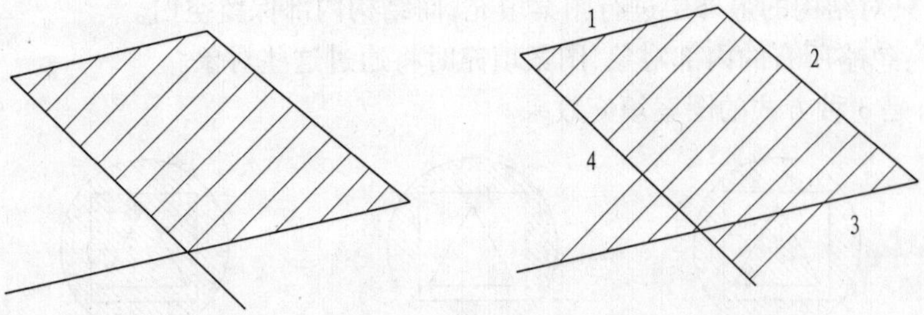

图 4-14　图案填充效果

“注释性”：使用注释性图案填充可以通过符号形式表示材质（如沙子、混凝土、钢材等）。注释性填充是按照图纸尺寸进行定义的。创建注释性填充对象时首先要指定填充的对象，然后选中“注释性”复选框，单击“确定”按钮即可创建注释性填充对象。

“关联”：关联图案填充随边界的更改自动更新。默认情况下，用 Hatch 命令创建的图案填充区域是关联的。可以使用 Hatch 命令来创建独立于边界的非关联图案填充。关联或非关联填充的区别效果如图 4-15 所示。

图 4-15　关联或非关联填充的区别效果

“创建独立的图案填充”：当指定了几个单独的闭合边界时，选择是“创建单个图案填充对象”，还是“创建多个图案填充对象”。

“绘图次序”：为图案填充或填充指定绘图次序。图案填充可以放在所有其他对象之后、所有其他对象之前、图案填充边界之后或图案填充边界之前。

“继承特性”：使用选定图案或填充特性对指定的边界进行图案填充。

（六）孤岛

该选项用来指定在最外层边界内填充对象的方法。如果不存在内部边界，则指定孤岛检测样式没有意义。因为可以定义精确的边界集，所以一般情况下最好使用“普通”样式。

1. 孤岛检测

“孤岛检测”选项是用来检查封闭图形内部是否存在闭合边界（称为孤岛），当存在孤岛时，图案填充将有以下 3 种方式。

“普通”：从外部边界向内填充。如果 Hatch 命令执行中遇到内部孤岛，将关闭图案填充，直到遇到该孤岛内的另一个孤岛。

“外部”：从外部边界向内填充。如果 Hatch 命令执行中遇到内部孤岛，将关闭图案填充。此选项只对结构的最外层进行图案填充,而结构内部保留空白。

“忽略”:忽略所有的内部对象,图案填充时将通过这些对象。

图4-16是3种方式的图案填充效果。

(a)普通填充　　(b)外部填充　　(c)忽略填充

图4-16　图案填充效果

2. 边界保留

“边界保留”选项指定是否将边界保留作为对象,并确定应用于这些对象的对象类型。

“保留边界”:根据临时图案填充创建边界对象,并将它们添加到图形中。

“对象类型”:控制新边界对象的类型。生成的边界对象可以是面域或多段线对象。仅当选中“保留边界”时,此选项才可用。

3. 边界集

边界集即当从指定点定义边界时要分析的对象集。当使用“选择对象”定义边界时,选定的边界集无效。定义边界集有以下两种方式。

“当前视口”:根据当前视口范围中的所有对象定义边界集,选择此选项将放弃当前的任何边界集。

“现有集合”:从使用“新建”选定的对象来定义边界集。如果还没有用“新建”创建边界集,则“现有集合”选项不可用。

默认情况下,使用“添加:拾取点”选项来定义边界时,Hatch命令将分析当前视口范围内的所有对象。通过重定义边界集,可以在定义边界时忽略某些对象,而不必隐藏或删除这些对象。图4-17分别是通过拾取点和定义边界方法得到的填充效果,其中图4-17(a)是拾取圆1和圆2之间的内部点时的填充效果,而图4-17(b)是定义圆1为边界时的填充效果。

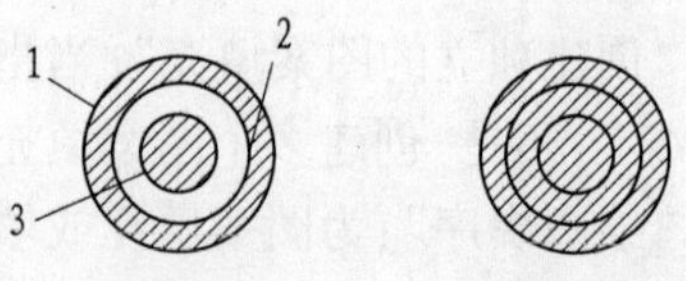

(a)拾取点　　(b)定义边界

图4-17　填充效果

4. 允许的间隙

允许的间隙指设置图案填充边界时可以忽略的最大间隙。默认值为0,即在封闭区域内进行图案填充时没有间隙。

5. 继承选项

使用“继承特性”创建图案填充时,这些设置将控制填充图案的原点位置。原点位置的选取有以下两种方式 。

“使用当前原点”:使用当前的图案填充原点。

“使用源图案填充的原点”:使用源图案填充的图案填充原点。

二、渐变色填充

在“图案填充和渐变色”对话框中，切换到“渐变色”选项卡，在其中可定义渐变色填充的外观，如图 4-18 所示。

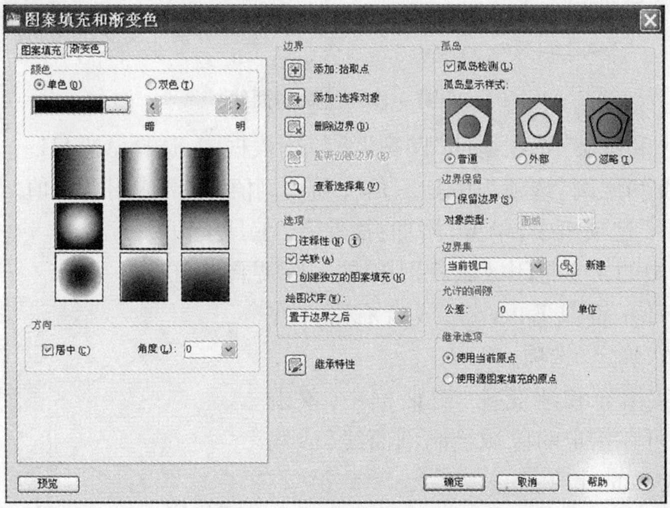

图 4-18 **“渐变色”选项卡**

“渐变色”选项卡中的选项如下。

(一)颜色

“单色”:指定使用从较深着色到较浅色调平滑过渡的单色填充。选择“单色”时，Hatch 命令将显示带有“浏览”按钮和“着色”和“染色”滑块的颜色样本。

“双色”:指定在两种颜色之间平滑过渡的双色渐变填充。选择“双色”时，Hatch 命令将显示颜色 1 和颜色 2 的带有“浏览”按钮的颜色样本。

(二)方向

该选项组用于指定渐变色的角度及其是否对称。各选项含义如下。

“居中”:指定对称的渐变色配置。如果没有选定此选项，渐变填充将朝左上方变化，创建光源在对象左边的图案。

“角度”:指定渐变色填充的角度。相对当前 UCS 指定角度。此选项与指定给图案填充的角度互不影响。

其他选项含义同“图案填充”。

三、图案填充实例

(一)图案填充

下面以传动轴的一个剖面为例，在该剖面区域绘制剖面线，如图 4-19 所示。

具体的操作步骤如下:

(1)在“绘图”工具栏中单击“图案填充”工具按钮，打开“图案填充和渐变色”对话框，如图 4-9 所示，选择“图案填充”选项卡。

图 4-19　绘制剖面线

(2)在“类型和图案”选项组的“图案”下拉列表框中,选择 ANSI31。

(3)在“角度和比例”选项组中指定角度和比例值,本例使用默认值。

(4)在“边界”选项组中,单击“添加:拾取点”工具按钮。

(5)在图形中的 4 个封闭区域分别单击一下,见图 4-20。

(6)按 Spacebar 键或 Enter 键,或者右击并在快捷菜单上选择“确定”选项。

(7)在“图案填充和渐变色”对话框中,单击“确定”按钮,即可在指定的区域绘制剖面线(或双击 Spacebar 键或 Enter 键)。

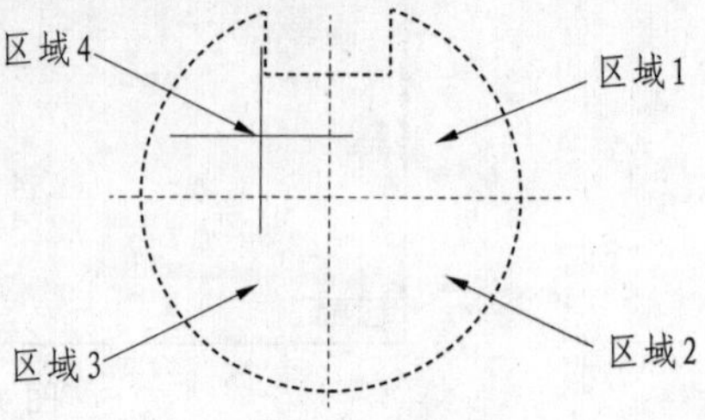

图 4-20　拾取点

(二)图案填充修改

图案填充完后,若对填充的内容不满意,可以对其进行修改。修改的方法有:从菜单栏中选择“修改”|“对象”|“图案填充”命令;打开“修改”工具栏,单击“图案填充”按钮;在命令行中输入 Hatchedit,按 Enter 键;输入 Hatchedit,选择图案填充对象,或者用鼠标双击要修改的填充图案,然后在“图案填充”选项卡中,对图案进行修改。

下面举例说明,将图 4-21(a)中的填充图案的角度变成 90°。

用鼠标双击图 4-21(a)的填充图案,在“图案填充”选项卡中,在“角度和比例”选项组中,将角度变为 90°,单击“确定”按钮,修改后的填充图案如图 4-21(b)所示。

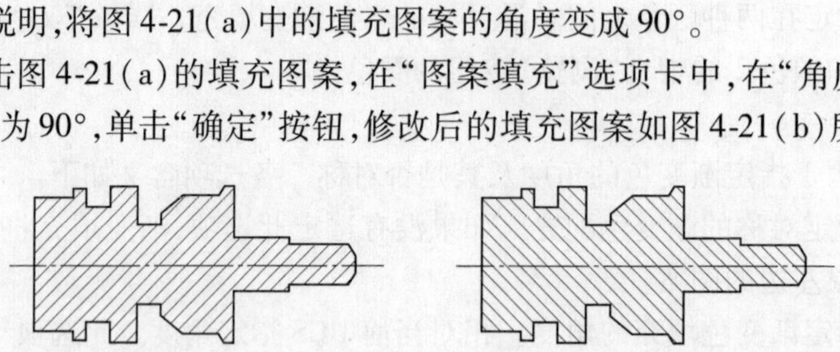

(a)原填充图案　　(b)修改后的填充图案

图 4-21　图案填充实例

上机练习与习题

1. 依例画图:绘制国旗

要绘制如图 4-22 所示的国旗,操作步骤如下。

(1)启动 AutoCAD,建立一个新图形文件。

(2)设置绘图极限(0,0)(200,100)。

(3)设置所用单位与精度。

(4)设置所用图层及图层线型、图层颜色等。

(5)绘制国旗框线(将“guoqixian”层设置为当前层)150×100。

(6)绘制大五角星(外接圆半径为15)。

(7)绘制4个小五角星(大五角星缩小0.5倍)。

(8)填充图案。

(9)画出如图4-22所示的图形,以“guoqi. dwg”为文件名存盘。

图4-22 绘制国旗

2. 绘制如图4-23(a)所示图形,进行图案填充,然后将图案修改成如图4-23(b)所示。

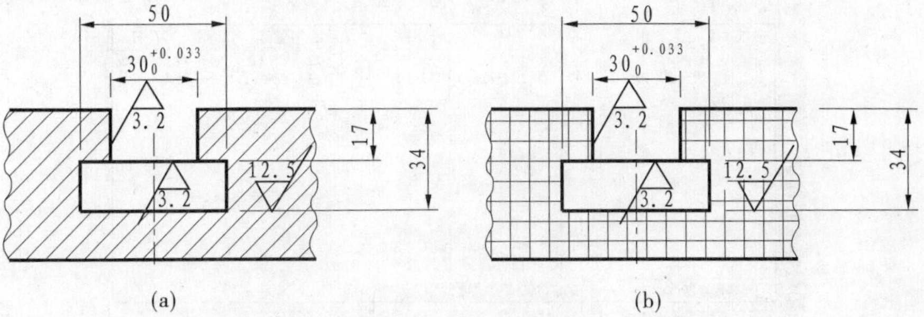

图4-23 图案填充

第五章　图层管理与图形控制

第一节　规划图层

在一个复杂的图形中，有许多不同类型的图形对象，为了方便区分和管理，可以创建多个图层，将特性相同的对象绘制在同一个图层上。

一、图层的特点

AutoCAD 2010 对图层数量没有限制；默认图层名为 0 层，该图层不能被删除或重命名，其余图层的名称及特性需要自定义；各图层具有相同的坐标系、绘图界限、显示时的缩放比例；可以对位于不同图层上的对象同时进行编辑操作，但只能在当前图层上绘制图形；可以控制图层的打开、关闭、冻结、解冻、锁定与解锁等状态，以决定各图层的可见性与可操作性。

二、图层特性管理器

创建及设置图层在图层特性管理器中进行，“图层特性管理器”对话框如图 5-1 所示。

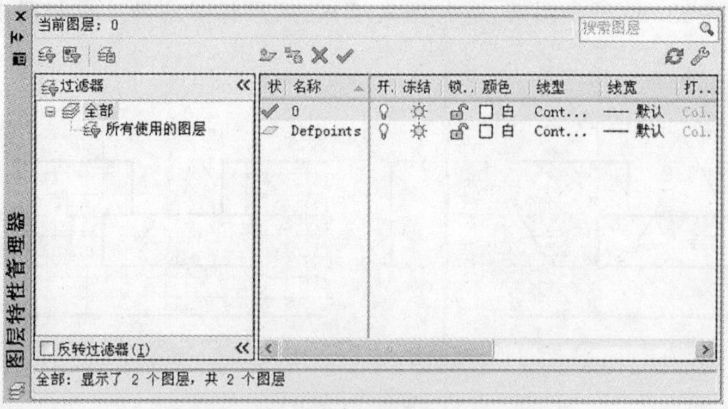

图 5-1　“图层特性管理器”对话框

通过以下 3 种方法可以打开图层特性管理器：在菜单栏中选择“格式”|“图层”命令；单击工具栏或面板上的按钮；在命令行中输入 Layer（或 LA）命令，然后按 Spacebar 键或 Enter 键。

（一）创建新图层

除默认的 0 层外，若要使用更多的图层来组织图形就需要先创建新图层。

在“图层特性管理器”对话框中单击“新建图层”按钮可新建图层，新图层以临时名称“图层 1”显示在列表中，可以输入新的名称。若要创建多个图层，重复上述操作即可。

默认情况下，新图层的特性与图层 0 的默认特性完全一样，即颜色编号为 7、Continuous 线型、“默认”线宽和“普通”打印样式。如果在创建新图层时选中了一个现有的图层，新建的图层将继承选定图层的特性。

(二)设置图层特性

可以为每个图层设置颜色、线型、线宽等图层特性。只要图线的相关特性设定成“ByLayer”，所有图线都将具有所属层的特性。

(1)设置图层颜色。在“图层特性管理器”对话框中选择一个图层，单击与该图层相关联的颜色，弹出“选择颜色”对话框，在其中选择一个合适的颜色，单击“确定”按钮即可。“选择颜色”对话框如图 5-2 所示。

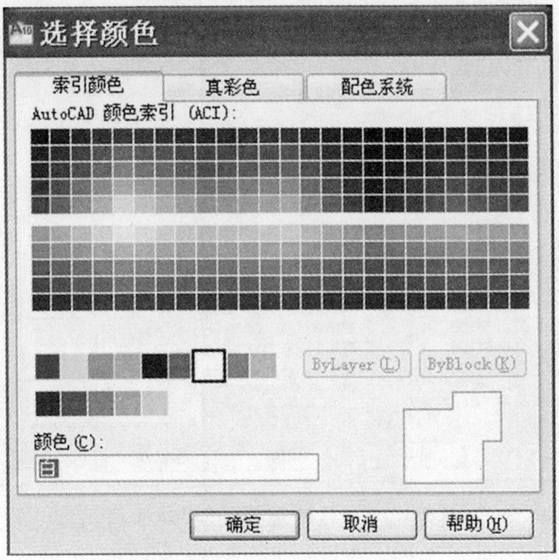

图 5-2 “选择颜色”对话框

(2)设置图层线型。线型可以是连续的直线，或者是由横线、点和空格按一定规律重复出现组成的图案，线型用来区分各种直线的用途。

在“图层特性管理器”对话框中选择一个图层，单击与该图层相关联的线型，弹出“选择线型”对话框，如图 5-3 所示，在“选择线型”对话框中，从“线型”列表中选择一个线型。若列表中没有想要的线型，可单击“加载”按钮，在弹出的“加载或重载线型”对话框(如图 5-4所示)上，从一个文件(默认为 acadiso. lin)中载入所需线型。选择好线型后，单击“确定”按钮即可。

(3)设置图层线宽。在“图层特性管理器”对话框中选择一个图层，单击与该图层相关联的线宽，弹出“线宽”对话框，在其中选择一个合适的线宽，单击“确定”按钮即可。“线宽”对话框如图 5-5 所示。

系统提供了一系列的可用线宽，包括“默认”线宽。“默认”的线宽值是 0. 01 英寸或 0. 25 mm。“默认”值可由系统变量 Lwdefault 设置，或在“线宽”对话框中设置。

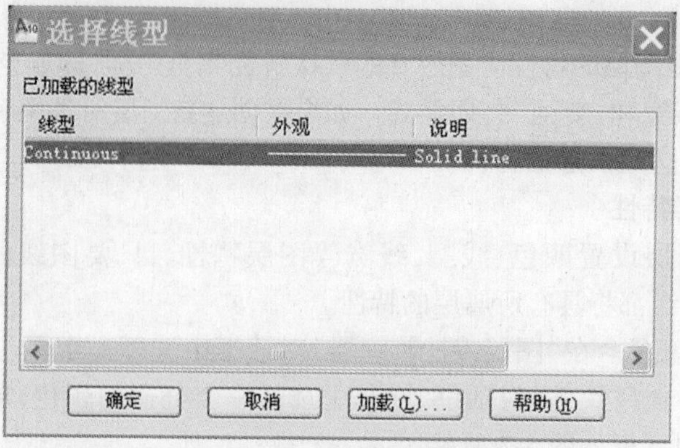

图 5-3 “选择线型”对话框

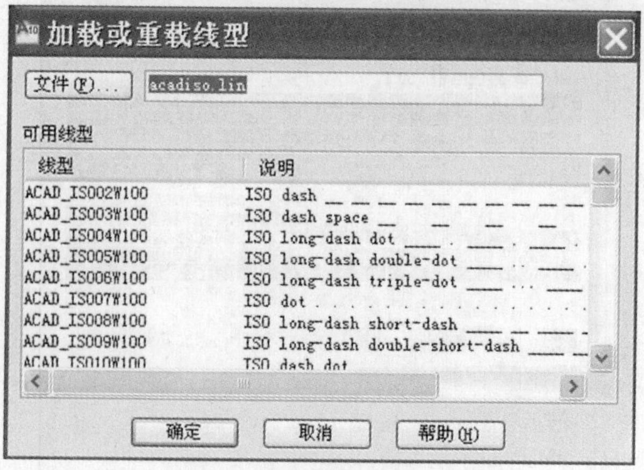

图 5-4 “加载或重载线型”对话框

(三)设置当前图层

绘图操作总是在当前图层上进行的,系统启动创建新图形时,当前图层为 0 层。可以将除被冻结的图层外的其他图层置为当前图层。

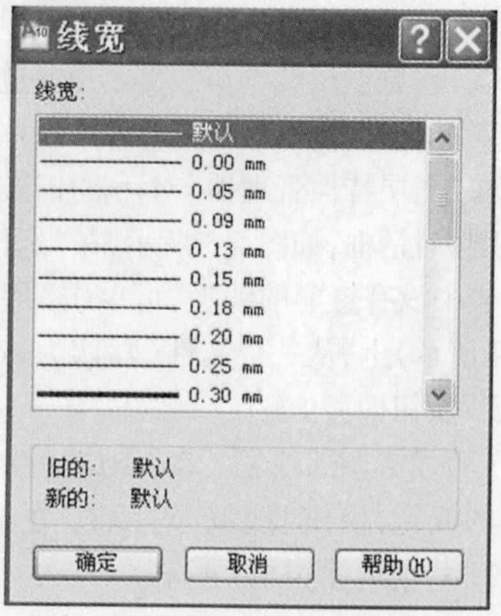

图 5-5 “线宽”对话框

设置当前图层有以下方法:

(1)直接将某一图层设定为当前图层。在“图层特性管理器”对话框中选择一个图层,然后单击“置为当前”按钮✔或者双击该图层,可将此图层置为当前图层;通过工具栏或面板上的图层控制下拉列表框单击某个图层,可将其置为当前图层;可用右键快捷菜单将某图层置为当前图层。

(2)将某个对象所属的图层置为当前图层。在工具栏或面板上选择“将对象的图层置为当前”按钮，然后选择对象。这样可以将所选对象所在图层设置为当前图层。

(四)删除图层

删除图层时，只能删除未被参照的图层。参照的图层包括图层 0 和Defpoints、包含对象(包括块定义中的对象)的图层、当前图层以及依赖外部参照的图层。局部打开图形中的图层也被视为已参照并且不能删除。

删除图层的操作方法有：在“图层特性管理器”对话框中选择一个图层，然后单击“删除”按钮；选择要删除的图层，点击右键，在右键快捷菜单中选择“删除图层”，如图 5-6 所示。

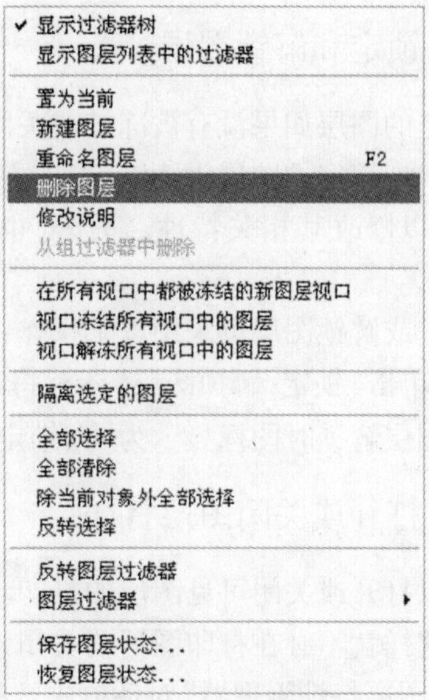

图 5-6　右键快捷菜单

第二节　管理图层

如果不想打印某些对象，可以将这些对象所在的图层关闭或冻结，或者关闭可见图层的打印。被冻结或关闭的图层叫做不可见图层，绘制在不可见图层上的对象将不能显示和打印。

一、打开和关闭图层

关闭的图层与图形一起重生成，但不能显示或打印。关闭而不冻结，可以避免每次解冻图层时重生成图形。如果需要频繁地将某个图层在可见与不可见状态之间进行切换，可以关闭该图层。

打开或关闭图层可采用以下操作：在“图层特性管理器”对话框中选择要打开或关闭的图层，单击“打开/关闭图层”图标将其打开或关闭。图层打开时图标显示为，关闭时图标显示为。

二、冻结和解冻图层

冻结图层可以提高对象选择的性能，减少复杂图形的重生成时间。被冻结图层上的对象不能显示、打印或重生成。解冻被冻结的图层时，将重新生成图形并显示该图层上的对象。如果某些图层长时间不需要显示，为了提高效率，可以将其冻结。

冻结或解冻图层可采用以下操作：在“图层特性管理器”对话框中选择要冻结或解冻的图层，单击“冻结/解冻图层”图标将其冻结或解冻。图层解冻时图标显示为，冻结时图标显示为。

三、锁定和解锁图层

锁定的图层如果没有被冻结或关闭,则图层上的对象是可见的,但是不能被编辑或选择。可以把锁定的图层设为当前图层并在其中创建新对象。锁定的图层可以冻结和关闭,并可以修改其相关特性。另外,也可以在锁定的图层上使用对象捕捉功能和查询命令。

锁定或解锁图层可采用以下操作:在“图层特性管理器”对话框中选择要锁定或解锁的图层,单击“锁定/解锁图层”图标将其锁定或解锁;也可用图层的下拉按钮单击锁定或解锁。图层解锁时图标显示为,锁定时图标显示为。

四、打开或关闭图层打印

可以打开或关闭可见图层的打印。如果关闭了图层的打印,则该图层能显示但不能打印。这样就不必在打印图形前关闭该图层了。

在“图层特性管理器”对话框中选择要打印或不打印的图层,单击对应的图标可以在打印与不打印状态间切换。

五、保存和恢复图层设置

保存图形的当前图层设置,以后可以恢复这些设置,这对于有大量图层的复杂图形尤其方便。

(1)保存图层设置。图层设置包括图层状态和图层特性的设置。图层状态包括图层是否打开、冻结、锁定和打印等;图层特性包括颜色、线型和线宽等。可以选择要保存的图层状态和图层特性。

保存图层设置可采用以下操作:在“图层特性管理器”对话框中右击,在弹出的快捷菜单中选择“保存图层状态”,打开“要保存的新图层状态”对话框(如图5-7所示),在该对话框中输入新图层状态的名称及相关说明文字,单击“确定”按钮即可。

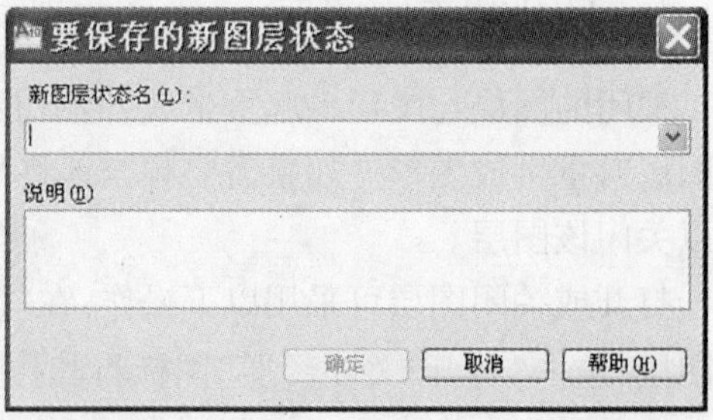

图5-7 “要保存的新图层状态”对话框

(2)恢复图层设置。只有那些在保存图层状态时指定的图层设置才会恢复,如果图层状态和图层特性被恢复,所有未指定的图层设置将保留原来设置。

恢复图层设置可采用以下操作:在“图层特性管理器”对话框中右击,在弹出的快捷菜单中选择“恢复图层状态”,打开“图层状态管理器”对话框(如图5-8所示),选择需要恢复的图层状态后,单击“恢复”按钮,回到“图层特性管理器”对话框中,然后单击“确定”按钮即可。

六、过滤图层

当图形中包含大量的图层时,可以利用图层过滤功能简化对图层的操作。过滤图层

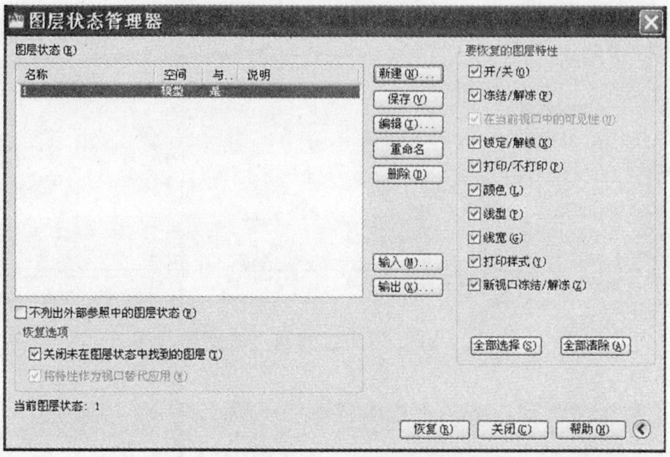

图 5-8 “图层状态管理器”对话框

的方法有以下两种：

(1)使用图层过滤器特性过滤图层。在“图层特性管理器”对话框中单击“新特性过滤器”按钮，使用打开的“图层过滤器特性”对话框(如图 5-9 所示)来定义图层过滤器的特性。

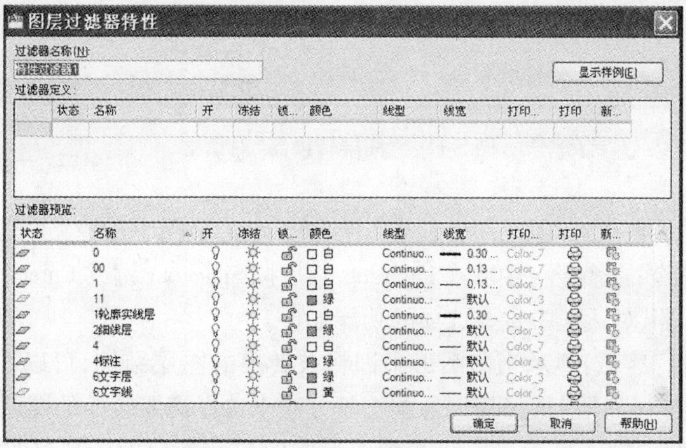

图 5-9 “图层过滤器特性”对话框

(2)使用组过滤器过滤图层。在“图层特性管理器”对话框中单击“新建组过滤器”按钮，在对话框左侧过滤器列表中添加一个“组过滤器 1”(也可根据需要命名组过滤器)，将需要分组过滤的图层拖动到创建的“组过滤器 1”上即可。该过滤方式不考虑图层的特性，只有被确切指定到该组过滤器中的图层才显示出来，如图 5-10 所示。

七、转换图层

使用图层转换器可以转换图层，实现图形的标准化和规范化。图层转换器能够转换当前图形中的图层，使之与其他图形的图层结构或 CAD 标准文件相匹配。“图层转换器”对话框如图 5-11 所示。

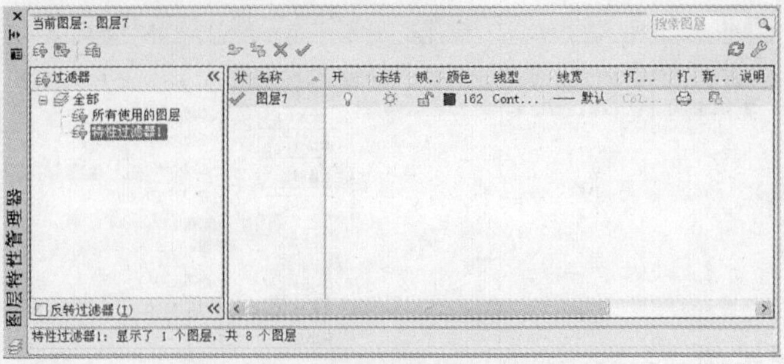

图 5-10　用组过滤器过滤图层

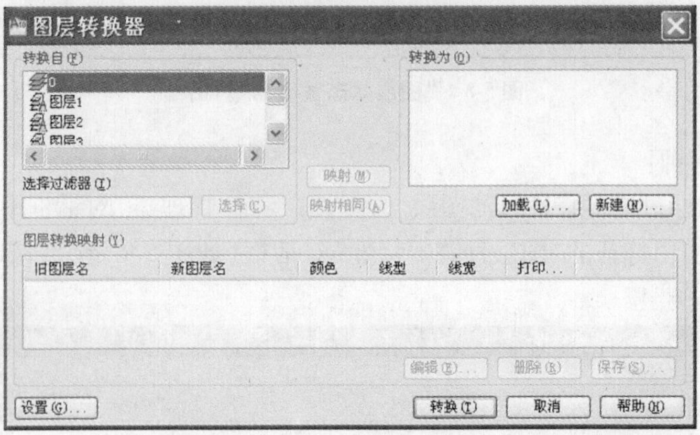

图 5-11　“图层转换器”对话框

通过以下方法可以打开“图层转换器”对话框：在菜单栏中选择“工具”|“CAD 标准”|“图层转换器”命令；在命令行中输入 Laytrans，然后按 Spacebar 键或 Enter 键。

“图层转换器”对话框中主要选项的功能如下。

（1）“转换自”区域：显示当前图形中即将被转换的图层结构，可以在列表框中选择，也可以通过“选择过滤器”选择使用通配符等方法来选择需要转换的图层。

（2）“转换为”区域：显示可以将当前图形的图层转换成的图层名称。可以通过“加载”将已有图形作为图层标准的图形文件，并将该图形的图层结构显示在“转换为”列表框中，也可以通过“新建”创建新的图层作为转换匹配图层，新建的图层也会显示在“转换为”列表框中。

（3）“映射”按钮：单击该按钮，可以将在“转换自”列表框中选中的图层映射到“转换为”列表框中，并且当图层被映射后，将从“转换自”列表框中删除。

（4）“映射相同”按钮：将“转换自”列表框中和“转换为”列表框中名称相同的图层进行转换映射。

（5）“图层转换映射”区域：显示已经映射的图层名称和相关的特性值。

（6）“设置”按钮：设置图层的转换规则。

（7）“转换”按钮：单击该按钮将开始转换图层，并关闭“图层转换器”对话框。

八、改变对象所在的图层

在实际绘图中,如果绘制完成某一图形元素后,发现该元素并没有绘制在预先设置的图层上,可以选中该图形元素,并在“面板”或工具栏的“图层”下拉列表框中选择预设图层名,即可改变对象所在的图层。

第三节　图形显示控制

一、重画与重生成图形

在菜单栏中选择“视图”|“重画”命令,或者在命令行中输入 Redraw 命令,然后按Spacebar键或 Enter 键,可以刷新当前视图,消除残留的修改痕迹。如果在命令行中输入 Redrawall 命令,则可以刷新所有视口。在菜单栏中选择“视图”|“重生成”命令,不仅能够刷新图形显示,而且可以更新图形数据库中有图形对象的屏幕坐标,从而准确地显示图形数据,使图形显示更圆滑。要重生成图形,也可以在命令行中输入 Regen 命令;在命令行中输入 Regenall 命令,则可以重新生成图形并刷新所有视口。

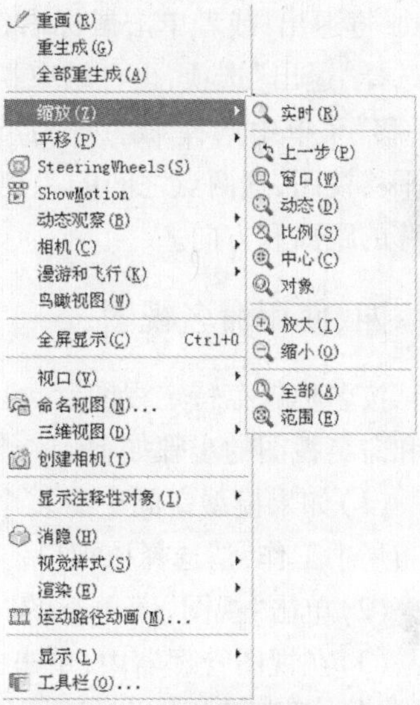

图 5-12　“缩放”菜单命令

二、缩放视图

视图的缩放对查看图形、捕捉对象和准确绘制图形等有很大的帮助。在绘图过程中,常常需要将当前视图适当放大、局部放大或者缩小,对象缩放后,其实际尺寸保持不变。图形缩放的命令位于“视图”|“缩放”菜单中,如图 5-12 所示。也可以在“缩放”工具栏上单击相应的图标按钮进行图形的指定缩放操作,如图 5-13 所示。

图 5-13　“缩放”工具栏

另外,也可以在命令行中输入 Zoom 命令,按 Spacebar 键或 Enter 键,如图 5-14 所示,然后选择命令行提示中的选项。例如,要在绘图区域中显示全部图形,则继续在命令行中输入 A,按 Enter 键即可。

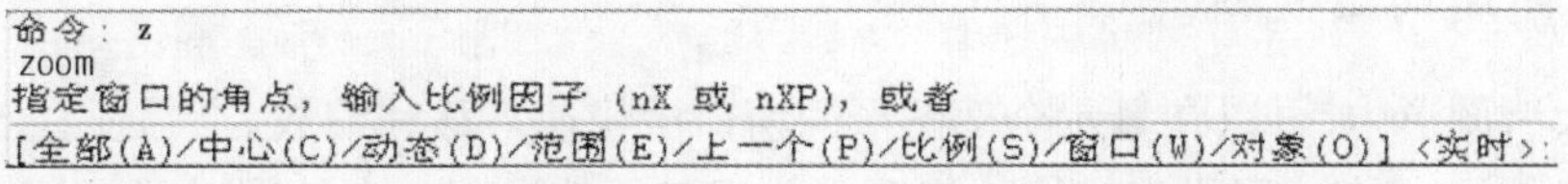

图 5-14　输入 Zoom 命令

在默认情况下,向前滚动鼠标中键滚轮,可实时放大视图;向后滚动鼠标中键滚轮,则可实时缩小视图。

三、平移视图

平移视图在实际应用中也较为实用。它是指在不改变图形显示大小的情况下，通过移动图形来观察当前视图中的不同部分。“平移”菜单命令如图 5-15 所示。

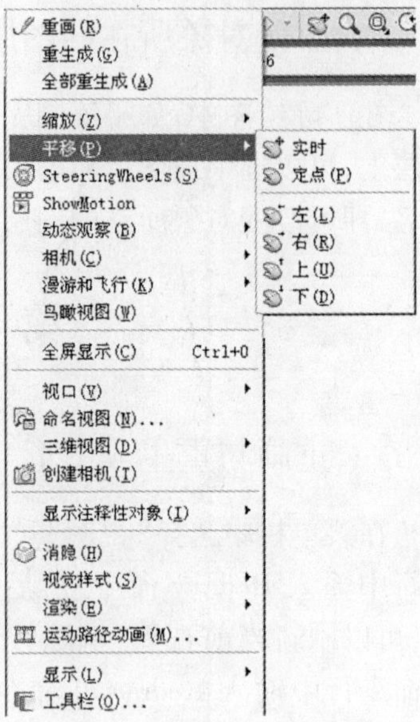

图 5-15 “平移”菜单命令

当在“平移”菜单中选择“实时”命令时，在绘图区域中将出现一个手形的标志，通过按住鼠标左键进行拖动可实现图形的平移。释放左键后，按 Esc 键或 Enter 键退出，或者单击鼠标右键，在出现的快捷菜单中选择“退出”选项，也可结束视图的平移状态。当在“平移”菜单中选择“定点”命令时，可通过输入两点来平移视图，这两点之间的距离和方向便定义了视图平移的距离和方向。

四、使用命名视图

按名称保存特定视图后，可以在布局和打印或者需要参考特定的细节时恢复它们。保存和命名视图的步骤如下：

(1)如果模型空间中有多个视口，则在包含要保存的视图的视口中单击；如果正在某个布局中工作，请选择该视口。

(2)单击“视图”菜单下的“命名视图”命令。

(3)在视图管理器中，单击“新建”按钮。

(4)在“新建视图”对话框的“视图名称”框中，为该视图输入名称。

如果图形是图纸集的一部分，系统将列出该图纸集的视图类别，可以向列表添加类别或从中选择类别。

(5)在“边界”部分，选择以下选项之一来定义视图区域。

当前显示：包括当前可见的所有图形。

定义窗口：保存部分当前显示。在图形中使用定点设备指定视图的对角点时，该对话框将关闭。要重定义该窗口，请单击“定义视图窗口”按钮。

(6)单击“确定”按钮以保存新视图。

五、使用鸟瞰视图

在大型图形中，可以在显示全部图形的窗口中快速平移和缩放。

可以使用“鸟瞰视图”窗口快速修改当前视口中的视图。在绘图时，如果“鸟瞰视图”窗口保持打开状态，则无须中断当前命令便可以直接进行缩放和平移操作。还可以指定新视图，而无须选择菜单选项或输入命令。

视图框在“鸟瞰视图”窗口内，是一个用于显示当前视口中视图边界的粗线矩形，如

图 5-16 所示。可以通过在“鸟瞰视图”窗口中改变视图框来改变图形中的视图。要放大图形，请将视图框缩小；要缩小图形，请将视图框放大。单击鼠标左键可以执行所有平移和缩放操作。单击鼠标右键可以结束平移或缩放操作。

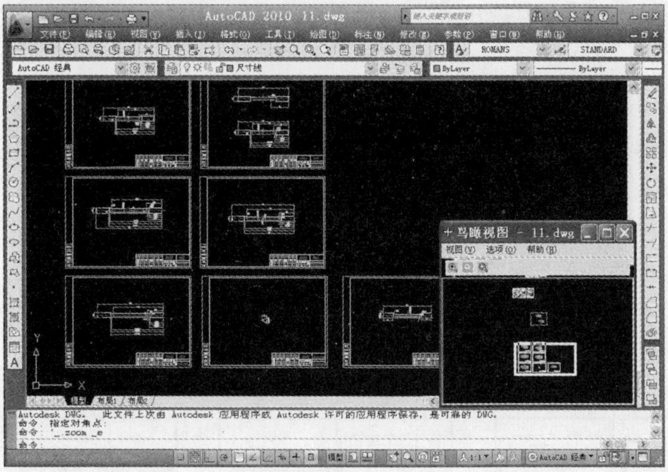

图 5-16 使用视图框进行平移和缩放操作

六、使用平铺视口

在“模型”选项卡上，可将绘图区域拆分成一个或多个相邻的矩形视图，称为模型空间视口。视口是显示用户模型的不同视图的区域。在大型或复杂的图形中，显示不同的视图可以缩短在单一视图中缩放或平移的时间。而且，在一个视图中出现的错误可能会在其他视图中表现出来。在“模型”选项卡上创建的视口充满整个绘图区域并且相互之间不重叠。在一个视口中做出修改后，其他视口也会立即更新。图 5-17 显示了 3 个模型空间视口。

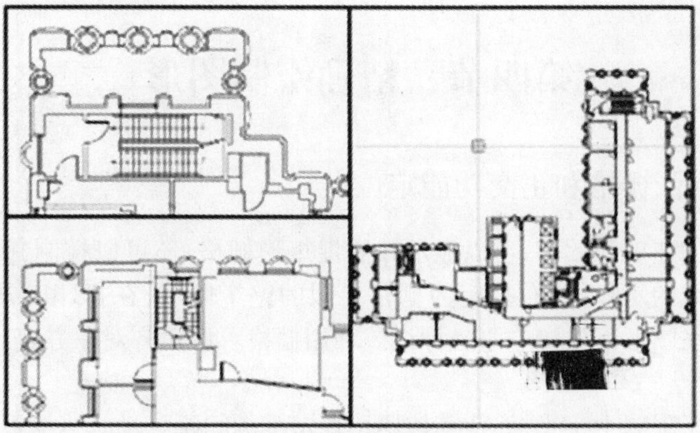

图 5-17 3 个模型空间视口

另外，也可以在“布局”选项卡上创建视口。使用这些视口（称为布局视口）可以在图纸上排列图形的视图，也可以移动和调整布局视口的大小。通过使用布局视口，可以对显示进行更多的控制。例如,可以冻结一个布局视口中的特定图层,而不影响其他视口。

(一)使用模型空间视口

使用模型空间视口,可以完成以下操作:

(1)平移、缩放、设置捕捉栅格和 UCS 图标模式以及恢复命名视图。

(2)用单独的视口保存用户坐标系方向。

(3)执行命令时,从一个视口绘制到另一个视口。

(4)为视口排列命名,以便在"模型"选项卡上重复使用或者将其插入"布局"选项卡。

(5)如果在三维模型中工作,那么在单一视口中设置不同的坐标系非常有用。

(二)拆分与合并模型空间视口

可以通过拆分与合并方便地修改模型空间视口。如果要将两个视口合并,则它们必须共享长度相同的公共边。图 5-18 显示了几个默认的模型空间视口配置。

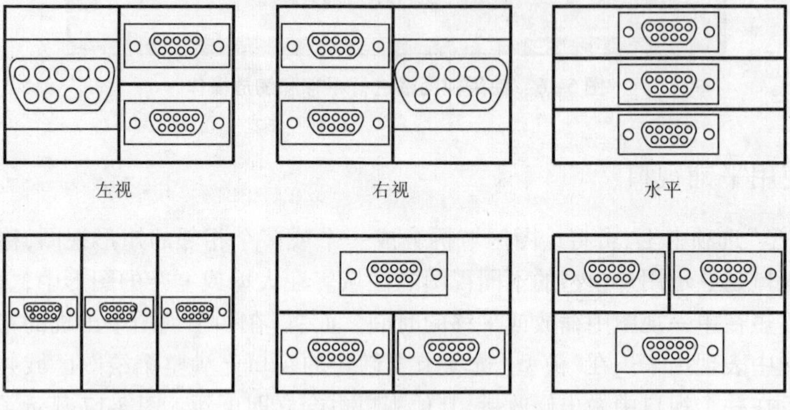

图 5-18 模型空间视口配置

第四节 精确绘制图形

一、使用捕捉、栅格和正交功能定位点

要提高绘图的速度和效率,可以显示并捕捉矩形栅格,还可以控制其间距、角度和对齐。栅格是点或线的矩阵,遍布指定为栅格界限的整个区域,在打印时,栅格不会显示。使用栅格类似于在图形下放置一张坐标纸。利用栅格可以对齐对象并直观显示对象之间的距离。

捕捉模式用于限制十字光标,使其按照用户定义的间距移动。当捕捉模式打开时,光标似乎附着或捕捉到不可见的栅格。捕捉模式有助于使用箭头键或定点设备来精确地定位点。栅格模式和捕捉模式各自独立,但经常同时打开。

捕捉和栅格的设置方法是:在菜单栏中选取"工具"|"草图设置"命令,或用鼠标右键单击状态栏上的"捕捉"、"栅格"、"极轴"、"对象捕捉"、"对象追踪"、"动态"或"快捷特

性”按钮，单击“设置”。弹出“草图设置”对话框，如图 5-19 所示，从而对其参数进行设置。

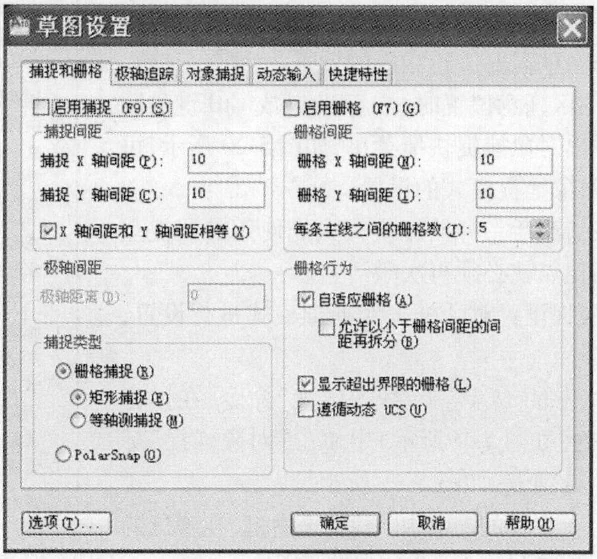

图 5-19 “草图设置”对话框

“草图设置”对话框中各参数含义如下。

“捕捉间距”：控制捕捉位置处的不可见矩形栅格，以限制光标仅在指定的 X 和 Y 间隔内移动。

“极轴间距”：控制极轴捕捉增量距离。

“栅格间距”：控制栅格的显示，有助于形象化显示距离。

捕捉类型有 4 种，分别为：

(1)“栅格捕捉”：设置栅格捕捉类型。如果指定点，光标将沿垂直或水平栅格点进行捕捉。

(2)“矩形捕捉”：将捕捉类型设置为标准“矩形捕捉”模式。当捕捉类型设置为“栅格”并且打开捕捉模式时，光标将捕捉矩形栅格。

(3)“等轴测捕捉”：将捕捉类型设置为“等轴测捕捉”模式。当捕捉类型设置为“栅格”并且打开捕捉模式时，光标将按等轴测捕捉栅格。

(4)“PolarSnap”：将捕捉类型设置为“PolarSnap”模式。如果启用了捕捉模式并在极轴追踪打开的情况下指定点，光标将沿在“极轴追踪”选项卡上相对于极轴追踪起点设置的极轴对齐角度进行捕捉。

二、使用对象捕捉功能

绘图时，为了能拾取到对象上某些特定的点，以达到精确绘图的目的，就需要使用对象捕捉工具。对象捕捉是捕捉点的工具，所以只有当命令行要求输入点时才起作用。

(一)自动捕捉的使用与设置

自动捕捉是当命令行要求输入点时，在没有激活任何对象捕捉模式的情况下，当光标接近捕捉点时系统自动产生捕捉标记、捕捉提示和磁吸供用户选用的一种捕捉方式。

自动捕捉在默认情况下是打开的,默认设置可以自动捕捉到对象上的端点、圆心、交点和延伸等 4 种捕捉点。若需要改变自动捕捉模式,就需要进行相应的设置。

当光标位于绘图区任意位置时,按 Shift 键或 Ctrl 键的同时单击鼠标右键,弹出对象捕捉快捷菜单,如图 5-20 所示,可在快捷菜单中进行对象捕捉模式的设置。

这种设置方法中,激活一种捕捉模式只能使用其捕捉点一次,若需要继续捕捉点就必须再次激活它。

也可通过自动捕捉设置对话框来对捕捉模式进行设置,其方法有:

(1)在菜单栏中选取"工具"|"草图设置"命令,在弹出的"草图设置"对话框(如图 5-19所示)中单击"对象捕捉"标签,打开"对象捕捉"选项卡,如图 5-21 所示。

(2)将鼠标移至状态栏的□按钮上,单击右键,在弹出的菜单中选择"设置",也可打开"对象捕捉"选项卡。

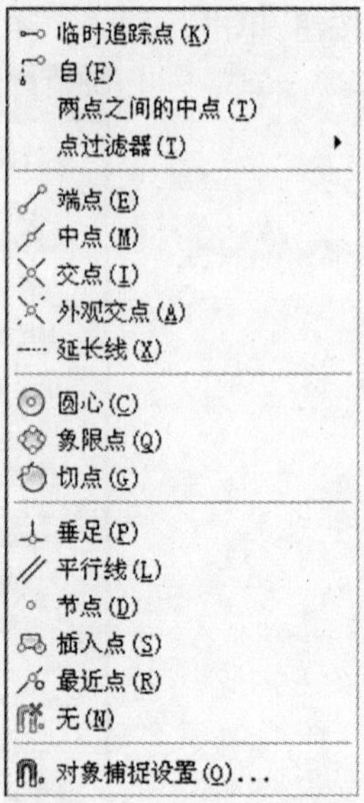

图 5-20　对象捕捉快捷菜单

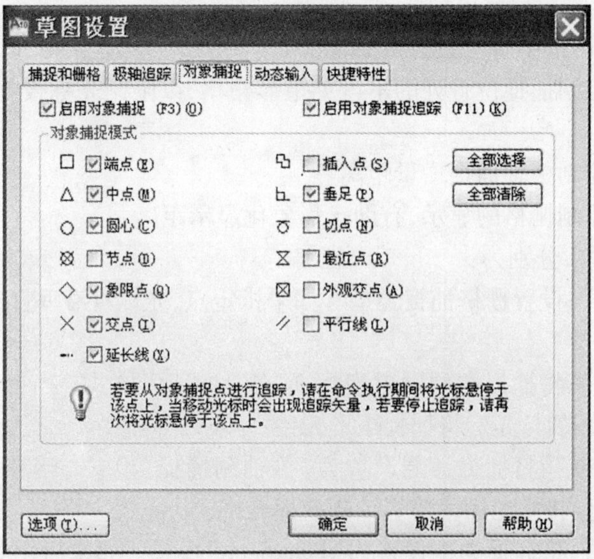

图 5-21　"对象捕捉"选项卡

单击该选项卡中的"全部选择"按钮选中全部的捕捉模式,单击"全部清除"按钮则取消所有已选中的捕捉模式。

打开或关闭自动捕捉功能有如下几种方法:

(1)在状态栏上使用"对象捕捉"按钮,按钮凹下为打开,否则为关闭。

(2)在状态栏的"对象捕捉"按钮上单击鼠标右键,在弹出的菜单中对"启用"进行设置,显示"✔ 启用(E)"为打开,显示" 启用(E)"为关闭。

(3)使用键盘功能键 F3 进行打开和关闭切换。

(4)在“草图设置”对话框的“对象捕捉”选项卡中进行设置，选中复选框“启用对象捕捉”为打开，否则为关闭。

(二)捕捉模式

(1)“端点”捕捉：用于捕捉对象(如直线、圆弧等)的端点。

(2)“中点”捕捉：用于捕捉对象(如直线、圆弧等)的中点。

(3)“交点”捕捉：用于捕捉两个对象的交点。

(4)“外观交点”捕捉：用于捕捉两个对象延长或投影后的交点。

(5)“延长线”捕捉：用于捕捉某个对象及其延长路径上的点。

(6)“圆心”捕捉：用于捕捉圆或圆弧的圆心。

(7)“象限点”捕捉：用于捕捉圆或圆弧上的象限点，即圆上在0°、90°、180°和270°方向上的点。

(8)“切点”捕捉：用于捕捉对象与圆、圆弧、椭圆以及曲线等相切的点。

(9)“垂足”捕捉：用于捕捉某指定点到对象的垂足。

(10)“平行线”捕捉：用于捕捉与指定直线平行方向上的点。

(11)“插入点”捕捉：用于捕捉图块、外部引用、文字、属性或属性定义等对象的插入点。

(12)“节点”捕捉：用于捕捉点对象以及尺寸的定位点。

(13)“最近点”捕捉：用于捕捉对象上离指定点最近的点。

(14)“无”捕捉：不捕捉任何对象。

(15)“起点”捕捉：用于捕捉相对于某一参照点偏移了一定距离的点，可与其他捕捉方式配合使用。

(16)“临时追踪点”捕捉：缩写为“TT”，可通过指定的基点进行极轴追踪(可链接到极轴追踪)。

三、使用自动追踪

对象捕捉追踪功能可以看做对象捕捉和极轴追踪两种功能的联合应用。即用户需先根据对象捕捉确定对象上的某一特征点，而且要将光标移近捕捉框使框中出现“+”标记，然后以该点为基准进行极轴追踪，最后得到所需的目标点。可见，要使该功能生效，需首先打开对象捕捉，并事先设置好所需的自动捕捉点。

在状态栏的∠按钮上单击鼠标右键，可打开“极轴追踪”选项卡，如图5-22所示。

对象捕捉追踪提供以下两种追踪方式：

(1)仅正交追踪：只能沿着通过基准点的水平或垂直方向上的对齐路径进行追踪。

(2)用所有极轴角设置追踪：可以沿着所有极轴角方向上的对齐路径进行追踪。

打开或关闭对象捕捉追踪功能有如下几种方法：

(1)在状态栏上使用∠按钮。

(2)在状态栏的∠按钮上单击鼠标右键，在弹出的菜单中对“启用”进行设置，显示“✔启用(E)”为打开，显示“启用(E)”为关闭。

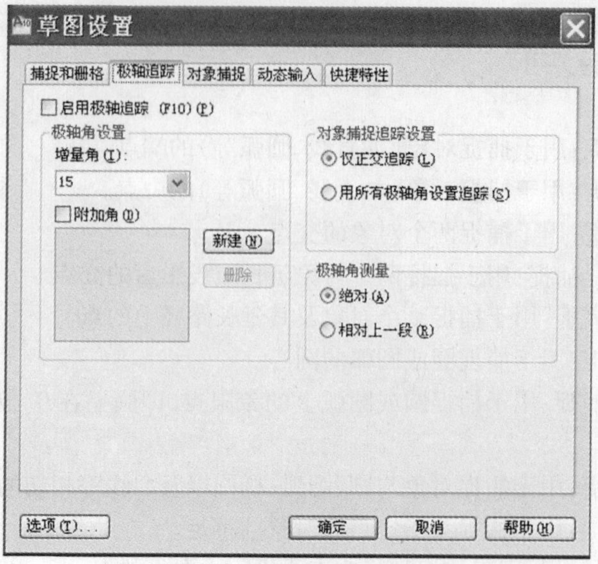

图 5-22 “极轴追踪”选项卡

(3)使用键盘功能键 F11 进行打开或关闭切换。

(4)在“草图设置”对话框的“极轴追踪”选项卡中进行设置。

四、使用动态输入

动态输入包括:控制指针输入、标注输入、动态提示以及绘图工具栏提示的外观。在菜单栏中选取“工具”|“草图设置”命令,在弹出的“草图设置”对话框(如图 5-19 所示)中单击“动态输入”标签,可打开“动态输入”选项卡,如图 5-23 所示。其选项卡的含义如下:

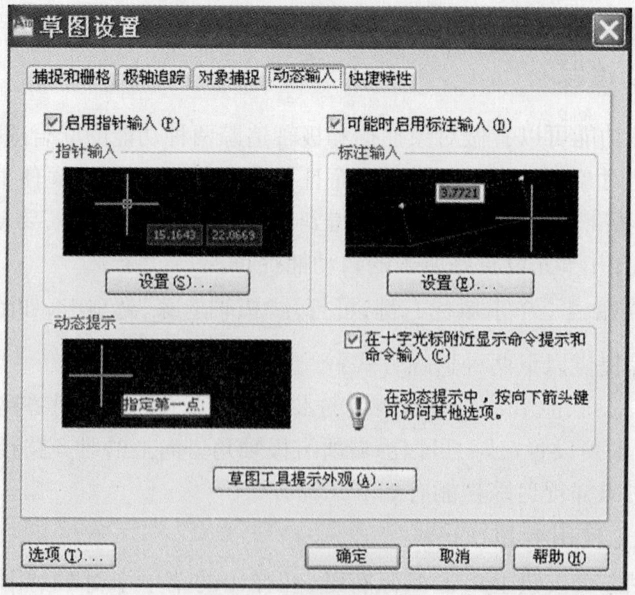

图 5-23 “动态输入”选项卡

"指针输入":工具栏提示中的十字光标位置的坐标值将显示在光标旁边。命令行提示输入点时,可以在工具栏提示中输入坐标值,而不用在命令行上输入。

"标注输入":打开标注输入时,当命令行提示输入第二个点或距离时,将显示标注和距离值与角度值的工具栏提示,标注工具栏提示中的值将随光标移动而更改。可以在工具栏提示中输入值,而不用在命令行上输入值。

"动态提示":需要时将在光标旁边显示工具栏提示中的提示,以完成命令。可以在工具栏提示中输入值,而不用在命令行上输入值。

五、使用快捷特性

在"草图设置"对话框中单击"快捷特性"标签,可打开"快捷特性"选项卡,如图5-24所示。该选项卡用于快捷特性选项板的设置。

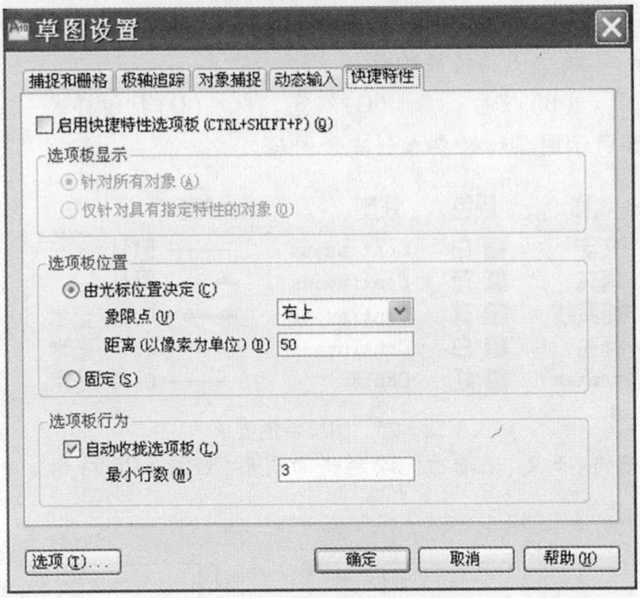

图5-24 "快捷特性"选项卡

(一)启用快捷特性选项板

可以根据对象类型启用或禁用快捷特性选项板。还可以通过单击状态栏中的"快捷特性"按钮或使用Qpmode系统变量打开或关闭快捷特性选项板。

(二)选项板显示

该选项用于快捷特性选项板的显示设置。

"针对所有对象":将快捷特性选项板设置为对选择的任何对象显示。

"仅针对具有指定特性的对象":将快捷特性选项板设置为仅对已在自定义用户界面(CUI)编辑器中定义为显示特性的对象显示。

(三)选项板位置

(1)"由光标位置决定":将"选项板位置"模式设置为"由光标位置决定"。在"由光标位置决定"模式下,快捷特性选项板将显示在相对于所选对象的位置(Qplocation系统变量)。

“象限点”:指定要显示快捷特性选项板的相对位置。可以选择以下4个象限之一:右上、左上、右下或左下。

“距离(以像素为单位)”:设置在“选项板位置”模式下选中光标时的距离(以像素为单位)。可以在范围0~400指定值(仅限整数值)。

(2)“固定”:将位置模式设置为“固定”(Qplocation系统变量)。

上机练习与习题

1. 每个图形中都包括名为________的图层,该图层不能被删除或重命名。

2. 冻结的图层和关闭的图层的可见性是相同的,但________的图层的对象不参加处理过程的运算,而________的图层的对象要参加运算。

3. 下列选项中,不属于图层特性的是:

(A)线型　　(B)颜色　　(C)线宽　　(D)打印样式

4. 按如图5-25所示图层特性要求创建新图层。

名称	颜色	线型	线宽
文字	白	Continuous	—— 默认
填充	蓝	Continuous	—— 默认
粗实线	青	Continuous	—— 0.35 毫米
标注	白	Continuous	—— 0.15 毫米
center	红	CENTER	—— 0.13 毫米

图5-25　图层特性要求

5. 使用捕捉、栅格、正交、追踪功能绘制平面图形,如图5-26所示。

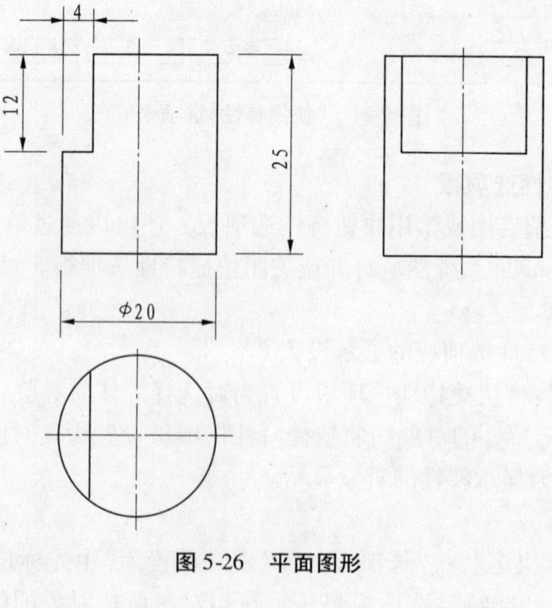

图5-26　平面图形

第六章　文字与表格

在 AutoCAD 2010 中,文字对象是图形文件的一个重要的组成部分。一张完整的图样除用图形来表达对象的形状外,还必须有必要的文字进行说明和注释。例如:机械制图中的技术要求、引出标注、装配说明,工程制图中的材料说明、施工要求等。另外,使用表格功能可以创建不同类型的表格,还可以从其他的绘图软件中复制表格,并粘贴至 AutoCAD 中,以简化绘图操作。

第一节　创建文字样式

进行文字标注之前,首先要创建一定的文字样式。文字样式用于设置图形中所用文字的字体、字形、高度和宽度等。在一幅图样中可以有多种文字样式,用于管理不同对象的标注。

创建文字样式的操作方式有:在 AutoCAD 2010 菜单栏中,选择“格式”|“文字样式”命令;在“文字”工具栏中,选取“文字样式”按钮命令;在命令行中,输入 Style 命令,然后按 Spacebar 键或 Enter 键。

调用命令后,系统将弹出“文字样式”对话框,如图 6-1 所示。用户利用该对话框可以创建或修改文字样式,并可以设置文字的当前样式。

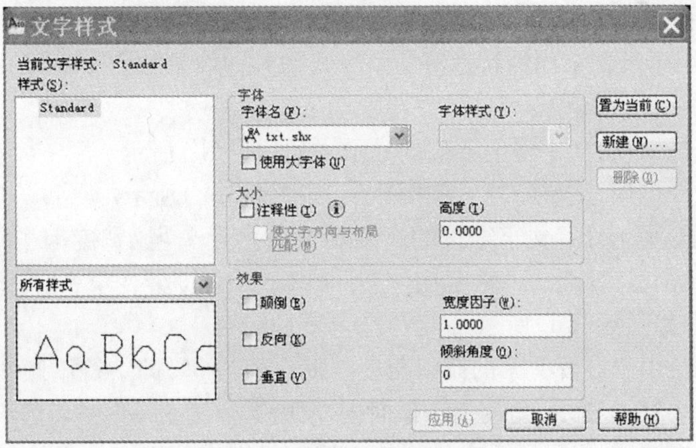

图 6-1　“文字样式”对话框

下面对“文字样式”对话框中的各选项作简单介绍。

(1)样式:用于设置和修改文字样式。系统默认的当前文字样式为 Standard。标注文字时,只能以当前的文字样式进行标注。要更改当前样式,可从列表中选择另一种样式,或单击“新建”按钮,以创建新样式,并将新创建的文字样式置为当前样式。具体操作方法是:

单击“文字样式”对话框中的“新建”按钮，系统将弹出“新建文字样式”对话框，如图 6-2所示。在其中输入新建文字样式的名字，如果不输入文字样式名，应用程序将自动将文字样式命名为“样式 n”，其中 n 表示从 1 开始的数字。命名文字样式后，新设置的文字样式名将显示在“文字样式”对话框中的“样式”下拉列表框中。还可在该列表框中右击文字样式名，弹出快捷菜单，对文字样式进行“置为当前”、“重命名”和“删除”等操作。

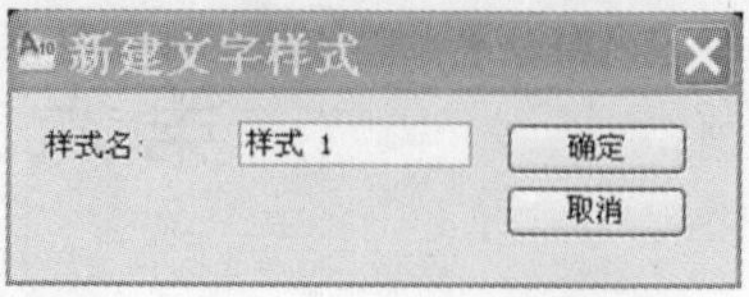

图 6-2 “新建文字样式”对话框

(2)字体：用于设置文字样式所用的字体及字高等特性。

• 字体名：用于选择字体。按照国家标准规定，工程制图中的字体应为仿宋体，但这种字体不能标注特殊符号，如“ϕ”。因此，可选用 gbeitc. shx(斜体)和 gbenor. shx 字体，它们既能够标注符合国家标准的字体，又能标注特殊符号。

• 字体样式：用于选择字体格式。如粗体、斜体、粗斜体和常规字体等；如果选中“使用大字体”复选框，则“字体样式”下拉列表框将变为“大字体”下拉列表框，用于选择大字体文件。

• 高度：用于设置文字的高度。如果将文字的高度设为 0，在使用 Text 命令标注文字时，命令行将显示“指定高度:”的提示，要求指定文字的高度。如果在“高度”文本框中输入了文字高度，系统将按此高度标注文字，而不再提示指定高度。

• 注释性：用于创建注释性文字，为图形中的说明和标签使用注释性文字。该样式设置了文字在图纸上的高度。当前注释比例将自动确定文字在视口中的显示大小。通过将现有的非注释性文字的注释性特性更改为“是”，用户还可以将该文字更改为注释性文字。此操作适用于通过文字样式或通过 Text 和 Mtext 命令创建的所有文字。

(3)效果：用于设置字体的特性。文字样式的各种效果如图 6-3 所示，其中图 6-3(a)为正常效果。

• 颠倒：选择该项，文字将上下颠倒显示，如图 6-3(b)所示。

• 反向：选择该项，文字将左右颠倒显示，如图 6-3(c)所示。

• 宽度因子：用于设置文字字符的高度和宽度之比。当“宽度因子”为 1 时，将按系统定义的高宽比书写文字；当“宽度比例”小于 1 时，字符会变窄；当“宽度因子”大于 1 时，字符则变宽，如图 6-3(d)所示。

• 倾斜角度：用于设置文字的倾斜角度。默认值为 0°，即字符不倾斜；角度为正值时向右倾斜，如图 6-3(e)所示；角度为负值时向左倾斜。

• 垂直：选择该项，将显示垂直排列的字符。只有当选定字体支持双向对齐时，该项才被激活。垂直效果如图 6-3(f)所示。

(4)预览：在“文字样式”对话框左下方的空白区域可以预览所选择或所设置的文字样式效果。每选中一个文字样式名，就在该区域出现所选文字样式的预览效果。

设置完文字样式后，单击“应用”按钮即可应用文字样式，然后单击“关闭”按钮，关闭“文字样式”对话框。

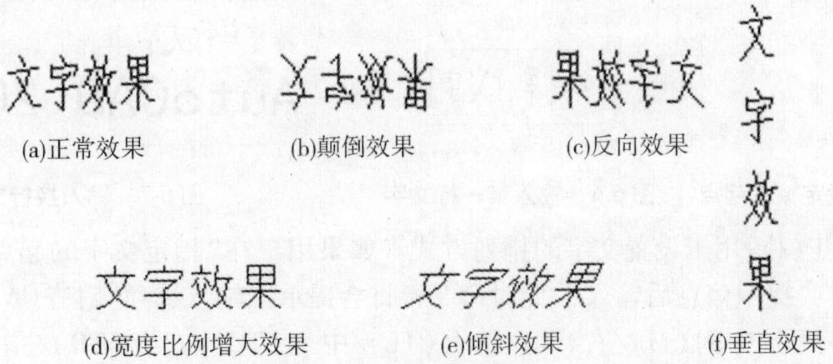

图 6-3　文字样式的各种效果

第二节　创建与编辑单行文字

当用户要注释一些简短的图形时,可以使用创建单行文字的方法实现。但单行文字也可以是多行的,其中,每一行都是一个文字对象,可以进行单独编辑。在 AutoCAD 2010 中,使用“文字”工具栏可以创建和编辑文字,如图 6-4 所示。

图 6-4　“文字”工具栏

一、创建单行文字

可以使用单行文字命令创建一行或多行文字,创建的每行文字都是独立的对象,均允许重新定位、调整格式或者进行其他修改。

创建单行文字的操作方式有:在 AutoCAD 2010 菜单栏中,选择“绘图”|“文字”|“单行文字”命令;在“文字”工具栏中,选取“单行文字”按钮 AI 命令;在命令行中,输入 Dtext 命令,然后按 Spacebar 键或 Enter 键。

调用该命令后,命令行提示:

当前文字样式:“Standard”　文字高度:2. 5000　注释性:否　指定文字的起点或[对正(J)/样式(S)]:

下面对各选项作简单介绍:

• 指定文字的起点:默认情况下,通过指定单行文字行基线的起点位置创建文字,此时在绘图区中单击指定第一个字符的插入点。如果当前文字样式的高度设置为 0,则系统提示“指定高度:”,要求指定文字的高度,否则不显示该提示信息,而使用“文字样式”对话框中设置的文字高度。然后系统提示“指定文字的旋转角度 <0>”,要求指定文字的旋转角度。文字的旋转角度是指文字行排列方向与水平线的夹角,默认角度为 0°。输入文字的旋转角度,或按 Enter 键使用默认角度 0°,即可出现如图 6-5 所示的字符输入起点。接着输入第一行文字,如图 6-6 所示。在输入文字的过程中,按一次 Enter 键表示换一行,可进行下一行文字的输入,如图 6-7 所示。如果连续按两次 Enter 键,则可确定输入内容并退出单行文字命令。

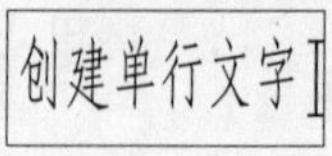

图 6-5　指定输入起点　图 6-6　输入第一行文字　图 6-7　输入换行文字

• 对正(J):用于设置文字的排列方式。如果用户在"指定文字的起点或[对正(J)/样式(S)]:"提示信息后输入 J,此时命令行将会提示:"输入选项[对齐(A)/调整(F)/左(L)/中心(C)/中间(M)/右(R)/左上(TL)/中上(TC)/右上(TR)/左中(ML)/正中(MC)/右中(MR)/左下(BL)/中下(DC)/右下(BR)]<左(L)>:"。AutoCAD 在进行文字对正时,定义了 4 条假想定位线:顶线、中线、基线和底线,如图 6-8 所示。文字对正方式如图 6-9所示。

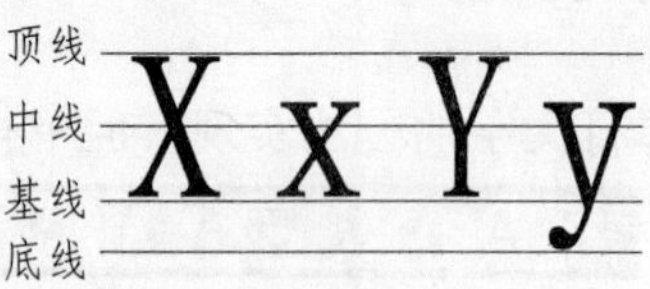

图 6-8　文字定位线

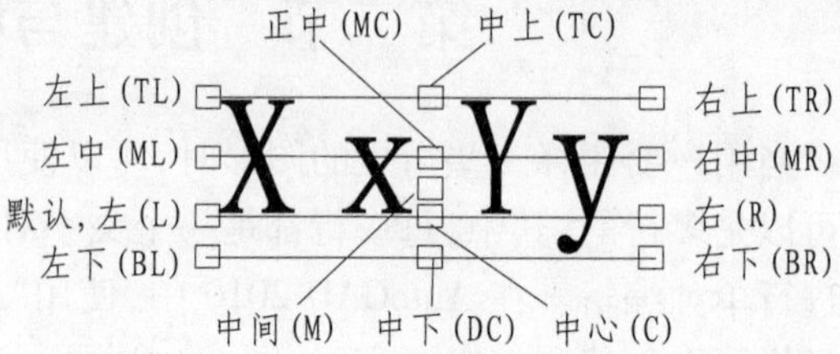

图 6-9　文字对正方式

• 样式(S):用于设置当前使用的文字样式。如果用户在"指定文字的起点或[对正(J)/样式(S)]:"提示信息后输入 S,此时命令行将会提示:"输入样式名或[?]<Standard>:",此时用户可以直接输入已用的文字样式名并按下 Enter 键,其中"Standard"为系统默认的文字样式。若用户忘记了样式名,也可以在前面提示下输入"?",再按下 Enter 键,此时系统提示"输入要列出的文字样式<*>:",再按 Enter 键就可打开"AutoCAD 文本窗口"。在窗口中显示当前图形所有已有的文字样式,如图 6-10 所示。最后在窗口的命令行输入找到的样式,然后按下 Enter 键,即可继续创建单行文字。

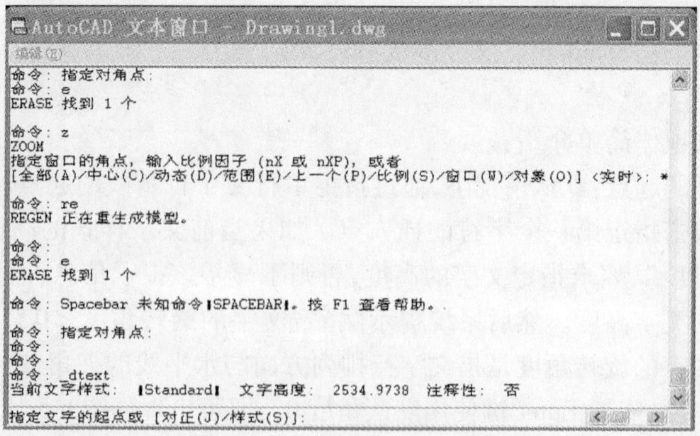

图 6-10　"AutoCAD 文本窗口"

下面是创建单行文字的一种常见操作方式。

创建如图 6-11 所示的单行文字注释的操作方法为：在菜单栏中，选择“绘图”|“文字”|“单行文字”命令。

命令行显示如下：

当前文字样式：“Standard”文字高度：10.0000 注释性：否 指定文字的起点或[对正(J)/样式(S)]：（在绘图窗口中需要输入文字的地方单击，以确定文字的起点）

指定高度 <10.0000>：↙（直接按 Enter 键，指定文字的高度为 10）

指定文字的旋转角度 <0>：↙（直接按 Enter 键，指定文字的旋转角度为 0°。此时文字输入处的显示状态如图 6-11 所示）

在文字输入处输入文字“定位销”，然后按两次 Enter 键，即可得到如图 6-12 左侧的文字注释。

重复上述操作步骤，输入右侧文字“V 型定位块”，最终得到如图 6-12 所示的效果。

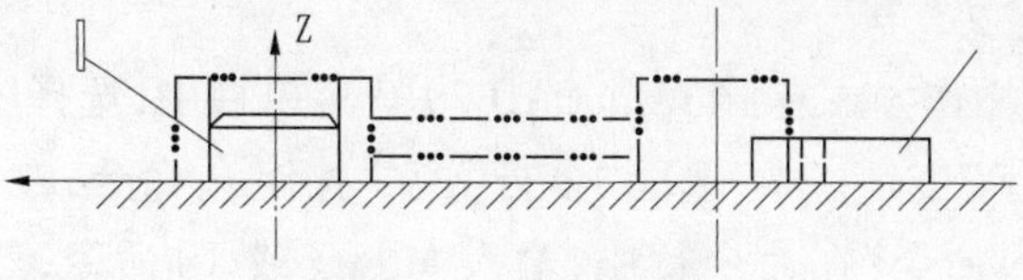

图 6-11 输入文字

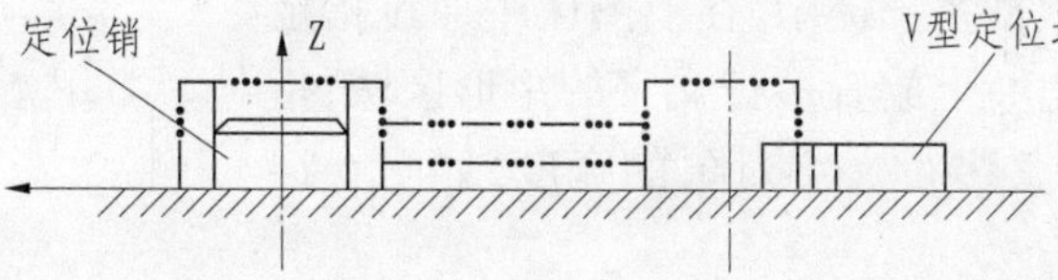

图 6-12 单行文字注释

二、编辑单行文字

用户可以对单行文字进行单独编辑。编辑单行文字包括编辑文字的内容、对正方式以及缩放比例等。

编辑单行文字的操作方式有：在 AutoCAD 2010 菜单栏中，选择“修改”|“对象”|“文字”|“编辑”命令；在“文字”工具栏中，选取“编辑”按钮命令；在命令行中，输入 Ddedit 命令，然后按 Spacebar 键或 Enter 键。

调用上述命令后，命令行显示“选择注释对象或[放弃(U)]：”提示信息，单击文字对象，便可对单行文字的内容进行编辑了。

当然，双击文字对象，或者选择文字对象后在绘图区域中右击，然后在弹出的快捷菜单中选择“编辑”命令，如图 6-13 所示，用这两种方式也可对文字对象的内容进行编辑。

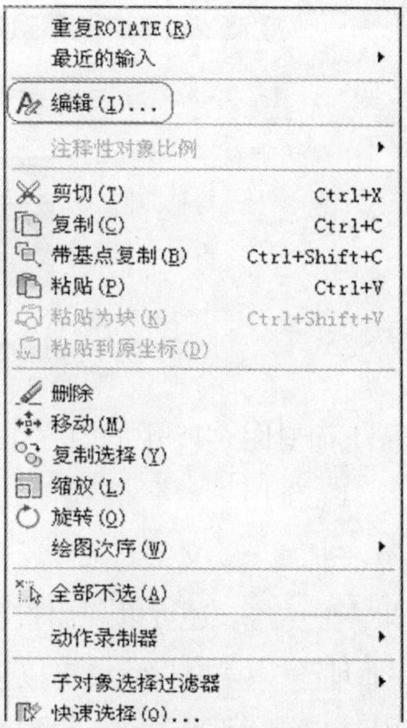

图 6-13 快捷菜单中“编辑”命令

除此之外，在菜单栏的“文字”子菜单中还有“比例”(Scaletext)和“对正”(Jdtifytext)两条命令。利用它们可分别对文字对象进行缩放比例和对正方式的编辑。

第三节　创建与编辑多行文字

多行文字又称段落文字,是一种易管理的文字对象。当添加的文本较多时,可以使用多行文字命令来完成,它允许用户创建的对象包含一个或多个文字段落,创建完毕的文字可作为单一对象处理。还允许用户对多行文字进行字符格式设置、调整行距及创建堆叠字符等操作。在机械制图中,常使用多行文字功能创建较为复杂的文字说明,如图样的技术要求等。

一、创建多行文字

创建多行文字的操作方式有:在 AutoCAD 2010 菜单栏中,选择“绘图”|“文字”|“多行文字”命令;在“文字”工具栏中,选取“多行文字”按钮 A 命令;在“绘图”工具栏中,选取“多行文字”按钮 A 命令;在命令行中,输入 Mtext(或 T)命令,然后按 Spacebar 键或 Enter键。

执行该命令后,根据系统提示,在绘图区中通过指定两角点的方式,拖动出一个放置多行文字的矩形区域,指定边框的对角点以定义多行文字对象的宽度,如图 6-14 所示。

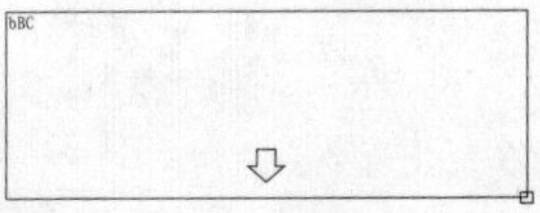

图 6-14　指定文字输入区域

此时将打开“文字格式”工具栏和文字输入窗口,如图 6-15 所示。

图 6-15　创建多行文字的“文字格式”工具栏和文字输入窗口

下面对图 6-15 中的内容作简单介绍:

(1)利用“文字格式”工具栏,用户可以设置文字样式 文字 、文字字体 仿宋_GB2312 、文字高度 6 、加粗 B 、倾斜 I 、加下划线 U 或加上划线 O 及文字颜色效果 ByLayer 。还可以利用按钮命令控制文字输入窗口上的标尺显示等。利用“堆叠/非堆叠”按钮命令,可以创建堆叠文字(堆叠文字是一种垂直对齐的文字或分数)。使用时,需要分别输入分子和分母,其间用“^”、“#”或“/”分开,然后选中这一部分文字,单击该按钮即可。例如,要创建尺寸公差 $100^{+0.07}_{-0.03}$,可先输入 100 +0. 07^ -0. 03,然后选中

+0.07^-0.03 并单击按钮命令即可；又如，要创建分数$^{12}/_{45}$和$\frac{44}{79}$，可先输入 12#45 和 44/79，然后选中该文字并单击按钮命令即可。如果用户在输入 44/79 后直接按Enter键，则将打开“自动堆叠特性”对话框，如图 6-16 所示。利用该对话框，用户可以设置是否需要在输入如 x/y、x#y 和 x^y 的表达式时自动堆叠，还可以设置堆叠的其他特性。

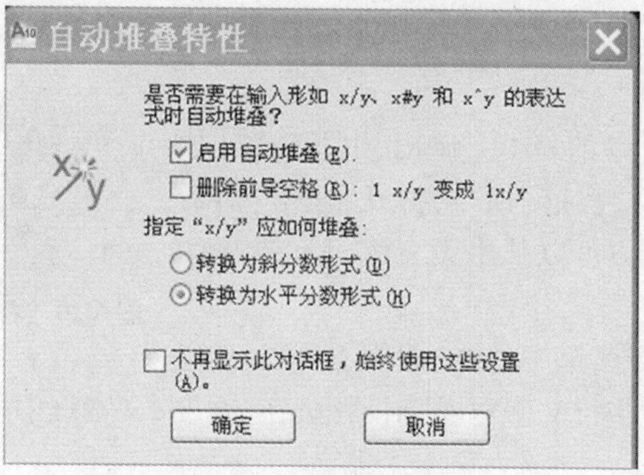

图 6-16 “自动堆叠特性”对话框

(2)利用“文字格式”工具栏，用户还可以使用“选项”菜单，对多行文本进行较多方面的设置。单击“文字格式”工具栏中的“选项”按钮，打开多行文字的“选项”菜单，如图 6-17 所示。在文字输入窗口中右击，会弹出一个快捷菜单，用户将会发现，该快捷菜单与“选项”菜单中的主要命令一一对应，如图 6-18 所示。

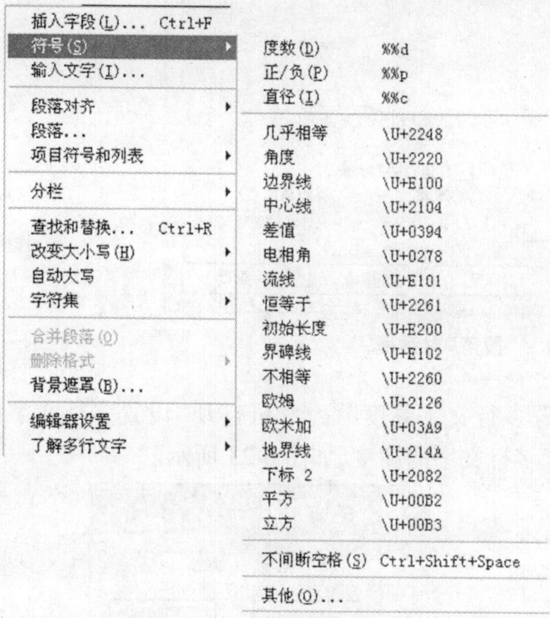

图 6-17 多行文字的“选项”菜单

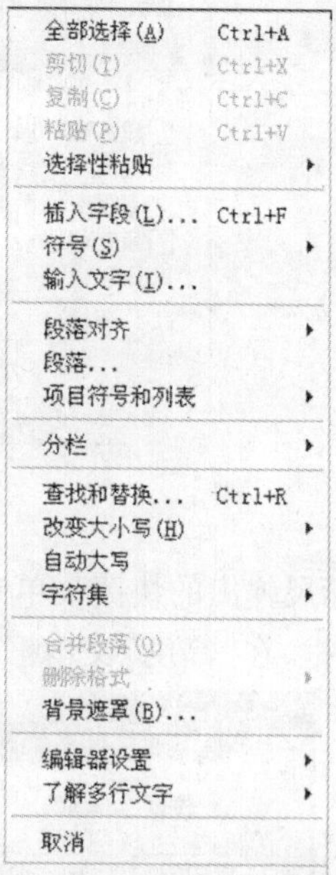

图 6-18 文字输入窗口弹出的快捷菜单

(3)利用标尺弹出的快捷菜单，用户可以设置缩进、制表位、多行文字宽度及高度。

在如图 6-19 所示“文字格式”对话框的“栏数”按钮下选择“不分栏”、“动态栏”|“自动高度”或“手动高度”、“静态栏”、“插入分栏符”等可进行相应操作。

图 6-19 “文字格式”对话框

右击文字输入窗口的标尺，弹出快捷菜单，如图 6-20所示。从中选择“段落”命令，打开“段落”对话框，如图 6-21 所示，用户可以从中设置缩进和制表位位置。

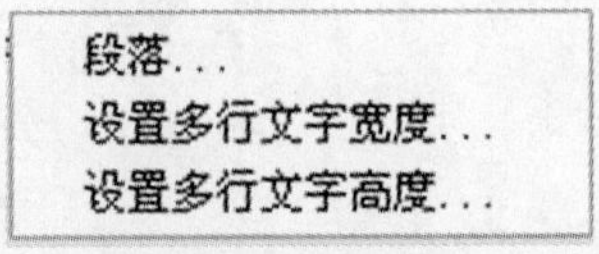

图 6-20 右击标尺弹出的快捷菜单

在标尺弹出的快捷菜单中选择“设置多行文字宽度”命令，可打开“设置多行文字宽度”对话框，在“宽度”文本框中可以设置多行文字的宽度，如图 6-22 所示。

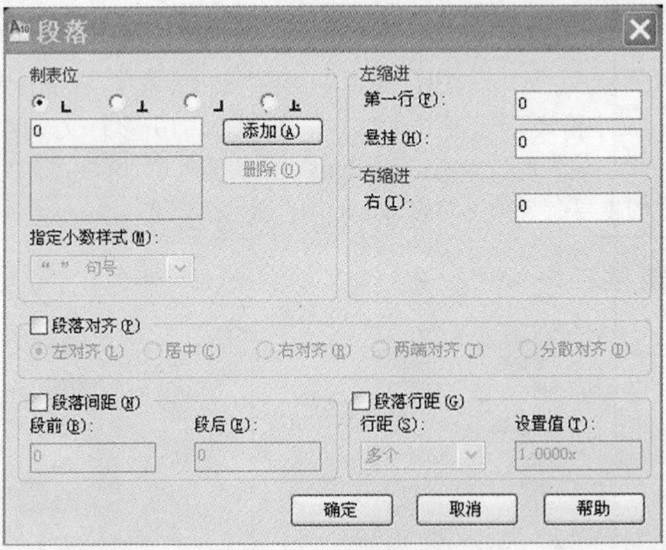

图 6-21 “段落”对话框

在标尺弹出的快捷菜单中选择“设置多行文字高度”命令，可打开“设置多行文字高度”对话框，在“高度”文本框中可以设置多行文字的高度，如图 6-23 所示。

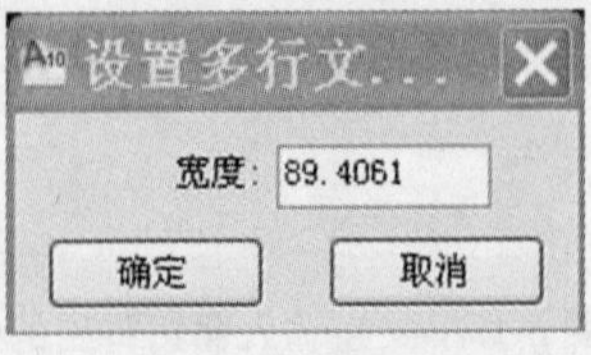

图 6-22 “设置多行文字宽度”对话框

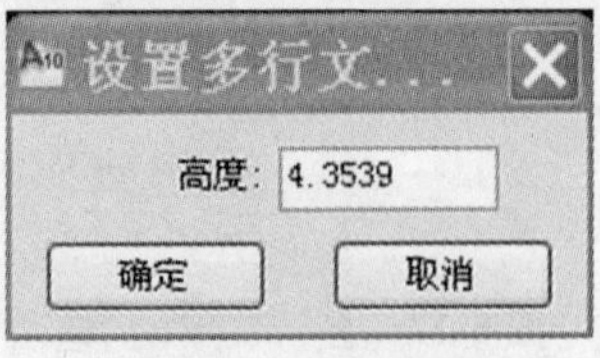

图 6-23 “设置多行文字高度”对话框

(4)利用文字输入窗口，可以进行多种方式的文字输入。在多行文字的文字输入窗口中，可以直接输入多行文字，也可以在文字输入窗口中右击，从弹出的快捷菜单中选择

"输入文字"命令,如图 6-18 所示,将已经在其他文字编辑器中创建的文字内容直接导入当前图形中。

下面是创建多行文字的一种常见操作方式。

创建如图 6-24 所示的多行文字注释的操作方法为:在"文字"工具栏中,选取"多行文字"按钮 A 命令。

命令行显示如下:

指定第一角点:(在绘图窗口中单击鼠标,确定文字区域的第一个角点)

指定对角点或[高度(H)/对正(J)/行距(L)/旋转(R)/样式(S)/宽度(W)/栏(C)]:(拖动鼠标,然后单击,确定文字区域的第二个角点,以定义多行文字对象的宽度)

在"文字格式"工具栏的"高度"文本框中输入文字高度 5。然后在文字输入窗口中输入需要创建的多行文字的全部内容。输入完毕后,选中文字"技术要求",在"高度"文本框中输入文字高度 8,并在文字输入窗口中单击,使字号变大。然后单击"文字格式"工具栏中的"确定"按钮,输入的文字将显示在绘制的矩形窗口中,其效果如图 6-24 所示。

技术要求

1. 锐边倒钝、去毛刺;
2. 未注倒角R0.2～R0.5;
3. 未注尺寸公差按GB/T1804-m,
   未注形位公差按GB/T1184-H;
4. 未注各圆相对于大圆的同心度小于0.1;
5. 表面硬质阳极氧化处理.

图 6-24　创建多行文字

二、编辑多行文字

要编辑创建的多行文字,可在菜单栏中选择"修改"|"对象"|"文字"|"编辑"命令,并单击创建的多行文字,打开多行文字编辑窗口;也可以在绘图窗口中双击输入的多行文字,或在输入的多行文字上右击,从弹出的快捷菜单中选择"重复编辑"命令或"编辑多行文字"命令,来打开多行文字编辑窗口。然后参照多行文字的设置方法,修改并编辑多行文字。

第四节　创建表格样式和表格

工程图中经常要使用表格。表格主要通过行和列以一种简洁清晰的形式提供信息。在 AutoCAD 2010 中,用户可以把表格作为一种图形对象来建立,并且可以在表格中使用公式来进行一些简单的计算。表格单元数据可以包括文字和多个块。表格中的数据可以 CSV 文件的格式输出,也可以从 Microsoft Excel 中复制表格,把它粘贴到图形对象上。表格的外观由表格样式控制。

一、创建与设置表格样式

表格样式用来控制一个表格的外观，用于保证标准的字体、颜色、文本、高度和行距。用户可以使用默认的表格样式 Standard，也可以根据需要自定义表格样式，创建适合自己的表格样式。

创建与设置表格样式的操作方式有：在 AutoCAD 2010 菜单栏中，选择“格式”|“表格样式”命令；在“样式”工具栏中，选取“表格样式”按钮命令；在命令行中，输入 Tablestyle 命令，然后按 Spacebar 键或 Enter 键。

执行该命令后，系统将弹出“表格样式”对话框，如图 6-25 所示。

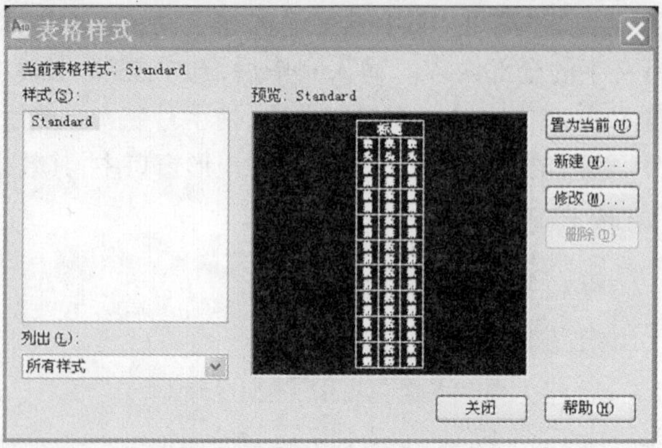

图 6-25 “表格样式”对话框

下面对“表格样式”对话框中的各选项作简单介绍。

(1)当前表格样式：显示当前表格样式的名称。系统默认的表格样式为 Standard。

(2)样式：显示当前图形中已有的表格样式，且当前样式被亮显。

(3)列出：确定在“样式”列表框中的显示情况。如果在该下拉列表中选择“所有样式”，则“样式”列表框中将列出所有已定义的样式；如果选择“正在使用的样式”，则“样式”列表框中将仅显示被当前图形中的表格所使用的样式。

(4)预览：显示“样式”列表框中选定样式的预览图像。

(5)置为当前：单击该按钮，可把在“样式”列表框中所选定的表格样式设置为当前样式。创建表格时，所有新表都将使用这种表格样式创建。

(6)新建：创建新的表格样式。单击该按钮，系统将弹出“创建新的表格样式”对话框，如图 6-26所示。在该对话框中的“新样式名”文本框中输入新的表格样式名称，在“基础样式”下拉列表框中选择一个已有的表格样式来作为新表格样式的模板，新样式将在该样式的基础上进行修改。然后单击“继续”按钮，弹出“新建表格样式”对话框，如图 6-27 所示。在该对话框中可以详细设置新建表格样式的格式，并可预览新样式的设置情况。

图 6-26 “创建新的表格样式”对话框

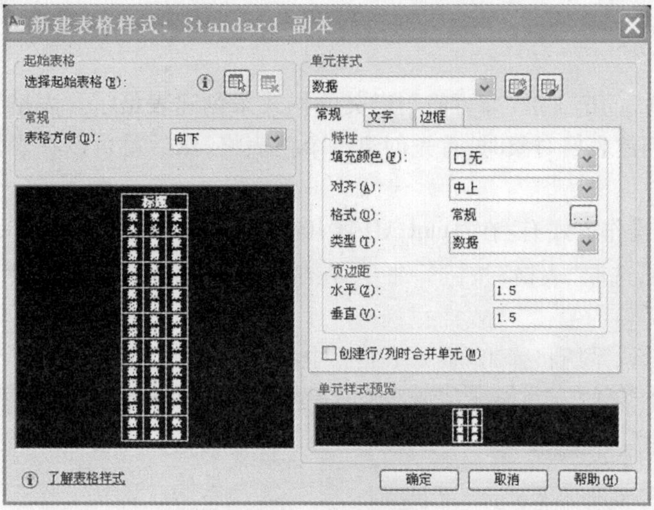

图 6-27 “新建表格样式”对话框

(7)修改:单击该按钮,将显示“修改表格样式”对话框,该对话框与“新建表格样式”对话框的内容完全一样。利用该对话框,可以对已有的表格样式进行修改。

(8)删除:用于删除“样式”列表框中选定的表格样式。但对正在使用的表格样式操作无效。

下面对如图 6-27 所示对话框中的各选项作简单介绍。

(1)起始表格:在该选项组中单击“选择起始表格”按钮命令,选择绘图窗口中已创建的表格作为新建表格样式的起始表格,单击按钮可取消选择。

(2)表格方向:在“常规”选项组的“表格方向”下拉列表框中选择表格的生成方向是“向上”还是“向下”。其中选择“向上”时创建由下而上读取的表格,标题行和列标题行都在表格的底部。在该选项下方的空白区域可以预览形成的表格。

(3)单元样式:表格由标题、表头、数据等三个单元组成。在“单元样式”下拉列表中依次选择这三种单元,通过“常规”、“文字”、“边框”3 个选项卡便可对每个单元样式进行设置。其中“常规”选项卡上的选项如图 6-27 所示,“文字”、“边框”两个选项卡上的选项分别如图 6-28、图 6-29 所示。

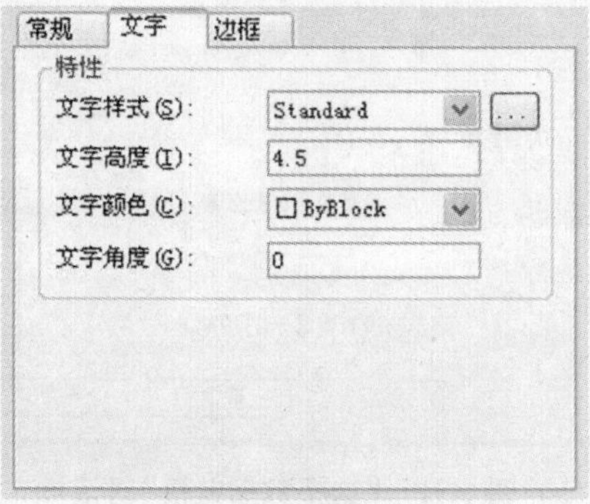

图 6-28 “文字”选项卡

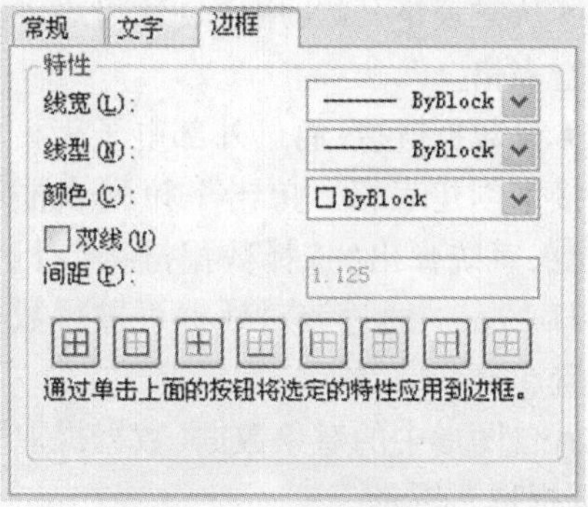

图 6-29 “边框”选项卡

二、创建表格

完成表格样式的定义后，即可使用定义的样式来创建表格了。表格是在行和列中包含数据的对象，创建表格对象时，首先创建一个空表格，然后就可以在表格的单元中添加内容了。

创建表格的操作方式有：在 AutoCAD 2010 菜单栏中，选择“绘图”|“表格”命令；在“绘图”工具栏中，选取“表格”按钮命令；在命令行中，输入 Table 命令，然后按 Spacebar 键或 Enter 键。

执行该命令后，系统将弹出“插入表格”对话框，如图 6-30 所示。

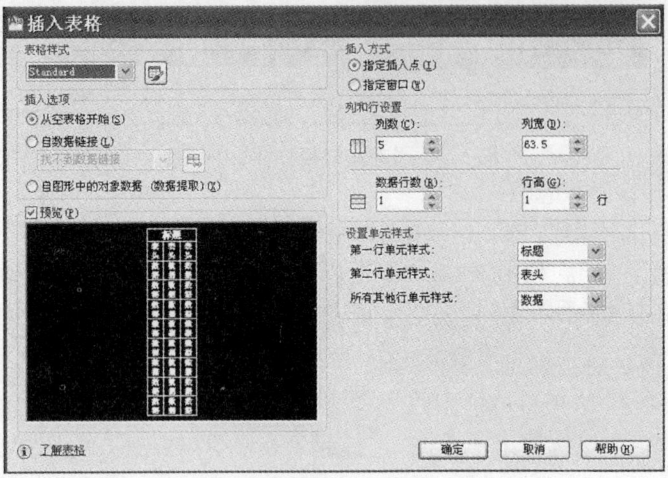

图 6-30 “插入表格”对话框

下面对“插入表格”对话框中的各选项作简单介绍。

（1）表格样式：可在其下拉列表中选择所需的表格样式。也可通过单击下拉列表框右边的按钮，创建新的表格样式。

（2）插入选项：用于指定插入表格的方式。有 3 种方式供选择。

• 从空表格开始：用于创建可手动填充数据的空表格。

• 自数据链接：通过外部电子表格中的数据链接来创建表格。单击下拉列表框右边的按钮，系统弹出“选择数据链接”对话框，如图 6-31 所示。通过该对话框可进行数据链接的设置。

• 自图形中的对象数据（数据提取）：启动“数据提取”向导。

（3）预览：用于显示当前表格样式的样例。

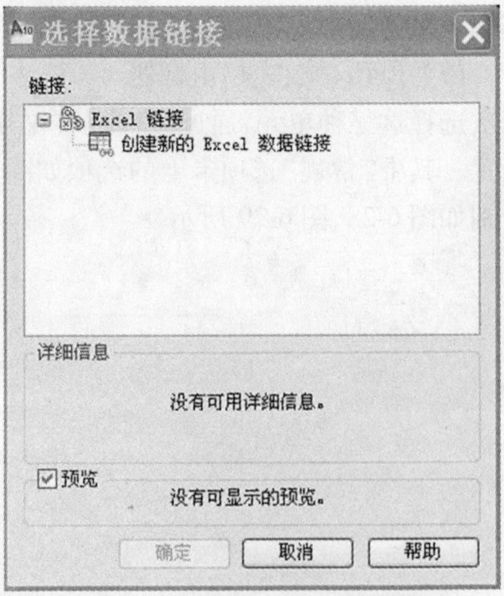

图 6-31 “选择数据链接”对话框

(4)插入方式:用于指定表格的位置。有两种方式供选择。

• 指定插入点:指定表格左上角的位置。可以使用定点设备,也可以在命令行提示下输入坐标值。如果表格样式将表格的方向设置为由下而上读取,则插入点位于表格的左下角。

• 指定窗口:指定表格的大小和位置。可以使用定点设备,也可在命令行提示下输入坐标值。选定此选项时,行数、列数、列宽和行高取决于窗口大小以及列和行的设置。

(5)列和行设置:用于设置列和行的数目及大小。

• 列数、列宽:分别用于指定列数和列宽。如果选定“指定窗口”选项,则用户可以指定列数或列宽,但是不能同时选择两者。

• 数据行数、行高:分别用于指定行数和行高。如果选定“指定窗口”选项,则行数由用户指定的窗口尺寸和行高决定。

(6)设置单元样式:对于那些不包含起始表格的表格样式,应指定新表格中行的单元格式。

• 第一行单元样式:指定表格中第一行的单元样式。默认情况下,使用标题单元样式。

• 第二行单元样式:指定表格中第二行的单元样式。默认情况下,使用表头单元样式。

• 所有其他行单元样式:指定表格中所有其他行的单元样式。默认情况下,使用数据单元样式。

三、编辑表格

表格创建完成后,用户可以单击该表格上的任意网格线以选中该表格,然后通过使用“特性”选项板或夹点来修改该表格。可以对表格进行剪切、复制、删除、移动、缩放和旋转等简单操作,可以均匀地调整表格的行、列大小,删除所有特性替代。当选择“输出”命令时,还可以打开“输出数据”对话框,输出表格中的数据。

在对表格编辑之前,先要选择编辑对象,选择编辑对象的方法有以下几种:

(1)单击表格上的任意网格线,可选中整个表格。

(2)在表格单元内单击,可选中该单元。

(3)若要选择多个相邻单元,可单击一个单元并在多个单元上拖动。另外,也可先选中一个单元,再按住 Shift 键并在另一个单元内单击,此时这两个单元及其之间所有单元都将被选中。

选择了编辑对象后,可进行表格编辑。编辑表格的方法有以下几种。

(一)用“特性”选项板编辑表格

选中某个表格后,按 Ctrl + 1 组合键,可打开整个表格的“特性”选项板,如图 6-32(a)所示。如果选中的是表格单元,则按该组合键后,可打开表格单元的“特性”选项板,如图 6-32(b)所示。用户可以从选项板中了解表格或表格单元的当前特性,也可利用此选项板直接进行修改。

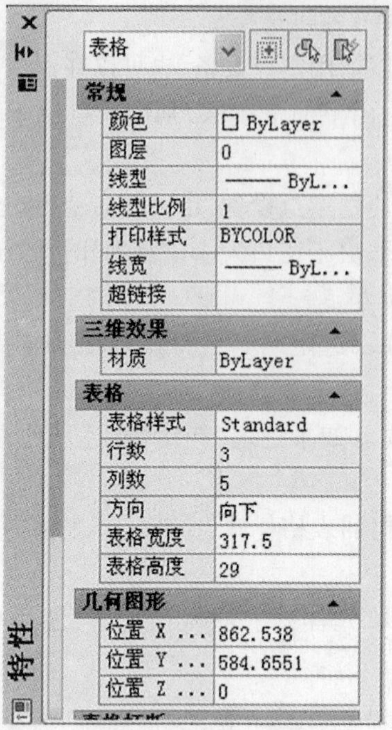

(a)整个表格的“特性”选项板

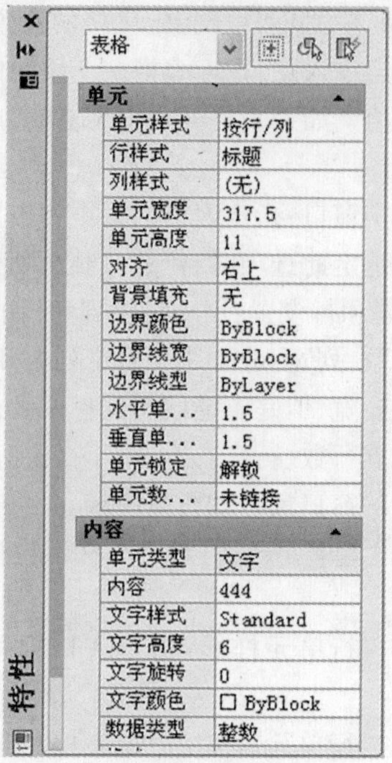

(b)表格单元的“特性”选项板

图 6-32 表格的“特性”选项板

(二)用夹点编辑表格

整个表格被选中后的夹点及其作用如图 6-33 所示。表格单元被选中时,夹点显示在单元边框的中点,如图 6-34 所示。拖动它可修改单元的行高及列宽。在另一个单元内单击可以将选中的内容移到该单元。双击表格单元或单击表格单元后按 F2 键,可以对其中的内容进行编辑。

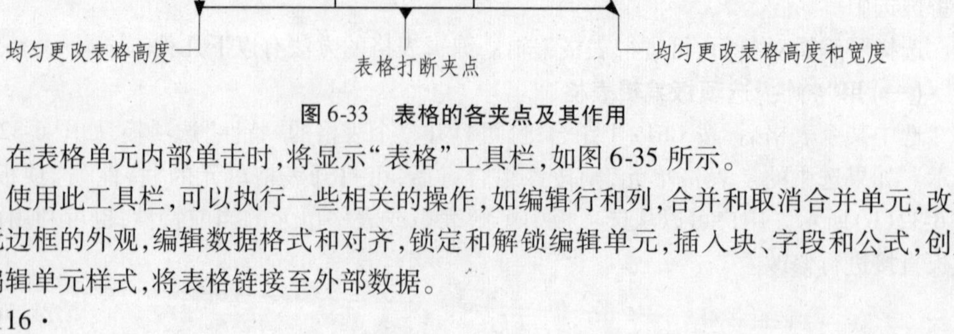

图 6-33 表格的各夹点及其作用

在表格单元内部单击时,将显示“表格”工具栏,如图 6-35 所示。

使用此工具栏,可以执行一些相关的操作,如编辑行和列,合并和取消合并单元,改变单元边框的外观,编辑数据格式和对齐,锁定和解锁编辑单元,插入块、字段和公式,创建和编辑单元样式,将表格链接至外部数据。

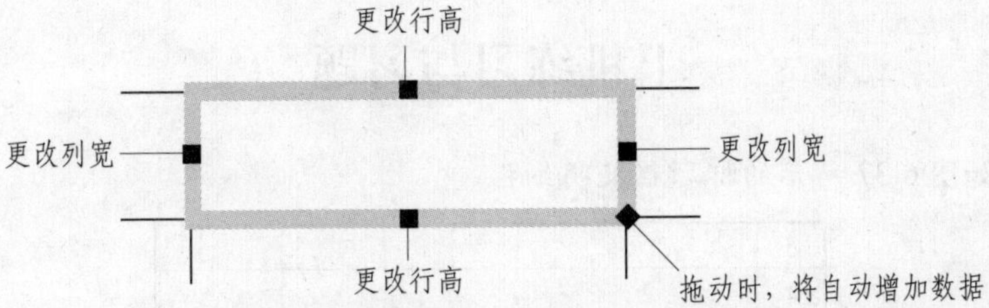

图 6-34　表格单元的各夹点及其作用

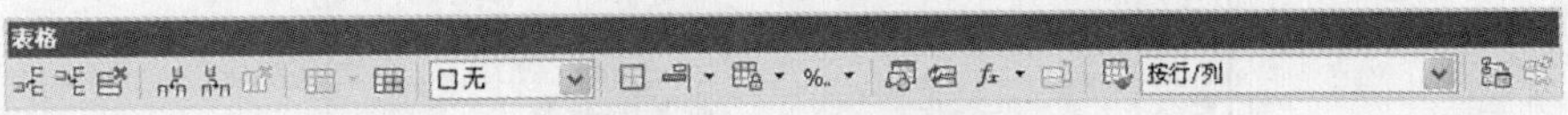

图 6-35　“表格”工具栏

(三)用快捷菜单编辑表格

选中某个表格后,单击右键,打开整个表格的编辑快捷菜单,如图 6-36(a)所示。选中某个表格单元后,单击右键,则打开表格单元的编辑快捷菜单,如图 6-36(b)所示。利用其上列出的命令选项可进行表格的编辑,如插入或删除列和行、合并相邻单元或编辑单元文字等。选中单元后,按 Ctrl + Y 组合键可重复上一个操作,但仅重复通过快捷菜单或表格工具栏执行的操作。

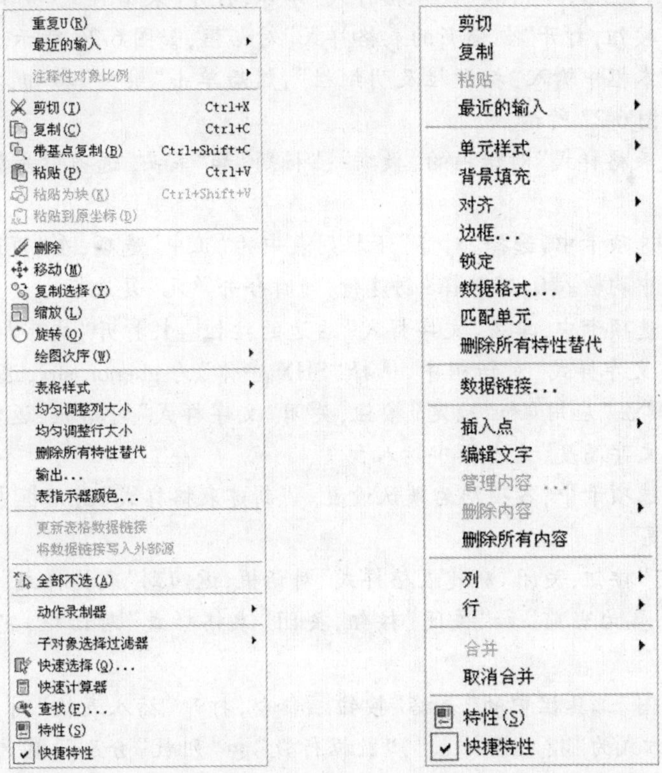

(a)整个表格的编辑快捷菜单　　(b)表格单元的编辑快捷菜单

图 6-36　表格的编辑快捷菜单

上机练习与习题

1. 创建如图 6-37 所示的标题栏及明细栏。

5					
4					
3					
2					
1					
序号	名称		数量	材料	备注
			比例		
			件数		
制图		(日期)	重量		材料
描图			(厂名)		
审核					

图 6-37　标题栏及明细栏

操作步骤如下：

(1) 在菜单栏中，选择“格式”|“表格样式”命令，打开“表格样式”对话框。在该对话框中单击“新建”按钮，打开“创建新的表格样式”对话框，如图 6-26 所示。在该对话框中的“新样式名”文本框中输入“标题栏及明细栏”，然后单击“继续”按钮，打开“新建表格样式”对话框，如图 6-27 所示。

(2) 在“新建表格样式”对话框的“数据”、“标题”和“表头”选项中分别进行如下相同设置。

①在“常规”选项卡中，选择“对齐”下拉列表中的“正中”选项，在“页边距”的“水平”和“垂直”文本框中均输入 0，不选择“创建行/列时合并单元”复选框。

②在“文字”选项卡中，单击“文字样式”右边的按钮[...]，打开“文字样式”对话框，如图 6-1 所示。在“文字样式”对话框中，选择“SHX 字体”为 gbenor. shx，选择“大字体”为 gbcbig. shx，依次单击“应用”和“确定”按钮，关闭“文字样式”对话框，返回“新建表格样式”对话框。在“文字高度”文本框中输入 5。

③在“边框”选项卡中，各项均为默认设置。“新建表格样式”对话框中未设置的其他选项也为默认设置。

④单击“确定”按钮，关闭“新建表格样式”对话框，返回到“表格样式”对话框。

⑤依次单击“置为当前”和“关闭”按钮，关闭“表格样式”对话框，完成表格样式的设置。

(3) 单击“绘图”工具栏中的“表格”按钮命令，打开“插入表格”对话框，如图 6-30 所示。选择插入方式为“指定插入点”，“数据行数”和“列数”分别设置为 11 行和 7 列，“列宽”为 12，“行高”为 8。在“第一行单元样式”、“第二行单元样式”和“所有其他行单元样式”下拉列表中均选择“数据”。单击“确定”按钮，关闭“插入表格”对话框。

(4) 在绘图区单击以指定一个表格的插入点，则插入一个空表格，并显示多行文字编辑器。不输入文字,直接在多行文字编辑器中单击“确定”按钮。

(5)编辑表格:选中第2列中任一单元格右击,打开如图6-36(b)所示表格单元的编辑快捷菜单,选择“特性”命令,打开如图6-32(b)所示表格单元的“特性”选项板。在“特性”选项板中设置“单元宽度”为26。用上述相同的方法将第3、5、7列的“单元宽度”分别设置为24、16、20。

(6)选中第1行的第2列及第3列两个单元,然后右击,打开如图6-36(b)所示表格单元的编辑快捷菜单,选择“合并”的子菜单中的“全部”命令,合并这两个单元。用同样的方法合并其他几个单元。

(7)双击需要输入文字的单元,打开多行文字编辑器,输入文字,其最终结果如图6-37所示。

2. 创建与编辑如图6-38所示的多行文字。

绘图提示:

1、以点(100,155)为圆心作一半径为 $20\frac{1}{3}$ 的圆。

2、绘制一个直径为 $\phi 30$ 的同心圆。

3、以圆心为中心,作两个互相正交的椭圆,椭圆短轴为小圆半径,长轴为大圆半径。

图6-38　创建与编辑多行文字

3. 创建如图6-39所示的标题栏表格。

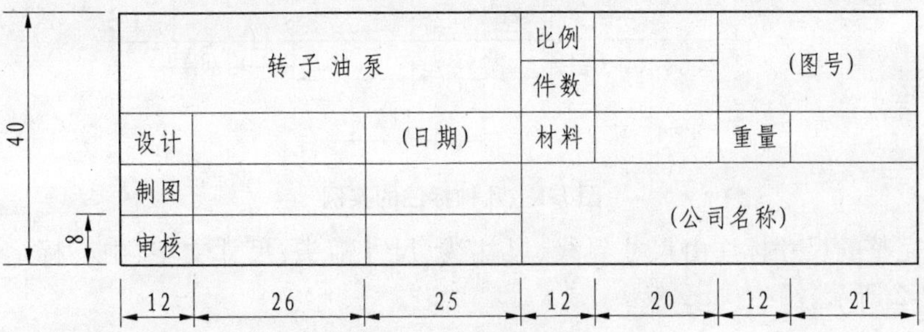

图6-39　标题栏表格

第七章　标注图形尺寸

尺寸标注是图纸中不可缺少的重要组成部分，它能准确地反映物体的形状和大小。图纸中的尺寸标注是指导产品生产和工程施工的重要依据。在图纸上使用尺寸标注可以清楚准确地传达绘图者的设计信息。本章介绍标注样式的创建和标注尺寸的方法。

第一节　尺寸标注的规则与组成

标注是向图形中添加测量注释的过程。用户可以为各种对象沿各个方向创建标注。基本的标注类型包括线性、径向（半径、直径和折弯）、角度、坐标、弧长等。图 7-1 中列出了几种标注的实例。

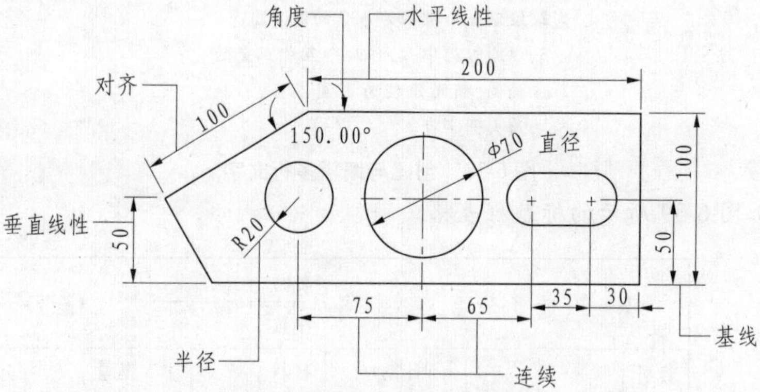

图 7-1　几种标注的实例

一个完整的尺寸标注由尺寸界线、尺寸线、尺寸箭头、尺寸文字、中心标记等部分组成，如图 7-2 所示。

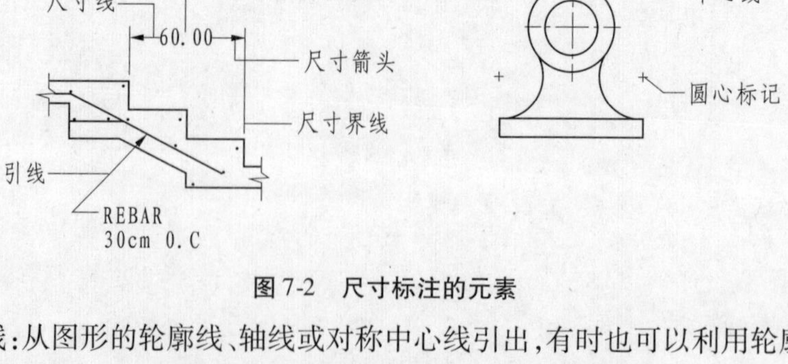

图 7-2　尺寸标注的元素

尺寸界线：从图形的轮廓线、轴线或对称中心线引出，有时也可以利用轮廓线代替，用以表示尺寸起始位置。一般情况下，尺寸界线应与尺寸线相互垂直。

尺寸线：为标注指定方向和范围。对于线性标注，尺寸线显示为一直线段；对于角度标注，尺寸线显示为一段圆弧。

尺寸箭头：为标注指定方向和范围。对于线性标注，尺寸线显示为一直线段；对于角度标注，尺寸线显示为一段圆弧。

尺寸文字：显示测量值的字符串，可包括前缀、后缀和公差等。

中心标记：指示圆或圆弧的中心。

尺寸延伸线：也称为投影线或证示线，从部件延伸到尺寸线。

引线：引线对象是一条线或样条曲线，其一端带有箭头，另一端带有多行文字对象或块，在某些情况下，有一条短水平线（又称为基线）将文字或块和特征控制框连接到引线上。

第二节 尺寸标注的设置

标注样式是标注设置的命名集合，可用来控制标注的外观，如箭头样式、文字位置和尺寸公差等。用户可以创建标注样式，以快速指定标注的格式，并确保标注符合行业或项目标准。

一、启动标注样式的操作

用户可以采用以下方法来启动标注样式的操作：在菜单栏中选择"标注"|"标注样式"命令；在工具栏单击创建注释样式（下拉）按钮；在命令行中输入 Dimstyle。

如图 7-3 所示，可在"标注样式管理器"对话框中创建或修改标注样式。

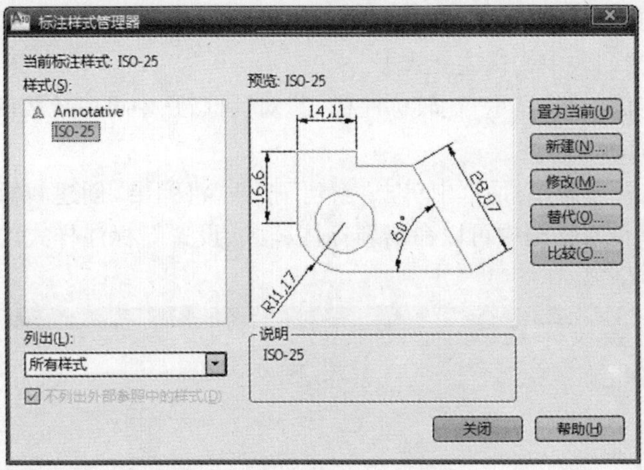

图 7-3 "标注样式管理器"对话框

在"标注样式管理器"对话框中，显示了当前的标注样式，以及在样式列表中被选中项目的预览图及其说明，可完成创建新样式、设置当前样式、修改样式、设置当前样式的替代以及比较样式的操作。

用户可以按照国家标准的规定以及具体使用要求，新建标注格式。同时，用户也可以对已有的标注格式进行局部修改，以满足当前的使用要求。

“标注样式管理器”对话框中各选项的含义如下。

“当前标注样式”:显示当前标注样式的名称。默认标注样式为标准。当前样式将应用于所创建的标注。

“样式”:列出图形中的标注样式。当前样式被亮显。在列表中单击鼠标右键可显示快捷菜单及选项,用于设置当前标注样式、重命名样式和删除样式。但不能删除当前样式或当前图形使用的样式。

“列出”:在“样式”列表中控制样式显示。如果要查看图形中所有的标注样式,请选择“所有样式”。如果只希望查看图形中标注当前使用的标注样式,请选择“正在使用的样式”。

“不列出外部参照中的样式”:如果选择此选项,在“样式”列表中将不显示外部参照图形的标注样式。

“预览”:显示“样式”列表中选定样式的图示。

“说明”:说明“样式”列表中与当前样式相关的选定样式。如果说明超出给定的空间,可以单击窗格并使用箭头键向下滚动。

“置为当前”:点击该按钮,将在“样式”列表中选定的标注样式设置为当前标注样式。当前样式将应用于所创建的标注。

“新建”:点击该按钮,显示“创建新标注样式”对话框,从中可以定义新的标注样式。

“修改”:点击该按钮,显示“修改标注样式”对话框,从中可以修改标注样式。该对话框选项与“新建标注样式”对话框中的选项相同。

“替代”:点击该按钮,显示“替代当前样式”对话框,从中可以设置标注样式的临时替代。该对话框选项与“新建标注样式”对话框中的选项相同。替代将作为未保存的更改结果显示在“样式”列表中的标注样式下。

“比较”:点击该按钮,显示“比较标注样式”对话框,从中可以比较两个标注样式或列出一个标注样式的所有特性。

在“标注样式管理器”对话框中单击“新建”按钮,将弹出“创建新标注样式”对话框,如图 7-4 所示。在该对话框中可以命名新标注样式、设置新标注样式的基础样式和指示要应用新样式的标注类型。

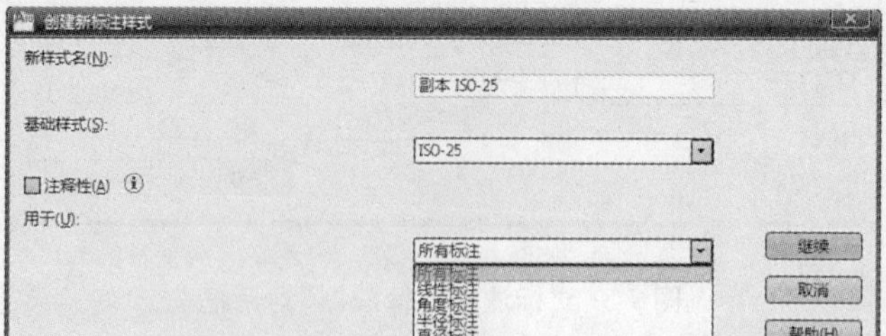

图 7-4 “创建新标注样式”对话框

在“创建新标注样式”对话框中,单击“继续”按钮,系统打开“新建标注样式”对话框,如图 7-5 所示。

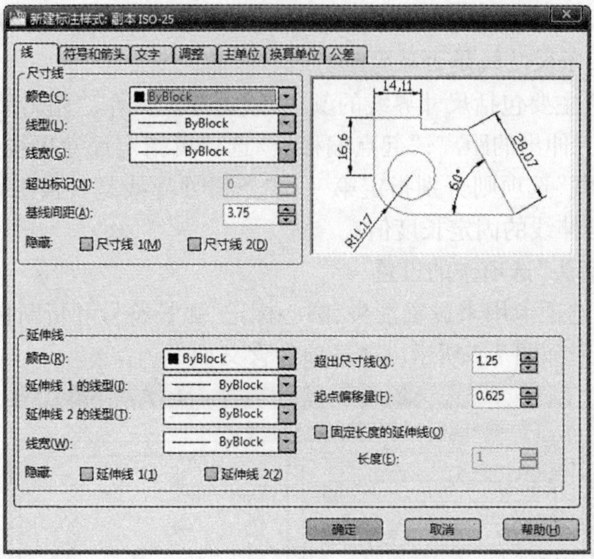

图 7-5 “新建标注样式”对话框

在这个对话框中有 7 个选项卡,利用这 7 个选项卡可以设置不同的尺寸标注样式,从而得到不同外观形式的尺寸标注。

二、标注样式的设置

(一)“线”选项卡的设置

“线”选项卡用来设置尺寸线、尺寸界线、箭头和圆心标记的格式和特性。“线”选项卡如图 7-6 所示。各选项的含义如下。

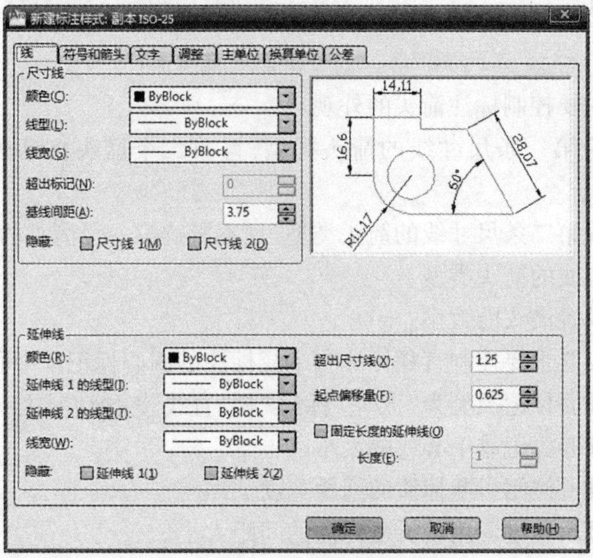

图 7-6 “线”选项卡

(1)尺寸线设置主要包括设置尺寸线的颜色、线宽等。另外,“超出标记”选项可设置超出标记的长度;“基线间距”选项可设置基线标注中各尺寸线之间的距离;“隐藏”选项则分别指定第一、二条尺寸线是否被隐藏。

(2)延伸线设置主要包括尺寸界线的颜色、线宽等。另外,“超出尺寸线”选项可指定延伸线在尺寸线上方伸出的距离;“起点偏移量”选项可指定尺寸界线到定义该标注的起点的偏移距离;“隐藏”选项则分别指定第一、二条尺寸界线是否被隐藏;“固定长度的延伸线”选项可设置延伸线的固定长度值。

(二)“符号和箭头”选项卡的设置

“符号和箭头”选项卡用来设置箭头、圆心标记、弧长符号和折断标注的格式与位置。“符号和箭头”选项卡如图7-7所示。各选项的含义如下。

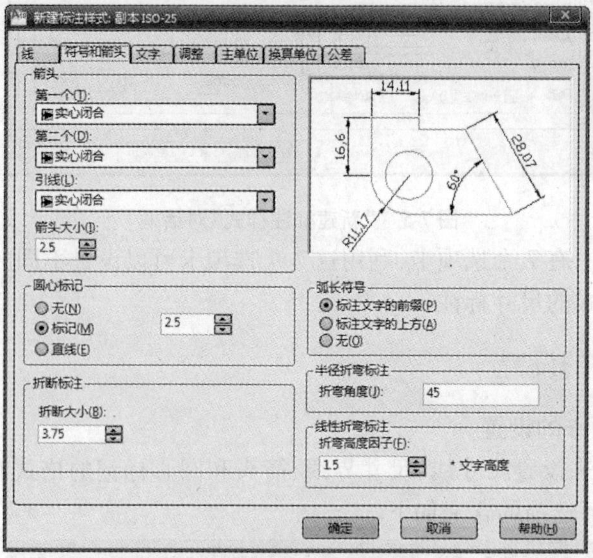

图7-7 “符号和箭头”选项卡

(1)箭头设置主要控制标注箭头的外观。

“第一个”:设置第一条尺寸线的箭头类型,且第二个箭头自动改变以匹配第一个箭头。

“第二个”:设置第二条尺寸线的箭头类型,且不影响第一个箭头的类型。

“引线”:设置引线的箭头类型。

“箭头大小”:设置箭头的大小。

(2)圆心标记设置主要控制直径标注和半径标注的圆心标记及中心线的外观。

“类型”:设置圆心标记类型为“无”、“标记”和“直线”3种情况之一。

“大小”:设置圆心标记或中心线的大小。

(3)折断标注设置控制折断标注的间距宽度。

“折断大小”:显示和设置用于折断标注的间距大小。

(4)弧长符号设置用来控制弧长标注中圆弧符号的显示。

“标注文字的前缀”:将弧长符号放置在标注文字之前。

“标注文字的上方”:将弧长符号放置在标注文字的上方。

“无”:不显示弧长符号。

(5)半径折弯标注用来控制折弯(Z 字型)半径标注的显示,通常在圆或圆弧的中心点位于页面外部时创建。“折弯角度”选项用来确定折弯半径标注中,尺寸线的横向线段的角度。图 7-8 是半径折弯标注的实例。

(6)线性折弯标注用来控制线性标注折弯的显示。当标注不能精确表示实际尺寸时,通常将折弯线添加到线性标注中。通常,实际尺寸比所需值小。“折弯高度因子”选项通过形成折弯的角度的两个顶点之间的距离确定折弯高度。图 7-9 是线性折弯标注的实例。

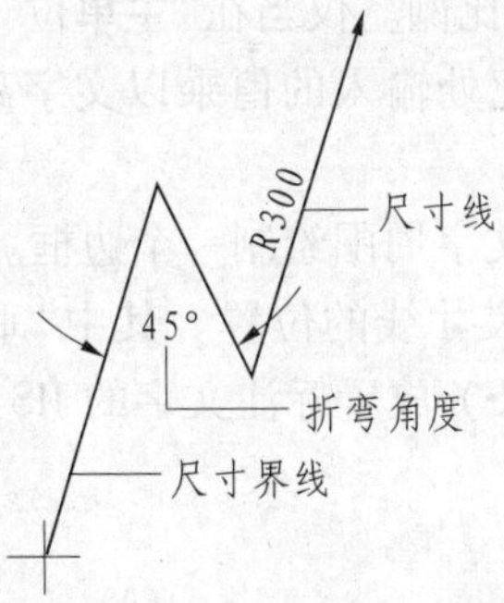

图 7-8　半径折弯标注的实例

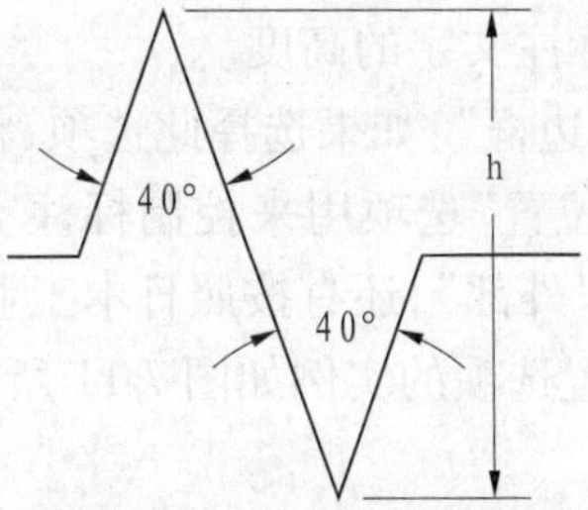

图 7-9　线性折弯标注的实例

(三)“文字”选项卡设置

“文字”选项卡用来设置标注文字的格式、放置和对齐。“文字”选项卡如图 7-10 所示。各选项的含义如下。

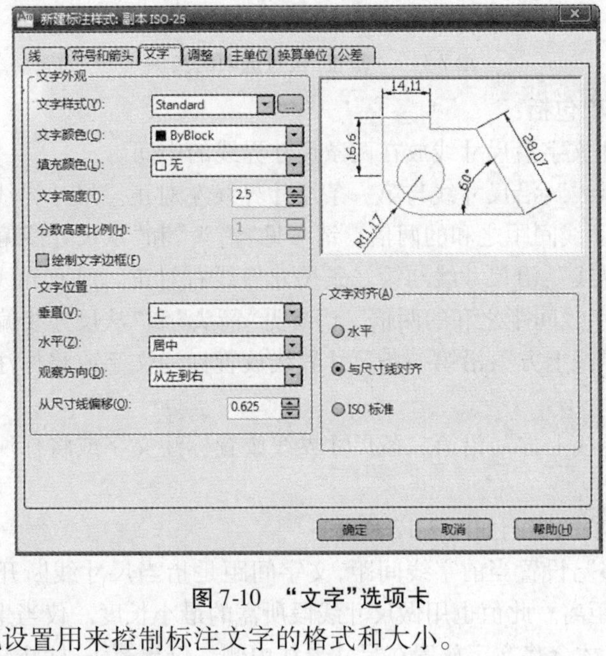

图 7-10　“文字”选项卡

(1)文字外观设置用来控制标注文字的格式和大小。

“文字样式”:显示和设置当前标注文字样式。可以从列表中选择一种样式。若要创建和修改标注文字样式,请选择列表右边的“...”按钮。

“文字颜色”:设置标注文字的颜色。如果单击“选择颜色”(在“颜色”列表的底部),将显示“选择颜色”对话框。也可以输入颜色名或颜色号。

“填充颜色”:设置标注中文字背景的颜色。

“文字高度”:设置当前标注文字样式的高度。可以在文本框中输入值。如果在“文字样式”中将文字高度设置为固定值(即文字样式高度大于 0),则该高度将替代此处设置的文字高度。如果要使用在“文字”选项卡上设置的高度,请确保“文字样式”中的文字高度设置为 0。

“分数高度比例”:设置相对于标注文字的分数比例。仅当在“主单位”选项卡上选择“分数”作为“单位格式”时,此选项才可用。由在此处输入的值乘以文字高度,可确定标注分数相对于标注文字的高度。

“绘制文字边框”:如果选择此选项,将在标注文字周围绘制一个边框。

(2)“文字位置”选项用来控制标注文字相对尺寸线的位置。其中“垂直”选项包括“居中”、“上”、“外部”,还有按照日本工业标准(JIS)放置标注文字的 JIS 标准。

“垂直”位置选项的实例如图 7-11 所示。

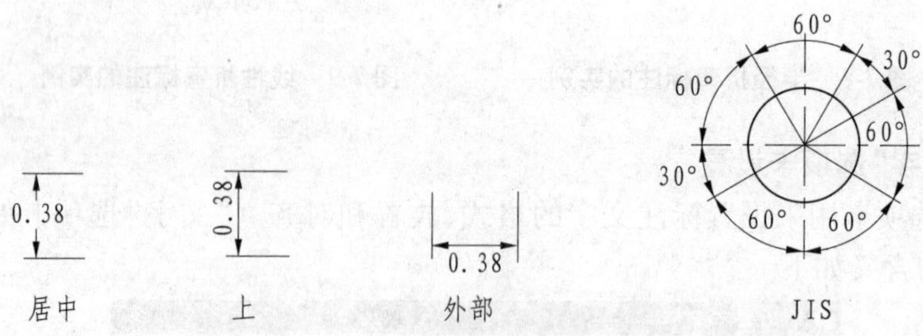

图 7-11 “垂直”位置选项的实例

“水平”位置选项包括:

“居中”:将标注文字沿尺寸线放在两条尺寸界线的中间。

“第一条尺寸界线”:沿尺寸线与第一条尺寸界线左对正。尺寸界线与标注文字的距离是箭头大小加上字线间距之和的两倍。请参见“箭头”和“从尺寸线偏移”。

“第二条尺寸界线”:沿尺寸线与第二条尺寸界线右对正。尺寸界线与标注文字的距离是箭头大小加上字线间距之和的两倍。请参见“箭头”和“从尺寸线偏移”。

“第一条尺寸界线上方”:沿第一条尺寸界线放置标注文字或将标注文字放在第一条尺寸界线之上。

“第二条尺寸界线上方”:沿第二条尺寸界线放置标注文字或将标注文字放在第二条尺寸界线之上。

“水平”位置选项的实例如图 7-12 所示。

“从尺寸线偏移”:设置当前字线间距,文字间距是指当尺寸线断开以容纳标注文字时标注文字周围的距离。此值也用做尺寸线段所需的最小长度。仅当生成的线段至少与字线间距同样长时,才会将文字放置在尺寸界线内侧。仅当箭头、标注文字以及页边距有

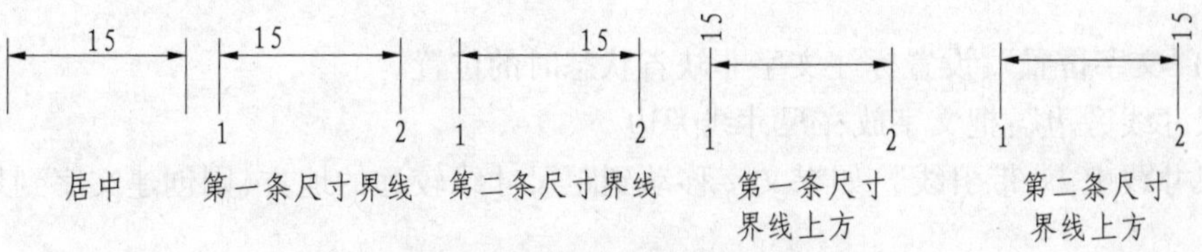

图 7-12 “水平”位置选项的实例

足够的空间容纳字线间距时,才将尺寸线上方或下方的文字置于内侧。

(3)“文字对齐”选项用来控制标注文字放在尺寸界线外边或里边时的方向是保持水平还是与尺寸线对齐。

(四)“调整”选项卡

“调整”选项卡用来控制标注文字、箭头、引线和尺寸线的放置。“调整”选项卡如图 7-13所示。各选项的含义如下。

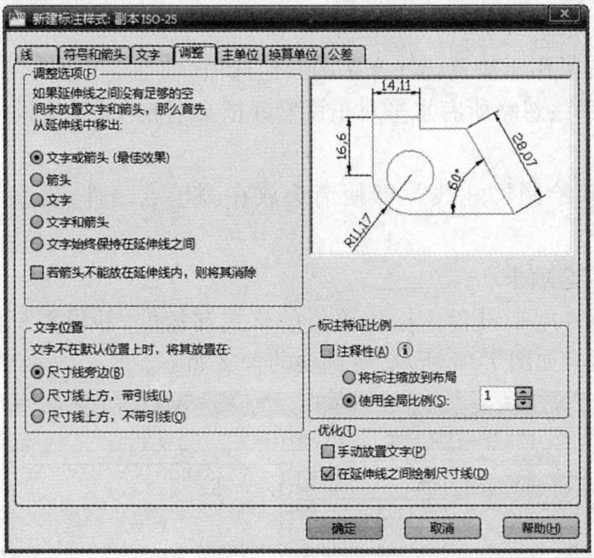

图 7-13 “调整”选项卡

(1)“调整选项”:如果有足够大的空间,文字和箭头都将放在尺寸界线内;否则,将按照“调整选项”放置文字和箭头。“调整选项”的作用就是根据两条尺寸界线间的距离确定文字和箭头的位置。

“箭头”:当尺寸界线间的距离仅够放下箭头时,箭头放在尺寸界线内而文字放在尺寸界线外;否则,文字和箭头都放在尺寸界线外。

“文字”:当尺寸界线间的距离仅够放下文字时,文字放在尺寸界线内而箭头放在尺寸界线外;否则,文字和箭头都放在尺寸界线外。

“文字和箭头”:当尺寸界线间的距离不足以放下文字和箭头时,文字和箭头都放在尺寸界线外。

“文字始终保持在延伸线之间”:强制文字放在延伸线之间。

“若箭头不能放在延伸线内,则将其消除”:如果延伸线内没有足够的空间,则隐藏箭头。

(2)“文字位置”:设置标注文字非缺省状态时的位置。

“尺寸线旁边”:把文字放在尺寸线旁边。

“尺寸线上方,带引线”:如果文字移动到距尺寸线较远的地方,则创建文字到尺寸线的引线。

“尺寸线上方,不带引线”:移动文字时不改变尺寸线的位置,也不创建引线。

(3)“标注特征比例”:设置全局标注比例或图纸空间比例。

“注释性”:选中此特性,用户可以自动完成缩放注释的过程,从而使注释能够以正确的大小在图纸上打印或显示。

“将标注缩放到布局”:根据当前模型空间视口和图纸空间之间的比例确定比例因子。

“使用全局比例”:设置指定大小、距离或包含文字的间距和箭头大小等所有标注样式的比例。

(4)“优化”:提供用于放置标注文字的其他选项。

“手动放置文字”:忽略所有水平对正设置并把文字放在“尺寸线位置”提示下指定的位置。

“在延伸线之间绘制尺寸线”:即使箭头放在测量点之外,也在测量点之间绘制尺寸线。

(五)“主单位”选项卡

“主单位”选项卡用来设置主标注单位的格式和精度,并设置标注文字的前缀和后缀。“主单位”选项卡如图 7-14 所示,各选项的含义如下。

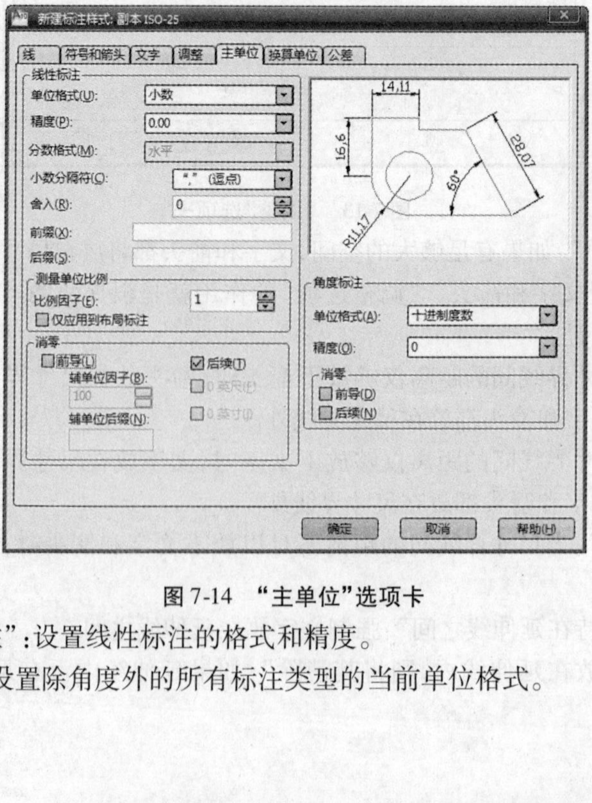

图 7-14 “主单位”选项卡

(1)“线性标注”:设置线性标注的格式和精度。

“单位格式”:设置除角度外的所有标注类型的当前单位格式。

“精度”:显示和设置标注文字中的小数位数。

“分数格式”:设置分数格式。

“小数分隔符”:设置用于十进制格式的分隔符。

“舍入”:设置标注测量值的四舍五入规则(角度除外)。

“前缀”:在标注文字中包含前缀。当输入前缀时,将覆盖在直径和半径等标注中使用的任何默认前缀。如果指定了公差,则 AutoCAD 也给公差添加前缀。

“后缀”:设置文字后缀,可以输入文字或用控制代码显示特殊符号。如果指定了公差,后缀将添加到公差和主标注中。

(2)“测量单位比例”:用来定义线性比例选项,主要应用于传统图形。

“比例因子”:设置线性标注测量值的比例因子。该值不应用到角度标注,也不应用到舍入值或者正、负公差值。建议不要更改此值的默认值 1。

“仅应用到布局标注”:仅将测量单位比例因子应用于布局视口中创建的标注。除非使用非关联标注,否则,该设置应保持取消复选状态。

(3)“消零”:控制不输出前导零和后续零以及零英尺和零英寸部分。

“前导”:不输出所有十进制标注中的前导零。

“后续”:不输出所有十进制标注中的后续零。

(4)“角度标注”:显示和设置角度标注的当前角度格式。

“单位格式”:设置角度单位格式。

“精度”:设置角度标注的小数位数。

(六)“换算单位”选项卡

“换算单位”选项卡用于指定标注测量值中换算单位的显示并设置其格式和精度。“换算单位”选项卡如图 7-15 所示,各选项的含义如下。

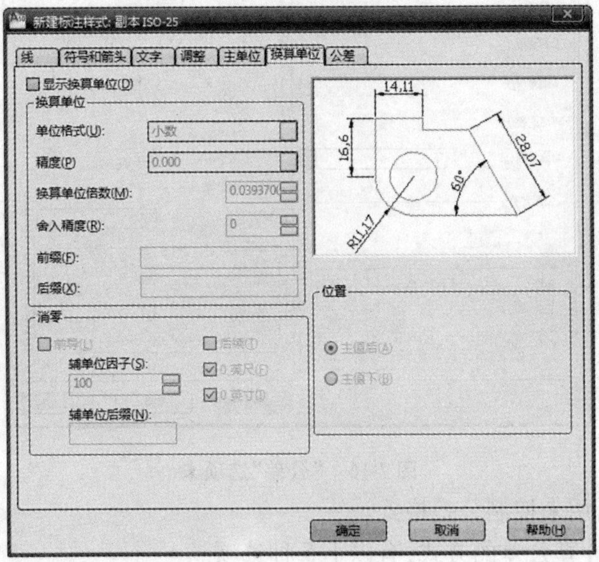

图 7-15 “换算单位”选项卡

(1)“换算单位”:显示和设置除角度外的所有标注类型的当前换算单位格式。

"单位格式":设置换算单位的单位格式。

"精度":设置换算单位中的小数位数。

"换算单位倍数":指定一个乘数,作为主单位和换算单位之间的换算因子使用。此值对角度标注没有影响,而且不会应用于舍入值或者正、负公差值。

"舍入精度":设置除角度外的所有标注类型的换算单位的舍入规则。小数点后显示的位数取决于"精度"设置。

"前缀":在换算标注文字中包含前缀。可以输入文字或使用控制代码显示特殊符号。例如,输入控制代码 %%C 显示直径符号。

"后缀":在换算标注文字中包含后缀。可以输入文字或使用控制代码显示特殊符号。

(2)"消零":控制不输出前导零和后续零以及零英尺和零英寸部分。

"前导":不输出所有十进制标注中的前导零。

"后续":不输出所有十进制标注中的后续零。

(3)"位置":用来控制标注文字中换算单位的位置。

"主值后":将换算单位放在标注文字中的主单位之后。

"主值下":将换算单位放在标注文字中的主单位下面。

(七)"公差"选项卡

"公差"选项卡用于控制标注文字中公差的格式及显示。"公差"选项卡如图 7-16 所示,各选项的含义如下。

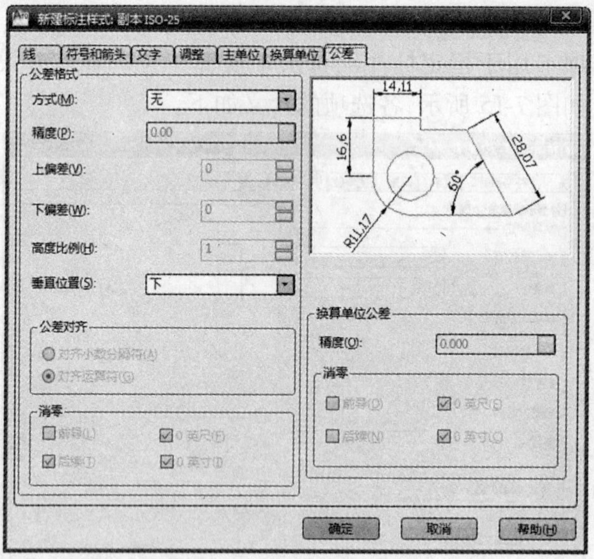

图 7-16 "公差"选项卡

(1)公差格式:用来控制公差格式。

"方式":设置计算公差的方式,有以下 5 种选项。

①无:无公差。

②对称:添加公差的加/减表达式,把同一个变量值应用到标注测量值上。

③极限偏差:添加公差的加/减表达式,把不同的变量值应用到标注测量值上。

④极限尺寸:创建有上下限的标注,并显示一个最大值和一个最小值。

⑤基本尺寸:创建基本尺寸,AutoCAD 在整个标注范围四周绘制一个框。

公差的方式标注实例如图 7-17 所示。

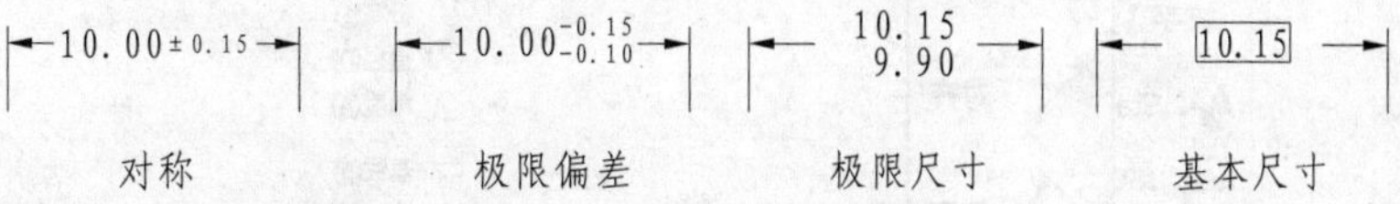

图 7-17　公差的方式标注实例

“精度”:设置小数位数。

“上偏差”:显示和设置最大公差值或上偏差值。

“下偏差”:显示和设置最小公差值或下偏差值。

“高度比例”:显示和设置公差文字的当前高度。

“垂直位置”:控制对称公差和极限公差的文字对齐方式,有上对齐 、中对齐、下对齐 3 种方式,其实例如图 7-18 所示。

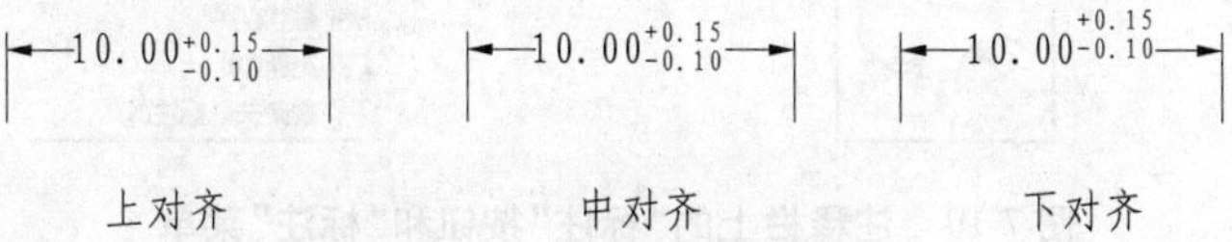

图 7-18　公差垂直位置实例

(2)“公差对齐”:堆叠时,控制上偏差值和下偏差值的对齐。

“对齐小数分隔符”:通过值的小数分隔符堆叠值。

“对齐运算符”:通过值的运算符堆叠值。

(3)“消零”:控制不输出前导零和后续零以及零英尺和零英寸部分。

“前导”:不输出所有十进制标注中的前导零。

“后续”:不输出所有十进制标注中的后续零。

(4)“换算单位公差”:设置换算公差单位的格式。

“精度”:显示和设置小数位数。

第三节　尺寸标注的命令

根据所标注的线段不同,尺寸标注命令可以分为直线标注、圆弧标注、角度标注、引线标注、坐标标注和公差标注等,还可以对已标注的尺寸进行编辑。这些操作用户可以通过“标注”菜单中的命令,或者通过注释栏上的“标注”按钮来实现,如图 7-19 所示。

一、创建线性标注

创建线性标注的操作方式有:在“标注”工具栏中单击“线性标注”按钮;在菜单栏中选取“标注”|“线性”命令;在命令行提示下,输入 Dimlinear 命令。

线性标注实例如图 7-20 所示。创建过程如下:

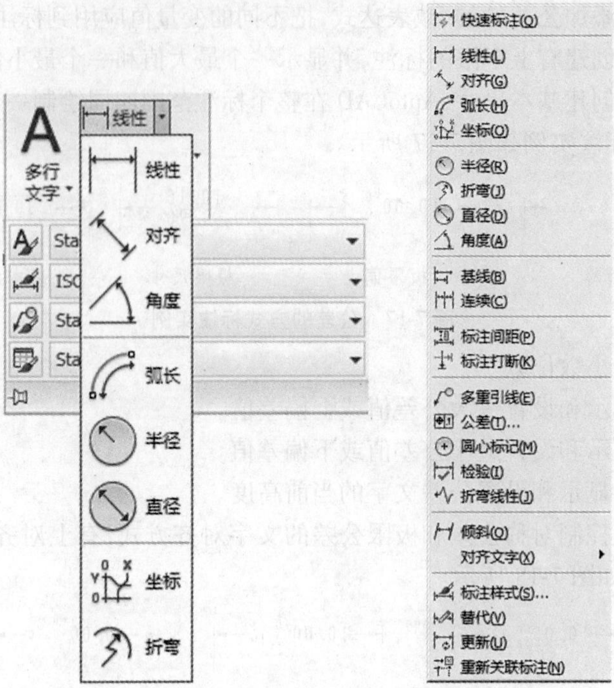

图 7-19　注释栏上的“标注”按钮和“标注”菜单

单击“线性标注”按钮后，命令行提示如下：

命令：_dimlinear

指定第一条尺寸界线原点或 <选择对象>：(指定图 7-20 中 A 点)

指定第二条尺寸界线原点：(指定图 7-20 中 B 点)

指定尺寸线位置或[多行文字(M)/文字(T)/角度(A)/水平(H)/垂直(V)/旋转(R)]：V(输入 V，表示创建垂直线性标注)

指定尺寸线位置或[多行文字(M)/文字(T)/角度(A)]：(指定图 7-20 中的位置 1)

标注文字 =21

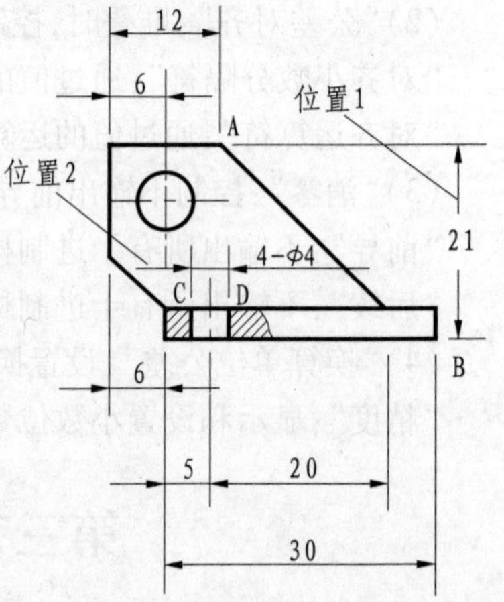

图 7-20　线性标注实例

继续单击“线性标注”按钮，命令行提示如下：

命令：_dimlinear

指定第一条尺寸界线原点或 <选择对象>：(指定图 7-20 中 C 点)

指定第二条尺寸界线原点：(指定图 7-20 中 D 点)

指定尺寸线位置或[多行文字(M)/文字(T)/角度(A)/水平(H)/垂直(V)/旋转(R)]：T(输入 T，表示自定义标注文字)

输入标注文字 <4.0>：(输入 4 - %%C4)

指定尺寸线位置或[多行文字(M)/文字(T)/角度(A)/水平(H)/垂直(V)/旋转

(R)]:(指定图 7-20 中的位置 2)

请完成图 7-20 中的其他线性标注。

二、创建对齐标注

可以创建与指定位置或对象平行的标注。创建对齐标注的操作方式有:在“标注”工具栏中单击“对齐标注”按钮;在菜单栏中选取“标注”|“对齐”命令;在命令行提示下,输入 Dimaligned 命令。

执行对齐标注命令后,命令行提示如下:

命令:_dimaligned

指定第一条尺寸界线原点或 <选择对象>:(指定图 7-21 中 A 点)

指定第二条尺寸界线原点:(指定图 7-21 中 B 点)

指定尺寸线位置或[多行文字(M)/文字(T)/角度(A)]:(指定图 7-21 中 C 点)

标注文字 =5

请完成图 7-21 中的其余对齐标注。

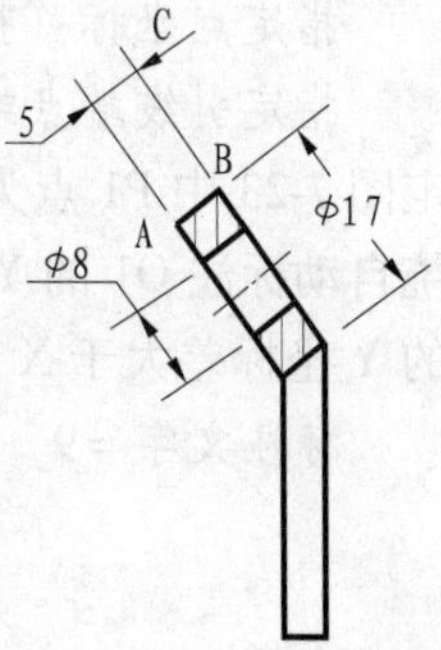

图 7-21　对齐标注实例

三、创建弧长标注

弧长标注用于测量圆弧或多段线弧线段上的距离。弧长标注的典型用法包括测量围绕凸轮的距离或表示电缆的长度。为区别它们是线性标注还是角度标注,默认情况下,弧长标注将显示一个圆弧符号。圆弧符号(也称为“帽子”或“盖子”)显示在标注文字的上方或前方。可以使用“标注样式管理器”指定位置样式。可以在“新建标注样式”对话框或“修改标注样式”对话框的“符号和箭头”选项卡上更改位置样式。

创建弧长标注的操作方式有:在“标注”工具栏中单击“弧长标注”按钮;在菜单栏中选取“标注”|“弧长”命令;在命令行提示下,输入 Dimarc 命令。

执行弧长标注命令后,命令行提示如下:

命令:_dimarc

选择弧线段或多段线弧线段:(选择图 7-22 中的圆弧)

指定弧长标注位置或[多行文字(M)/文字(T)/角度(A)/部分(P)/引线(L)]:(选择图 7-22 中的标注位置)

标注文字 =22

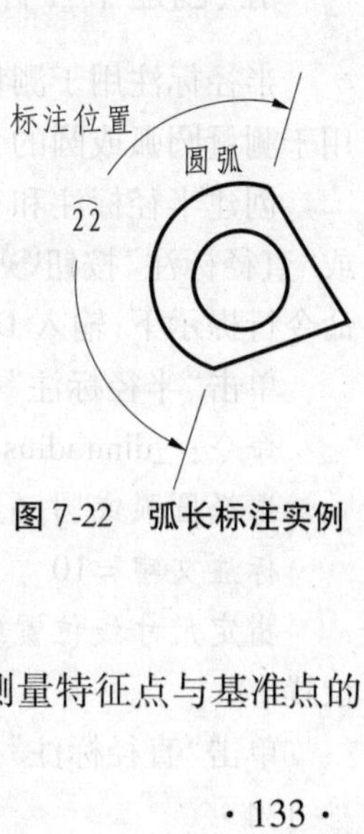

图 7-22　弧长标注实例

四、创建坐标标注

坐标标注用来测量原点(称为基准)到特征(例如部件上的一个孔)的垂直距离。这种标注保持特征点与基准点的精确偏移量,从而避免增大误差。

坐标标注由 X 或 Y 值和引线组成。X 基准坐标标注沿 X 轴测量特征点与基准点的距离。Y 基准坐标标注沿 Y 轴测量特征点与基准点的距离。

默认情况下,指定的引线端点将自动确定是创建 X 基准坐标标注还是 Y 基准坐标标注。例如,当通过指定引线端点的位置相对水平线,该引线端点更接近于垂直线时,可以创建 X 基准坐标标注;反之,则创建 Y 基准坐标标注。

创建坐标标注的操作方式有:在“标注”工具栏中单击“弧长标注”按钮;在菜单栏中选取“标注”|“坐标”命令;在命令行提示下,输入 Dimordinate 命令。

执行弧长标注命令后,命令行提示如下:

命令: _dimordinate

指定点坐标:(指定图 7-23 中需要标注的坐标点 O1)

指定引线端点或[X 基准(X)/Y 基准(Y)/多行文字(M)/文字(T)/角度(A)]:(指定图 7-23 中 P1 点为引线端点,因为 P1 与 O1 两点之间的 X 坐标差大于 Y 坐标差,故系统自动标注 O1 的 Y 坐标值;若指定图 7-23 中 P2 点为引线端点,因为 P2 与 O1 两点之间的 Y 坐标差大于 X 坐标差,故系统自动标注 O1 的 X 坐标值)

标注文字 =9

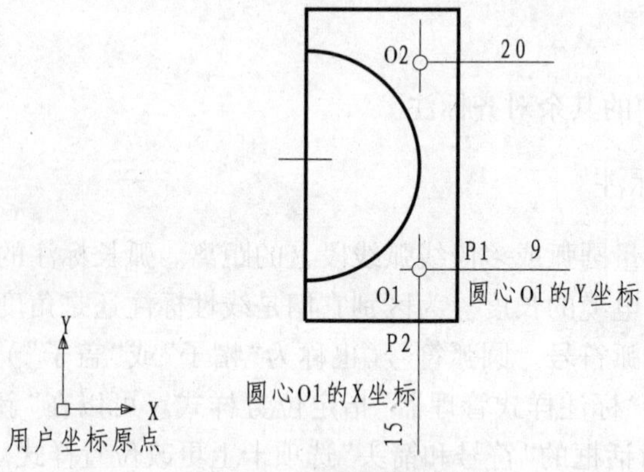

图 7-23　坐标标注实例

五、创建半径标注、直径标注及折弯标注

半径标注用于测量圆弧或圆的半径,并显示前面带有字母 R 的标注文字。直径标注用于测量圆弧或圆的直径,并显示前面带有直径符号 ϕ 的标注文字。

创建半径标注和直径标注的操作方式有:在“标注”工具栏中单击“半径标注”按钮或“直径标注”按钮;在菜单栏中选取“标注”|“半径”命令,或“标注”|“直径”命令;在命令行提示下,输入 Dimradius 命令,或 Dimdiameter 命令。

单击“半径标注”按钮后,命令行显示如下:

命令: _dimradius

选择圆弧或圆:(选定图 7-24 中的圆弧 1)

标注文字 =10

指定尺寸线位置或[多行文字(M)/文字(T)/角度(A)]:(选定图 7-24 中的尺寸线位置 1)

单击“直径标注”按钮后,命令行显示如下:

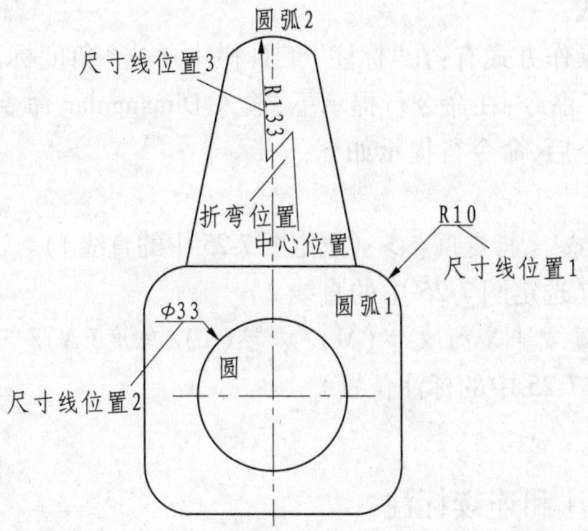

图 7-24　半径标注、直径标注和折弯标注实例

命令：_dimdiameter

选择圆弧或圆：(选定图 7-24 中的圆)

标注文字 =33

指定尺寸线位置或［多行文字(M)/文字(T)/角度(A)］：(选定图 7-24 中的尺寸线位置 2)

当圆弧或圆的中心位于布局之外并且无法在其实际位置显示时，还可创建折弯标注。在菜单栏中选取“标注”|“折弯”命令；在“标注”工具栏中单击“折弯标注”按钮；在命令行提示下，输入 Dimjogged 命令，可以创建折弯标注，也称为“缩放的半径标注”，可以在更方便的位置指定标注的原点。

在“修改标注样式”对话框的“符号和箭头”选项卡中的“半径折弯标注”下，用户可以控制默认的折弯角度。单击“折弯标注”按钮后，命令行显示如下：

命令：_dimjogged

选择圆弧或圆：(选定图 7-24 中的圆弧 2)

指定图示中心位置：(选定图 7-24 中的中心位置)

标注文字 =133

指定尺寸线位置或［多行文字(M)/文字(T)/角度(A)］：(选定图 7-24 中的尺寸线位置 3)

指定折弯位置：(选定图 7-24 中的折弯位置)

根据标注样式设置，还可自动生成直径标注和半径标注的圆心标记与直线。仅当尺寸线置于圆或圆弧之外时才会创建它们。

六、创建角度标注

角度标注测量两条直线或三个点之间的角度。要测量圆的两条半径之间的角度，可以选择此圆，然后指定角度端点。对于其他对象，需要先选择对象，然后指定标注位置。还可以通过指定角度顶点和端点标注角度。创建标注时，可以在指定尺寸线位置之前修改文字内容和对齐方式。

创建角度标注的操作方式有:在“标注”工具栏中单击“角度标注”按钮;在菜单栏中选取“标注”|“角度”命令;在命令行提示下,输入 Dimangular 命令。

执行角度标注命令后,命令行提示如下:

命令: _dimangular

选择圆弧、圆、直线或 <指定顶点>:(选定图 7-25 中的直线 1)

选择第二条直线:(选定图 7-25 中的直线 2)

指定标注弧线位置或[多行文字(M)/文字(T)/角度(A)/象限点(Q)]:(选定图 7-25 中的标注位置)

标注文字 = 145d

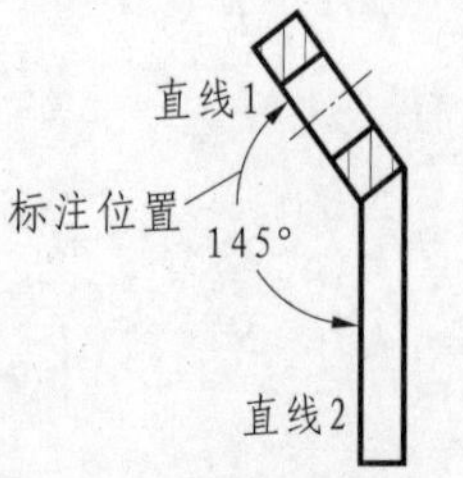

图 7-25 角度标注实例

七、创建基线标注和连续标注

基线标注是自同一基线处测量的多个标注; 连续标注是首尾相连的多个标注。基线标注是自同一基线处测量的多个标注;连续标注是首尾相连的多个标注。在创建基线标注或连续标注之前,必须创建线性标注、对齐标注或角度标注;可自当前任务的最近创建的标注中以增量方式创建基线标注。

基线标注和连续标注都是从上一个尺寸延伸线处测量的,除非指定另一点作为原点。图 7-26 是基线标注和连续标注实例。

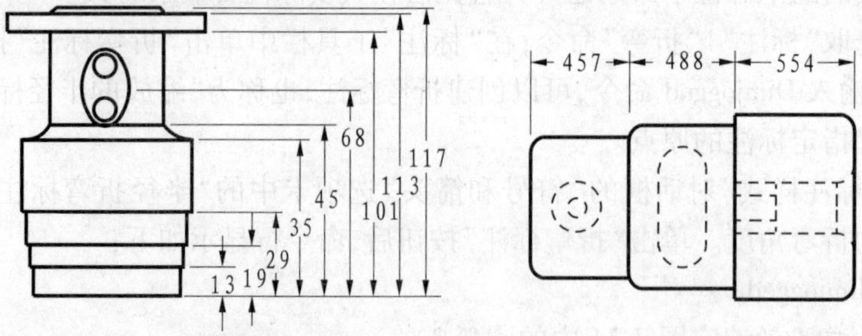

(a)基线标注　(b)连续标注

图 7-26 基线标注和连续标注实例

(一)创建基线线性标注的步骤

(1)在“标注”工具栏中单击“基线标注”按钮;在菜单栏中选取“标注”|“基线”命令;在命令行提示下,输入 Dimbaseline 命令。

(2)选择基准标注(在创建基线标注之前,首先要创建线性标注、对齐标注或角度标注作为基准标注)。默认情况下,所选择的基准标注的原点自动成为新基线标注的第一条尺寸延伸线。

(3)使用对象捕捉选择第二条尺寸延伸线的原点,程序将在指定距离(在“标注样式管理器”的“直线”选项卡的“基线间距”选项中所指定)处自动放置第二条尺寸线。

(4)使用对象捕捉指定下一个尺寸延伸线原点。

(5)根据需要可继续选择尺寸延伸线原点。

(6)按两次 Enter 键可结束命令。

(二)创建连续标注的步骤

(1)在“标注”工具栏中单击“连续标注”按钮;在菜单栏中选取“标注”|“连续”命令;在命令行提示下,输入 Dimcontinue 命令。

(2)选择连续标注(在创建连续标注之前,首先要创建线性标注、对齐标注或角度标注作为连续标注)。默认情况下,所选择的基准标注的原点自动成为新基线标注的第一条尺寸延伸线。

(3)其他步骤同基线标注。

八、创建快速标注

快速标注尺寸命令可以快速创建成组的基线连续阶梯和坐标标注。创建快速标注的操作方式有:在“标注”工具栏中单击“快速标注”按钮;在命令行提示下,输入 Qdim 命令。

执行快速标注命令后,命令行提示如下:

命令:_qdim

选择要标注的几何图形:指定对角点:(以窗口选择方式选如图 7-27 所示轴线下面的全部图线)

选择要标注的几何图形:(按 Enter 键结束选取)

指定尺寸线位置或[连续(C)/并列(S)/基线(B)/坐标(O)/半径(R)/直径(D)/基准点(P)/编辑(E)/设置(T)]<连续>:(指定图 7-27 中的尺寸线位置后按 Enter 键,所得标注尺寸如图 7-27 所示)

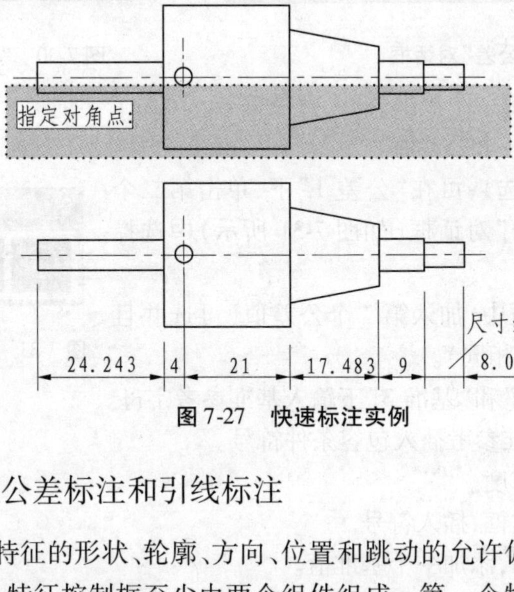

图 7-27 快速标注实例

九、创建形位公差标注和引线标注

形位公差表示特征的形状、轮廓、方向、位置和跳动的允许偏差。可以通过特征控制框来添加形位公差,特征控制框至少由两个组件组成。第一个特征控制框包含一个几何特征符号,表示应用公差的几何特征,例如位置、轮廓、形状、方向或跳动。形状公差控制直线度、平面度、圆度和圆柱度;轮廓控制直线和表面。形位公差的格式如图 7-28 所示。

创建形位公差的步骤如下:

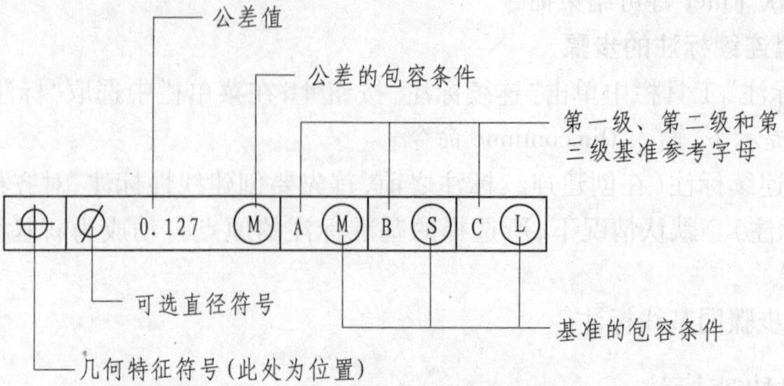

图 7-28　形位公差的格式

在菜单栏中选取"标注"|"公差"命令;在命令行提示下,输入 Tolerance 命令;在"标注"工具栏中单击"形位公差"按钮。

在弹出如图 7-29 中的"形位公差"对话框中,单击"符号"下的第一个矩形,弹出如图 7-30所示"特征符号"对话框,选择一个插入符号。

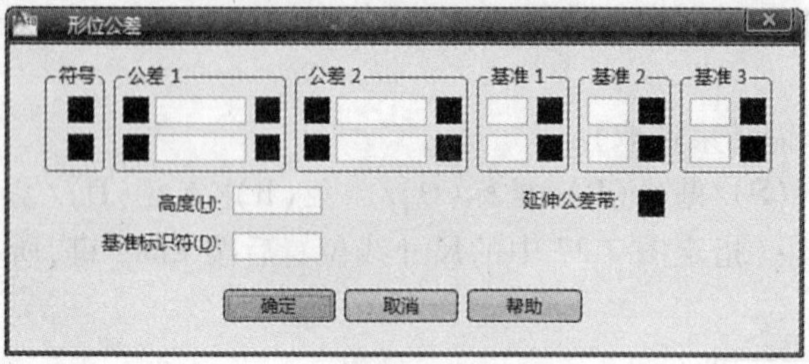

图 7-29　"形位公差"对话框

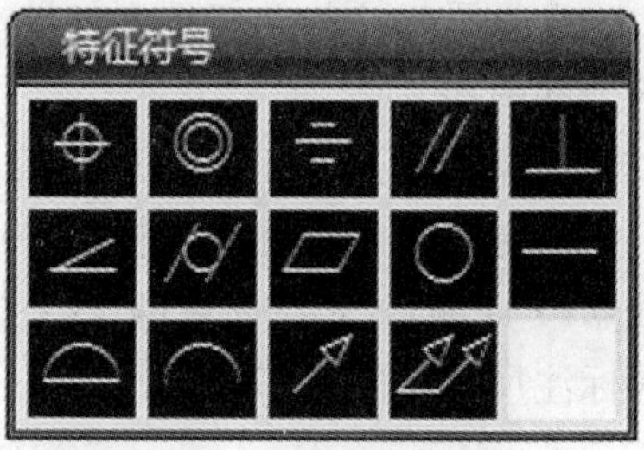

图 7-30　"特征符号"对话框

在"公差 1"下,单击第一个黑框,插入直径符号。

在文字框中,输入第一个公差值。

要添加包容条件(可选),可在"公差 1"下,单击第二个黑框,在弹出的"附加符号"对话框(如图 7-31 所示)中选择相应的符号进行插入。

图 7-31　"附加符号"对话框

在"形位公差"对话框中,加入第二个公差值(可选并且与加入第一个公差值方式相同)。

在"基准 1"、"基准 2"和"基准 3"下输入基准参考字母。

单击黑框,为每个基准参考插入包容条件符号。

在"高度"框中输入高度。

单击"投影公差带"方框,插入符号。

在"基准标识符"框中,添加一个基准值。

单击"确定"按钮。

在图形中指定特征控制框的位置。

若在命令行提示下,输入 Leader 命令,则可以创建带引线的形位公差标注。下面举例说明。

命令:_leader

指定引线起点:(选取图 7-32 中的 A 点)

指定下一点:(选取图 7-32 中的 B 点)

指定下一点或［注释(A)/格式(F)/放弃(U)］<注释>:(选取图 7-32 中的 C 点)

指定下一点或［注释(A)/格式(F)/放弃(U)］<注释>:(按 Enter 键)

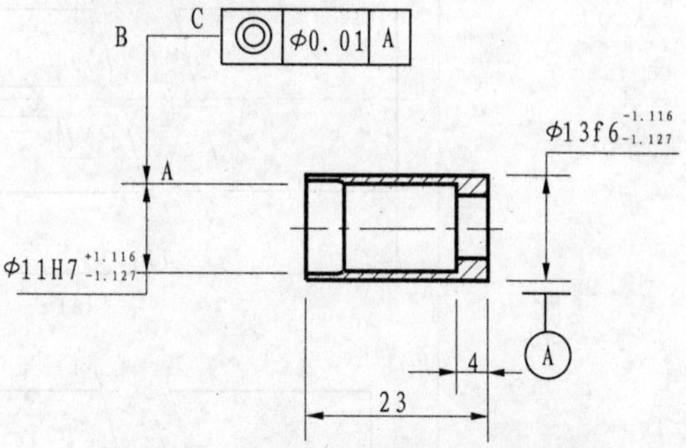

图 7-32　带引线的形位公差标注实例

输入注释文字的第一行或 <选项>:(按 Enter 键)

输入注释选项［公差(T)/副本(C)/块(B)/无(N)/多行文字(M)］<多行文字>:T(可弹出图 7-29 所示的“形位公差”对话框,然后按创建形位公差的步骤进行如图 7-32 所示的设置)

十、创建折弯线性标注

如果显示的标注对象小于被标注对象的实际长度,则通常使用折弯尺寸线表示。即可以向线性标注添加折弯线,以表示实际测量值与尺寸界线之间的长度不同。创建折弯线性标注的方式有:在“标注”工具栏中单击“折弯线性标注”按钮,在菜单栏中选取“标注”|“折弯线性”命令;或者在命令行提示下,输入 Dimjogline 命令。

下面举例说明。首先在图 7-33(a)中标注线性尺寸 721,接着单击“折弯线性标注”按钮,命令行显示如下:

命令: _dimjogline

选择要添加折弯的标注或［删除(R)］:(选择图 7-33(a)中的线性标注尺寸 721)

指定折弯位置 (或按 Enter 键):(指定图 7-33(b)中的折弯位置,所得折弯线性标注如图 7-33 所示)

十一、创建打断标注

使用折断标注可以使标注、尺寸延伸线或引线不显示。创建打断标注的方式有:在“标注”工具栏中单击“打断标注”按钮;在菜单栏中选取“标注”|“标注打断”命令;或者在命令提示下,输入 Dimbreak 命令。

下面举例说明。首先对图 7-34 进行标注,然后单击“打断标注”按钮,命令行提示如下:

命令: _dimbreak

选择标注或［多个(M)］:(在图 7-34 中选取一个线性标注。也可以在命令行中输入 M,再选取图中所有要进行折断的线性标注)

选择要打断标注的对象或［自动(A)/恢复(R)/手动(M)］<自动>:(按 Enter 键,所得折断标注如图 7-34 所示)

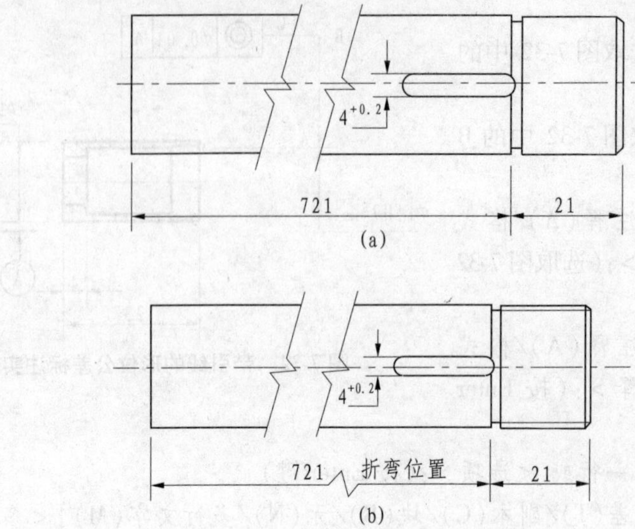

图 7-33　折弯线性标注实例

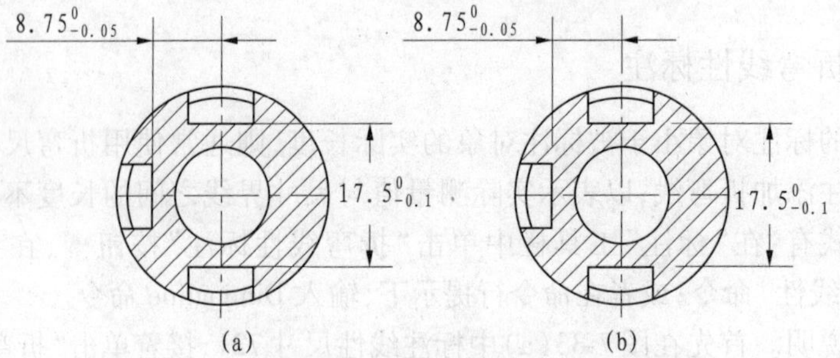

图 7-34　打断标注示例

十二、修改标注间距

当图形中的标注较多，对尺寸标注之间的间距不满意时，可以通过标注间距命令进行修改。其标注间距修改方式有：在“标注”工具栏中单击“标注间距”按钮；在菜单栏中选取“标注”|“标注间距”命令；或者在命令行提示下，输入 Dimspace 命令。

下面举例说明。图 7-35(a)是尺寸标注的情况，发现各线性标注之间的间距不够合理，需对其进行修改。在命令行提示下，输入 Dimspace 命令后，命令行提示如下：

命令：_dimspace

选择基准标注：(选取图 7-35(a)中的线性标注 25 为基准标注)

选择要产生间距的标注：找到 1 个(选取图 7-35(a)中的线性标注 8)

选择要产生间距的标注：找到 1 个，总计 2 个(选取图 7-35(a)中的线性标注 4)

选择要产生间距的标注：找到 1 个，总计 3 个(选取图 7-35(a)中的线性标注 2)

选择要产生间距的标注：(按 Enter 键，结束选取)

输入值或［自动(A)］<自动>：A(输入 A 表示自动排列标注)

所得标注结果如图 7-35(b)所示，再使用打断标注命令对线性标注 4 进行打断，所得结果如图 7-35(c)所示。

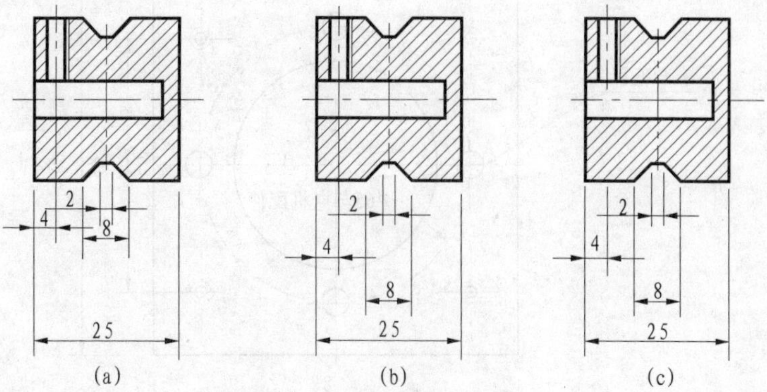

图 7-35　尺寸标注修改实例

十三、创建引线和多重引线

可以使用引线和多重引线向图形添加标注。创建引线时,用户将创建两个独立的对象:引线,以及与该引线关联的文字、块或公差。

引线对象是一条线或样条曲线,其一端带有箭头,另一端带有多行文字对象或块。在某些情况下,有一条短水平线(又称为基线)将文字或块和特征控制框连接到引线上。可以从图形中的任意点或部件创建引线并在绘制时控制其外观。基线和引线与多行文字对象或块关联,因此当重定位基线时,内容和引线将随其移动。图 7-36 是一些常见的引线对象。

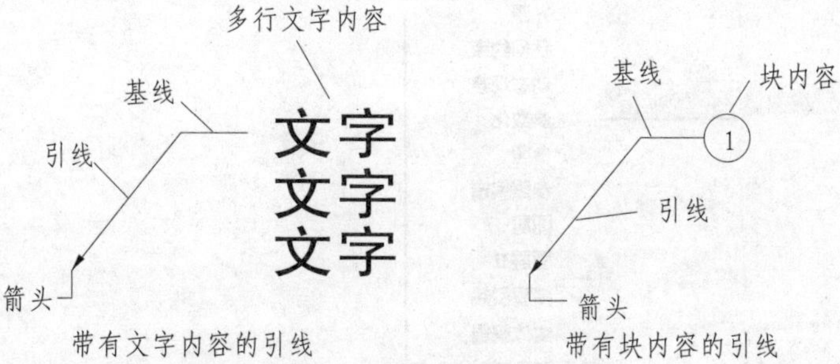

图 7-36　一些常见的引线对象

创建引线的命令是 Leader,在命令行中输入 Leader 命令后,命令行提示如下:

命令:_leader

指定引线起点:(选取图 7-37 中的 A 点作为引线起点)

指定下一点:(选取图 7-37 中的 B 点)

指定下一点或［注释(A)/格式(F)/放弃(U)］<注释>: A(输入 A 或直接按 Enter 键)

输入注释文字的第一行或 <选项>:与底座配钻(输入文字“与底座配钻”)

输入注释文字的下一行:(按 Enter 键,结束注释文字的输入)

所得引线注释如图 7-37 所示。

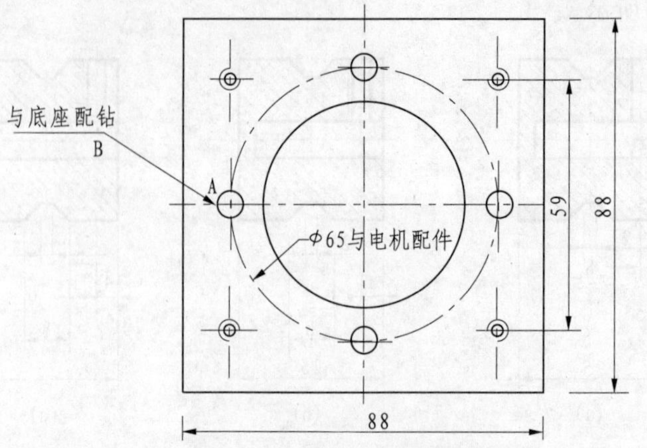

图 7-37　引线注释实例

多重引线对象或多重引线可先创建箭头，也可先创建尾部或内容。如果已使用多重引线样式，则可以从该样式创建多重引线。多重引线对象可包含多条引线，因此一个注解可以指向图形中的多个对象。使用 Mleaderedit 命令，可以向已建立的多重引线对象添加引线，或从已建立的多重引线对象中删除引线。

创建多重引线的方式有：在菜单栏中选取“标注”|“多重引线”命令；在命令行提示下，输入 Mleader 命令。

可以通过菜单：“工具”|“工具栏”|“AutoCAD”|“多重引线”（如图 7-38 所示），打开“多重引线”工具栏，如图 7-39 所示。

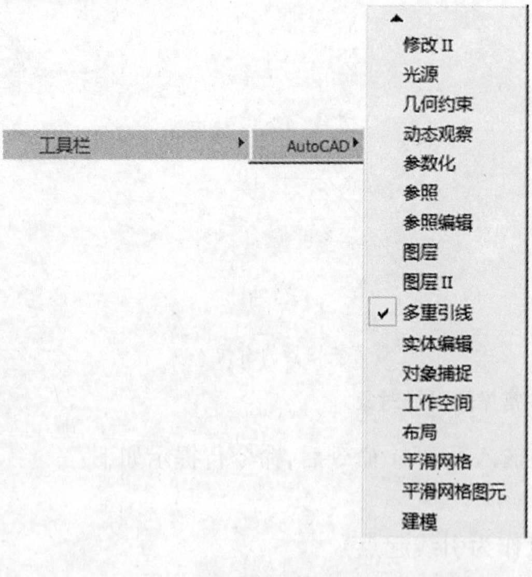

图 7-38　“多重引线”下拉菜单

图 7-39　“多重引线”工具栏

在“多重引线”工具栏中，单击“多重引线”按钮，也可创建引线。

在菜单栏中，选取“格式”|“多重引线样式”命令，或者在“多重引线”工具栏中单击按钮，可以打开“多重引线样式管理器”对话框（如图 7-40 所示），从而设置当前多重引

线样式,以及创建、修改和删除多重引线样式。

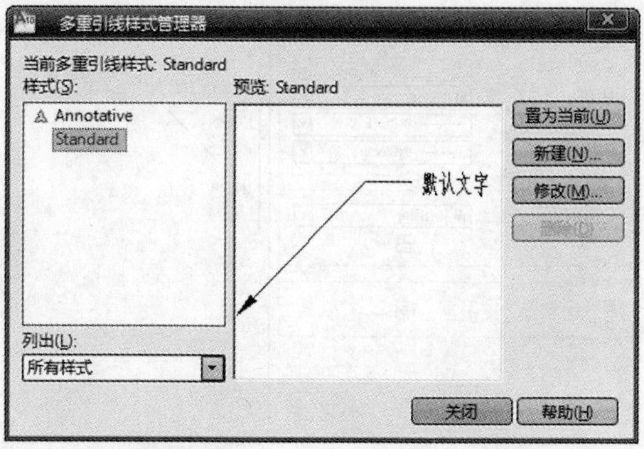

图 7-40 “多重引线样式管理器”对话框

“多重引线样式管理器”对话框中各选项的含义如下。

“当前多重引线样式”:显示应用于所创建的多重引线的多重引线样式的名称。默认的多重引线样式为 Standard。

“样式”:显示多重引线列表。当前样式被亮显。

“列出”:控制“样式”列表的内容。单击“所有样式”,可显示图形中可用的所有多重引线样式。单击“正在使用的样式”,仅显示被当前图形中的多重引线参照的多重引线样式。

“预览”:显示“样式”列表中选定样式的预览图像。

“置为当前”:单击该按钮,将“样式”列表中选定的多重引线样式设置为当前样式。所有新的多重引线都将使用此多重引线样式进行创建。

“新建”:单击该按钮,显示“创建新多重引线样式”对话框,如图 7-41 所示,从中可以定义新多重引线样式。

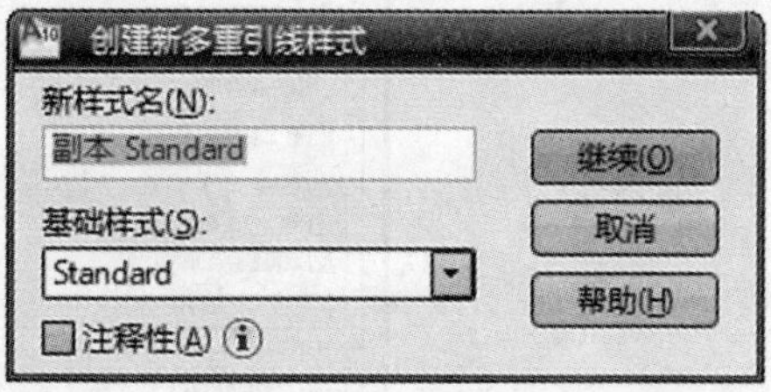

图 7-41 “创建新多重引线样式”对话框

“修改”:单击该按钮,显示“修改多重引线样式”对话框,从中可以修改多重引线样式。

“删除”:单击该按钮,删除“样式”列表中选定的多重引线样式。不能删除图形中正在使用的样式。

在“创建新多重引线样式”对话框中可以指定新多重引线样式的名称,并指定新多重引线将基于的现有多重引线样式。单击“继续”按钮,将弹出如图 7-42 所示的“修改多重引线样式”对话框,共有 3 个选项卡,即“引线格式”、“引线结构”和“内容”,分别如图 7-42、图 7-43 和图 7-44 所示。

(一)“引线格式”选项卡

“引线格式”选项卡如图 7-42 所示,各选项的含义如下。

(1)“常规”:控制多重引线的基本外观。如引线的类型、颜色、线型、线宽等,其中引

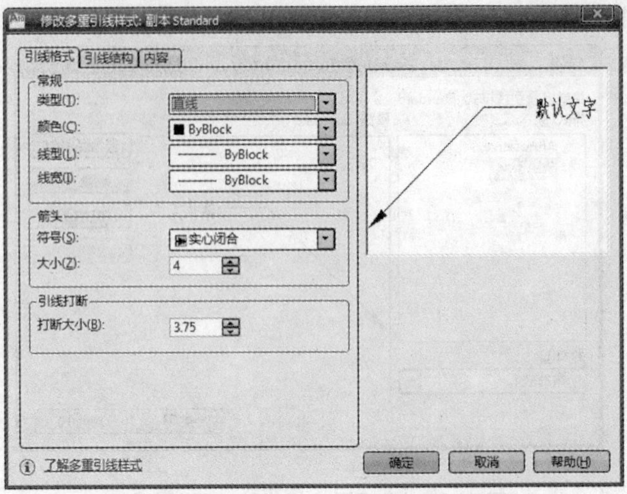

图 7-42 “修改多重引线样式”对话框的“引线格式”选项卡

线的类型可以选择直线、样条曲线或无引线。

（2）“箭头”：控制多重引线箭头的外观。如设置多重引线的箭头符号和大小。

（3）“引线打断”：控制将打断标注添加到多重引线时使用的设置。“打断大小”用来显示和设置选择多重引线后用于 Dimbreak 命令的打断大小。

（二）“引线结构”选项卡

“引线结构”选项卡如图 7-43 所示，各选项的含义如下。

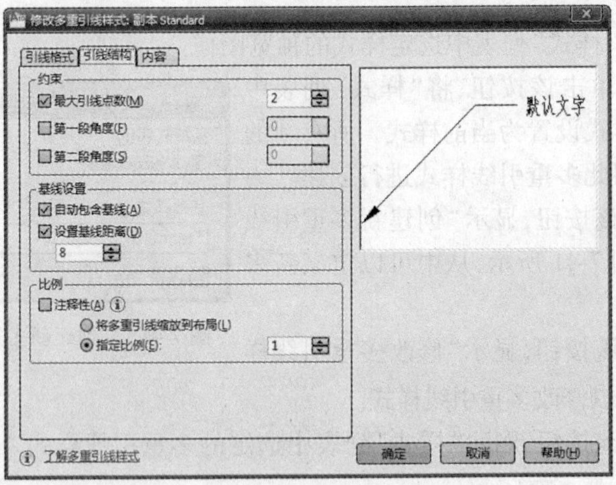

图 7-43 “引线结构”选项卡

（1）“约束”：控制多重引线的约束。如“最大引线点数”、“第一段角度”和“第二段角度”等。

（2）“基线设置”：控制多重引线的基线设置。

“自动包含基线”：将水平基线附着到多重引线内容。

“设置基线距离”：为多重引线基线确定固定距离。

（3）“比例”：控制多重引线的缩放。

“注释性”:指定多重引线为注释性。如果多重引线为注释性,则以下选项可用。

“将多重引线缩放到布局”:根据模型空间视口和图纸空间视口中的缩放比例确定多重引线的比例因子。

“指定比例”:指定多重引线的缩放比例。

(三)“内容”选项卡

“内容”选项卡如图 7-44 所示,各选项的含义如下:

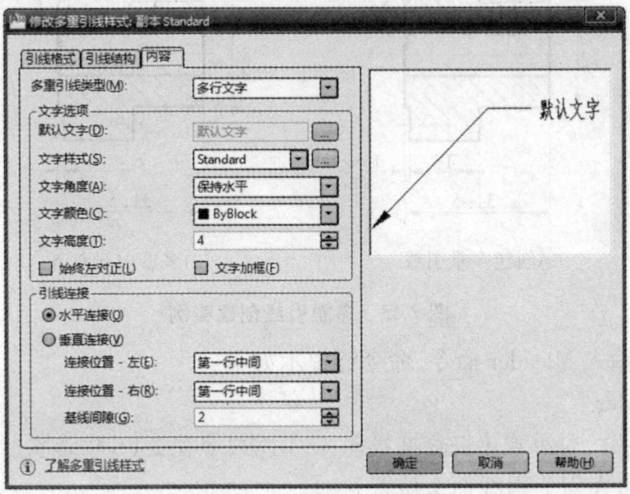

图 7-44 **“内容”选项卡**

“多重引线类型”:确定多重引线是包含多行文字还是包含块。如果多重引线包含多行文字,则下列选项可用。

(1)“文字选项”:控制多重引线文字的外观,如多重引线文字的“文字颜色”、“文字高度”、“文字样式”等。另外,还有以下几项。

“默认文字”:为多重引线内容设置默认文字。单击“...”按钮将启动多行文字在位编辑器。

“文字角度”:指定多重引线文字的旋转角度。

“始终左对正”:指定多重引线文字始终左对正。

“文字加框”:使用文本框对多重引线文字内容加框。

(2)“引线连接”:控制多重引线的引线连接设置。

“连接位置 - 左”:控制文字位于引线左侧时基线连接到多重引线文字的方式。

“连接位置 - 右”:控制文字位于引线右侧时基线连接到多重引线文字的方式。

“基线间隙”:指定基线和多重引线文字之间的距离。

如果多重引线包含块,则下列选项可用。

“块选项”:控制多重引线对象中块内容的特性。

“源块”:指定用于多重引线内容的块。

“附着”:指定块附着到多重引线对象的方式。可以通过指定块的范围、块的插入点或块的中心点来附着块。

“颜色”:指定多重引线块内容的颜色。默认情况下,选择“随块”。“内容”选项卡中的块颜色控制仅当块中包含的对象颜色设置为“随块”时才有效。

(四)多重引线创建示例

创建如图 7-45(b)所示的多重引线。

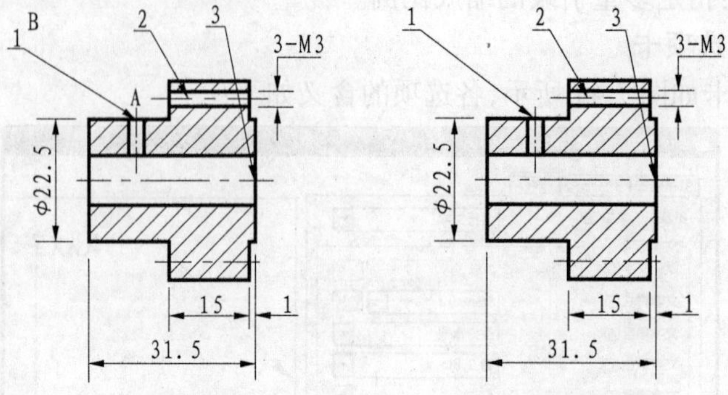

(a)创建多重引线　　(b)多重引线对齐

图 7-45　多重引线创建实例

在命令行中输入 Mleader 命令,命令行提示如下:

命令: _mleader

指定引线箭头的位置或[引线基线优先(L)/内容优先(C)/选项(O)]<选项>:(指定图 7-45(a)中的 A 点为引线箭头位置)

指定引线基线的位置:<正交 关>(指定图 7-45(a)中的 B 点为引线基线位置,并在文字输入框中输入数字 1,按“确定”按钮)

创建多重引线 1 后,再按此步骤创建多重引线 2 和多重引线 3,所得结果如图 7-45(a)所示。

然后,在命令行中输入多重引线对齐命令 Mleaderalign,或在“多重引线”工具栏上单击按钮,命令行提示如下:

命令: _mleaderalign

选择多重引线: 找到 1 个(选择图 7-45(a)中的多重引线 1)

选择多重引线: 找到 1 个,总计 2 个(选择图 7-45(a)中的多重引线 2)

选择多重引线:找到 1 个,总计 3 个(选择图 7-45(a)中的多重引线 3)

选择多重引线:(按 Enter 键结束选取)

当前模式: 使用当前间距

选择要对齐到的多重引线或[选项(O)]:(选择图 7-45(a)中的多重引线 2)

指定方向: <正交 开>(鼠标沿左或右移动,指定水平方向为对齐方向)

对齐后的结果如图 7-45(b)所示。

十四、创建检验标注

检验标注使用户可以有效地传达检查所制造的部件的频率,以确保标注值和部件公差位于指定范围内。

将必须符合指定公差或标注值的部件安装在最终装配的产品中之前使用这些部件

时，可以使用检验标注指定测试部件的频率。

可以将检验标注添加到任何类型的标注对象；检验标注由边框和文字值组成。检验标注的边框由两条平行线组成，末端呈圆形或方形。文字值用垂直线隔开。检验标注最多可以包含3种不同的信息字段：检验标签、标注值和检验率。

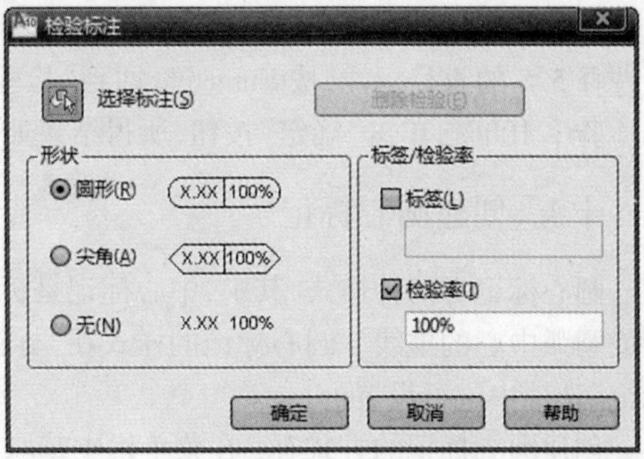

图7-46 “检验标注”对话框

创建检验标注的方式有：在菜单栏中，选取“标注”|“检验”命令；或者在“标注”工具栏中单击按钮；或者在命令行中输入 Diminspect 命令，可打开“检验标注”对话框（如图7-46所示）。

在“检验标注”对话框中，用户可在选定的标注中添加或删除检验标注，并将“形状”、“标签”和“检验率”设置用于检验标注边框的外观和检验率值。各选项的含义如下：

（1）“选择标注”：指定应在其中添加或删除检验标注的标注。可以在显示“检验标注”对话框之前或之后选择标注。要在显示“检验标注”对话框时选择标注，请单击“选择标注”按钮。“检验标注”对话框将暂时关闭。完成选择标注后，按 Enter 键，重新显示“检验标注”对话框。

（2）“删除检验”：从选定的标注中删除检验标注。

（3）“形状”：控制围绕检验标注的标签、标注值和检验率绘制的边框的形状。

“圆形”：使用两端点上的半圆创建边框，并通过垂直线分隔边框内的字段。

“尖角”：使用在两端点上形成90°角的直线创建边框，并通过垂直线分隔边框内的字段。

“无”：指定不围绕值绘制任何边框，并且不通过垂直线分隔字段。

（4）“标签/检验率”：为检验标注指定标签文字和检验率。

“标签”：打开和关闭标签字段显示。标签值用来指定标签文字。

“检验率”：打开和关闭检验率字段显示。检验率值用来指定检查部件的频率，以百分比表示，有效范围为0～100%。

下面举例说明。将图7-47（a）中直径为5.5的标注创建为检验标注。

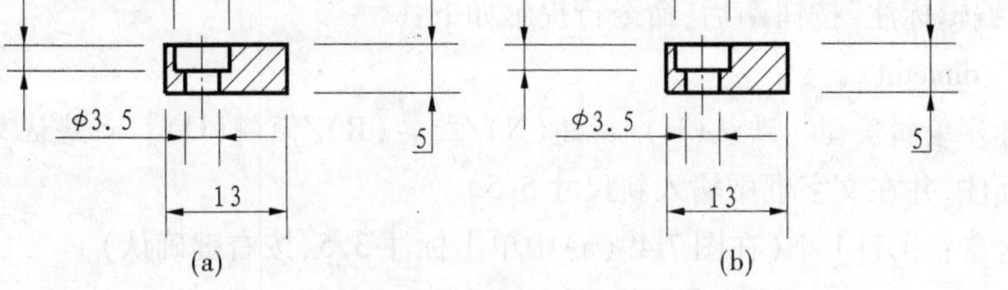

图7-47 检验标注实例

在菜单栏中，选取“标注”|“检验”命令后，命令行提示如下：

命令：_diminspect

选择标注：找到 1 个（在“检验标注”对话框中单击“选择标注”按钮，然后在图 7-47(a)中选择 5.5 的直径标注，按 Enter 键，回到“检验标注”对话框，在对话框中，输入标签值 A 和检验率 100%，单击“确定”按钮，所得结果如图 7-47(b)所示）

十五、创建圆心标记

圆心标记有两种样式，其中，中心标记是标记圆或圆弧中心的小十字，中心线是标记圆或圆弧中心的虚线。圆心标记的样式在“标注样式”的“符号和箭头”选项卡中的“圆心标记”选项中进行设置。

创建圆心标记的方式有：在菜单栏中选取“标注”|“圆心标记”命令；在“标注工具栏中单击按钮；在命令行中输入 Dimcenter 命令。

在菜单栏中选取“标注”|“圆心标记”命令后，命令行提示如下：

命令：_dimcenter

选择圆弧或圆：（选择图 7-48 中的圆）

所得的圆心标记结果如图 7-48 所示。

圆心十字标记　　圆心直线标记（点画线）

图 7-48　圆心标记实例

第四节　编辑标注对象

用户要对已存在的尺寸标注进行修改，这时可不必将需要修改的对象删除，再进行重新标注，而可以用一系列尺寸标注编辑命令进行修改。

创建标注后，可以修改现有标注文字的位置和方向或者替换为新文字。用户修改标注只是为了增强可读性。如可以调整线性标注的位置从而使其分布均匀；可以将标注文字沿尺寸线移动到左、右或中心，或尺寸延伸线之内或之外的任意位置；可以将标注文字旋转一定的角度；可以将尺寸线进行倾斜等。

在“标注”工具栏中单击“编辑标注”按钮和“编辑标注文字”按钮，或者在命令行中输入 Dimedit 命令，或 Dimtedit 命令，可对标注进行修改。

下面举例说明。将图 7-49(a)中的标注尺寸 3.5 改为 5.5，并将标注尺寸 39 移到标注尺寸线外。

单击“编辑标注”按钮后，命令行提示如下：

命令：_dimedit

输入标注编辑类型［默认(H)/新建(N)/旋转(R)/倾斜(O)］<默认>:N（输入 N 表示新建标注，并在文字框中输入新尺寸 5.5）

选择对象：找到 1 个（在图 7-49(a)中单击标注 3.5，按右键确认）

选择对象：（按 Enter 键结束）

以上各项提示的含义和功能说明如下。

“默认(H)”:执行此选项后尺寸标注恢复成默认设置。

“新建(N)”:用来修改指定标注的标注文字,执行该选项后系统提示:“新标注文字 < >:”,用户可在此输入新的文字。

“旋转(R)”:执行该选项后,系统提示“指定标注文字的角度”,用户可在此输入所需的旋转角度;然后,系统提示“选择对象”,选取对象后,系统将选中的标注文字按输入的角度放置。

“倾斜(O)”:执行该选项后,系统提示“选择对象”,在用户选取目标对象后,系统提示“输入倾斜角度”,在此输入倾斜角度或按回车键(不倾斜),系统按指定的角度调整线性标注尺寸界线的倾斜角度。

单击“编辑标注文字”按钮后,命令行提示如下:

命令: _dimtedit

选择标注:(在图 7-49(a)中选择标注 39)

指定标注文字的新位置或 [左(L)/右(R)/中心(C)/默认(H)/角度(A)]:(用鼠标沿尺寸线向左移动适当位置后单击)

以上各项提示的含义和功能说明如下。

左(L):选择此选项后,可以决定尺寸文字沿尺寸线左对齐。

右(R):选择此选项后,可以决定尺寸文字沿尺寸线右对齐。

中心(C):选择此选项后,可将标注文字移到尺寸线的中间。

默认(H):选择此选项后,可将尺寸标注恢复成默认设置。

角度(A):选择此选项后,可将所选文本旋转一定的角度。

修改后的标注尺寸如图 7-49(b)所示。

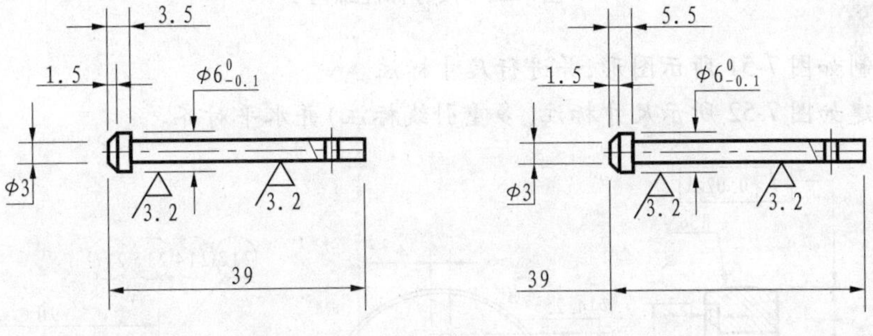

(a)原来的尺寸标注　　(b)修改后的尺寸标注

图 7-49　尺寸标注编辑实例

说明:

(1)用户还可以用 Ddedit 命令来修改标注文字,但 Dimedit 命令无法对尺寸文本重新定位,只有 Dimtedit 命令才可对尺寸文本重新定位。Ddedit 命令的使用方法可以看第六章的介绍。

(2)在对尺寸标注进行修改时,如果对象的修改内容相同,则用户可选择多个对象一次性完成修改。

(3)如果对尺寸标注进行了多次修改,要想恢复原来真实的标注,请在命令行输入 Dimreassoc 命令,然后系统提示选择对象,选择尺寸标注回车后就恢复了原来真实的标注。

(4)Dimtedit 命令中的“左(L)”、“右(R)”这两个选项仅对长度型、半径型、直径型标注起作用。

上机练习与习题

1. 绘制如图 7-50 所示图形,并进行尺寸标注。

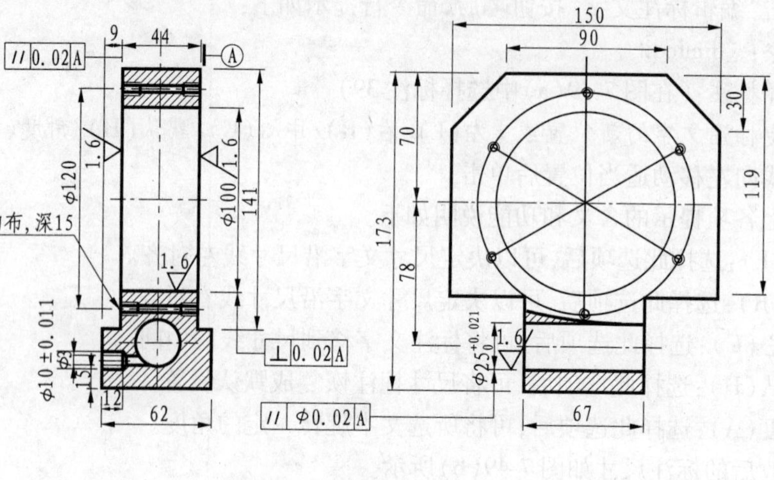

图 7-50 尺寸标注练习 1

2. 绘制如图 7-51 所示图形,并进行尺寸标注。

3. 创建如图 7-52 所示尺寸标注(多重引线标注)并水平对齐。

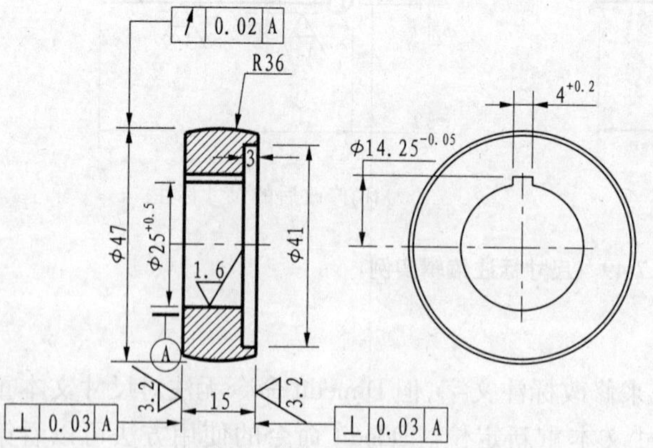

图 7-51 尺寸标注练习 2

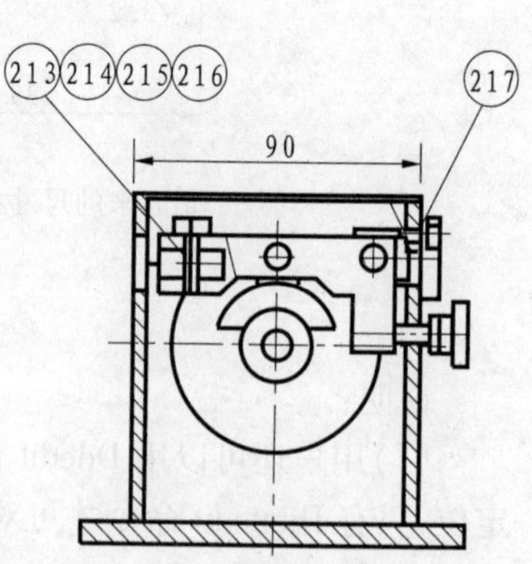

图 7-52 尺寸标注练习 3

4. 绘制如图 7-53 所示图形,并进行尺寸标注。

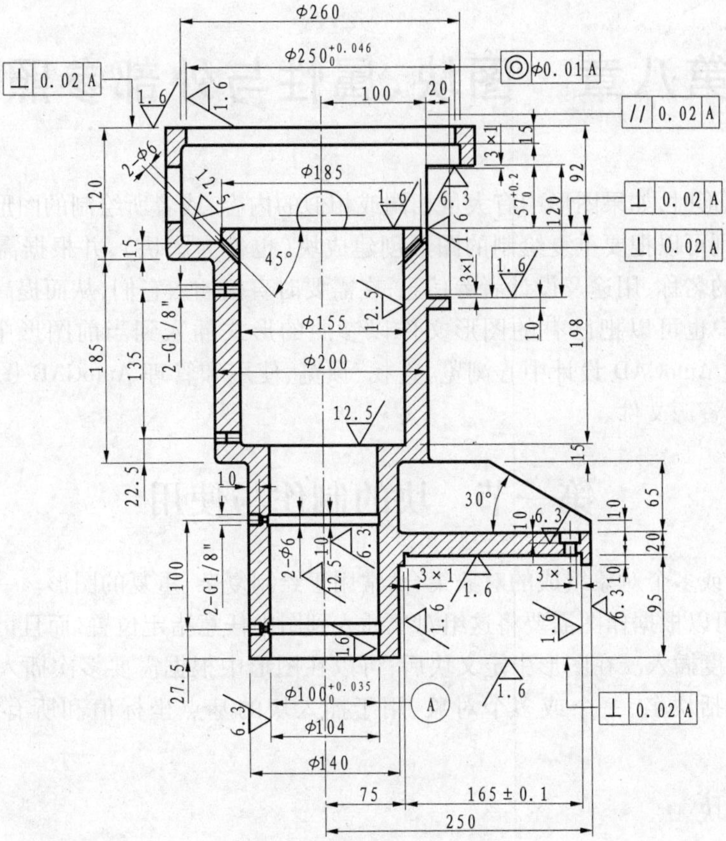

图 7-53　尺寸标注练习 4

5. 绘制如图 7-54 所示图形，并进行尺寸标注。

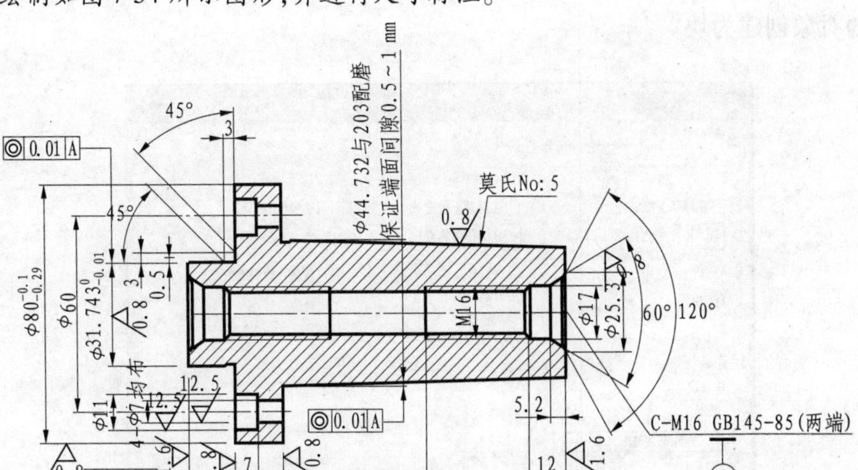

图 7-54　尺寸标注练习 5

6. 完成第二章中图 2-74～图 2-78 的尺寸标注。

第八章　图块、属性与外部参照

在绘制图形时，如果图形中有大量相同或相似的内容，或者所绘制的图形与已有的图形文件相同，则可以把要重复绘制的图形创建成块（也称为图块），并根据需要为块创建属性，指定块的名称、用途及设计者等信息，在需要时直接插入它们，从而提高绘图效率。

当然，用户也可以把已有的图形文件以参照的形式插入到当前图形中（即外部参照），或是通过 AutoCAD 设计中心浏览、查找、预览、使用和管理 AutoCAD 图形、块、外部参照等不同的资源文件。

第一节　块的制作与使用

块是一个或多个对象组成的对象集合，常用于绘制复杂、重复的图形。一旦一组对象组合成块，就可以根据作图需要将这组对象插入到图中任意指定位置，而且可以按不同的比例和旋转角度插入。在图形中定义块后，可以在图形中根据需要多次插入块参照。每个块定义都包括块名、一个或多个对象、用于插入块的基点坐标值和所有相关的属性数据。

一、创建块

在菜单栏中选择“绘图”|“块”|“创建”命令，或者在命令行中输入 Block 命令，或者在工具栏中单击“创建块”按钮，打开“块定义”对话框，如图 8-1 所示，可在对话框中将已绘制的对象创建为块。

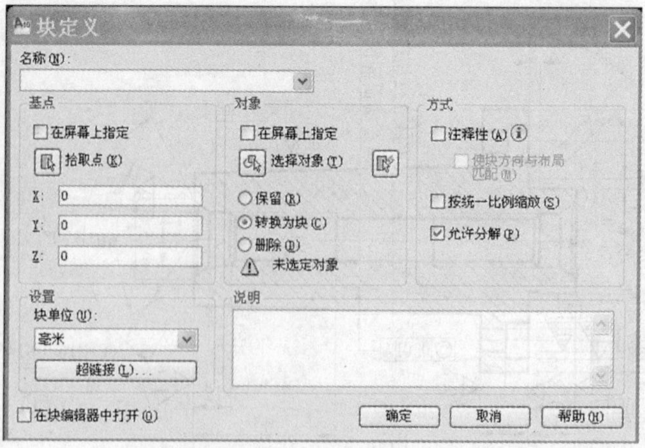

图 8-1　“块定义”对话框

(一)“块定义”对话框中各选项的含义

(1)“名称”:指定块的名称。名称最多可以包含 255 个字符,包括字母、数字、空格,以及未被操作系统或程序使用的其他任何特殊字符。块名称及块定义保存在当前图形中。如果在“名称”下选择现有的块,将显示块的预览效果。注意,不能用 DIRECT、LIGHT、AVE_RENDER、RM_SDB、SH_SPOT 和 OVERHEAD 作为有效的块名称。

(2)“基点”:指定块的插入基点,默认值是(0,0,0)。也可以通过“在屏幕上指定”或通过“拾取点”的方式来指定基点。

“在屏幕上指定”:关闭对话框时,将提示用户指定基点。

“拾取点”:暂时关闭对话框,以使用户能在当前图形中拾取插入基点。

(3)“对象”:指定新块中要包含的对象,以及创建块之后如何处理这些对象,是“保留”、“删除”选定的对象,还是将它们“转换为块”实例。

“在屏幕上指定”:关闭对话框时,将提示用户指定对象。

“选择对象”:暂时关闭“块定义”对话框,允许用户选择块对象。

“快速选择”按钮:显示“快速选择”对话框,该对话框用于定义选择集。

(4)“设置”:指定块的设置。

“块单位”:在其下拉菜单中可指定块参照的插入单位。

“超链接”:打开“插入超链接”对话框,可使用该对话框将某个超链接与块定义相关联。

(5)“在块编辑器中打开”:单击“确定”按钮后,在块编辑器中打开当前的块定义。

(6)“方式”:指定块的行为。

“注释性”:创建注释性块参照。使用注释性块和注释性属性,可以将多个对象合并为可用于注释图形的单个对象。

“使块方向与布局匹配”:指定在图纸空间视口中的块参照的方向与布局的方向匹配。仅当选择了“注释性”选项后,该选项才被激活。

“按统一比例缩放”:指定是否阻止块参照不按统一比例缩放。

“允许分解”:指定块参照是否可以被分解。

(7)“说明”:可在文本框中输入指定块的文字说明。

(二)创建块实例

完成如图 8-2 所示的电磁阀图块定义。

创建块步骤如下:

(1)绘制好图中的图形。

(2)单击“创建块”按钮,弹出“块定义”对话框,如图 8-1 所示。

(3)在“块定义”对话框中输入块的名称:电磁阀。

(4)单击“拾取点”按钮,画面回到绘图区,指定图 8-2(b)中位置点作为插入点,返回到“块定义”对话框。

(5)单击“选择对象”按钮,切换到绘图区域,选中图形,按 Enter 键,返回到“块定义”对话框。

(6)在“块定义”对话框中定义块的其他属性,如图 8-3 所示。

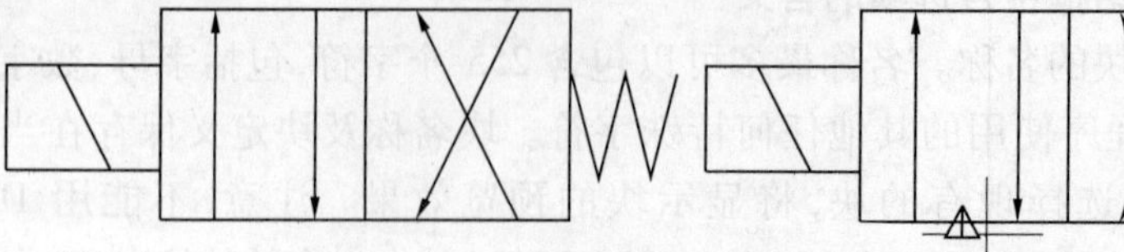

(a)　　　　　　　　　　　　(b)

图 8-2　电磁阀

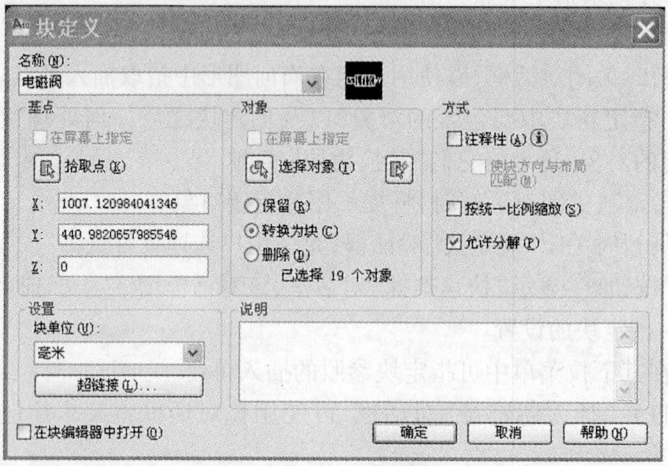

图 8-3　电磁阀块定义

二、存储块

在 AutoCAD 2010 中，使用 Wblock 命令可以将块以文件的形式写入磁盘。执行 Wblock 命令将打开“写块”对话框，如图 8-4 所示。

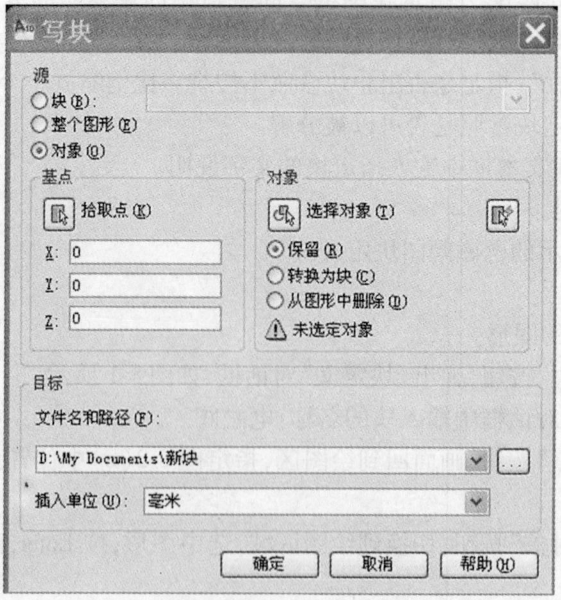

图 8-4　“写块”对话框

“写块”对话框将显示不同的默认设置，这取决于是否选定了对象、是否选定了单个块或是否选定了非块的其他对象。

(一)“写块”对话框中各选项的定义

(1)“源”:用于指定块和对象，将其保存为文件并指定插入点。

“块”:指定要保存为文件的现有块。从列表中选择名称。

“整个图形”:选择当前图形作为一个块。

“对象”:指定块的基点，默认值是 (0,0,0)。

(2)“基点”:指定块的基点，默认值是 (0,0,0)。也可通过“拾取点”的方式确定基点。

(3)“对象”:与“块定义”对话框的含义相似。

(4)“目标”:指定文件的新名称和新位置以及插入块时所用的测量单位。

“文件名和路径”:指定文件名和保存块或对象的路径。

“...”:显示标准文件选择对话框。

“插入单位”:指定从 DesignCenter™(设计中心)拖动新文件或将其作为块插入到使用不同单位的图形中时用于自动缩放的单位值。如果希望插入时不自动缩放图形，请选择“无单位”。

(二)写块实例

请将图 8-5(a)中所示的粗糙度图块存储起来。

写块步骤如下:

(1)绘制好图 8-5(a)中的图形。

(2)在命令行中输入 Wblock 命令，按 Enter 键，打开“写块”对话框，如图 8-4 所示。

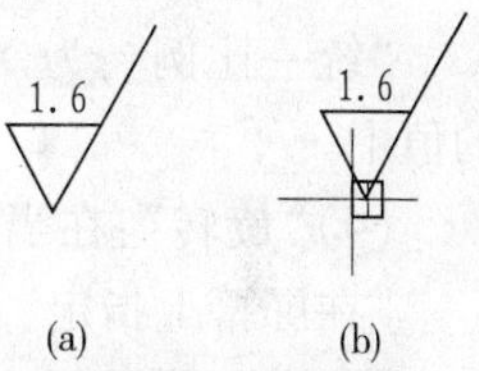

图 8-5　粗糙度

(3)在“写块”对话框中定义块。

(4)单击“拾取点”按钮，画面回到绘图区，指定图 8-5(b)中位置点作为插入点。

(5)单击“选择对象”按钮，切换到绘图区域，选中整个图形，按 Enter 键，返回到“写块”对话框。

(6)在“文件名和路径”编辑框内指定文件名和保存块或对象的路径。

(7)设置完成后，单击“确定”按钮，完成块的创建和存储。

三、插入块

在菜单栏中选择“插入”|“块”命令，或者单击“插入块”按钮 

，或者在命令行中输入 Insert 命令，可打开“插入”对话框，如图 8-6 所示。用户可以利用它在图形中插入块或其他图形，并且在插入块的同时可以改变所插入块或图形的比例与旋转角度。

在当前编辑任务中最后插入的块将成为 Insert 命令随后使用的默认块。插入块的位置取决于 UCS 的方向。

(一)“插入”对话框中各选项的定义

(1)“名称”:指定要插入块的名称，或指定要作为块插入的文件的名称。可通过“浏

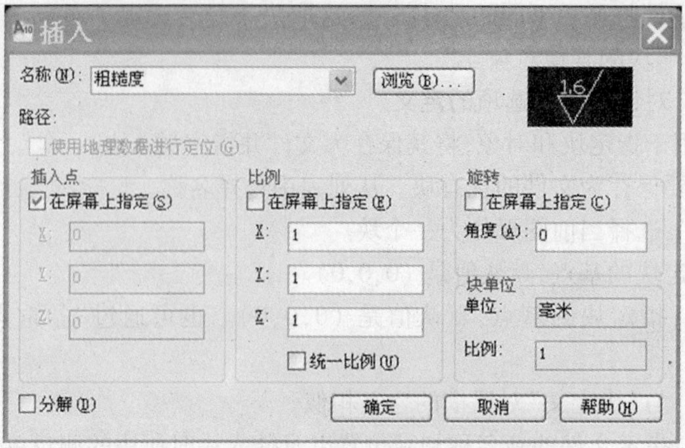

图 8-6 “插入”对话框

览”按钮来打开“选择图形文件”对话框，从中可选择要插入的块或图形文件。当选中要插入的图形文件后，其存放位置显示在“路径”中，图形块的形状则可在预览窗口中显示。

(2)“插入点”：指定块的插入点。一般是“在屏幕上指定 ”，或用键盘输入插入点的坐标。

(3)“比例”：指定插入块的缩放比例。如果指定负的 X、Y 和 Z 缩放比例因子，则插入块的镜像图像。

“在屏幕上指定”：用定点设备指定块的比例。

“统一比例”：为 X、Y 和 Z 坐标指定单一的比例值。为 X 指定的值也反映在 Y 和 Z 的值中。

(4)“旋转”：在当前 UCS 中指定插入块的旋转角度。

“在屏幕上指定”：用定点设备指定块的旋转角度。

“角度”：设置插入块的旋转角度。

(5)“块单位”：显示有关块单位的信息。

(6)“分解”：分解块并插入该块的各个部分。选定“分解”时，只可以指定统一比例因子。分解后，在图层 0 上绘制的块的部件对象仍保留在图层 0 上。颜色为随层的对象为白色。线型为随块的对象具有 Continuous 线型。

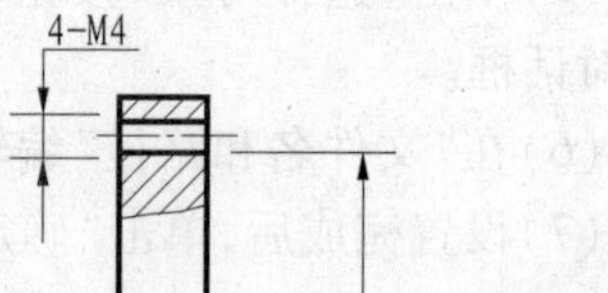

图 8-7 垫板

(二)插入块实例

将粗糙度图块插入到图 8-7 的垫板中。

插入块步骤如下：

(1)在菜单栏中选择“插入”|“块”命令，打开“插入”对话框，指定要插入块的名称：粗糙度，单击“确定”按钮，命令行中提示如下：

命令：_insert

指定插入点或［基点(B)/比例(S)/旋转(R)］：S

(输入 S,表示以比例方式插入图块)

指定 XYZ 轴的比例因子 <1>:2(输入 2,表示以两倍因子插入图块)

指定插入点或[基点(B)/比例(S)/旋转(R)]:(在图 8-7 中指定点 1 为插入点)

完成第一个粗糙度符号的插入。

(2)右键单击打开"插入"对话框,在对话框中的角度栏输入 90,在图 8-7 中指定点 2 作为插入点,按 Enter 键结束,完成第二个粗糙度符号的插入。

(3)右键单击打开"插入"对话框,单击"确定"按钮,命令行提示如下:

命令: _insert

指定插入点或[基点(B)/比例(S)/旋转(R)]:R(输入 R,表示以旋转方式插入图块)

指定旋转角度 <0.0>: 270(输入 270,表示旋转 270°插入图块)

指定插入点或[基点(B)/比例(S)/旋转(R)]: 指定比例因子 <1>:(在图 8-7 中指定点 3 为插入点)

按 Enter 键结束,完成第三个粗糙度符号的插入。

注意,在插入块后,可用分解命令对块进行分解,然后对分解的块进行修改,改变块的颜色、大小和线型等。

第二节 编辑与管理块属性

块属性是附属于块的非图形信息,是块的组成部分,是特定的可包含在块定义中的文字对象。在定义一个块时,属性必须预先定义而后被选定。通常属性用于在块的插入过程中进行自动注释。

在 AutoCAD 中,用户可以使用 Attext 命令将块属性数据从图形中提取出来,并将这些数据写入一个文件中,这样就可以从图形数据库文件中获取块数据信息了。

一、创建并使用带有属性的块

在菜单栏中选择"绘图"|"块"|"定义属性"命令,或在命令行中输入 Attdef 命令,按 Enter 键,可打开"属性定义"对话框,如图 8-8 所示。利用该对话框可以定义属性模式、属性标记、属性提示、属性值、插入点和属性的文字设置。

(一)"属性定义"对话框各选项含义

(1)"模式":在图形中插入块时,设置与块关联的属性值选项。

"不可见":指定插入块时不显示或打印属性值。

"固定":在插入块时赋予属性固定值。

"验证":插入块时提示验证属性值是否正确。

"预设":插入包含预置属性值的块时,将属性设置为默认值。

"锁定位置":锁定块参照中属性的位置。解锁后,属性可以相对于使用夹点编辑的块的其他部分移动,并且可以调整多行属性的大小。

"多行":指定属性值可以包含多行文字。选定此选项后,可以指定属性的边界宽度。

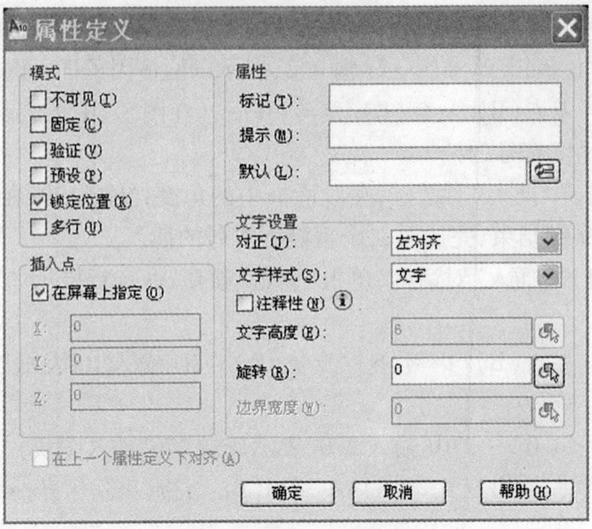

图 8-8 **"属性定义"对话框**

注意,在动态块中,由于属性的位置包括在动作的选择集中,因此必须将其锁定。

(2)"属性":设置属性数据。

"标记":标识图形中每次出现的属性。使用任何字符组合(空格除外)输入属性标记。小写字母会自动转换为大写字母。

"提示":指定在插入包含该属性定义的块时显示的提示。如果不输入提示,属性标记将用做提示。如果在"模式"区域选择"常数"模式,"提示"选项将不可用。

"默认":指定默认属性值。

"插入字段"按钮:显示"字段"对话框,在此对话框中可以插入一个字段作为属性的全部或部分值。

(3)"插入点":指定属性位置。输入坐标值或者选择"在屏幕上指定",并使用定点设备根据与属性关联的对象指定属性的位置。

(4)"文字设置":设置属性文字的"对正"、"文字样式"、"文字高度"和"旋转"。其中"边界宽度"选项用来指定多线属性中文字行的最大长度,此选项不适用于单线属性。

(二)创建属性块实例

实例1:创建如图8-9所示的三个属性块。

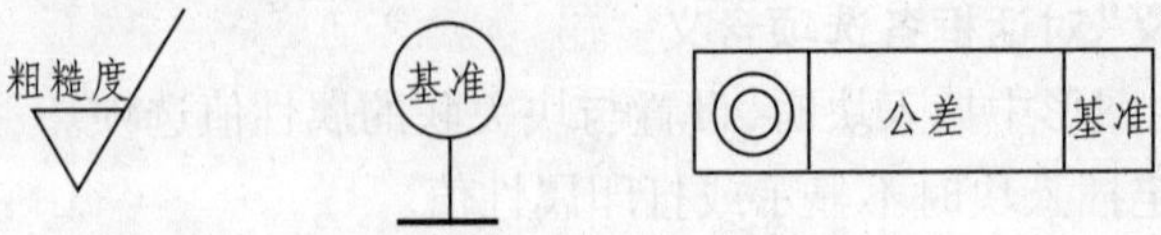

图 8-9 **属性块**

创建步骤如下:

(1)绘制出如图8-10所示的属性块图形。

(2)选择"绘图"|"块"|"定义属性"命令,分别定义属性块,各属性块文字如图8-11所示,其信息如表8-1所示。

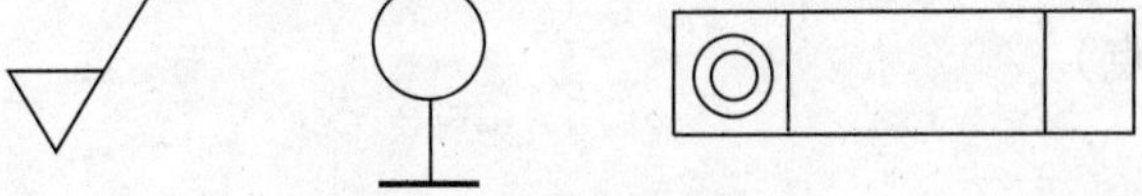

图 8-10　属性块图形

粗糙度　　基准　　公差　　基准

图 8-11　属性块文字

表 8-1　属性定义信息

属性块编号	标记	提示	默认值
1	粗糙度	请输入加工表面粗糙度值:	12.5
2	基准	请输入基准符号:	A
3	公差	请输入公差值:	%%C0.15

(3)将属性块文字添加到属性块图形上，如图 8-9 所示。

图 8-12　属性块

(4)创建属性块。创建方法与创建块相同，用默认方式显示的属性块如图 8-12 所示。

在系统中保存的属性块名称分别为“粗糙度”、“基准”和“公差”。

实例 2:在图形中插入带属性定义的块。

将图 8-12 中的属性块添加到图 8-13 的轴套中。

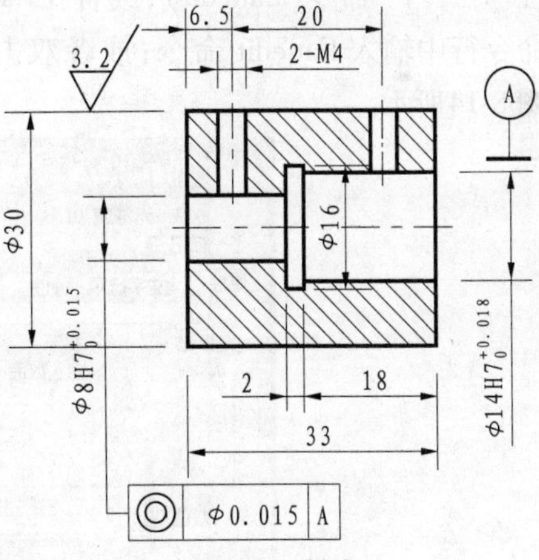

图 8-13　轴套

首先绘制好如图 8-13 所示的轴套图形，然后插入属性块。属性块的插入步骤如下:

(1)在菜单栏中选择“插入”|“块”命令，打开“插入”对话框，在对话框中指定要插入块的名称“粗糙度”，单击“确定”按钮，命令行中提示如下:

命令: _insert

指定插入点或[基点(B)/比例(S)/旋转(R)]: 指定比例因子 <1>:(在图 8-13 中指定粗糙度块的插入点)

输入属性值

请输入加工表面粗糙度值: <12.5>: 3.2(输入 3.2，改变粗糙度的默认值，按 Enter 键结束，完成粗糙度属性块的插入)

(2)在菜单栏中选择“插入”|“块”命令，打开“插入”对话框，在对话框中指定要插入块的名称“公差”，单击“确定”按钮，命令行中提示如下:

命令: _insert

指定插入点或[基点(B)/比例(S)/旋转(R)]：指定比例因子 <1 >:(在图 8-13 中指定公差块的插入点)

输入属性值

请输入公差值：<%%C0.015(输入%%C0.015,改变公差的默认值,按 Enter 键结束)

请输入基准符号：<A >：A(按 Enter 键,使用基准的默认值,按 Enter 键,完成公差属性块的插入)。

(3)在菜单栏中选择“插入”|“块”命令,打开“插入”对话框,在对话框中指定要插入块的名称“基准”,单击“确定”按钮,命令行中提示如下：

命令：_insert

指定插入点或[基点(B)/比例(S)/旋转(R)]：指定比例因子 <1 >:(在图 8-13 中指定基准块的插入点)

输入属性值

请输入基准符号:<A >:(按 Enter 键,使用基准的默认值,按 Enter 键,完成基准属性块的插入)

二、块属性的修改

(一)修改属性定义

在菜单栏中选择“修改”|“对象”|“文字”|“编辑”命令,或选择“修改”|“对象”|“属性”|“单个”命令(Eattedit);或者在“修改Ⅱ”工具栏中单击“编辑属性”按钮;或者在命令行中输入 Eattedit 命令;或者双击属性块,均可打开“增强属性编辑器”对话框,如图 8-14所示。

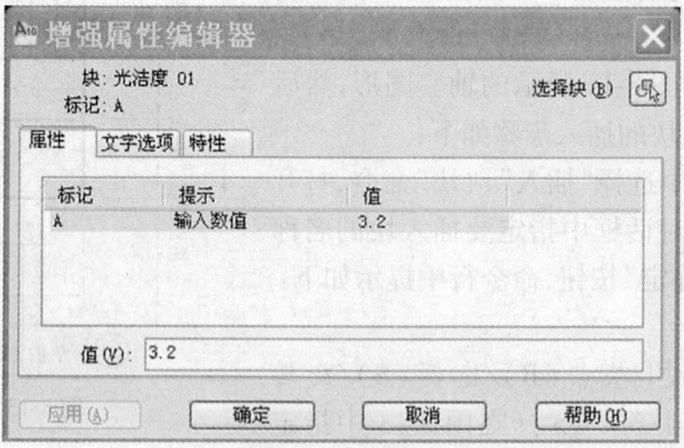

图 8-14 “增强属性编辑器”对话框

在“增强属性编辑器”对话框中可对块属性进行修改和编辑。

(二)块属性管理器

在菜单栏中选择“修改”|“对象”|“属性”|“块属性管理器”命令,或者在“修改Ⅱ”工具栏中单击“块属性管理器”按钮 管理,都可打开“块属性管理器”对话框,如图 8-15 所

示。在对话框中单击“编辑”按钮，打开“编辑属性”对话框，如图 8-16 所示，可在“块属性管理器”对话框中管理和编辑块的属性。

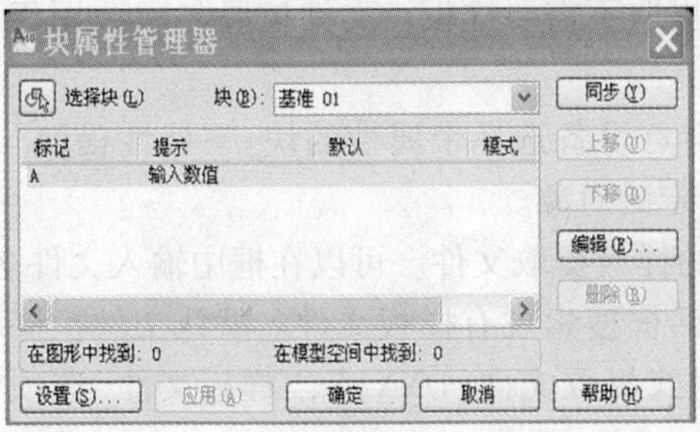

图 8-15 “块属性管理器”对话框

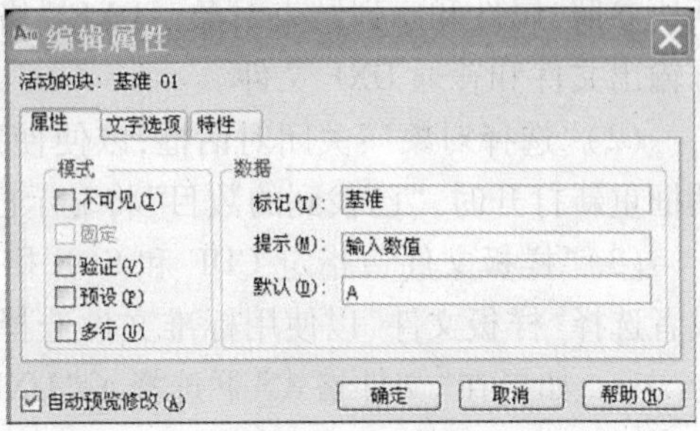

图 8-16 “编辑属性”对话框

(三)使用 Attext 命令提取属性

AutoCAD 的块及其属性中含有大量的数据，例如块的名字、块的插入点坐标、插入比例、各个属性的值等。可以根据需要将这些数据提取出来，并将它们写入文件中作为数据文件保存起来，以供其他高级语言程序分析使用，也可以传送给数据库。

在命令行输入 Attext 命令，即可提取块属性的数据。此时将打开“属性提取”对话框，如图 8-17 所示。

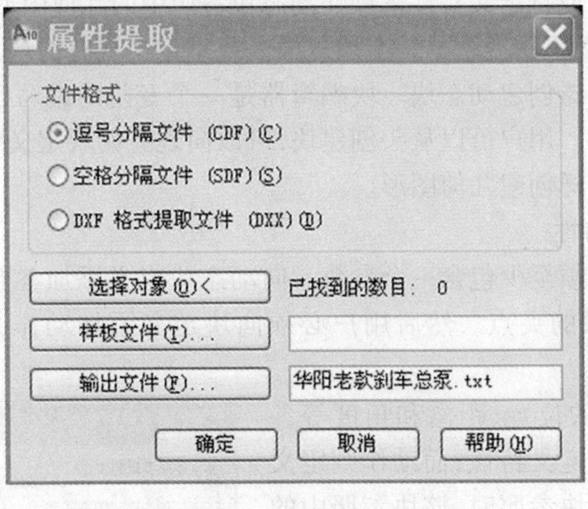

图 8-17 “属性提取”对话框

“属性提取”对话框中各选项的含义如下：

(1)“文件格式”：设置存放提取出来的属性数据的文件格式。

“逗号分隔文件(CDF)”：生成一个文件，其中包含的记录与图形中的块参照一一对应，图形至少包含一个与样板文件中的属性标记匹配的属性标记。用逗号来分隔每个记录的字段。字符字段置于单引号中。

“空格分隔文件(SDF)”：生成一个文件，其中包含的记录与图形中的块参照一一对应，图形至少包含一个与样板文件中的属性标记匹配的属性标记。记录中的字段宽度固定，不需要字段分隔符或字符串分隔符。

“DXF 格式提取文件（DXX）”：生成 AutoCAD 图形交换文件格式的子集，其中只包括块参照、属性和序列结束对象。DXF™ 格式提取不需要样板。文件扩展名.dxx 用于区分输出文件和普通 DXF 文件。

（2）“选择对象”：关闭对话框，以便使用定点设备选择带属性的块。“属性提取”对话框重新打开时，“已找到的数目”将显示已选定的对象。

（3）“样板文件”：指定 CDF 和 SDF 格式的样板提取文件。可以在框中输入文件名，或者选择“样板文件”以使用标准文件选择对话框搜索现有样板文件。默认文件扩展名为 .txt。如果在“文件格式”下选择了“DXF 格式提取文件（DXX）”，“样板文件”选项将不可用。

（4）“输出文件”：指定要保存提取的属性数据的文件名和位置。输入要保存提取的属性数据的路径和文件名，或者选择“输出文件”以使用标准文件选择对话框搜索现有样板文件。将.txt 文件扩展名附加到 CDF 或 SDF 文件上，将 .dxx 文件扩展名附加到 DXF 文件上。

三、动态块

动态块具有灵活性和智能性。用户在操作时可以轻松地更改图形中的动态块参照。可以通过自定义夹点或自定义特性来操作动态块参照中的几何图形。这使得用户可以根据需要在位调整块，而不用搜索另一个块以插入或重定义现有的块。

可以使用块编辑器创建动态块。块编辑器是一个专门的编写区域，用于添加能够使块成为动态块的元素。用户可以从头创建块，可以向现有的块定义中添加动态行为，也可以像在绘图区域中一样创建几何图形。

（一）动态块的特性

动态块定义中必须至少包含一个参数。向动态块定义添加参数后，将自动添加与该参数的关键点相关联的夹点。然后用户必须向块定义添加动作并将该动作与参数相关联。

其中，几何图形的位置、距离和角度等参数可定义动态块的自定义特性；而动作则定义了在图形中操作动态块参照时，该块参照中的几何图形将如何移动或更改。

进入动态块可以直接单击工具栏中按钮；或在菜单栏中选择“工具”|“块编辑器”命令；或选择一个块参照，在绘图区域中单击鼠标右键，单击“块编辑器”；也可以在命令行中输入 Bedit 命令，按空格键或回车键，均可打开“编辑块定义”对话框，如图 8-18 所示。

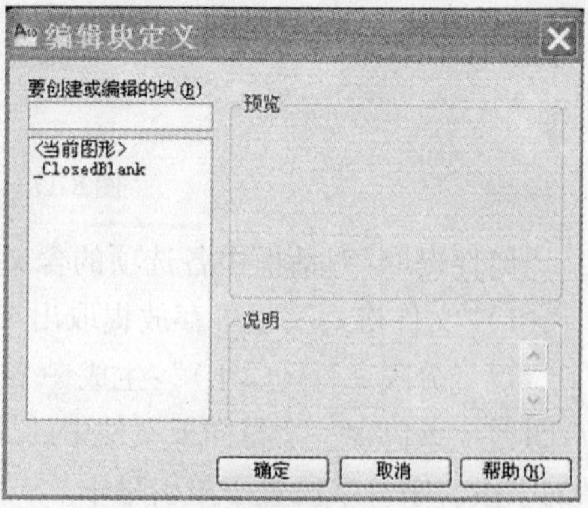

图 8-18 “编辑块定义”对话框

选择要编辑的块，单击“确定”按钮，即可打开“块编写选项板－所有选项板”窗口，如图 8-19所示。

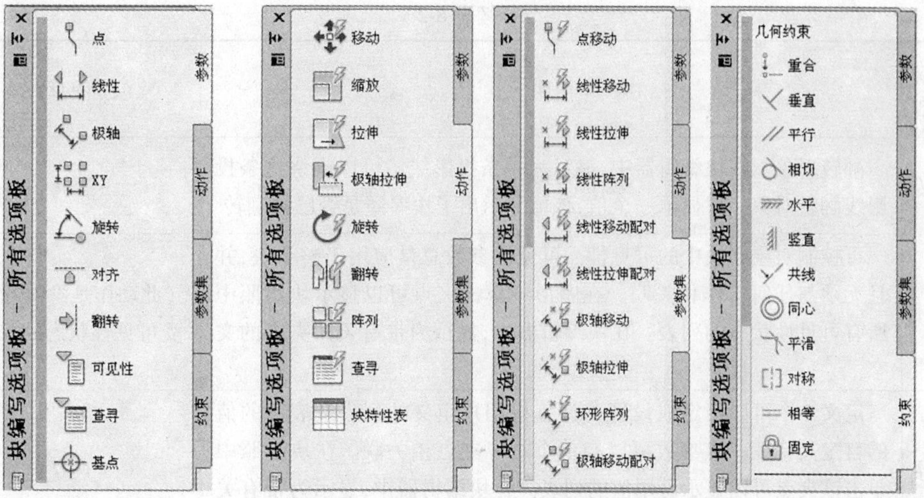

"参数"选项板　"动作"选项板　"参数集"选项板　"约束"选项板

图 8-19　块编写选项板

可使用"块编写选项板"窗口向动态块定义添加参数和相关动作,"块编写选项板"在块编辑器中。有 4 个块编写选项板,分别为"参数"、"动作"、"参数集"和"约束",如图 8-19所示。

表 8-2 列出并描述了可以添加到动态块定义的参数类型和可以与每个参数相关联的动作类型。

表 8-2　动态块参数类型与关联动作类型

参数类型	说明	支持的动作
点	在图形中定义一个 X 和 Y 位置。在块编辑器中,外观类似于坐标标注	移动、拉伸
线性	可显示出两个固定点之间的距离。约束夹点沿预置角度的移动。在块编辑器中,外观类似于对齐标注	移动、缩放、拉伸、阵列
极轴	可显示出两个固定点之间的距离并显示角度值。可以使用夹点和"特性"选项板来共同更改距离值和角度值。在块编辑器中,外观类似于对齐标注	移动、缩放、拉伸、极轴拉伸、阵列
XY	可显示出距参数基点的 X 距离和 Y 距离。在块编辑器中,显示为一对标注(水平标注和垂直标注)	移动、缩放、拉伸、阵列
旋转	可定义角度。在块编辑器中,显示为一个圆	旋转
对齐	可定义 X 和 Y 位置以及一个角度。对齐参数总是应用于整个块,并且无须与任何动作相关联。对齐参数允许块参照自动围绕一个点旋转,以便与图形中的另一对象对齐。对齐参数会影响块参照的旋转特性。在块编辑器中,外观类似于对齐线	无(此动作隐含在参数中)

续表 8-2

参数类型	说明	支持的动作
翻转	翻转对象。在块编辑器中,显示为一条投影线。可以围绕这条投影线翻转对象。将显示一个值,该值显示出了块参照是否已被翻转	翻转
可见性	可控制对象在块中的可见性。可见性参数总是应用于整个块,并且无须与任何动作相关联。在图形中单击夹点可以显示块参照中所有可见性状态的列表。在块编辑器中,显示为带有关联夹点的文字	无(此动作是隐含的,并且受可见性状态的控制)
查寻	定义一个可以指定或设置为计算机用户定义的列表或表中的值的自定义特性。该参数可以与单个查寻夹点相关联。在块参照中单击该夹点可以显示可用值的列表。在块编辑器中,显示为带有关联夹点的文字	查寻
基点	在动态块参照中相对于该块中的几何图形定义一个基点。无法与任何动作相关联,但可以归属于某个动作的选择集。在块编辑器中,显示为带有十字光标的圆	无

(二)创建动态块的过程

为了创建高质量的动态块,以便达到用户的预期效果,建议按照下列步骤进行操作。此过程有助于用户高效地编写动态块。

步骤 1:在创建动态块之前规划动态块的内容。

在创建动态块之前,应了解其外观以及在图形中的使用方式。确定当操作动态块参照时,块中的哪些对象会更改或移动。另外,还要确定这些对象将如何更改。

步骤 2:绘制几何图形。

可以在绘图区域或块编辑器中绘制动态块中的几何图形,也可以使用图形中的现有几何图形或现有的块定义。

步骤 3:了解块元素如何共同作用。

在向块定义中添加参数和动作之前,应了解它们相互之间以及它们与块中的几何图形的相关性。在向块定义中添加动作时,需要将动作与参数以及几何图形的选择集相关联。此操作将创建相关性。向动态块参照中添加多个参数和动作时,需要设置正确的相关性,以便块参照在图形中正常工作。

步骤 4:添加参数。

按照命令行上的提示向动态块定义中添加适当的参数。

注意,使用块编写选项板的“参数集”选项板可以同时添加参数和关联动作。

步骤 5:添加动作。

向动态块定义中添加适当的动作。按照命令行上的提示进行操作,确保将动作与正确的参数和几何图形相关联。

步骤 6:定义动态块参照的操作方式。

用户可以指定在图形中操作动态块参照的方式。可以通过自定义夹点和自定义特性来操作动态块参照。在创建动态块定义时,用户将定义显示哪些夹点以及如何通过这些夹点来编辑动态块参照。另外,还指定了是否在“特性”选项板中显示出块的自定义特性,以及是否可以通过该选项板或自定义夹点来更改这些特性。

步骤 7:保存块,然后在图形中进行测试。

保存动态块定义并退出块编辑器。然后将动态块参照插入到一个图形中,并测试该块的功能。

(三)创建动态块实例

1. 创建缩放动态块实例

将图 8-20(a)中的圆环设计成能进行缩放的动态块。步骤如下:

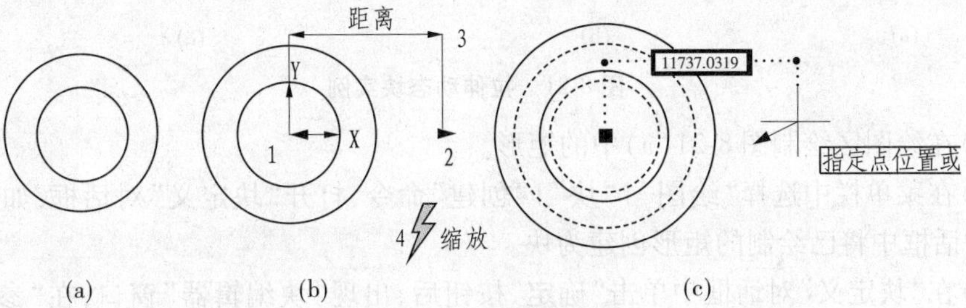

图 8-20 缩放动态块实例

(1)在绘图区绘制图 8-20(a)中的圆环。

(2)在菜单栏中选择“绘图”|“块”|“创建”命令,打开“块定义”对话框,如图 8-1 所示,在对话框中将已绘制的圆环创建为块。

(3)在“块定义”对话框中单击“确定”按钮后,出现“块编辑器”窗口,在“参数”选项板中,单击 线性,命令行提示如下:

命令:_bparameter 线性

指定起点或[名称(N)/标签(L)/链(C)/说明(D)/基点(B)/选项板(P)/值集(V)]:(在图 8-20(b)中指定圆心 1 为起点)

指定端点:(在图 8-20(b)中指定点 2 为端点)

指定标签位置:(在图 8-20(b)中指定位置 3 为“距离”标签位置)

(4)在“动作”选项板中,单击 缩放,命令行提示如下:

命令:_bactionTool 缩放

选择参数:(在图 8-20(b)中选择线性参数“距离”标签)

指定动作的选择集

选择对象:找到 1 个(在图 8-20(b)中选择里面的小圆)

选择对象:找到 1 个,总计 2 个(在图 8-20(b)中选择外面的大圆)

选择对象:(按 Enter 键,结束选择对象)

指定动作位置或[基点类型(B)]:(在图 8-20(b)中指定位置 4 为动作位置,出现闪电光标“缩放”)

(5)点击按钮关闭块编辑器(C),结束动态块的创建。

在绘图区用鼠标单击圆环,即可利用可控点对圆环进行动态缩放操作,如图 8-20(c)所示。

2. 创建拉伸动态块实例

将图 8-21(a)中的矩形设计成能进行拉伸的动态块。步骤如下:

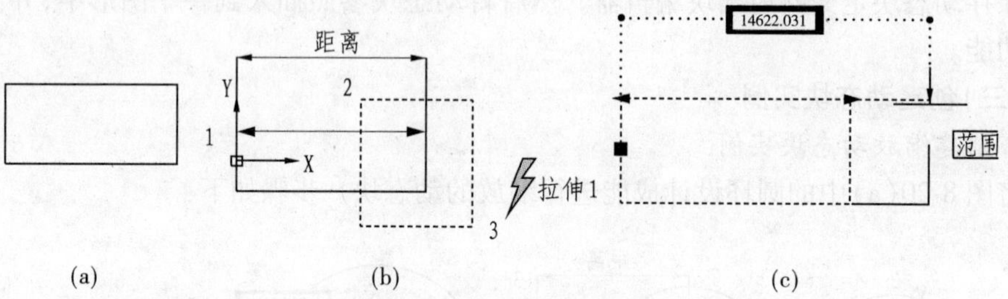

图 8-21　拉伸动态块实例

(1)在绘图区绘制图 8-21(a)中的矩形。

(2)在菜单栏中选择“绘图”|“块”|“创建”命令,打开“块定义”对话框,如图 8-1 所示,在对话框中将已绘制的矩形创建为块。

(3)在“块定义”对话框中单击“确定”按钮后,出现“块编辑器”窗口,在“参数”选项板中,单击线性,进行线性参数设置,出现“距离”标签。

(4)在“动作”选项板中,单击拉伸,命令行提示如下:

命令: _bactionTool 拉伸

选择参数:(在图 8-21(b)中选择线性参数“距离”标签)

指定要与动作关联的参数点或输入[起点(T)/第二点(S)]<起点>:(在图 8-21(b)中指定点 1 为起点)

指定拉伸框架的第一个角点或[圈交(CP)]:(在图 8-21(b)中指定点 2 为第一个角点)

指定对角点:(在图 8-21(b)中指定点 3 为第二个角点,在图中将出现一个虚线框)

指定要拉伸的对象

选择对象: 找到 1 个,总计 3 个(在图 8-21(b)中选中矩形右侧的三条边,按 Enter 键结束)

指定动作位置或[乘数(M)/偏移(O)]:(在图 8-21(b)中用鼠标单击,在动作位置处出现闪电光标“拉伸 1”)

3. 创建旋转动态块实例

将图 8-22(a)中的图形设计成能进行旋转的动态块。步骤如下:

(1)在绘图区绘制图 8-22(a)中的图形。

(2)在菜单栏中选择“绘图”|“块”|“创建”命令,打开“块定义”对话框,如图 8-1 所示,在对话框中将已绘制的图形创建为块。

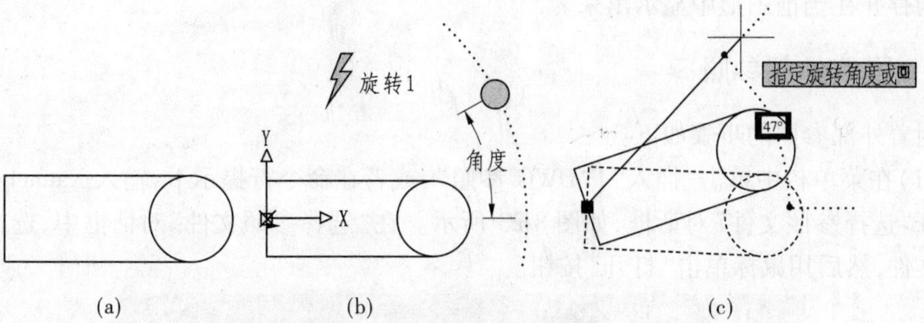

图 8-22　旋转动态块创建实例

(3)在“块定义”对话框中单击“确定”按钮后,出现“块编辑器”窗口,在“参数”选项板中,单击 旋转,进行旋转参数设置,命令行提示如下:

命令: _bparameter 旋转

指定基点或[名称(N)/标签(L)/链(C)/说明(D)/选项板(P)/值集(V)]:(在图 8-22(b)中指定图中坐标原点为基点)

指定参数半径:(在图 8-22(b)中虚线位置处用鼠标单击指定参数半径)

指定默认旋转角度或[基准角度(B)] <0>:(在图 8-22(b)中用鼠标单击指定角度)

指定标签位置:(用鼠标单击确定标签位置,出现“角度”标签,如图 8-22(b)所示)

(4)在“动作”选项板中,单击 旋转,命令行提示如下:

命令: _bactionTool 旋转

选择参数:(在图 8-22(b)中用鼠标选中旋转参数“角度”)

指定动作的选择集

选择对象: 找到 1 个,总计 4 个(在图 8-22(b)中依次选中图形中的所有对象)

选择对象:(按 Enter 键,结束选择对象)

指定动作位置或[基点类型(B)]:(用鼠标单击确定动作位置,出现闪电光标“旋转1”,如图 8-22(b)所示)

在绘图区用鼠标单击图 8-22(b)中的图形,即可利用可控制点进行动态旋转操作,如图 8-22(c)所示。

第三节　外部参照

外部参照与块有相似的地方,但它们的主要区别是:一旦插入了块,该块就永久性地插入到当前图形中,成为当前图形的一部分。而以外部参照方式将图形插入到某一图形(称为主图形)后,被插入图形文件的信息并不直接加入主图形中,主图形只是记录参照的关系。例如,参照图形文件的路径等信息。另外,对主图形的操作不会改变外部参照图形文件的内容。当打开具有外部参照的图形时,系统会自动把各外部参照图形文件重新调入内存并在当前图形中显示出来。

一、附着外部参照

附着外部参照的步骤如下：

(1)在菜单栏中单击“插入”|“DWG 参照”,或者在命令行提示下,输入 Xattach 命令,可打开“选择参照文件”对话框,如图 8-23 所示。在“选择参照文件”对话框中,选择要附着的文件,然后用鼠标单击“打开”按钮。

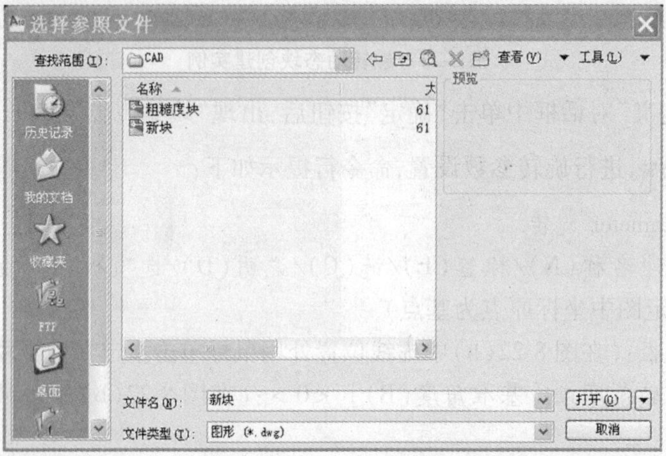

图 8-23 “选择参照文件”对话框

(2)弹出“附着外部参照”对话框,如图 8-24 所示。在对话框中的“参照类型”下,选择“附着型”(“附着型”包含所有嵌套的外部参照)。

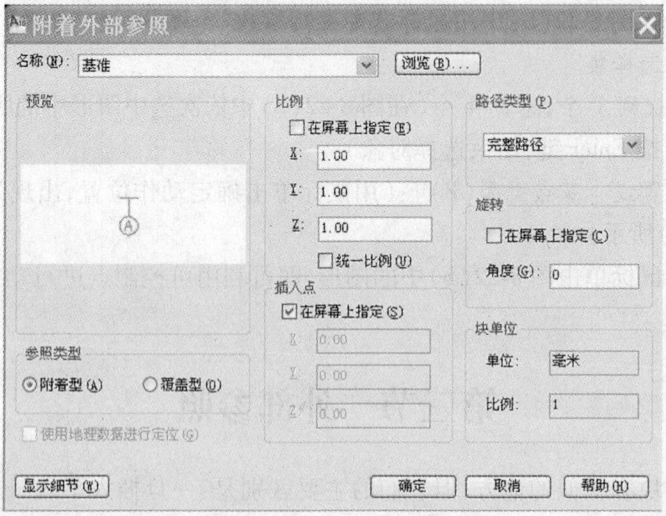

图 8-24 “附着外部参照”对话框

(3)指定插入点、缩放比例和旋转角度。选择“在屏幕上指定”以使用定点设备。

(4)单击“确定”按钮。

在菜单栏中，单击“插入”|“外部参照”命令，可打开“外部参照”选项板（如图8-25所示），使用“外部参照”选项板时，建议打开自动隐藏功能或“锚定”选项板。随后在指定外部参照的插入点时，此选项板将自动隐藏。

外部参照附着到图形时，应用程序窗口的右下角（状态栏托盘）将显示一个外部参照图标，如图8-26所示。如果未找到一个或多个外部参照或需要重载任何外部参照，“管理外部参照”图标中将出现一个叹号。如果单击“外部参照”图标，将显示“外部参照”选项板。

在AutoCAD 2010中，用户可以在“外部参照”选项板中对外部参照进行编辑和管理。用户单击选项板上方的“附着”按钮，可以添加不同格式的外部参照文件；在选项板下方的“外部参照”列表框中显示当前图形中各个外部参照文件名称；选择任意一个外部参照文件后，在下方“详细信息”选项区域中显示该外部参照的名称、加载状态、文件大小、参照类型、参照日期及参照文件的保存路径等内容。

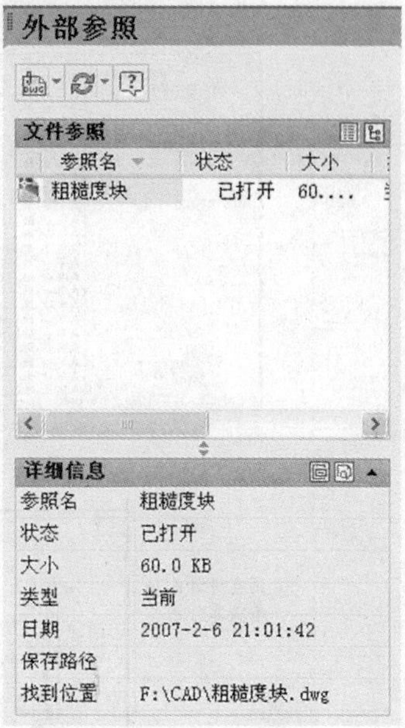

图8-25 “附着外部参照”选项板

图8-26 外部参照图标

二、插入DWG、DWF、DGN参考底图

在AutoCAD 2010中有插入DWG、DWF、DGN参考底图的功能，该类功能和附着外部参照功能相同，用户可以在“插入”菜单中选择相关命令。

三、参照管理器

Autodesk参照管理器提供了多种工具，列出了选定图形中的参照文件，可以修改保存的参照路径而不必打开AutoCAD中的图形文件。选择“开始”|“程序”|“Autodesk”|“AutoCAD 2010”|“参照管理器”命令，打开“参照管理器”窗口，可以在其中对参照文件进行处理，也可以设置参照管理器的显示形式，如图8-27所示。

四、外部参照应用实例

轴承盖与轴承套之间具有相关联的配合尺寸，为了设计方便，在设计轴承盖的时候，可以把轴承套的零件图作为DWG参照插入到当前的设计图中作为外部参照，如图8-28所示。

在图8-28中，左边是正在进行设计的轴承盖，而右边是作为外部参照插入的轴承套

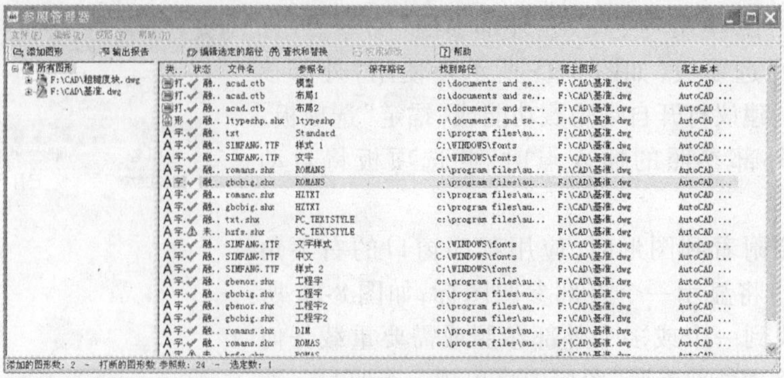

图 8-27 “参照管理器”窗口

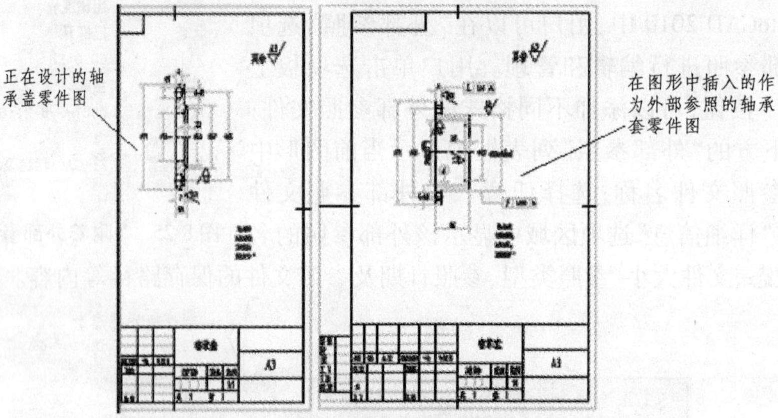

图 8-28 外部参照应用实例

图样,这样在设计过程中,可以对相关尺寸进行比较,从而减小失误。插入时,还可以根据用户习惯,在“外部参照”对话框中对轴承套的图样比例进行适当的放大或缩小处理。

第四节 使用 AutoCAD 设计中心

通过设计中心,用户可以组织对图形、块、图案填充和其他图形内容的访问。可以将源图形中的任何内容拖动到当前图形中。可以将图形、块和填充拖动到“工具”选项板上。源图形可以位于用户的计算机上、网络位置或网站上。如果打开了多个图形,则可以通过设计中心在图形之间复制和粘贴其他内容(如图层定义、布局和文字样式)来简化绘图过程。在 AutoCAD 2010 中,可以使用 AutoCAD 设计中心完成如下操作:

(1)浏览用户计算机、网络驱动器和 Web 上的图形内容(例如图形或符号库)。

(2)在定义表中查看图形文件中命名对象(例如块和图层)的定义,然后将定义插入、附着、复制和粘贴到当前图形中。

(3)更新(重定义)块定义。

(4)创建指向常用图形、文件夹和 Internet 网址的快捷方式。

(5)向图形中添加内容(例如外部参照、块和填充)。

(6)在新窗口中打开图形文件。

(7)将图形、块和填充拖动到“工具”选项板上,以便于访问。

一、利用设计中心打开图形

(1)在菜单栏中选择“工具”|“选项板”|“设计中心”命令,或在“标准注释”工具栏中单击“设计中心”按钮,可以打开“设计中心”窗口,在窗口左侧的“文件夹列表”中,点击一个 AutoCAD 文件夹,窗口右侧会显示出文件夹包含的文件内容,如图 8-29 所示。

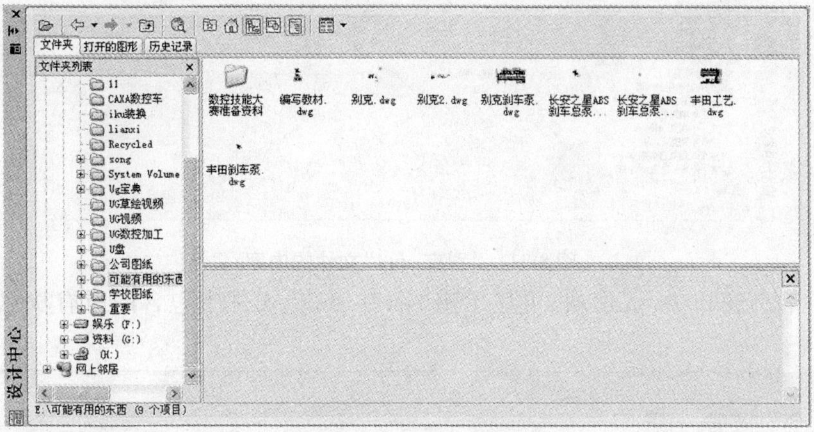

图 8-29 设计中心

(2)在窗口右侧选中一个 AutoCAD 文件,单击鼠标右键,弹出一个快捷菜单,如图 8-30所示。在快捷菜单中选中“在应用程序窗口中打开”命令,可在设计中心里将图形打开,在下侧的预览窗口中可看见图形的预览效果。

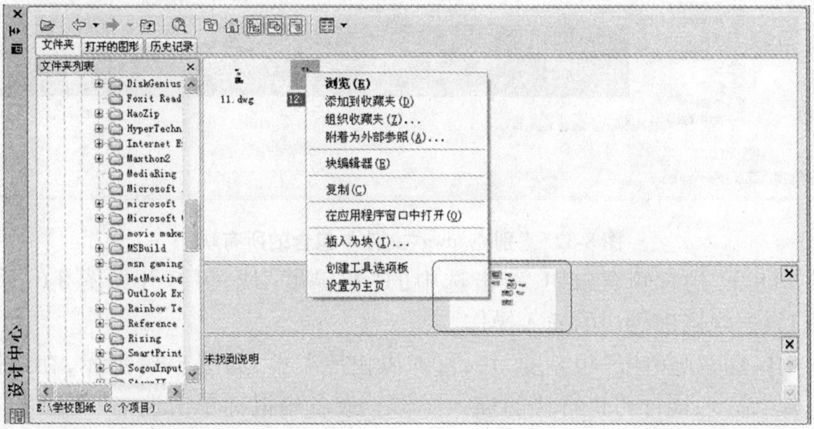

图 8-30 用“在应用程序窗口中打开”命令打开图形

二、使用设计中心插入块

使用设计中心调出其他图形中的块插入到当前图形中。下面举例说明。

操作步骤如下:

(1)在“标准注释”工具栏中单击“设计中心”按钮▦,可以打开“设计中心”窗口,在窗口左侧的“文件夹列表”中,点击“别克.dwg”文件,窗口右侧显示出文件所包含的标注样式、布局、块、图层等内容,如图8-31所示。

图8-31 “别克.dwg”文件的内容

(2)在右侧窗口中,双击块,可显示出“别克.dwg”文件中包含的所有块,如图8-32所示。

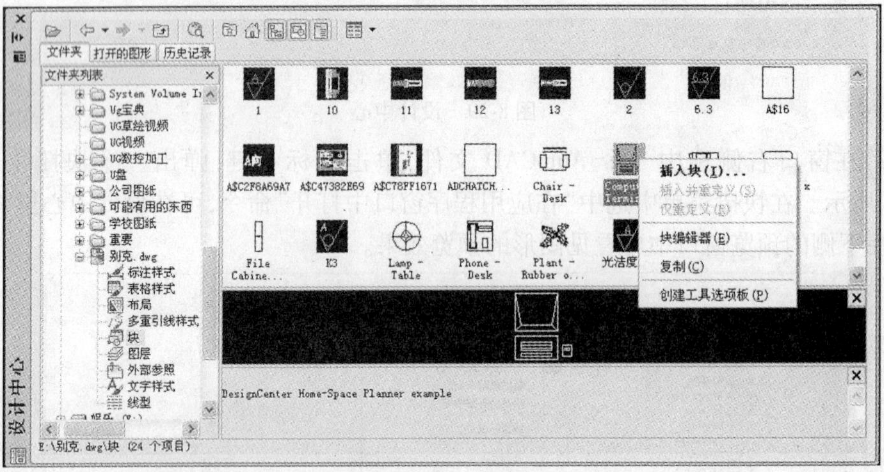

图8-32 “别克.dwg”文件中包含的所有块

(3)在图8-32的右侧窗口中,双击选中的“粗糙度”块,可打开如图8-6所示的“插入”对话框,根据规定进行块的插入操作。

另外,用鼠标右键单击“粗糙度”块,可弹出快捷菜单,如图8-32所示,在快捷菜单里选中“插入块”命令,同样可进行块的插入操作。或者用鼠标单击选中“粗糙度”块,可把“粗糙度”块拖放到图形中。

三、使用设计中心引用外部参照

本例将“别克.dwg”作为外部参照插入到当前图形中。

操作步骤如下:

(1)在“标准注释”工具栏中单击“设计中心”按钮▦,打开“设计中心”窗口,在窗口左侧点击“别克.dwg”所在的文件夹目录。

(2)在窗口右侧,右键单击“别克.dwg”文件,弹出快捷菜单,如图8-33所示。

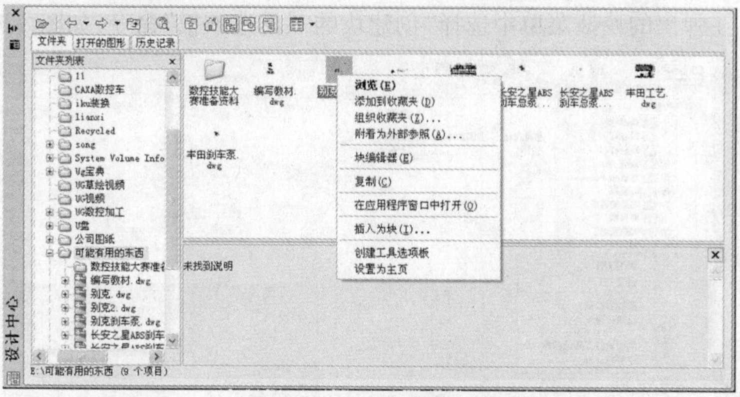

图8-33 右击“别克.dwg”文件弹出的快捷菜单

(3)在快捷菜单中选中“附着为外部参照”命令,弹出“附着外部参照”对话框,如图8-34所示。

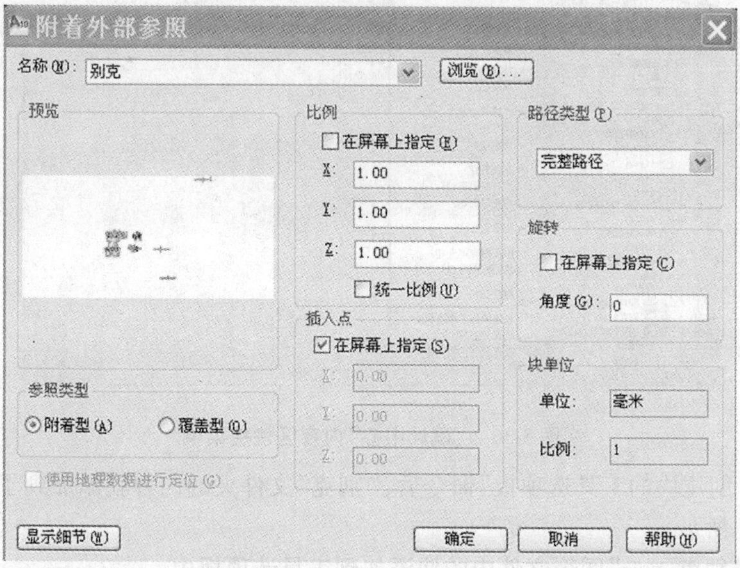

图8-34 “附着外部参照”对话框

(4)在“附着外部参照”对话框中进行参数设置后,单击“确定”按钮,返回到当前绘图区,指定插入图形的位置,完成外部参照的引用。

四、向工具选项板添加新内容

下面举例说明。

(一)将名为“别克”的文件夹的内容创建为“别克”选项板

操作步骤如下:

打开“设计中心”,在“文件夹列表”中,右击“别克”目录,在弹出的菜单中选择“创建块的工具选项板”命令,如图 8-35 所示;或者打开“设计中心”,在右侧内容区的背景上单击鼠标右键,在弹出的快捷菜单中选择“创建块的工具选项板”命令,如图 8-36 所示。

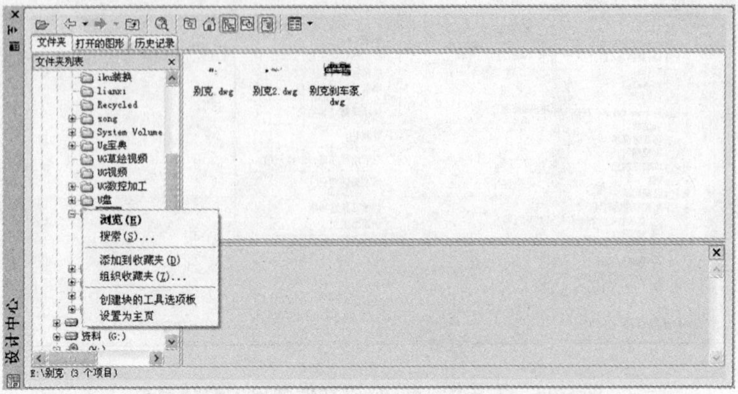

图 8-35 右击“别克”目录弹出的快捷菜单

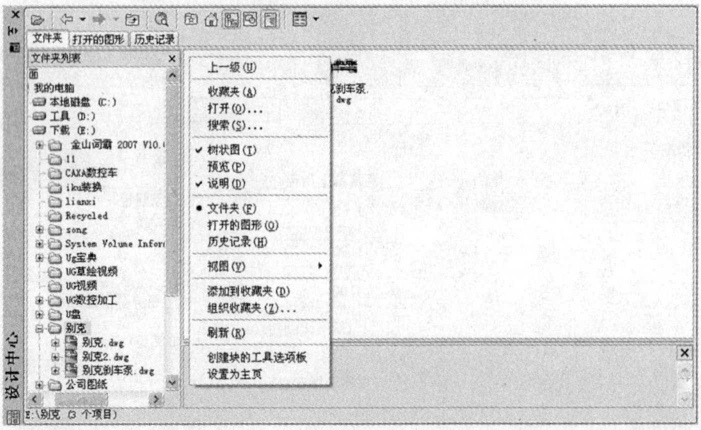

图 8-36 “设计中心”内容区快捷菜单

选择完“创建块的工具选项板”命令后,“别克”文件夹的内容就添加到了工具选项板中,如图 8-37 所示。

(二)将“别克.dwg”图形文件中的块添加到工具选项板中

操作步骤如下:

(1)在“标准”工具栏中单击“设计中心”按钮,打开“设计中心”窗口,在窗口左侧点击“别克.dwg”所在的文件夹目录。

(2)在窗口右侧,右键单击“别克.dwg”文件,弹出快捷菜单,如图 8-33 所示。

(3)在快捷菜单中选中“创建工具选项板”命令,即可把“别克.dwg”图形文件中的块添加到工具选项板。

也可在窗口左侧,用鼠标右键单击“别克.dwg”文件,在弹出的快捷菜单(如图 8-38 所示)中选中“创建工具选项板”命令。

或者在图 8-31 中,用鼠标右键单击“别克.dwg”的“块”图标,在弹出的快捷菜单(如

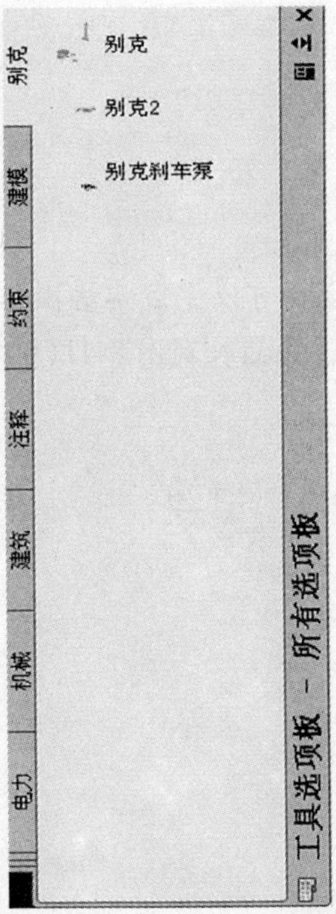

图 8-37 “别克”选项板

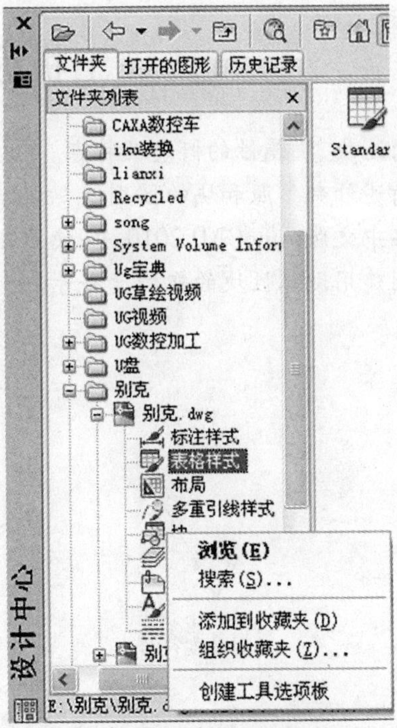

图 8-38 右击“别克.dwg”文件弹出的快捷菜单

图 8-39 所示)中选中“创建工具选项板”命令。

创建好工具选项板后,即可把工具选项板中的内容很方便地拖到绘图区中。或者在工具选项板中,右键单击其中的图标,在弹出的快捷菜单(如图 8-40 所示)中对图标的内容进行修改。

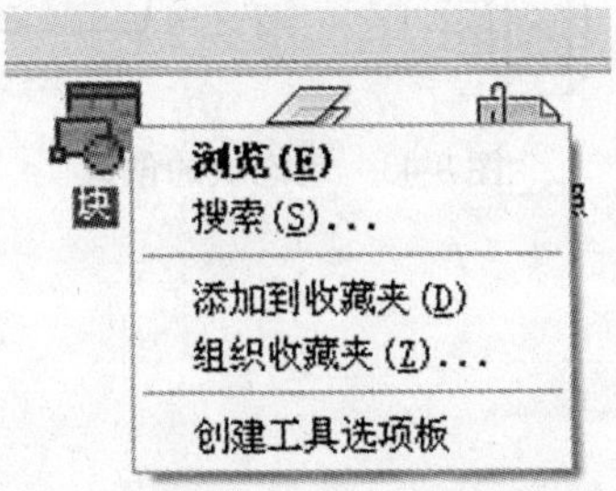

图 8-39 右击“别克.dwg”的“块”图标弹出的快捷菜单

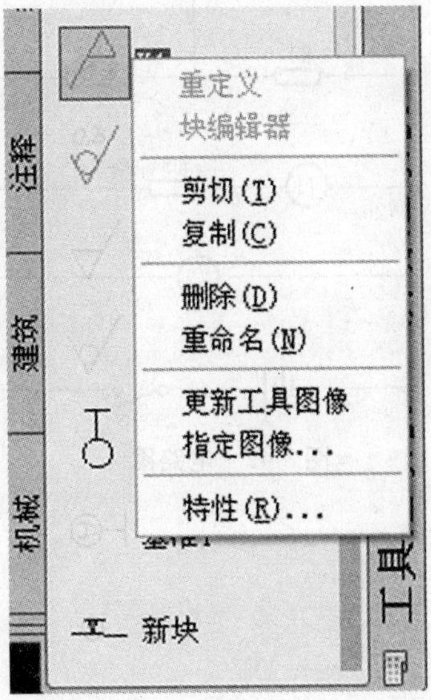

图 8-40 右击图标弹出的快捷菜单

上机练习与习题

1. 简述块、块属性的概念及特点。

2. 简述外部参照和块的区别。

3. 在中文版 AutoCAD 2010 中,使用“设计中心”窗口主要可以完成哪些操作?

4. 创建用做属性块的粗糙度符号(如图 8-41(a)所示),并插入到图 8-41(b)中 。

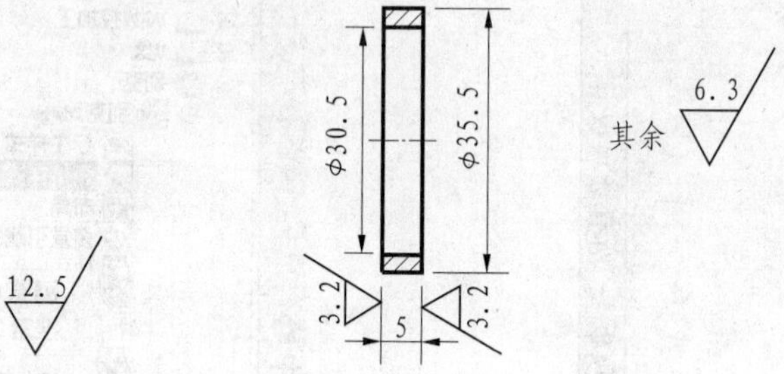

(a)粗糙度符号　　(b)

图 8-41　创建块

5. 利用块的属性绘制如图 8-42 所示电路图。

提示:先创建图中左侧的属性块,然后插入到适当位置中。

6. 在工具选项板中找到如图 8-43 所示的图形,并创建成能通过可控点分别完成拉伸、缩放、旋转等动作的动态块。

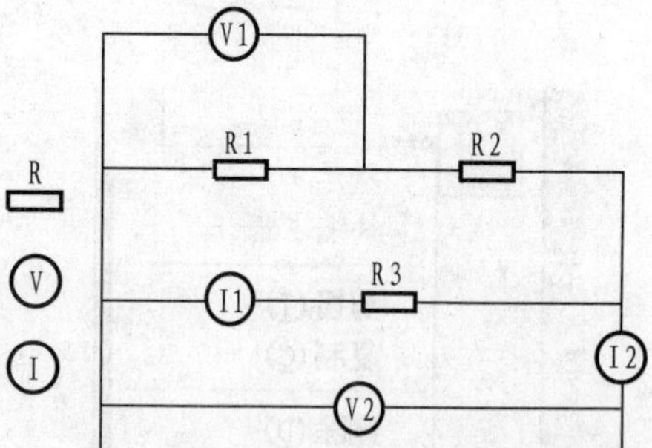

图 8-42　电路图

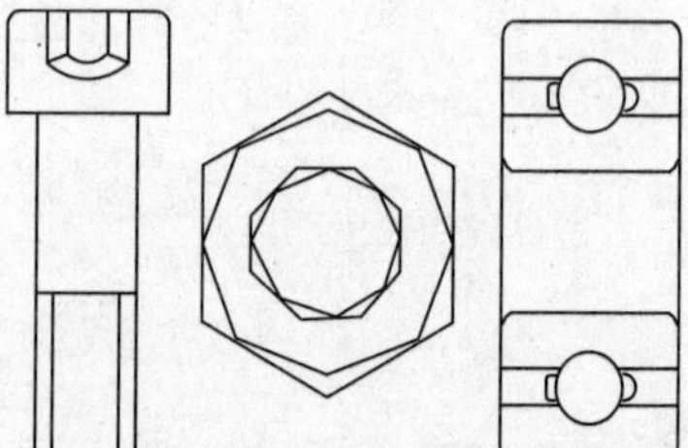

图 8-43　动态块的创建

第九章　图形输出

AutoCAD 2010 提供了图形输入与输出接口，不仅可以将其他应用程序中处理好的数据传送给 AutoCAD，以显示其图形，还可以将在 AutoCAD 中绘制好的图形打印出来，或者把它们的信息传送给其他应用程序。在 AutoCAD 2010 中，打印功能有了很大的改进，它以简捷的向导画面提示用户完成一些复杂的操作，帮助用户实现输出图纸的目的。

此外，为适应互联网的快速发展，使用户能够快速有效地共享设计信息，AutoCAD 2010 强化了其 Internet 功能，使其与互联网相关的操作更加方便、高效，可以创建 Web 格式的文件（DWF），以及发布 AutoCAD 图形文件到 Web 页。

第一节　创建和管理布局

布局是一种图纸空间环境，它模拟图纸页面，提供直观的打印设置。在布局中可以创建并放置视口对象，还可以添加标题栏或其他几何图形。可以在图形中创建多个布局以显示不同的视图效果，每个布局可以包含不同的打印比例和图纸尺寸。布局中显示的图形与图纸页面上打印的图形完全一致。

在 AutoCAD 2010 中，可以创建多种布局，每个布局都代表一张单独的打印输出图纸。创建新布局后就可以在布局中创建浮动视口。视口中的各个视图可以使用不同的打印比例，并能够控制视口中图层的可见性。

一、在模型空间与图纸空间之间切换

AutoCAD 可以分别在模型空间和图纸空间两个环境中完成绘图和设计工作，其中，模型空间是完成绘图和设计工作的主要空间环境，在模型空间中可以完成二维或三维物体的造型，并且可以根据需求用多个二维或三维视图来表示物体，同时配有必要的尺寸标注和注释等来完成所需要的全部绘图工作，用户还可以创建多个不重叠的（平铺）视口来展示图形的不同视图。而图纸空间是模拟手工绘图的空间，是为绘制平面图而准备的一张虚拟图纸，是一个二维空间的工作环境。

模型空间选项卡和图纸空间选项卡位于绘图区域底部，如图 9-1 所示。模型空间和图纸空间都可以进行输出设置，单击图中的“模型”选项卡和“布局”选项卡就可以在它们之间进行切换。

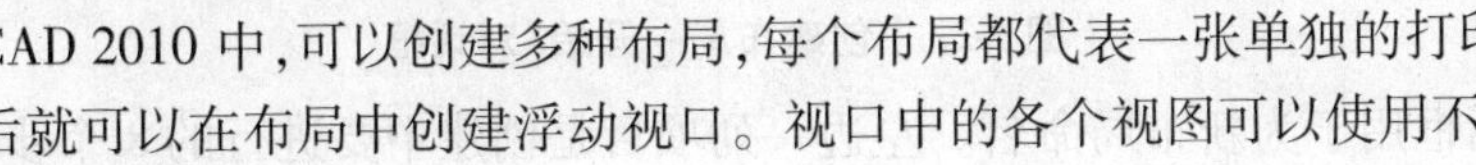

图 9-1　模型空间选项卡和图纸空间选项卡

可以根据坐标标志来区分模型空间和图纸空间，当处于模型空间时，屏幕显示 UCS 标志；当处于图纸空间时，屏幕显示的是一个直角三角形，因此图纸空间又被称为“三角

视图”。

二、使用布局向导创建布局

在布局向导中可以指定打印设备，确定相应的图纸尺寸和图形的打印方向，选择布局中使用的标题栏或确定视口设置。下面介绍以向导方式创建布局的过程。

在菜单栏中选择“工具”|“向导”|“创建布局”命令，或者在菜单栏中选择“插入”|“布局”|“创建布局向导”命令，可以打开“创建布局”向导，弹出“创建布局－开始”对话框，如图9-2所示。

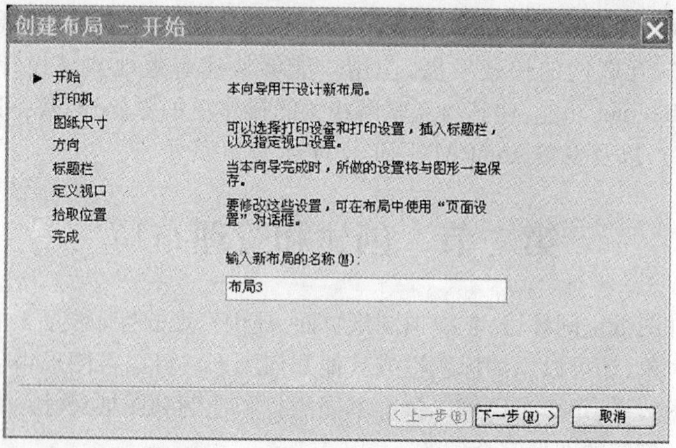

图9-2 “创建布局－开始”对话框

该对话框用于为新布局命名。左边一列项目是创建中要进行的8个步骤，前面标有三角符号的是当前步骤。在“输入新布局的名称”中输入给定的布局名称，如“布局3”，单击“下一步”按钮，出现“创建布局－打印机”对话框，如图9-3所示。在列表中列出了计算机可用的打印机设备，从中选择一种打印机作为输出设备。

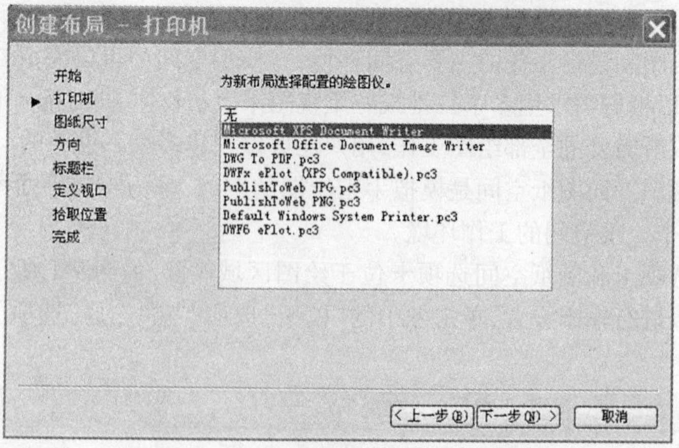

图9-3 “创建布局－打印机”对话框

完成选择后，单击“下一步”按钮，出现“创建布局－图纸尺寸”对话框，如图9-4所示。此对话框用于选择图纸的大小和所用的单位。对话框的下拉列表中列出了可用的各种格式的图纸,可从中选择一种格式,具体由选择的打印设备决定。“图纸单位”选项组用于控制图形单位,可以选择毫米、英寸或像素。

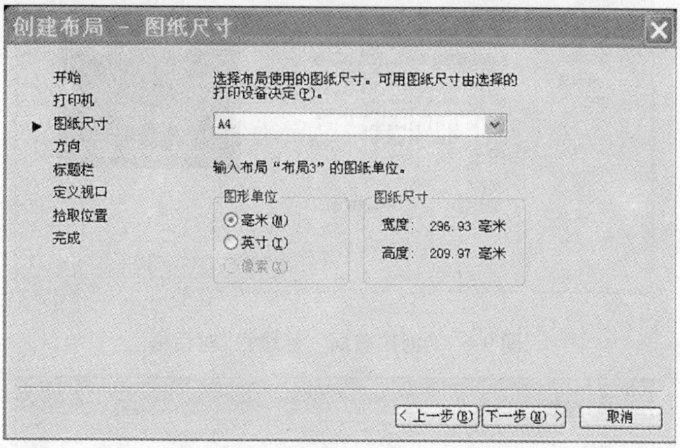

图 9-4 “创建布局 - 图纸尺寸”对话框

图纸尺寸选“A4”,图形单位选“毫米”,单击“下一步”按钮,出现“创建布局 - 方向”对话框,如图 9-5 所示。

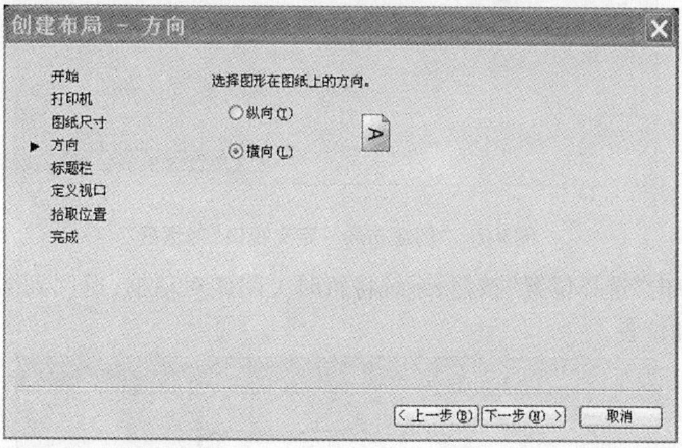

图 9-5 “创建布局 - 方向”对话框

此对话框用于设置打印的方向,选中“横向”后,单击“下一步”按钮,出现“创建布局 - 标题栏”对话框,如图 9-6 所示。

此对话框用于选择图纸的边框和标题栏的样式,可从中任选一种,对话框右边的预览框中显示出了所选样式的预览效果,在对话框下部的“类型”选项区中,可以指定所选择的标题栏图形文件是作为“块”还是作为“外部参照”插入到当前视图中。完成打印设置后,单击“下一步”按钮,出现“创建布局 - 定义视口”对话框,如图 9-7 所示。此对话框用于指定新创建的布局默认视口设置和比例等。

选中“单个”单选按钮,单击“下一步”按钮,出现“创建布局 - 拾取位置”对话框,如

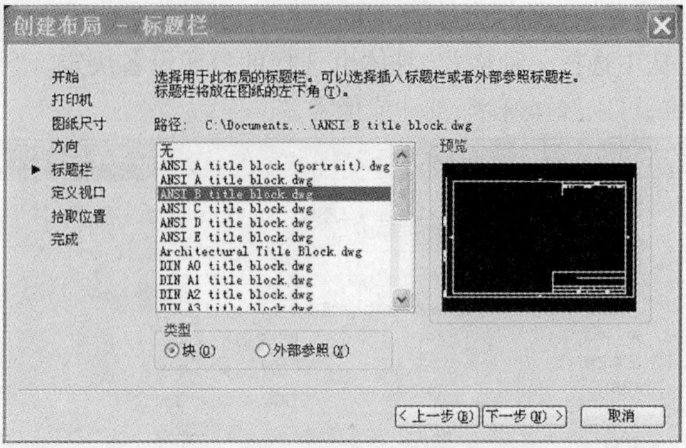

图 9-6 “创建布局 - 标题栏”对话框

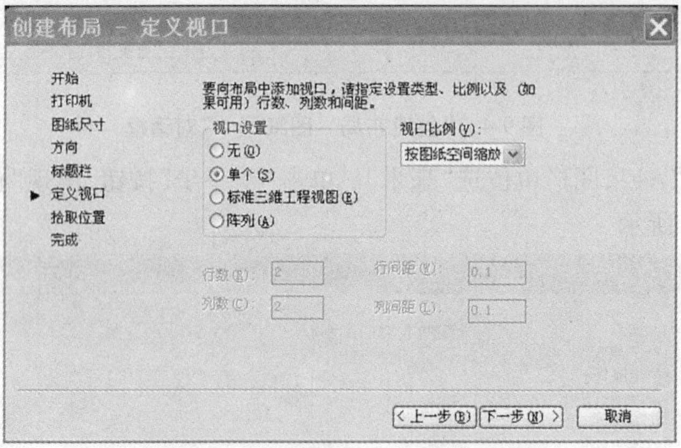

图 9-7 “创建布局 - 定义视口”对话框

图 9-8 所示。单击“选择位置”按钮，系统将暂时关闭该对话框，返回到图形窗口，从中指定视口的大小和位置。

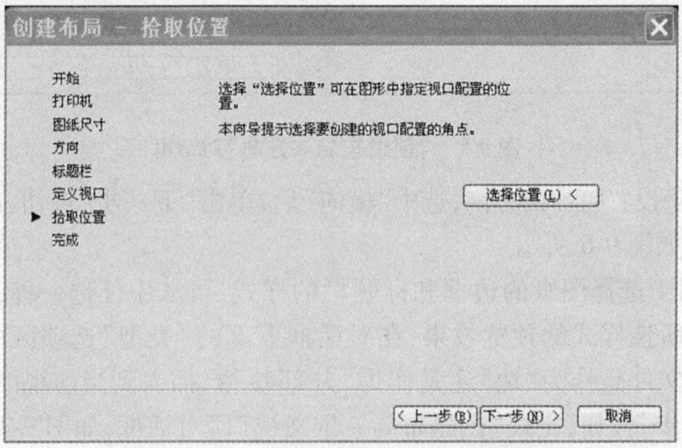

图 9-8 “创建布局 - 拾取位置”对话框

选择了恰当的视口大小和位置后，出现“创建布局－完成”对话框，如图 9-9 所示。

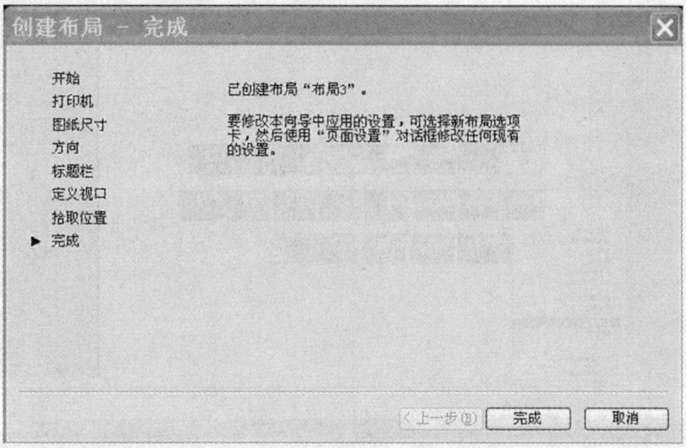

图 9-9 “创建布局－完成”对话框

如果对前面的设置觉得满意，则单击“完成”按钮完成新布局的创建，系统自动返回到布局空间，同时在“布局”选项卡上出现刚创建好的“布局 3”标签。

除可使用上面的向导创建新的布局外，还可使用 Layout 命令在命令行创建布局。用该命令能以多种方式创建新布局，如从已有的模板开始创建、从已有的布局开始创建或从头开始创建。另外，还可用该命令管理已创建的布局，如删除、改名、保存以及设置等。

第二节 图形的输出设置

AutoCAD 的输出设置包括页面设置和打印设置，从而保证了图形输出的正确性。

一、布局的页面设置

页面设置是打印设备和其他影响最终输出的外观和格式的设置的集合。可以修改这些设置并将其应用到其他布局中。在“模型”选项卡中完成图形设置之后，可以通过鼠标右键单击“布局”选项卡，弹出快捷菜单如图 9-10 所示，在弹出的快捷菜单中点击“页面设置管理器”，弹出“页面设置管理器”对话框，如图 9-11 所示。在该对话框中，可以完成新建布局、修改原有布局、输入存在的布局和将某一布局置为当前等操作。

在图 9-11 中单击“新建”按钮，弹出“新建页面设置”对话框，如图 9-12 所示，在该对话框中可以对新设置进行命名。然后单击“确定”按钮，弹出“页面设置”对话框，如图 9-13 所示，在该对话框中，可以指定布局设置和打印设备设置并预览布局的效果。对于一个布局，可利用“页面设置”对话框来完成它的设置。

完成所有的设置后，单击“页面设置”对话框底部的“预览”按钮，可以预览设置的效果。按 Esc 键，可返回到“页面设置”对话框，最后单击“确定”按钮，完成页面参数的设置。

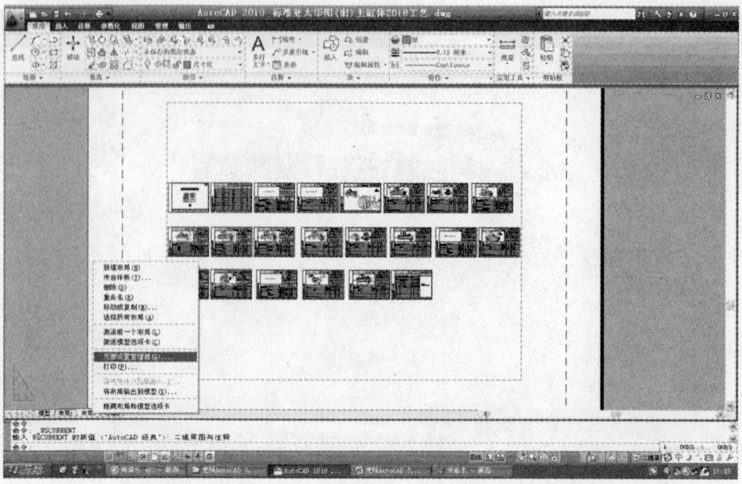

图 9-10　单击"布局"选项卡弹出的快捷菜单

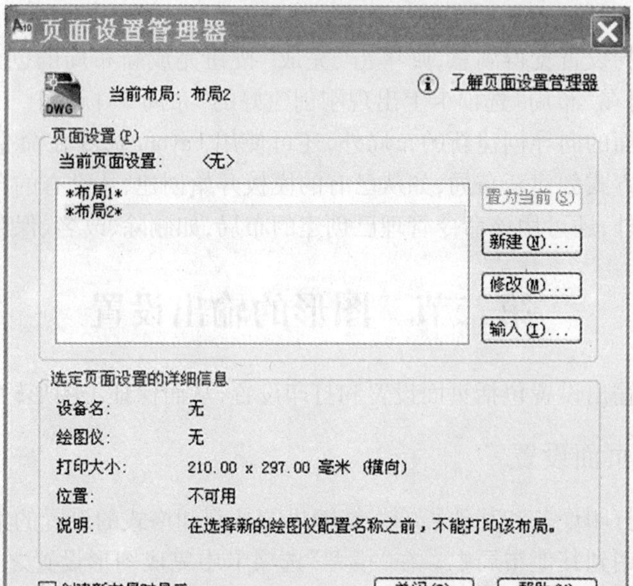

图 9-11　"页面设置管理器"对话框

二、使用浮动视口

在构造布局图时，可以将浮动视口视为图纸空间的图形对象，并对其进行移动和调整。浮动视口可以相互重叠或分离。在图纸空间中无法编辑模型空间中的对象，如果要编辑模型，必须激活浮动视口，进入浮动模型空间。激活浮动视口的方法有多种，如可执行 Mspace 命令、单击状态栏上的"图纸"按钮或双击浮动视口区域中的任意位置。

(一)删除、新建和调整浮动视口

在布局图中，选择浮动视口边界，然后按 Delete 键即可删除浮动视口。删除浮动视口

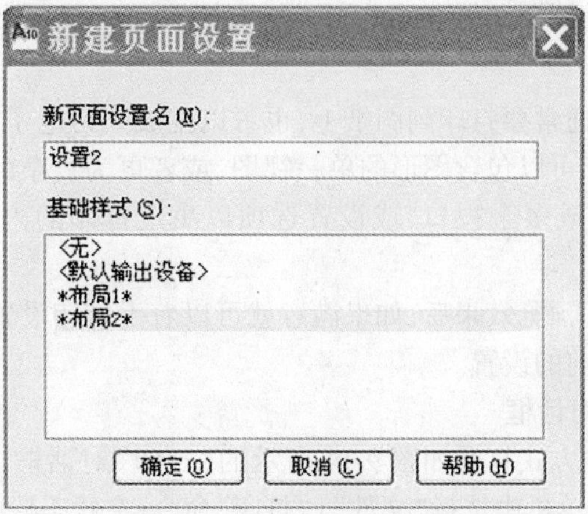

图 9-12 "新建页面设置"对话框

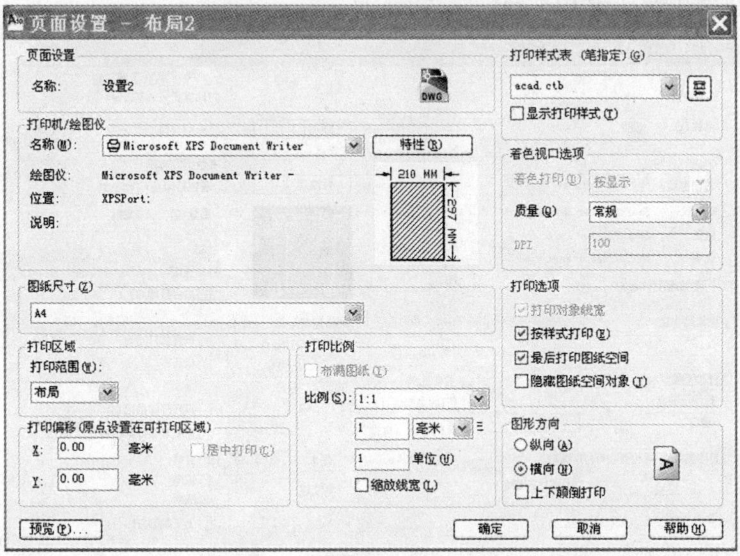

图 9-13 "页面设置"对话框

后,使用"视图"|"视口"|"新建视口"命令,可以创建新的浮动视口,此时需要指定创建浮动视口的数量和区域。

(二)相对图纸空间比例缩放视图

如果布局图中使用了多个浮动视口,就可以为这些视口中的视图建立相同的缩放比例。这时可选择要修改其缩放比例的浮动视口,在"特性"窗口的"标准比例"下拉列表框中选择某一比例,然后对其他的所有浮动视口执行同样的操作,就可以设置一个相同的比例值。

(三)在浮动视口中旋转视图

在浮动视口中,执行 Mvsetup 命令可以旋转整个视图。该功能与 Rotate 命令不同,Rotate命令只能旋转单个对象。

三、打印图形

创建完图形之后,通常要打印到图纸上,也可以生成一份电子图纸,以便从互联网上进行访问。打印的图形可以包含图形的单一视图,或者更为复杂的视图排列。根据不同的需要,可以打印一个或多个视口,或设置选项以决定打印的内容和图像在图纸上的布置。

当页面设置完成并预览效果后,如果满意就可以着手打印设置。下面以在模型空间中出图为例,介绍打印前的设置。

(一)打开"打印"对话框

可以通过以下几种方式打开如图 9-14 所示的"打印"对话框:在"标准"工具栏上单击"打印"按钮;从菜单栏中选择"文件"|"打印"命令;在状态栏中,右击"模型"选项或"布局"选项,在弹出的快捷菜单中选择"打印"命令;在命令行中输入 Plot,并按 Spacebar 键或 Enter 键;使用快捷键 Ctrl + P。

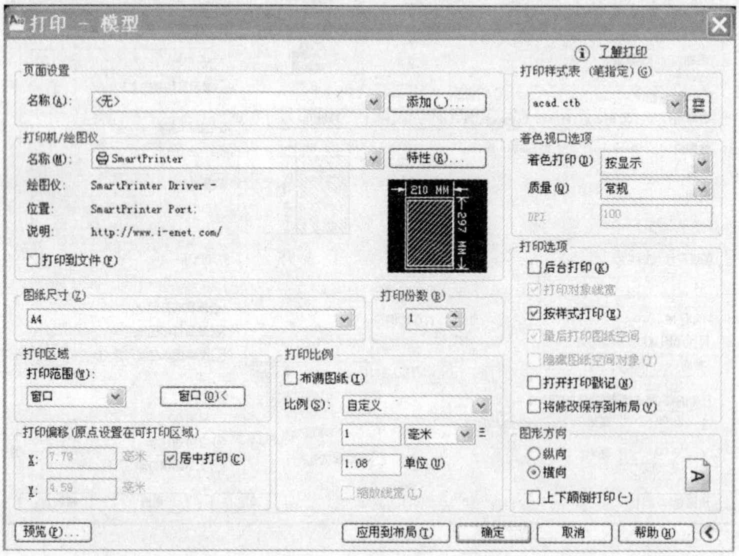

图 9-14 "打印"对话框

(二)"打印"对话框各选项的含义

(1)"页面设置":列出图形中已命名或已保存的页面设置。可以将图形中保存的命名页面设置作为当前页面设置,也可以在"打印"对话框中单击"添加"按钮,基于当前设置创建一个新的命名页面设置。

"名称":显示当前页面设置的名称。

"添加":显示"添加页面设置"对话框,从中可以将"打印"对话框中的当前设置保存到命名页面设置。可以通过"页面设置管理器"修改此页面设置。

(2)"打印机/绘图仪":指定打印布局时使用已配置的打印设备。如果选定的绘图仪不支持布局中选定的图纸尺寸,将显示警告,用户可以选择绘图仪的默认图纸尺寸或自定义图纸尺寸。

"名称":列出可用的 PC3 文件或系统打印机,可以从中进行选择,以打印当前布局。

"特性":显示"绘图仪配置编辑器"(PC3 编辑器),从中可以查看或修改当前绘图仪的配置、端口、设备和介质设置。

"绘图仪":显示当前所选页面设置中指定的打印设备。

"位置":显示当前所选页面设置中指定的输出设备的物理位置。

"说明":显示当前所选页面设置中指定的输出设备的说明文字。可以在"绘图仪配置编辑器"中编辑这些文字。

"打印到文件":打印输出到文件而不是绘图仪或打印机。如果"打印到文件"选项已选中,单击"打印"对话框中的"确定"按钮将显示"打印到文件"对话框(标准文件浏览对话框)。

"局部预览":精确显示相对于图纸尺寸和可打印区域的有效打印区域。工具栏提示显示图纸尺寸和可打印区域。

(3)"图纸尺寸":显示所选打印设备可用的标准图纸尺寸。如果未选择绘图仪,将显示全部标准图纸尺寸的列表以供选择,如图 9-15 所示。如果所选绘图仪不支持布局中选定的图纸尺寸,将显示警告,用户可以选择绘图仪的默认图纸尺寸或自定义图纸尺寸。

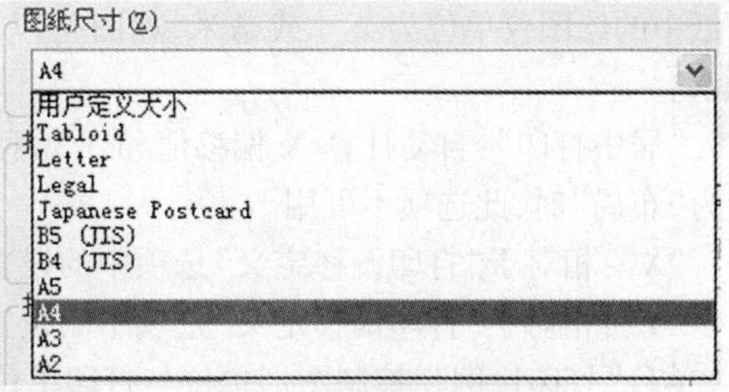

图 9-15 选择图纸尺寸

页面的实际可打印区域(取决于所选打印设备和图纸尺寸)在布局中由虚线表示。如果打印的是光栅图像(如 BMP 或 TIFF 文件),打印区域大小的指定将以像素为单位而不是英寸或毫米。

(4)"打印份数":指定要打印的份数。打印到文件时,此选项不可用。

(5)"打印区域":指定要打印的图形部分。在"打印范围"下,可以选择要打印的图形区域。

"打印范围":打印布局时,将打印指定图纸尺寸的可打印区域内的所有内容,其原点从布局中的 0,0 点计算得出。从"模型"选项卡打印时,将打印栅格界限定义为整个图形区域。如果当前视口不显示平面视图,该选项与"范围"选项效果相同,如图 9-16 所示。

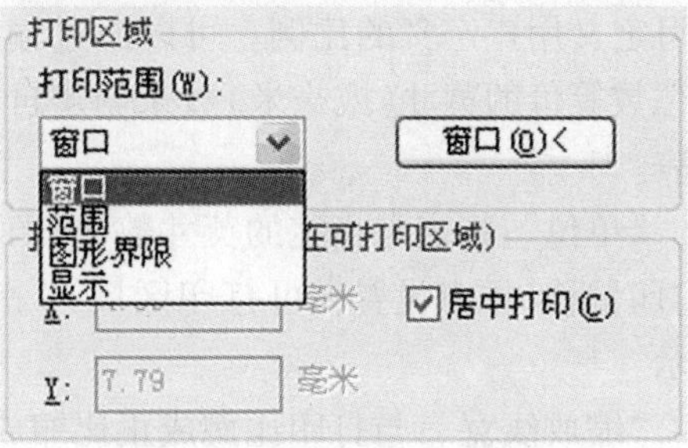

图 9-16 "打印范围"选项组

"窗口":打印指定的图形部分。如果选择"窗口","窗口"按钮将称为可用按钮。单击"窗口"按钮以使用定点设备指定要打印区域的两个角点,或输入坐标值。

"范围":打印包含对象的图形的部分当前空间。当前空间内的所有几何图形都将被打印。打印之前,可能会重新生成图形以重新计算范围。

“显示”:打印选定的“模型”选项卡当前视口中的视图或布局中的当前图纸空间视图。

“视图”:打印以前通过 View 命令保存的视图。可以从列表中选择命名视图。如果图形中没有已保存的视图,此选项不可用。选中“视图”选项后,将显示“视图”列表,列出当前图形中保存的命名视图。可以从此列表中选择视图进行打印。

(6)“打印偏移”:根据“指定打印偏移时相对于”选项(“选项”对话框,“打印和发布”选项卡)中的设置,指定打印区域相对于可打印区域左下角或图纸边界的偏移。“打印”对话框的“打印偏移”区域显示了包含在括号中的指定打印偏移选项。图纸的可打印区域由所选输出设备决定,在布局中以虚线表示。修改为其他输出设备时,可能会修改可打印区域。通过在“X”偏移框和“Y”偏移框中输入正值或负值,可以偏移图纸上的几何图形。图纸中的绘图仪单位为英寸或毫米,如图 9-17 所示。

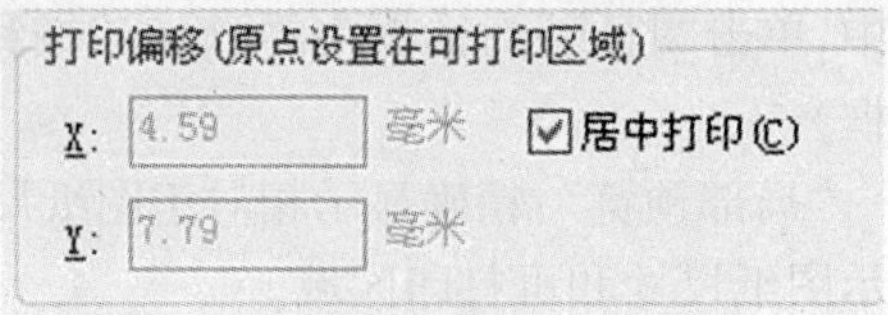

图 9-17 “打印偏移”选项组

“居中打印”:自动计算 X 偏移值和 Y 偏移值,在图纸上居中打印。当“打印区域”设置为“布局”时,此选项不可用。

“X”:相对于“打印偏移定义”选项中的设置指定 X 方向上的打印原点。

“Y”:相对于“打印偏移定义”选项中的设置指定 Y 方向上的打印原点。

(7)“打印比例”:控制图形单位与打印单位之间的相对尺寸。打印布局时,默认缩放比例设置为 1:1。从“模型”选项卡打印时,默认设置为“布满图纸”,如图 9-18 所示。

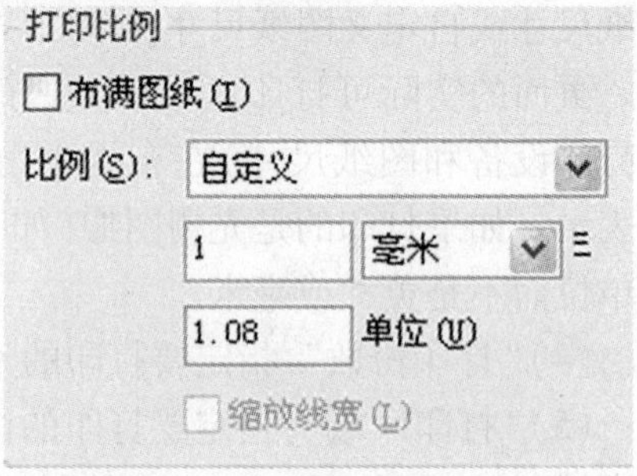

图 9-18 “打印比例”选项组

“布满图纸”:缩放打印图形,以布满所选图纸尺寸,并在“比例”、“英寸 =”和“单位”框中显示自定义的缩放比例因子。

“比例”:定义打印的精确比例。“自定义”选项可定义用户定义的比例。可以通过输入与图形单位数等价的英寸(或毫米)数来创建自定义比例。可以使用 Scalelistedit 命令修改比例列表。

“单位”:指定与指定的英寸数、毫米数或像素数等价的单位数。此处“单位”可控制“打印偏移(原点设置在可打印区域)”和“打印机/绘图仪”中的单位,如图 9-19、图 9-20 所示。

“缩放线宽”:与打印比例成正比缩放线宽。线宽通常指定打印对象的线的宽度并按线宽尺寸打印,而不考虑打印比例。

(8)“预览”:按执行 Preview 命令时在图纸上打印的方式显示图形。要退出打印预览并返回“打印”对话框,请按 Esc 键,或单击鼠标右键,然后单击快捷菜单上的“退出”命令。

(9)“应用到布局”:将当前“打印”对话框设置保存到当前布局。

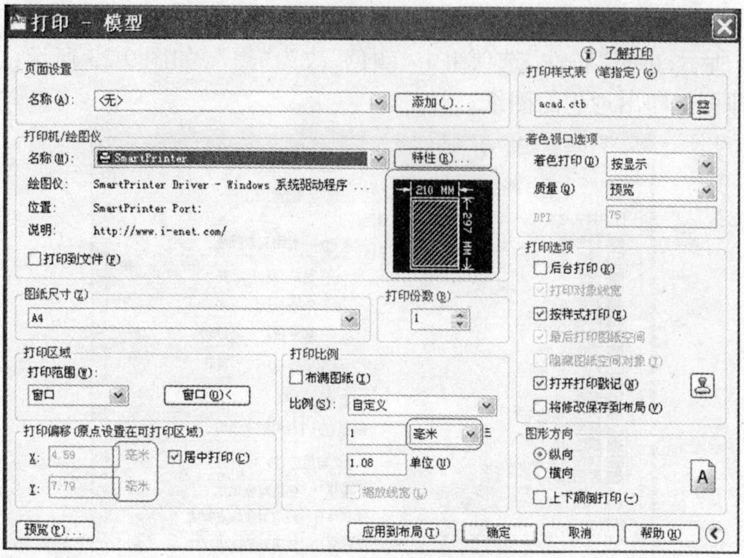

图 9-19　“单位”选项设置 1

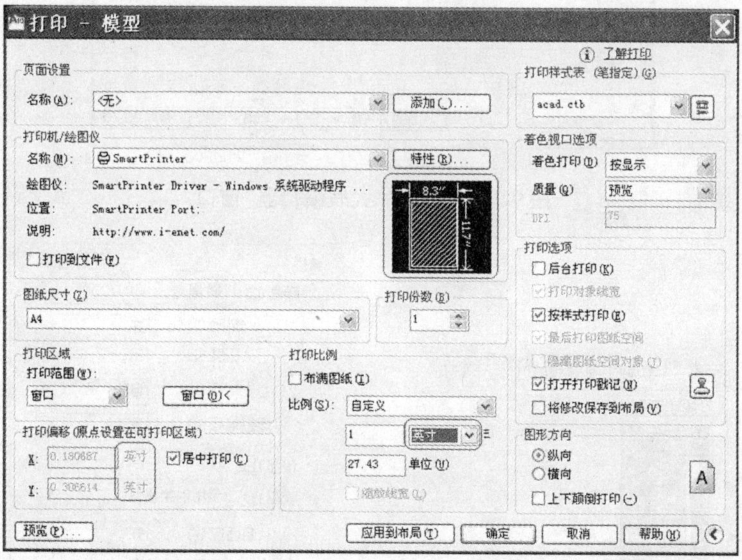

图 9-20　“单位”选项设置 2

(10)“打印样式表(笔指定)”:设置、编辑打印样式表,或者创建新的打印样式表。

“名称”(无标签):显示指定给当前“模型”选项卡或“布局”选项卡的打印样式表,并提供当前可用的打印样式表的列表。如果选择“新建”,将显示“添加打印样式表”向导,可用来创建新的打印样式表。显示的向导取决于当前图形是处于颜色相关模式还是处于命名模式。

“编辑”:点击按钮,显示“打印样式表编辑器”窗口,如图 9-21 所示,从中可以查看或修改当前指定的打印样式表的打印样式。众所周知,我们在设置不同线型的时候要使用不同的颜色来加以区分,如在打印的时候不加以设置的话,打印出来的图形颜色深浅不一,甚至看不清。因此,需做如下设置:将“表格视图”选项卡中“打印样式”中全部颜色选中,如图 9-22 所示;再将“特性”选项组中“颜色”改为“黑”,如图 9-23 所示;点击“保存并关闭”按钮,即可打印出理想的图纸。

图 9-21　“打印样式表编辑器”窗口

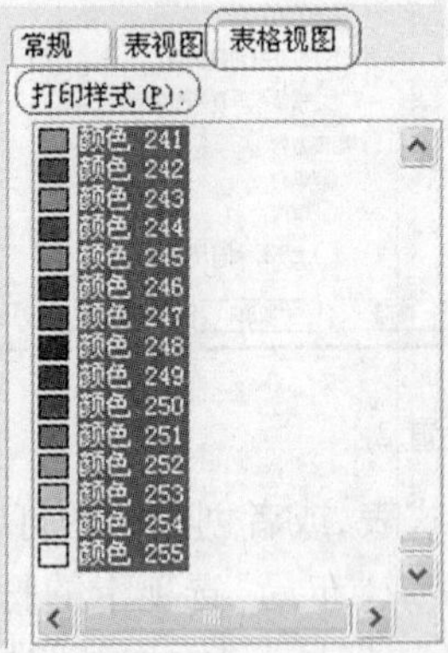

图 9-22　选中全部颜色　　图 9-23　在“特性”选项组中修改颜色

(11)“着色视口选项”:指定着色和渲染视口的打印方式,并确定它们的分辨率大小和每英寸点数(DPI)。

“着色打印”:指定视图的打印方式。要为“布局”选项卡上的视口指定此设置,请选择该视口,然后在“工具”菜单中单击“特性”。

“质量”:指定着色和渲染视口的打印分辨率。

“DPI”:指定渲染和着色视图的每英寸点数,最大可为当前打印设备的最大分辨率。只有在“质量”框中选择了“自定义”后,此选项才可用。

(12)“打印选项”:指定线宽、打印样式、着色打印和对象的打印次序等选项。

“后台打印”:指定在后台处理打印。

“打印对象线宽”:指定是否打印指定给对象和图层的线宽。如果选定“按样式打印”,则该选项不可用。

“按样式打印”:指定是否打印应用于对象和图层的打印样式。如果选择该选项,也将自动选择“打印对象线宽”选项。

“最后打印图纸空间”:首先打印模型空间几何图形。通常先打印图纸空间几何图形,然后打印模型空间几何图形。

“隐藏图纸空间对象”:指定隐藏操作是否应用于图纸空间视口中的对象。此选项仅在“布局”选项卡中可用。此设置的效果反映在打印预览中,而不反映在布局中。

“打开打印戳记”:打开打印戳记。在每个图形的指定角点处放置打印戳记并(或)将戳记记录到文件中。打印戳记设置可以在“打印戳记”对话框中指定,可以从该对话框中指定要应用于打印戳记的信息,例如图形名称、日期和时间、打印比例等。要打开“打印戳记”对话框,请选择“打开打印戳记”选项,然后单击该选项右侧显示的“打印戳记设置”按钮。也可以通过单击“工具-选项”对话框的“打印和发布”选项卡中的“打印戳记设置”按钮来打开“打印戳记”对话框,如图9-24所示。

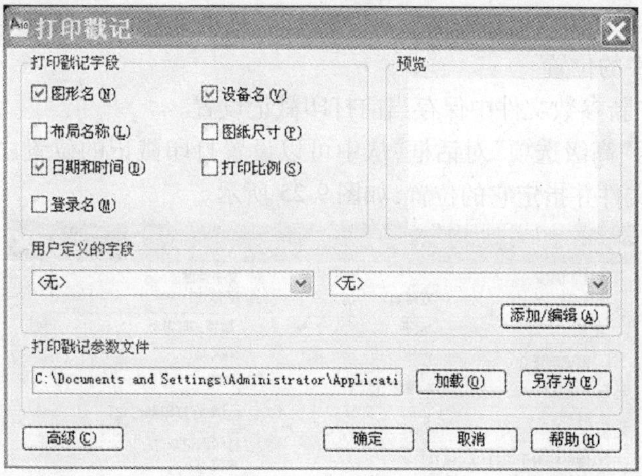

图9-24 “打印戳记”对话框

“打印戳记字段”:指定要应用于打印戳记的图形信息。选定的字段由逗号和空格分开。该选项组有以下7个选项。

“图形名”:在打印戳记信息中包含图形名称和路径。

“布局名称”:在打印戳记信息中包含布局名称。

“日期和时间”:在打印戳记信息中包含日期和时间。

注意，日期和时间的格式在 Windows 控制面板中的“区域设置”对话框中确定。打印戳记的日期使用短日期样式。

“登录名”：在打印戳记信息中包含 Windows 登录名。Windows 登录名包含在系统变量 Loginname 中。

“设备名”：在打印戳记信息中包含当前打印设备名称。

“图纸尺寸”：在打印戳记信息中包含当前配置的打印设备的图纸尺寸。

“打印比例”：在打印戳记信息中包含打印比例。

“预览”：提供打印戳记位置的直观显示（基于在“高级选项”对话框中指定的位置与方向值）。不能用其他方法预览打印戳记。这不是对打印戳记内容的预览。

“用户定义的字段”：提供打印时可选做打印、记录或既打印又记录的文字。每个用户定义列表中选定的值都将被打印。例如，用户可能在一个列表中列出介质类型或价格，而在另一个列表中列出作业名。如果将用户定义的值设置为“无”，则不打印用户定义的信息。

“添加/编辑”：显示“用户定义的字段”对话框，从中可以添加、编辑或删除用户定义的字段。

“打印戳记参数文件”：将打印戳记信息存储在扩展名为 . pss 的文件中。多个用户可以访问相同的文件并基于某一标准设置打印戳记。将提供两个. pss 文件：Mm. pss 和 Inches. pss，它们位于 Support 文件夹中。初始默认打印戳记参数文件名由安装程序时操作系统的区域设置确定。

“路径”：指定打印戳记参数文件的位置。

“加载”：显示“打印戳记参数文件名”对话框（标准文件选择对话框），从中可以指定要使用的参数文件的位置。

“另存为”：在新参数文件中保存当前打印戳记设置。

“高级”：显示“高级选项”对话框，从中可以设置打印戳记的位置、文字特性和单位。也可以创建日志文件并指定它的位置，如图 9-25 所示。

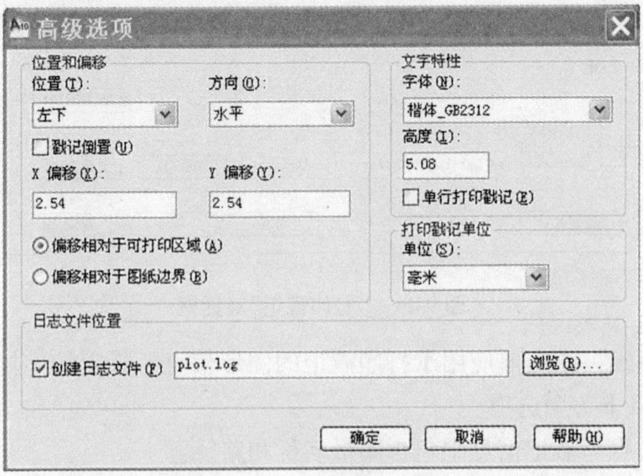

图 9-25 “高级选项”对话框

“位置和偏移”:确定打印戳记的位置、打印戳记的方向和相对于可打印区域或图纸边界的偏移。

“位置”:指示放置打印戳记的位置。选择项目包括“左上”、“左下”(默认)、“右下”和“右上”。该位置是相对于页面上图形的图像方向而言的。

“方向”:指示打印戳记相对于指定页面的旋转方向。对于每个位置来说,选项为“水平”和“垂直”(例如,“左上水平”和“左上垂直”)。

“戳记倒置”:将打印戳记旋转成倒置。

“X 偏移”:确定从图纸角或可打印区域角开始计算的 X 向偏移量,从哪一个角开始计算取决于指定的设置。如果指定“偏移相对于图纸边界”,则计算偏移量以使打印戳记信息适合设计图纸尺寸。如果偏移量使打印戳记信息超出了可打印区域,打印戳记文字将被切断。

“Y 偏移”:确定从图纸角或可打印区域角开始计算的 Y 向偏移量,从哪一个角开始计算取决于指定的设置。如果指定“偏移相对于图纸边界”,则计算偏移量以使打印戳记信息适合设计图纸尺寸。如果偏移量使打印戳记信息超出了可打印区域,打印戳记文字将被切断。

“偏移相对于可打印区域”:计算指定的相对于图纸可打印区域角(不是图纸角)的偏移量。

“偏移相对于图纸边界”:计算指定的相对于图纸角(不是图纸可打印区域角)的偏移量。

“文字特性”:确定应用于打印戳记文字的字体、高度和行数。

“字体”:为打印戳记信息中使用的文字指定字体。

“高度”:指定打印戳记信息应用的文字高度。

“单行打印戳记”:如果选定此选项,则将打印戳记信息放置在单行文字中。打印戳记信息可以最多包括两行文字,但是指定的放置位置和偏移量必须适应文字换行和文字高度。如果打印戳记包含的文字长于可打印区域,则打印戳记文字将被切断。如果不选择此选项,则打印戳记文字将在第三个字段之后换行。

“打印戳记单位”:指定用于测量 X 偏移、Y 偏移和高度的单位。可以将单位定义为英寸、毫米或像素。在 PSS 文件中保存有关于打印戳记尺寸和位置的两个设置值:一个用于无量纲文件格式,另一个用于有量纲文件格式。如果在对话框中选择的单位有量纲,则显示并修改量纲值。要访问无量纲值,需选择像素作为测量单位。不管在对话框中选定的单位如何,打印时都将应用正确的设置值。换句话说,改变测量单位不会导致重新计算该值。

“日志文件位置”:将打印戳记信息写入日志文件而不打印戳记,或既写入日志文件又打印戳记。如果关闭打印戳记,仍可以创建日志文件。

“创建日志文件”:将打印戳记信息写入日志文件。默认日志文件为 plot. log,它位于主应用程序文件夹中。可以指定其他文件名和路径。创建 plot. log 文件之后,随后打印的每个图形的打印戳记信息都将添加到该文件中。每个图形的打印戳记信息为一行文字。打印戳记日志文件可以放置在网络驱动器上并由多个用户共享。每个用户的打印戳记信息都被添加到 plot. log 文件中。

"日志文件名":为创建的日志文件指定文件名。如果不想使用默认文件名 plot. log,请输入新文件名。

"浏览":列出当前保存的打印戳记日志文件。可以选择用当前指定的打印戳记信息覆盖现有打印戳记日志文件,然后保存此文件。

"将修改保存到布局":将在"打印"对话框中所做的修改保存到布局。

(13)"图形方向":为支持纵向或横向的绘图仪指定图形在图纸上的打印方向。图纸图标代表所选图纸的介质方向。字母图标代表图形在图纸上的方向。

"纵向":放置并打印图形,使图纸的短边位于图形页面的顶部。

"横向":放置并打印图形,使图纸的长边位于图形页面的顶部。

"上下颠倒打印":上下颠倒地放置并打印图形。

"图标":指示选定图纸的介质方向并用图纸上的字母表示页面上的图形方向。

四、发布 DWF 文件

现在,国际上通常采用 DWF(Drawing Web Format,图形网络格式)图形文件格式。DWF 文件可在任何装有网络浏览器和 Autodesk WHIP! 4.0 插件的计算机中打开、查看和输出。

DWF 文件支持图形文件的实时移动和缩放,并支持控制图层、命名视图和嵌入链接显示效果。DWF 文件是矢量压缩格式的文件,可提高图形文件打开和传输的速度,缩短下载时间。以矢量格式保存的 DWF 文件,完整地保留了打印输出属性和超链接信息,并且在进行局部放大时,基本上能够保持图形的准确性。

(一)输出 DWF 文件

要输出 DWF 文件,必须先创建 DWF 文件,在这之前还应创建 ePlot 配置文件。使用配置文件 ePlot. pc3 可创建带有白色背景和纸张边界的 DWF 文件。

通过 AutoCAD 的 ePlot 功能,可将电子图形文件发布到 Internet 上,所创建的文件以 DWF 图形文件格式保存。用户可在安装了 Internet 浏览器和 Autodesk WHIP! 4.0 插件的任何计算机中打开、查看和打印 DWF 文件。DWF 文件支持实时平移和缩放,可控制图层、命名视图和嵌入超链接的显示。

(二)在外部浏览器中浏览 DWF 文件

如果在计算机系统中安装了 4.0 或以上版本的 WHIP! 插件和浏览器,则可在 Internet Explorer 或 Netscape Communicator 浏览器中查看 DWF 文件。如果 DWF 文件包含图层和命名视图,还可在浏览器中控制其显示特征。

(三)将图形发布到 Web 页

在 AutoCAD 2010 菜单栏中,选择"文件"|"网上发布"命令,即使不熟悉 HTML 代码,也可以方便、迅速地创建格式化 Web 页,该 Web 页包含 AutoCAD 图形的 DWF、PNG 或 JPEG 等格式图像。一旦创建了 Web 页,就可以将其发布到 Internet。

第十章 二维图形绘制综合实例

通过前面章节的学习,相信读者已对 AutoCAD 绘图有了全面的了解。但由于各章节知识相对独立,各有侧重,因此看起来比较零散。本章将通过绘制并打印三视图与水工图的实例,介绍使用 AutoCAD 绘制二维工程图的完整过程,以帮助读者建立 AutoCAD 平面绘图的整体概念,并巩固前面所学的知识,提高实际绘图的能力。

通过综合实例的学习,应掌握如下知识:

(1)熟练掌握常用的绘图与编辑命令的操作方法及综合使用技巧。

(2)熟练使用目标捕捉,灵活使用各种自动追踪。

(3)掌握利用图层组织管理图形的方法。

(4)理解绘图环境的含义,掌握绘图环境的设置方法,定制自己的样板。

(5)掌握图块的基本操作,掌握工程图样的文字及尺寸标注的要求与方法。

(6)掌握在 AutoCAD 中绘制水工图样的过程和方法。

(7)了解三维实体图的基本绘图要点。

第一节 样板文件的创建

样板图作为一张标准图纸,除需要绘制图形外,还要求设置图纸大小,绘制图框线和标题栏;而对于图形本身,需要设置图层以绘制图形的不同部分,设置不同的线型和线宽以表达不同的含义,设置不同的图线颜色以区分图形的不同部分等。所有这些都是绘制一幅完整图形不可或缺的工作。为方便绘图,提高绘图效率,往往将这些绘制图形的基本作图和通用设置绘制成一张基础图形,进行初步或标准的设置,这种基础图形称为样板图。使用 AutoCAD 绘制零件图的样板图时,必须遵守如下准则:

(1)严格遵守国家标准的有关规定。

(2)使用标准线型。

(3)设置适当图形界限,以便能包含最大操作区。

(4)将捕捉和栅格设置为在操作区操作的尺寸。

(5)按标准的图纸尺寸打印图形。

一、新建图形

国家标准对图纸的幅面大小作了严格规定,每一种图纸幅面都有唯一的尺寸。在绘制图形的开始,设计者应根据图形的大小和复杂程度,选择“格式”|“图形界限”命令,设置图形界限。

在使用 AutoCAD 绘图时,绘图图限不能直观地显示出来,所以在绘图时还需要通过图框来确定绘图的范围,使所有的图形绘制在图框线之内。图框通常要小于图限,到图限边界要留一定的间距，在此可使用“直线”工具绘制图框线。

图框中包含标题栏。标题栏一般位于图框的右下角，在 AutoCAD 2010 中，可以使用“绘图”|“表格”命令来绘制标题栏。

二、单位制与精度

在绘图时，单位制都采用十进制，长度精度为小数点后 0 位，角度精度也为小数点后 0 位。要设置图形单位和精确度，可选择“格式”|“单位”命令，打开“图形单位”对话框。在该对话框“长度”选项组的“类型”下拉列表框中选择“小数”选项，设置“精度”为 0；在“角度”选项组的“类型”下拉列表框中选择“十进制度数”选项，设置“精度”为 0；系统默认逆时针方向为正。设置完毕后单击“确定”按钮。

三、图层设置

在绘制图形时，图层是一个重要的辅助工具，可以用来管理图形中的不同对象。创建图层一般包括设置层名、颜色、线型和线宽。图层的多少需要根据所绘制图形的复杂程度来确定，通常对于一些比较简单的图形，只需分别为辅助线、轮廓线、标注等对象建立图层即可。

从“格式”下拉菜单中点取“图层…”命令或直接单击快捷按钮，弹出“图层特性管理器”对话框后，新建如图 10-1 所示图层即可。

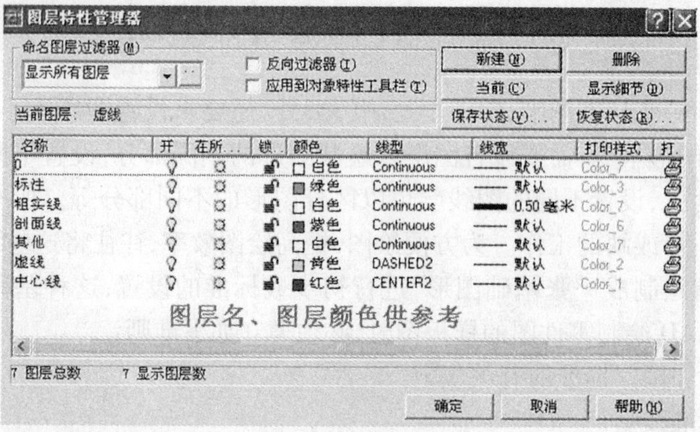

图 10-1　新建图层

四、文字样式的设置

为了字体的美观，可以使用 TTF 字体。TTF 字体是 Windows 下的通用字体，例如常用的宋体、楷体等。

SHX 字体是 AutoCAD 的专用字体，其字体文件后缀为. shx。当图样中字体很多的时候，还是采用 SHX 字体较好，比如尺寸标注，推荐使用 SHX 字体。在 AutoCAD 2010 菜单栏中，选择“格式”|“文字样式”命令，弹出“文字样式”对话框，可在对话框中对文字样式进行设置。图 10-2 是字体样式图。

样式名	字体名	宽度比例	字体样例	说明
st	宋体	0.7	ABC机械制图12345	用于尺寸标注
gb	gbeitc. shx+gbcbig. shx	1	*ABC机械制图12345*	用于汉字标注

图 10-2　字体样式图

五、尺寸标注样式的设置

尺寸标注样式主要用来标注图形中的尺寸，对于不同种类的图形，尺寸标注的要求也不尽相同。通常采用 ISO 标准，在菜单栏中，选择“格式”|“标注样式”命令，弹出“标注样式管理器”对话框，单击“新建”按钮，命名新样式“GB－35”（主样式），基于 ISO－25 设置相关公共参数。

在“标注样式管理器”对话框中各选项卡的参考设置如下。

“线”：尺寸线和尺寸界线的颜色设为“红色”；超出尺寸线数值设为“2”。

“符号和箭头”：箭头大小设为“3”。

“文字”：文字样式设为“Standard”；文字颜色设为“绿色”；文字对齐方式设为“与尺寸线对齐”。

“调整”：“调整选项”中选中“文字”；“优化”选项中选中“手动放置文字”。

“主单位”：精度设为“0.00”；小数分隔符设为“句点”；“消零”选项中选中“后续”。

六、创建图块

在本章实例中要用到一些水工标高的标记图块，如图 10-3 所示。

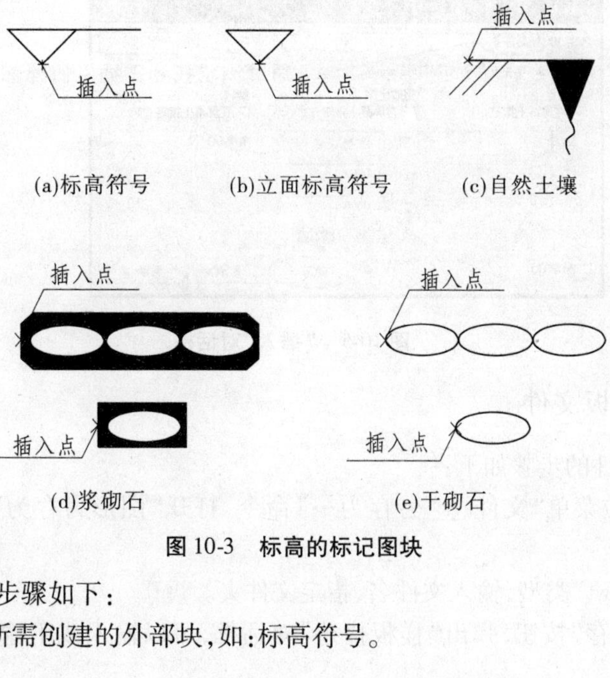

图 10-3　标高的标记图块

创建外部图块步骤如下：

(1)先绘制出所需创建的外部块，如：标高符号。

(2)在命令行中输入 W,接着回车,弹出如图 10-4 所示的“写块”对话框。

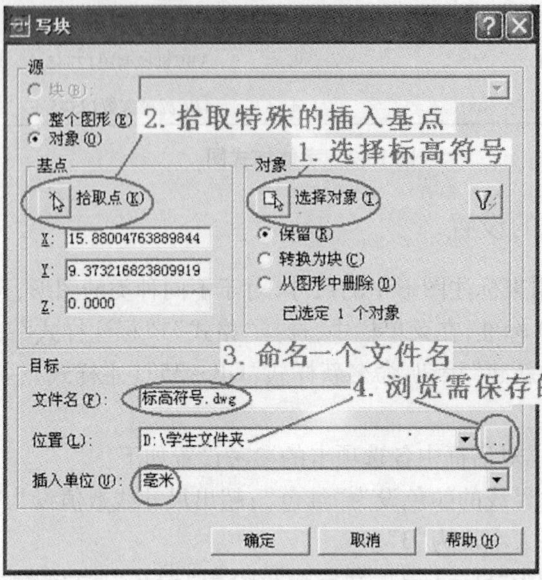

图 10-4 “写块”对话框

(3)在“写块”对话框中按照图 10-4 中提示的 4 个步骤进行操作后,单击“确定”按钮,实现外部标记图块的创建。可以在样板文件中保存常用的图块,如标高符号等。

当需要插入外部块时,可单击“插入块”按钮,则弹出“插入”对话框,如图 10-5 所示。单击“浏览”按钮找到 D 盘的标高符号块文件,点击“确定”按钮找到要插入的位置即可。

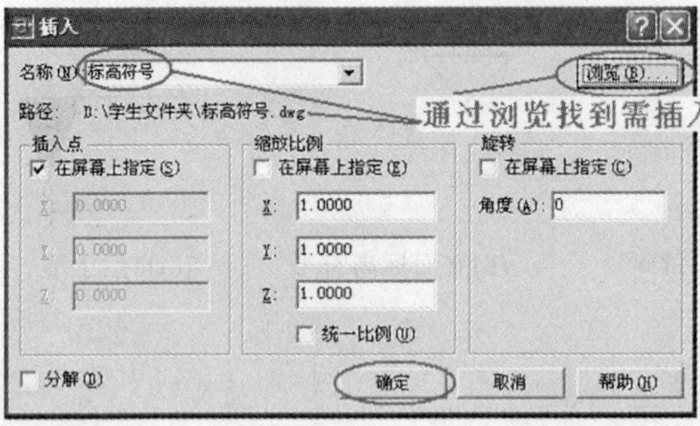

图 10-5 “插入”对话框

七、保存样板文件

保存样板文件的步骤如下:

(1)拾取下拉菜单“文件”|“另存为…”命令,打开“图形另存为”对话框,如图 10-6 所示。

(2)选择“.dwt”类型,输入文件名,指定文件夹。

(3)拾取“保存”按钮,弹出“样板描述”对话框,可以输入或不输入任何内容直接点击“OK”按钮。

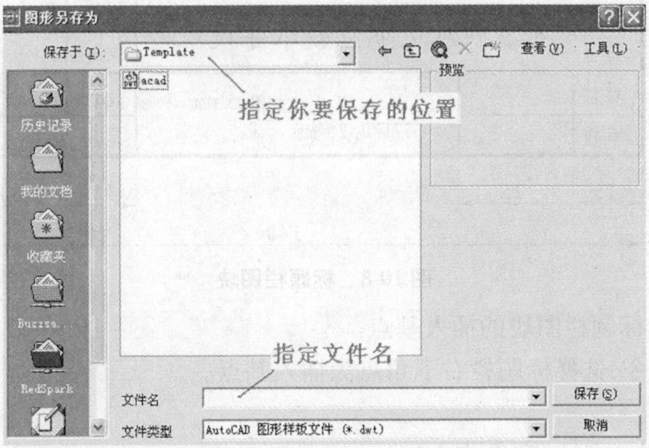

图 10-6 “图形另存为”对话框

八、样板文件的使用

从“使用样板”创建新图,其使用方法如图 10-7 所示。

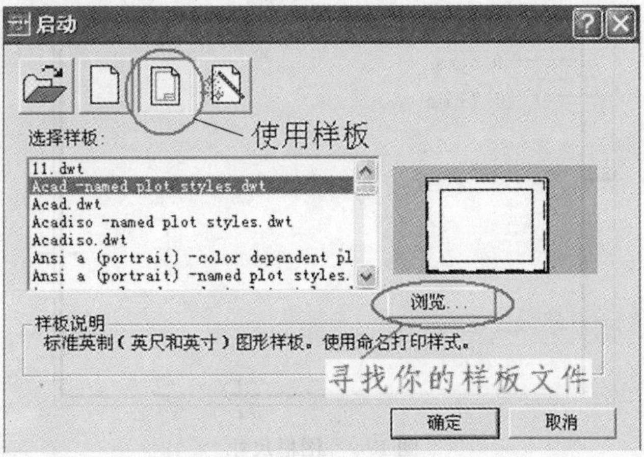

图 10-7 使用样板

第二节 二维绘图综合实例

一、制作 A3、A4 图框

绘制步骤如下:

第一步:设置文字样式。

设置一个宋体样式,用于标注标题栏文字。

第二步:绘制标题栏图块。

按如图 10-8 所示尺寸绘制并填写相应内容。其中,外框线设为 0.5 mm,其他为缺省值。

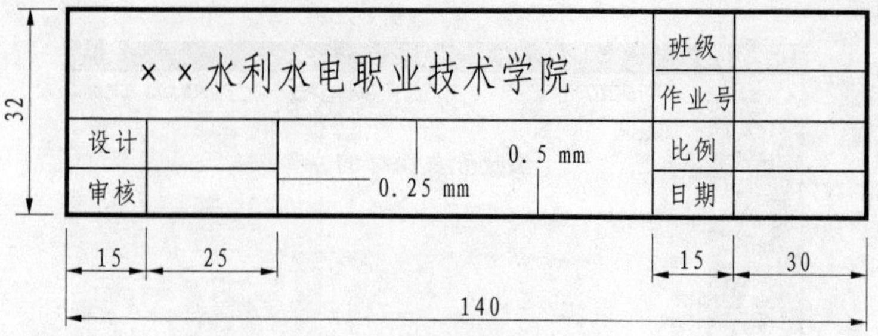

图 10-8　标题栏图块

第三步:设置标题栏图块的插入基点。

执行 Base 命令,选择标题栏右下角点为插入基点。

第四步:保存。

保存于自己的文件夹下,命名 btl. dwg。

第五步:绘制图框。

A4 图幅尺寸:297 mm×210 mm,不留装订边,均 5 mm;A3 图幅尺寸:420 mm×297 mm,装订边 25 mm,其他 5 mm。图框尺寸如图 10-9 所示。

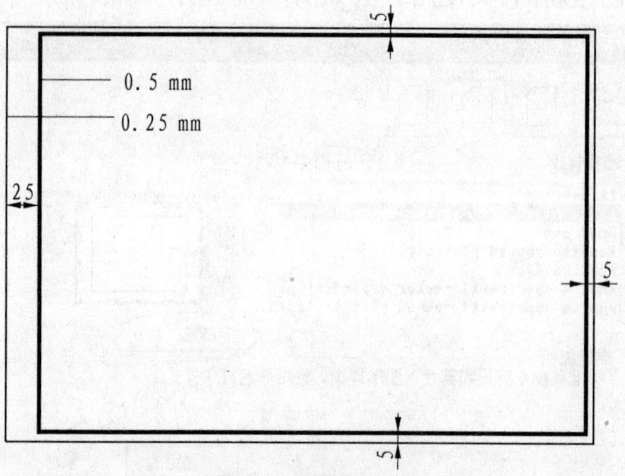

图 10-9　图框尺寸

图框绘制过程如下:

(1)新建图形,在 0 层绘制 A3 图框,先以默认特性绘制完成,再修改线宽等特性。

(2)用 Base 命令设置基点。

(3)插入标题栏图块 btl. dwg,保存 a3. dwg 于自己的文件夹中。

(4)用同样方法完成 A4 图框,并插入标题栏图块 btl. dwg,保存 a4. dwg 于自己的文件夹中。

二、绘制物体三视图

分析如图 10-10 所示尺寸,拟定按 A4 图幅,1∶2比例打印该图。

第一步:新建图形。

从"使用面板"开始,选用自己的样板文件开始新图。这样图层、文字与标注样式等

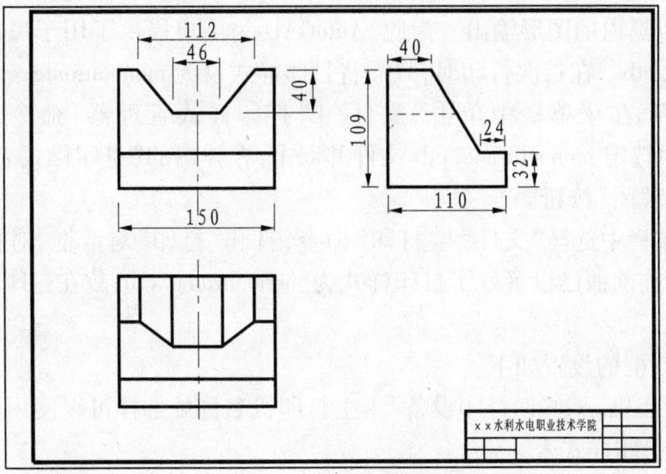

图 10-10　物体三视图

不用再次设置。

第二步:绘图。

注意,绘图时依据图形标注的尺寸,1∶1输入来绘制图形。无论图形最终的打印比例为多少,一律按标注尺寸1∶1输入。

第三步:修改标注样式后标注尺寸。

修改全局比例为打印比例的倒数,此图拟定1∶2打印,所以在“修改标注样式”对话框的“调整”标签中,将全局比例设置为“2”。

第四步:插入 A4 图框。

单击“插入块”按钮,弹出“插入”对话框,如图 10-11 所示。单击“浏览”按钮找到 A4. dwg 文件,点击“确定”按钮找到要插入的位置即可。

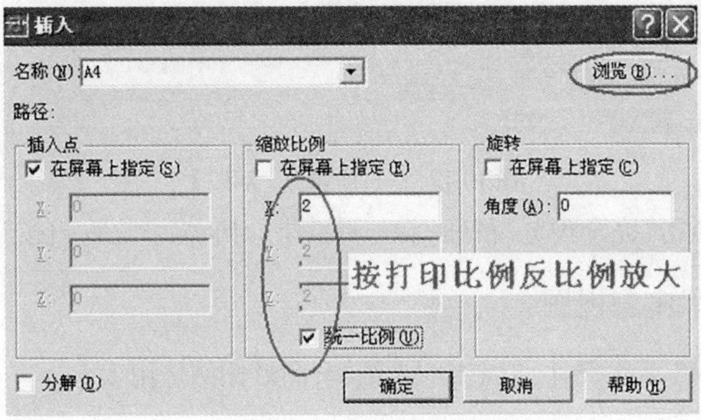

图 10-11　“插入”对话框

第五步:保存图形。

命名 A4sst1. dwg,并保存在自己的文件夹中。

第六步:打印图形。

在绘制完零件图后,可以使用 AutoCAD 的打印功能输出该零件截面图。

在 AutoCAD 中制图时,为区分不同的图层而分配了不同的颜色,但进行打印时,大多情况下都要求以黑白的图形输出。为此,AutoCAD 为用户提供了用于黑白打印的打印样式:monochrome. ctb。在首次打印时,只需将打印样式设为 monochrome. ctb 即可。

设置方法为,在菜单栏中单击"文件"|"打印样式管理器"命令,在弹出的"Plot Styles"对话框中选定 monochrome. ctb 文件并双击,在弹出的"打印样式表编辑器"对话框中单击"保存并关闭"按钮。

然后在菜单栏中选择"文件"|"打印"命令,打开"打印"对话框,对打印的各个选项进行设置(由于在前面已设置好了打印样式为 monochrome. ctb,故在打印样式表中不需另外设置)。

"打印"对话框的设置如下:

(1)选择打印机。①在"打印设备"卡上打印机名称处选择可以使用的打印机或绘图仪;②选择黑白打印样式表。

(2)打印设置。在"打印设置"卡上按图 10-12 进行设置。①选择打印纸大小;②选定打印方向;③选择打印的图形范围;④指定打印比例;⑤勾选"居中打印";⑥完全预览;⑦预览合适后,点击"确定"按钮。

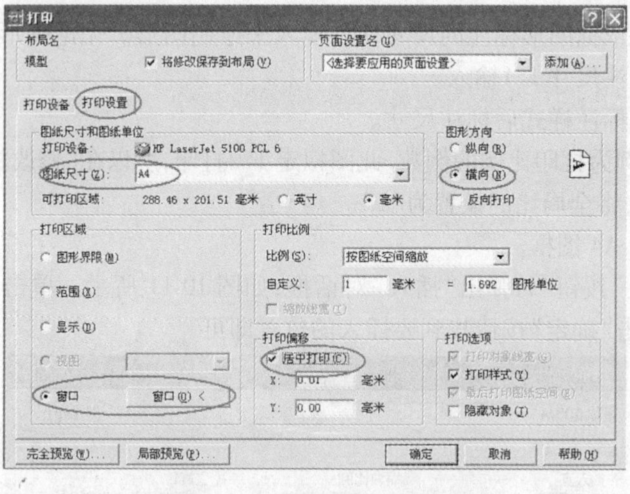

图 10-12 **"打印设备"卡设置**

设置好之后点击"完全预览"按钮,看一看效果如何,满意之后再按"确定"按钮。

三、绘制轴承座三视图

分析如图 10-13 所示尺寸,拟定按 A4 图幅,图形比例选用 2∶1。

绘制步骤如下:

第一步:设置绘图环境。

(1)在菜单栏中选中"格式"|"图形界限"命令,设置 A4 图纸。

(2)在菜单栏中选中"视图"|"缩放"|"全部显示"命令,显示全图。

(3)利用 Layer 命令,按规定设置图层、颜色和线型。将 01 层设为粗实线,04 层设为细实线,05 层设为细点画线,08 层设为尺寸标注的细实线。

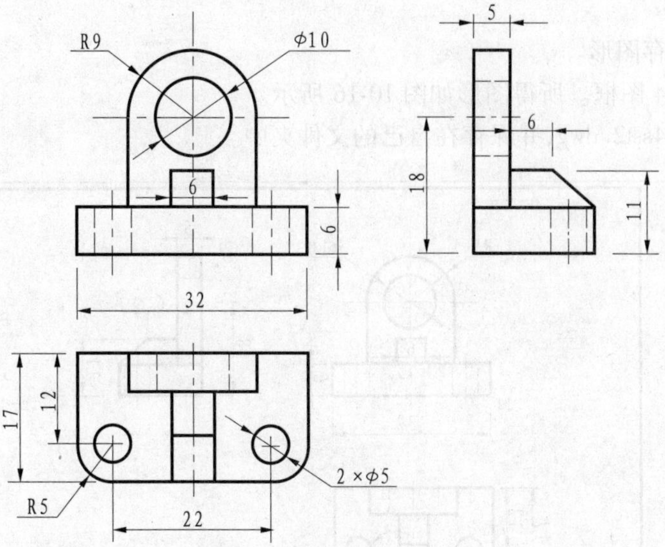

图 10-13　轴承座三视图

图 10-14　画中心线

第二步:画三视图。

(1)画中心线。利用层状态控制栏将 05 层设为当前层,根据图形尺寸,用 Line 命令绘制 3 个视图的中心线,如图 10-14 所示。

(2)画三视图的轮廓线。将 01 层设为当前层,根据"长对正、高平行、宽相等"的原则,用 Pline、Circle 等命令绘制 3 个视图的轮廓线。编辑修改图形,完成外轮廓线图形,如图 10-15 所示。

(3)画虚线。将 04 层设为当前层,用 Line 命令绘制虚线,如图 10-13 所示。

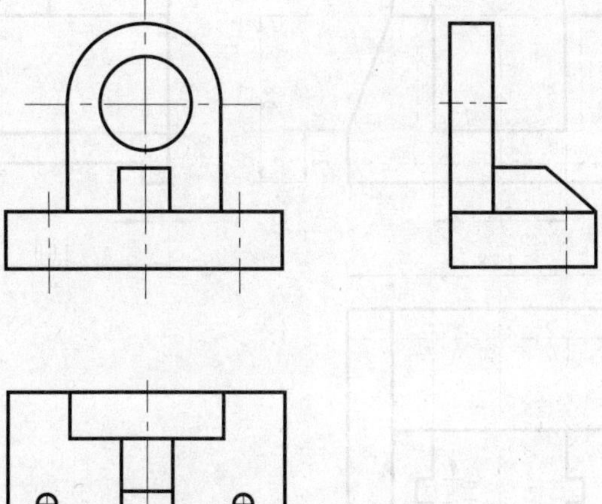

图 10-15　画三视图轮廓线

(4)标注尺寸。将 08 层设为当前层,用 Dimlin、Dimradius 等命令标注尺寸,如

图 10-13所示。

第三步:保存图形。

(1)插入 A4 图框。所得图形如图 10-16 所示。

(2)命名 A4sst2. dwg,并保存在自己的文件夹中。

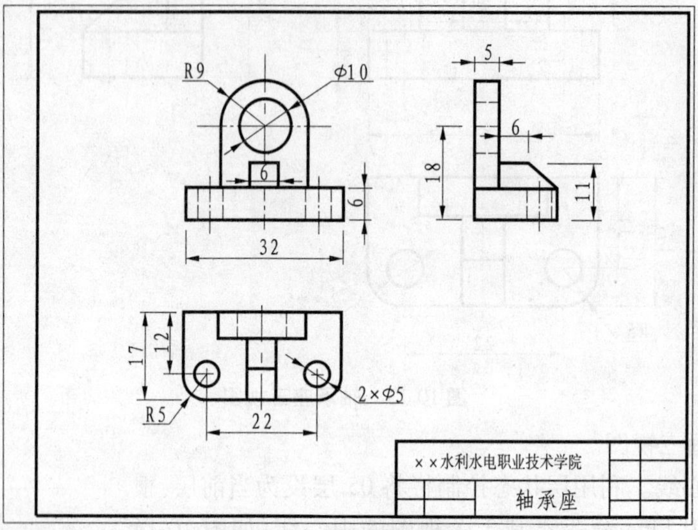

图 10-16　轴承座三视图

四、绘制涵洞三视图

分析如图 10-17 所示尺寸,拟定按 A3 图幅,1:1比例打印该图。

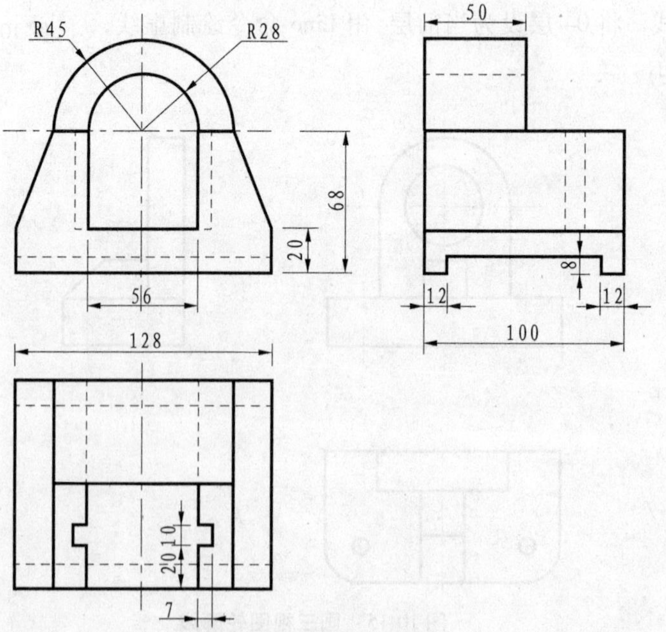

图 10-17　涵洞三视图

绘制步骤如下：
第一步：新建图形。
从“使用样板”开始，选用自己的样板文件开始新图。
第二步：绘图。
依次按图 10-18 ~ 图 10-23 绘制涵洞三视图。

图 10-18　画点画线

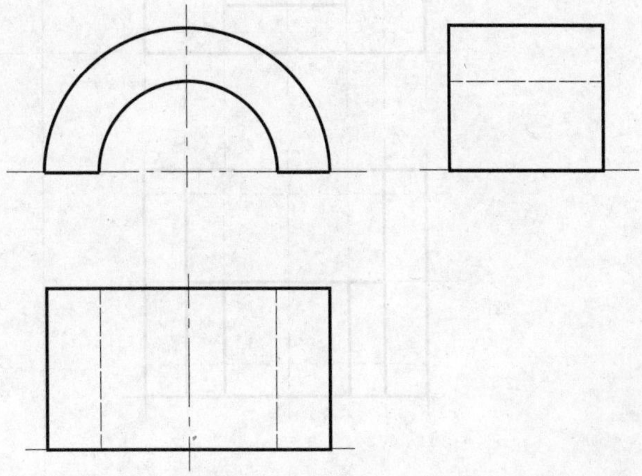

图 10-19　画拱圈

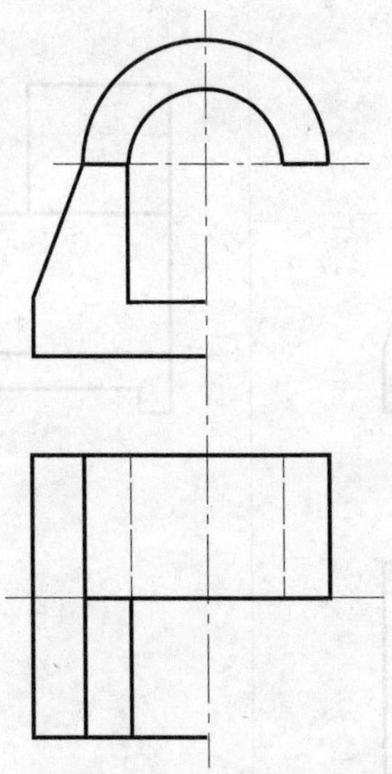

图 10-20　画边墩与底板

第三步：插入 A3 图框，得绘制图形如图 10-24 所示。命名为 A3hd. dwg。
第四步：打印（略）。

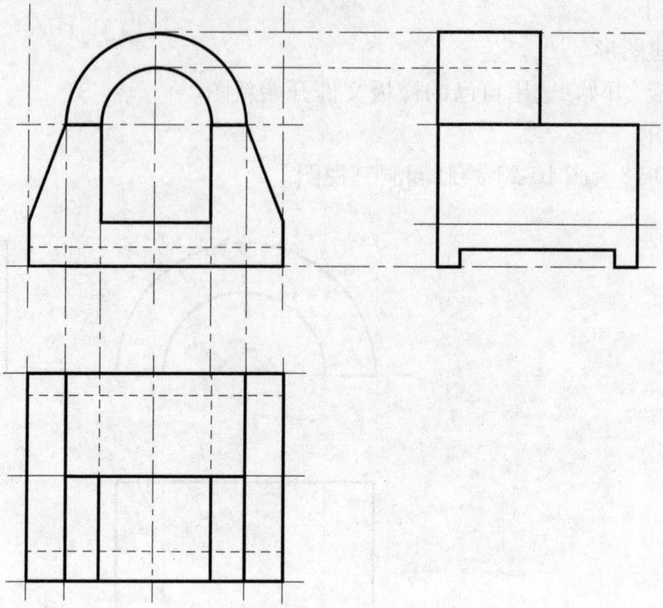

图 10-21　镜像后合成

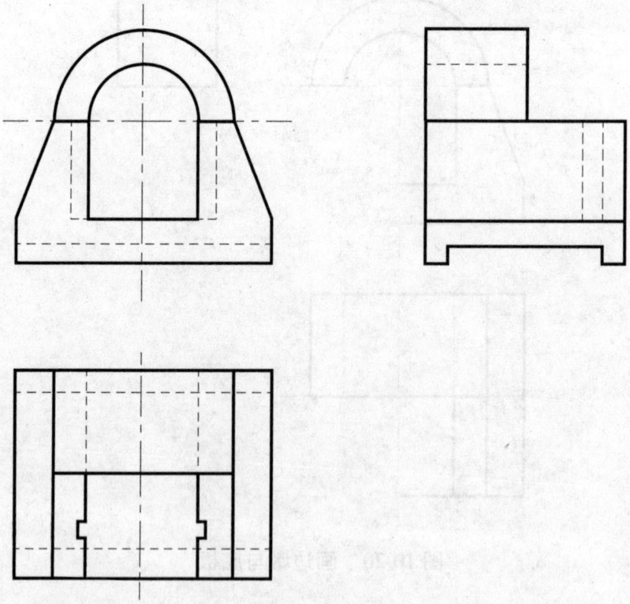

图 10-22　绘制闸门槽

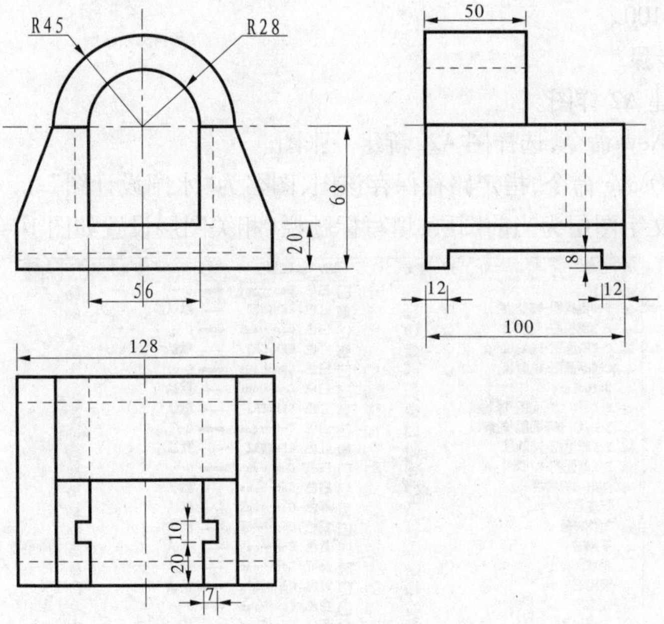

图 10-23　标注尺寸

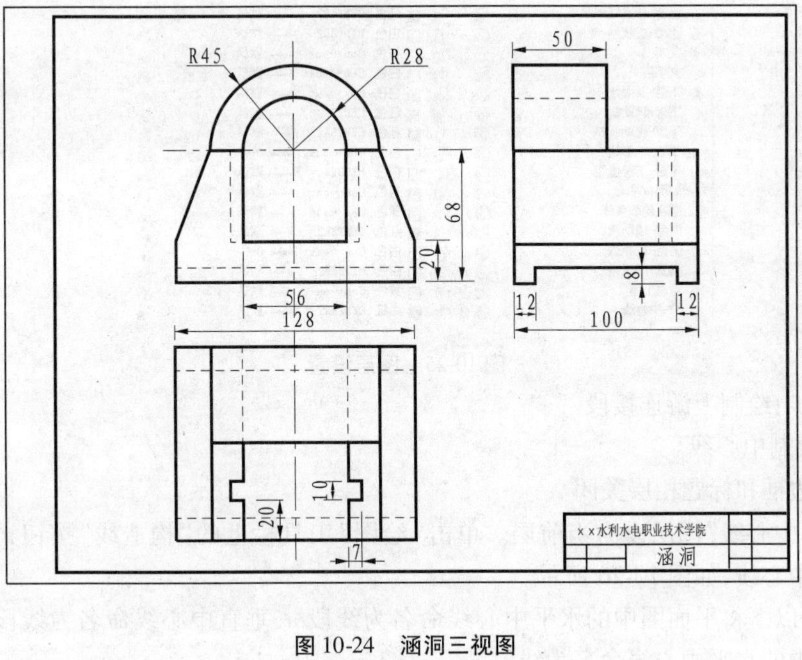

图 10-24　涵洞三视图

五、水闸设计图

(一)要求

(1)A2 图幅。

(2)比例 1∶100。

(二)具体步骤

第一步:创建 A2 样图。

第二步:用 New 命令,选样图 A2,新建一张图。

第三步:用 Qsave 命令,指定路径保存该图,图名为“水闸设计图”。

第四步:设文字图层为当前图层,填写标题栏(相关图层设置如图 10-25 所示)。

状	名称	开	冻结	锁定	颜色	线型	线宽	打印样式	打	说明
	0				白色	Con···ous	0···	Color_7		
	B-B剖视图-辅助线				红色	CENTER2	默认	Color_1		
	B-B剖视图-轮廓线				白色	Con···ous	0···	Color_7		
	C-C断面图-辅助线				红色	CENTER2	默认	Color_1		
	C-C断面图-轮廓线				白色	Con···ous	0···	Color_7		
	Defpoints				白色	Con···ous	默认	Color_7		
	E-E及D-D断面图-辅助线				红色	CENTER2	默认	Color_1		
	E-E及D-D断面图-轮廓线				白色	Con···ous	0···	Color_7		
	F-F断面图-辅助线				红色	CENTER2	默认	Color_1		
	F-F断面图-轮廓线				白色	Con···ous	0···	Color_7		
	边框与标题栏				白色	Con···ous	默认	Color_7		
	标注层				绿色	Con···ous	默认	Color_3		
	对称符号				黄色	Con···ous	默认	Color_2		
	干砌石				黄色	Con···ous	默认	Color_2		
	钢筋混泥土				品红	Con···ous	默认	Color_6		
	浆砌石				黄色	Con···ous	默认	Color_2		
	轮廓线				白色	Con···ous	0···	Color_7		
	剖切符号				黄色	Con···ous	0···	Color_2		
	上游-断面线				白色	Con···ous	默认	Color_7		
	上游-辅助线1				红色	CENTER2	默认	Color_1		
	上游-辅助线2				红色	CENTER2	默认	Color_1		
	上游-轮廓线				白色	Con···ous	0···	Color_7		
	上游-相贯辅助线				红色	CENTER2	默认	Color_1		
	上游-虚线				白色	HIDDEN2	默认	Color_7		
	文本				白色	Con···ous	默认	Color_7		
	文字层				白色	Con···ous	默认	Color_7		
	下游-断面线				白色	Con···ous	默认	Color_7		
	下游-辅助线1				红色	CENTER2	默认	Color_1		
	下游-辅助线2				红色	CENTER2	默认	Color_1		
	下游-轮廓线				白色	Con···ous	0···	Color_7		
	下游-下游虚线				白色	HIDDEN2	默认	Color_7		
	斜面符号				黄色	Con···ous	默认	Color_2		
	圆柱轮廓束线				黄色	Con···ous	默认	Color_2		
	闸室-辅助线1				红色	CENTER2	默认	Color_1		
	闸室-轮廓线				白色	Con···ous	0···	Color_7		
	闸室-虚线				白色	HIDDEN2	默认	Color_7		
	自然土壤				黄色	Con···ous	默认	Color_2		
	总-中心线				品红	CENTER2	默认	Color_6		

图 10-25　图层设置

第五步:绘制上游连接段。

(1)绘制中心线。

➢将边框和标题栏层关闭。

➢将“中心线”图层设为当前层。单击“绘图”工具栏上的“构造线”按钮,绘制水平和垂直中心线,如图 10-26 所示。

注意,以下将平面图中的水平中心线命名为线段 a,垂直中心线命名为线段 b,A—A 纵剖视图中的水平中心线命名为线段 c。

(2)将“粗实线”图层设为当前层。单击“修改”工具栏上的“偏移”按钮,再利用“直线”按钮取中心线的交点绘制出上游连接段的一半轮廓,最后通过“镜像”按钮,生成完整的上游连接段的平面图,如图 10-27所示。

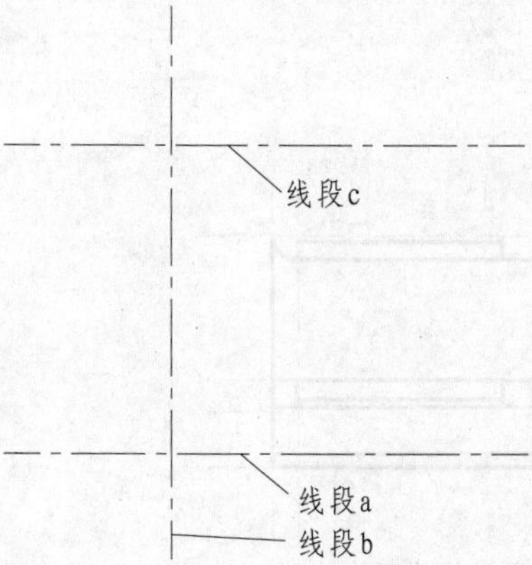

图 10-26　绘制水平和垂直中心线

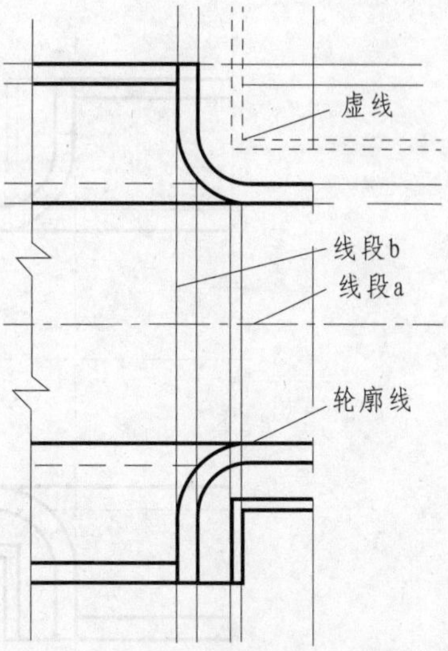

图 10-27　镜像后的上游连接段

(3)绘制上游连接段的 A—A 纵剖视图，如图 10-28 所示。

➢根据标高 12.4 m 以及 10 m 可知上游护坡的高度为 2400 mm，而平面图中显示护坡的投影尺寸为2400 mm，则可知上游护坡的斜度为 45°，且上游护底厚度为 300 mm。

➢绘制上游翼墙，根据图 10-28 的步骤绘制最终的相贯线(共 8 步)。

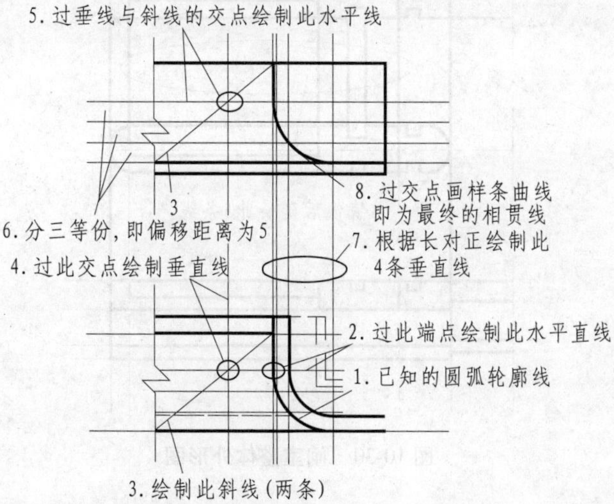

图 10-28　上游连接段的 A—A 纵剖视图

第六步:绘制闸室平面图。

(1)将“粗实线”图层设为当前层。删除上述使用的辅助线，单击“修改”工具栏上的“偏移”按钮，再利用“直线”按钮绘制出闸室的一半轮廓，如图 10-29 所示(注意打开正交实现快速绘图)。

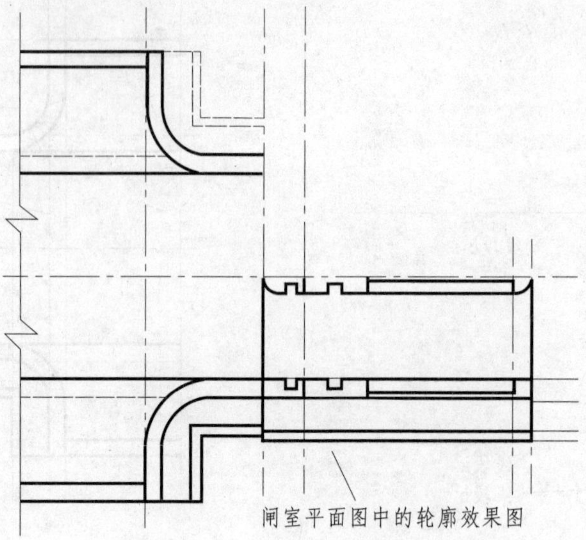

图 10-29　闸室的一半轮廓

(2)通过“镜像”按钮,得到闸室整体外形图,如图 10-30 所示。

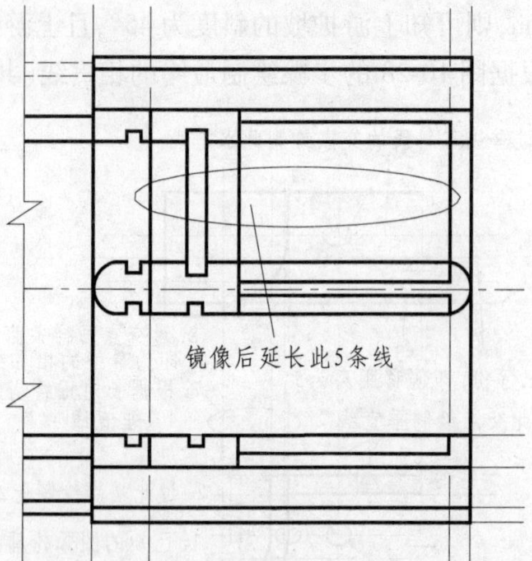

图 10-30　闸室整体外形图

(3)绘制闸室平面图中的虚线部分。直接选中图 10-30 中应为虚线部分的实线,将其一起放入虚线层即可,结果如图 10-31 所示。

(4)绘制闸室的 A—A 纵剖视图。结果如图 10-32 所示。

第七步:绘制下游连接段。

(1)绘制下游连接段的平面图。将“粗实线”图层设为当前层。删除上述使用的辅助线,单击“修改”工具栏上的“偏移”按钮,再利用“直线”按钮绘制出下游连接段的一

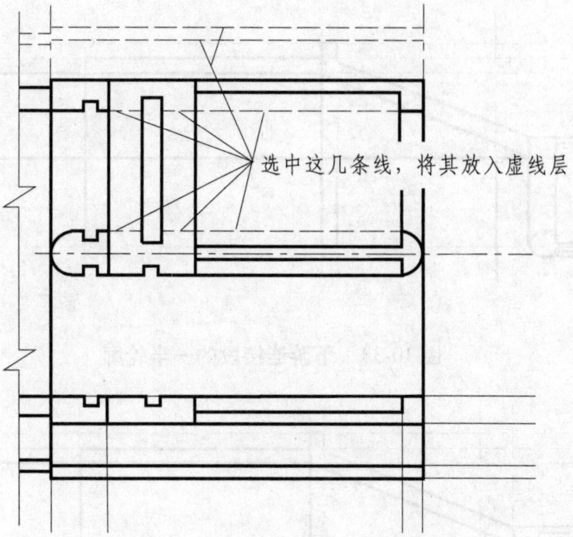

图 10-31　闸室平面图中的虚线部分

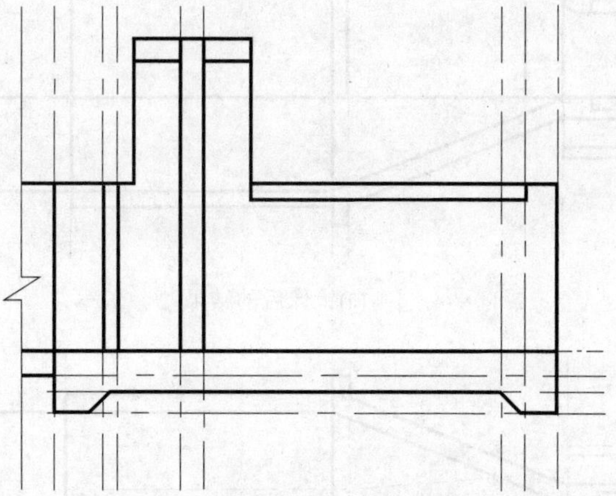

图 10-32　闸室的 A—A 纵剖视图

半轮廓,如图 10-33 所示(注意打开正交实现快速绘图)。

通过"镜像"按钮,得到下游连接段的整体外形图,如图 10-34(a)所示。

绘制下游连接段平面图中的虚线部分。通过镜像最后得出结果如图 10-34(b)所示。

(2)绘制下游连接段的 A—A 纵剖视图。将"辅助线"图层设为当前层。根据长对正,绘制垂直的构造线,再切换图层,将"粗实线"层设为当前层。单击"修改"工具栏上的"偏移"按钮,再利用"直线"按钮绘制出下游连接段的 A—A 纵剖视图,如图 10-35 所示(注意打开正交实现快速绘图)。

最后的水闸主体部分视图如图 10-36 所示。

第八步:绘制 B—B 剖视图。

根据图纸尺寸利用高平齐绘制 B—B 剖视图,绘图结果如图 10-37 所示。

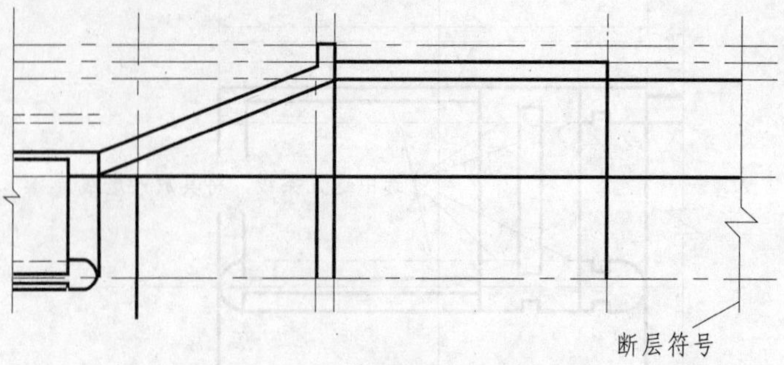

图 10-33　下游连接段的一半轮廓

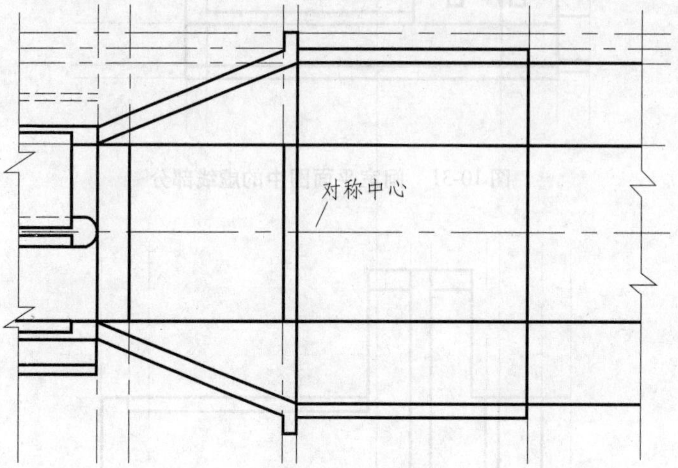

(a)镜像后的结果

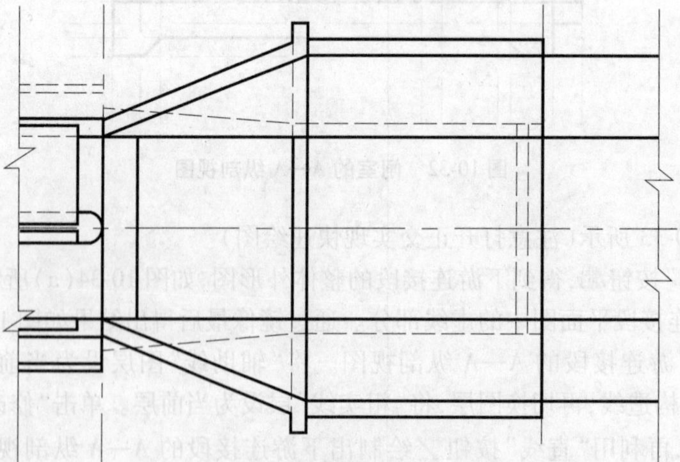

(b)通过镜像最后得出的结果

图 10-34　下游连接段的整体外形图

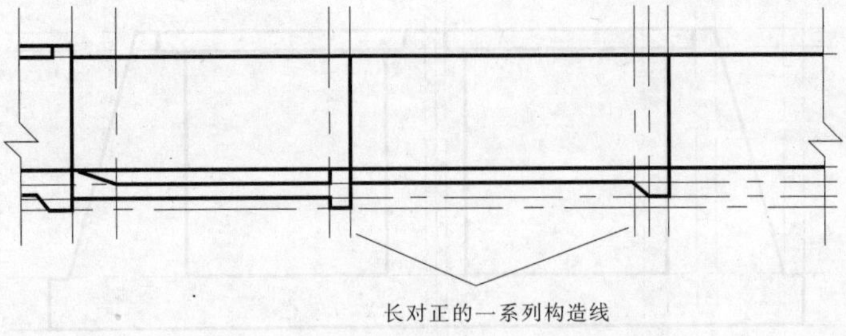

图 10-35　下游连接段的 A—A 纵剖视图

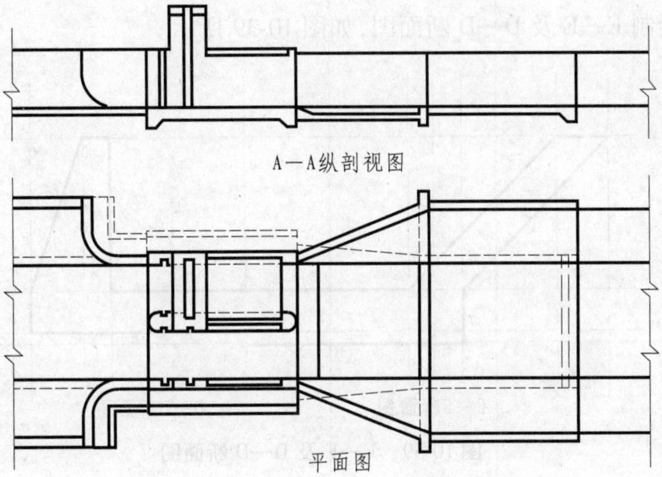

图 10-36　水闸主体部分视图

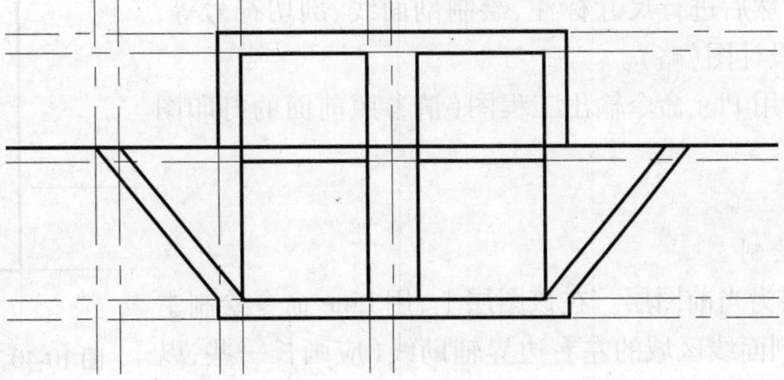

图 10-37　B—B 剖视图

第九步：绘制 C—C 断面图。

单击“修改”工具栏上的“偏移”按钮，再利用“直线”按钮绘制出 C—C 断面图，如图 10-38所示。

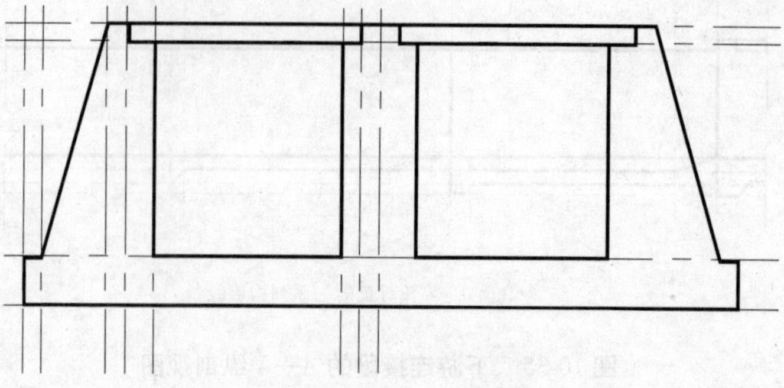

图 10-38　C—C 断面图

第十步:绘制 E—E 及 D—D 断面图,如图 10-39 所示。

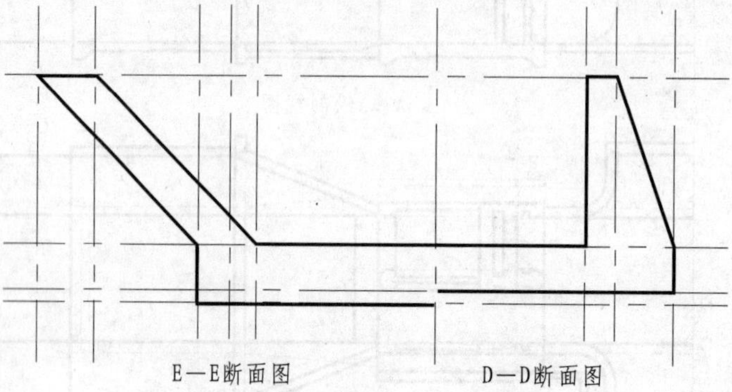

图 10-39　E—E 及 D—D 断面图

第十一步:绘制 F—F 断面图,如图 10-40 所示。

第十二步:用“插入块”按钮命令,将先前创建的外部块(如标高符号、自然土壤、浆砌石、干砌石等符号)插入到此图中相应的位置,然后进行尺寸标注、绘制剖面线、剖切符号等,最终得到水闸设计图(略)。

第十三步:用 Plot 命令输出工程图(请参照前面的打印图形部分)。

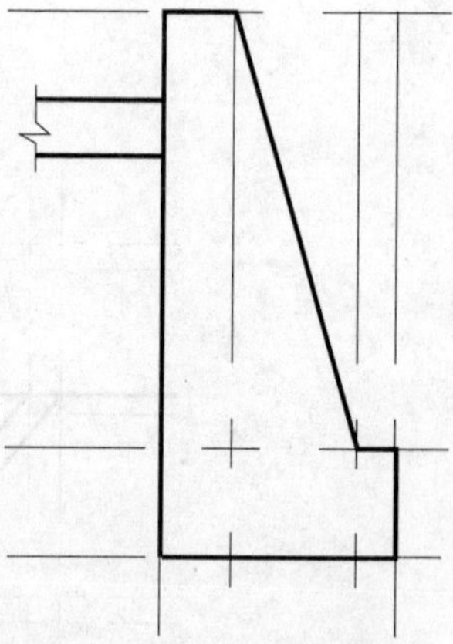

图 10-40　F—F 断面图

(三)备注

1. 剖面线绘制

(1)线图层为当前图层。在该图层上,用 Line 命令绘制主视图中闸底板剖面线区域的左右边界辅助线(应画长一些,以便用后擦除)。用 Bhatch 命令绘制图中剖面线。钢筋混凝土剖面线应分“金属”和“混凝土”两次填充,“金属”剖面线的填充选“用户定义”类型较容易控制,“混凝土”剖面线的填充应选“预定义”类型,缩放比例值可在 0.04 ~0.1 选择。用 Erase 命令擦去两条辅助线。

(2)闸底板、工作桥、交通桥处的剖面线缩放比例及金属材料的间距不应相同,应分别填充。这样,各处剖面线是相互独立的,也便于修改。

(3) AutoCAD 2010 中没有“自然土壤”、“干砌块石”和“浆砌块石”剖面线，可使用前面创建的图块按原大小插入并复制。插入时，要根据实际情况调整缩放比例及旋转角。

2. 标注尺寸

换尺寸图层为当前图层。在该图层上，操作如下：

(1) 用所设标注样式及尺寸标注命令标注图中尺寸。当尺寸标注错误或尺寸数字位置不合适时，应注意使用相应的尺寸标注修改命令进行修改。

(2) 用 Line 命令绘制所有标注高程的引出线。

(3) 用 Ddinsert 命令插入已创建为独立图块的高程符号（插入时，应注意改变缩放比例的符号和旋转角度来控制插入符号的方向，比例值大小不需改变）。

(4) 用 Dtext 命令注写各高程数字，此时应关闭状态栏上的“对象捕捉”、“极轴”模式开关。

上机练习与习题

螺旋千斤顶的组成结构示意图如图 10-41 所示，请根据图 10-41 完成以下任务并进行图纸的输出。

(1) 按适当比例绘制螺旋千斤顶各组成部分，参考图见图 10-42 ~ 图 10-46。

(2) 绘制千斤顶装配图，A2 图幅，比例 1:2。

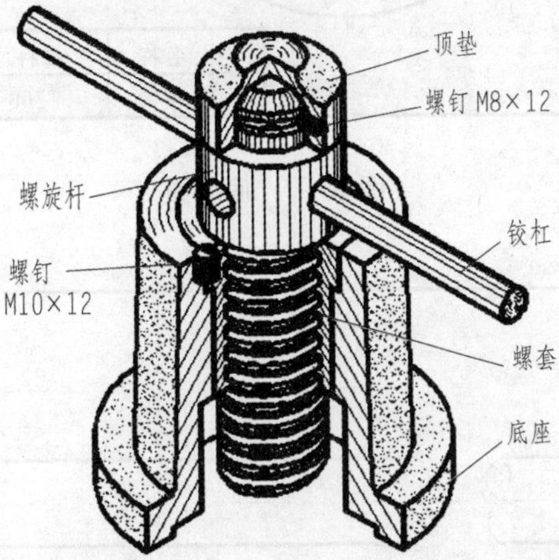

序号	名称	件数	材料	备注
1	底座	1	HT200	
2	螺旋杆	1	45	
3	螺套	1	ZCuAl10Fe3	
4	螺钉 M10 × 12	1		GB/T 73
5	铰杠	1	Q235A	
6	螺钉 M8 × 12	1		GB/T 75
7	顶垫	1	35	

图 10-41　螺旋千斤顶

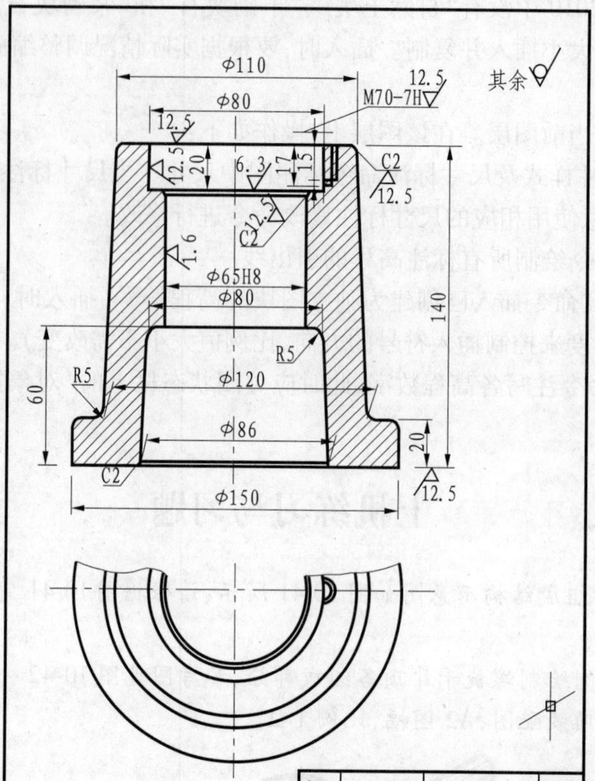

序号	名称	材料	数量
1	底座	HT200	1

图 10-42　底座图

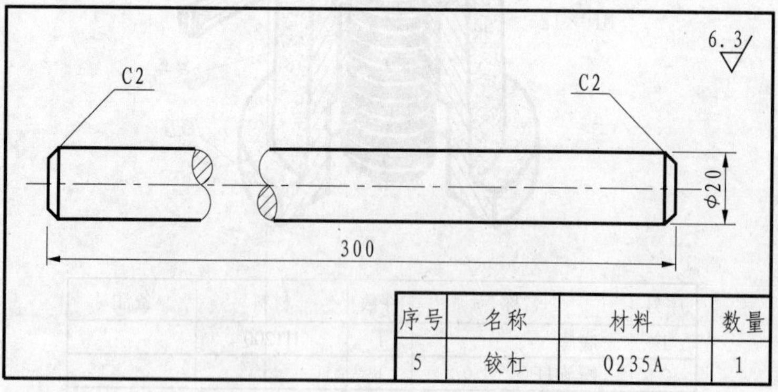

序号	名称	材料	数量
5	铰杠	Q235A	1

图 10-43　铰杠图

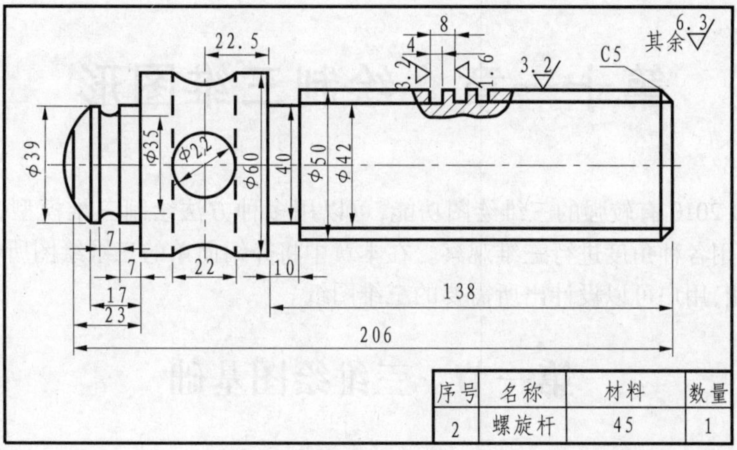

图 10-44　螺旋杆图

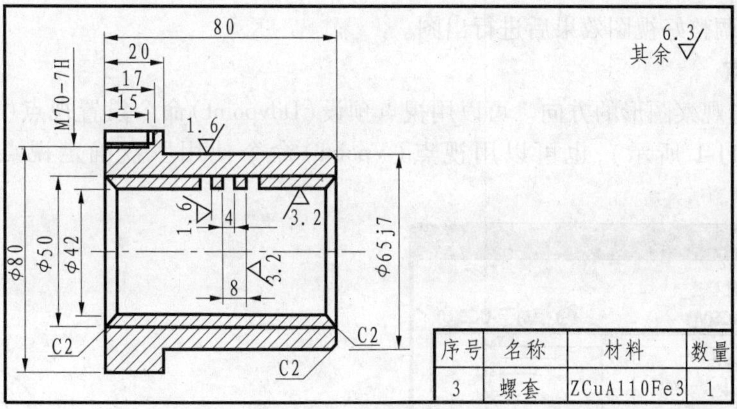

图 10-45　螺套图

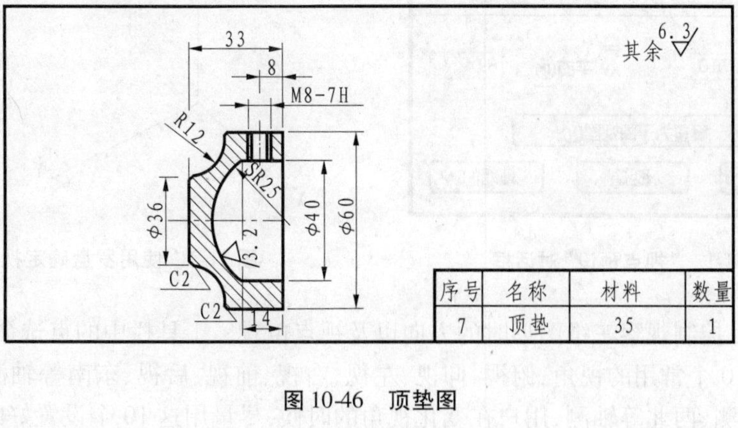

图 10-46　顶垫图

第十一章　绘制三维图形

AutoCAD 2010 有较强的三维绘图功能，可以用多种方法绘制三维模型，方便地进行编辑，并可以用各种角度进行三维观察。在本章中将介绍简单的三维绘图所使用的功能，利用这些功能，用户可以设计出所需要的三维图纸。

第一节　三维绘图基础

一、三维图形的观察与显示

要进行三维绘图，首先要掌握观看三维视图的方法，以便在绘图过程中随时掌握绘图信息，并可以调整好视图效果后进行出图。

（一）视点

视点是指观察图形的方向。可以用视点预设（Ddvpoint）命令设置视点（"视点预设"对话框如图 11-1 所示），也可以用视点（Vpoint）命令使用罗盘确定视点（如图 11-2 所示）。

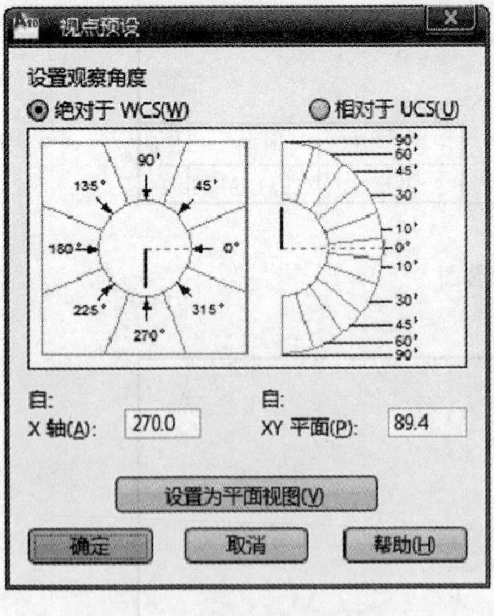

图 11-1　"视点预设"对话框

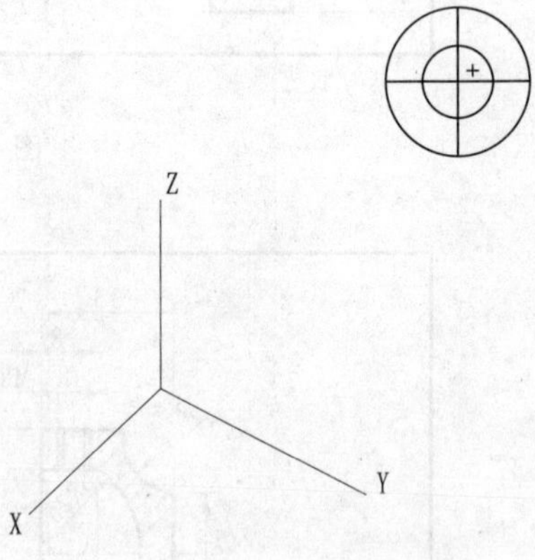

图 11-2　使用罗盘确定视点

用户可以控制观察三维图形时的方向以及视点位置。工具栏中的点选命令实际上是视点命令的 10 个常用的视角：俯视、仰视、左视、右视、前视、后视、东南等轴测、西南等轴测、东北等轴测、西北等轴测，用户在变化视角的时候，尽量用这 10 个设置好的视角，这样可以节省不少时间。

可以通过菜单“视图”|“三维视图”选择预定义的三维视图(如图 11-3(a)所示)和通过面板选项板中的“视图”选择预定义的三维视图(如图 11-3(b)所示)。

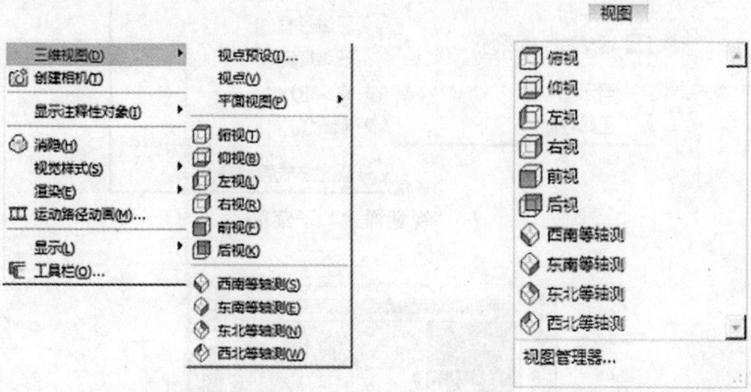

(a) 通过菜单选择　　(b) 通过面板选项板选择

图 11-3　选择预置三维视图

(二)三维动态观察器

进入三维动态观察模式,控制在三维空间交互查看对象。该命令可使用户同时从 X、Y、Z 三个方向动态观察对象。

用户在不确定使用何种角度观察的时候,可以用该命令,因为该命令提供了实时观察的功能,用户可以随意用鼠标来改变视点,直到达到需要的视角的时候退出该命令,继续编辑。

可以通过菜单“视图”|“动态观察”(如图 11-4 所示)中的子菜单动态地观察三维图形,各子命令功能如下。

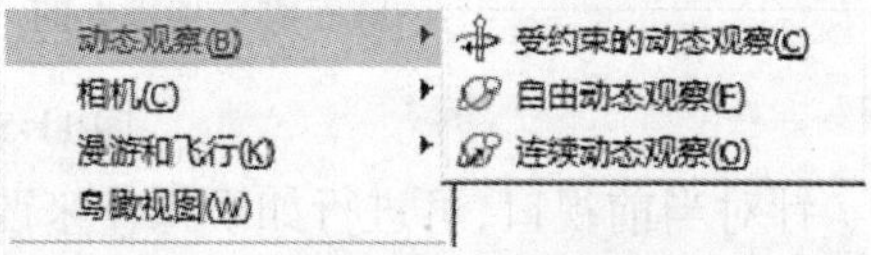

图 11-4　“动态观察”子菜单

“受约束的动态观察”:用户可以此方式指定模型的任意视图。在该方式下,视图的目标将保持静止,而相机的位置(或视点)将围绕目标移动。但是,看起来好像三维模型正在随着鼠标光标的拖动而旋转。如果水平拖动光标,相机将平行于世界坐标系(WCS)的 XY 平面移动。如果垂直拖动光标,相机将沿 Z 轴移动。

“自由动态观察”:三维自由动态观察视图显示一个导航球,它被更小的圆分成 4 个区域。在导航球的不同部分之间移动光标将更改光标图标,以指示视图旋转的方向。

“连续动态观察”:在绘图区域中单击并沿任意方向拖动定点设备,来使对象沿正在拖动的方向开始移动。释放定点设备上的按钮,对象在指定的方向上继续进行它们的轨迹运动。为光标移动设置的速度决定了对象的旋转速度。可通过再次单击并拖动来改变连续动态观察的方向。在绘图区域中单击鼠标右键并从快捷菜单中选择相应选项,也可以修改连续动态观察的显示。

(三)视觉样式

用户可以通过菜单“视图”|“视觉样式”中的子菜单和三维选项板上的“视觉样式”

区域的下拉列表框来观察三维对象，如图 11-5 所示。

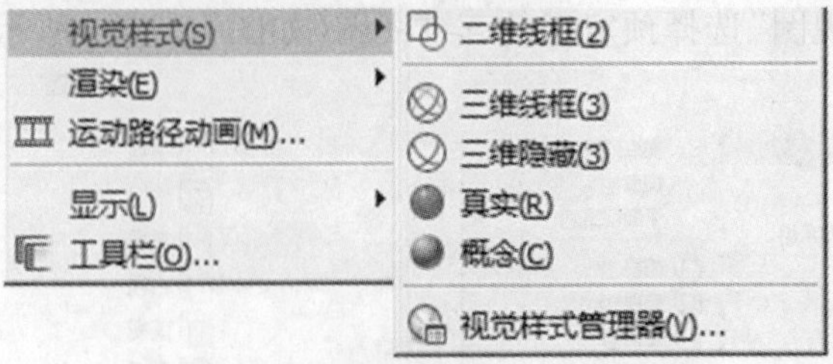

(a) "视觉样式" 子菜单

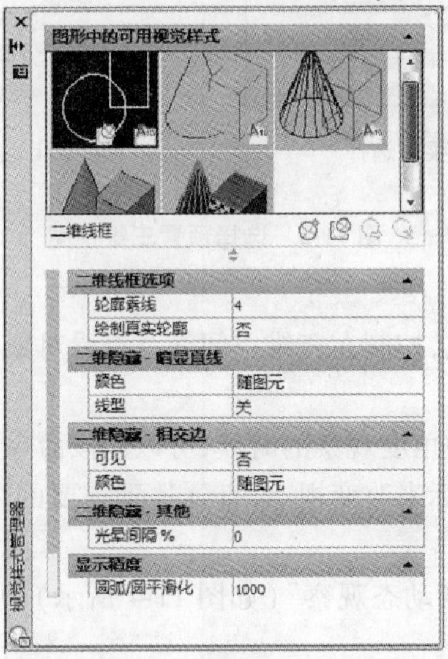

(b) 三维选项板上的 "视觉样式" 区域的下拉列表框

图 11-5　应用视觉样式

针对当前视口，可进行如下操作来改变视觉样式。

执行 Shademode 命令，命令行提示如下：

输入选项［二维线框(2)/三维线框(3)/三维隐藏(H)/真实(R)/概念(C)/其他(O)］

以上各选项含义和功能说明如下。

"二维线框"：显示用直线和曲线表示边界的对象。该样式下，光栅、OLE 对象、线型和线宽都是可见的。

"三维线框"：显示用直线和曲线表示边界的对象。该样式下，光栅、OLE 对象、线型和线宽都是不可见的。UCS 显示为一个着色的三维图标。

"三维隐藏"：显示用三维线框表示的对象，同时消隐表示后向面的线。该命令与选择"视图"|"消隐"命令效果相似，但此时 UCS 为一个着色的三维图标。

"真实"：显示着色后的多边形平面间的对象，并使对象的边平滑，同时显示已经附着到对象上的材质效果。

"概念"：显示着色后的多边形平面间的对象，并使对象的边平滑化。该视觉样式效果缺乏真实感，但是可以方便用户查看模型的细节。

二、用户坐标系（UCS）

用户坐标系在二维绘图的时候也会用到，但没有在三维绘图中那么重要。在三维绘图的过程中，往往需要确定 XY 平面，很多情况下，单位实体的建立是在 XY 平面上产生的。所以，用户坐标系在绘制三维图形的过程中，会根据绘制图形的要求，进行不断的设置和变更，这比绘制二维图形要频繁很多，正确地建立用户坐标系是建立 3D 模型的关键。

（一）UCS 命令

用户可以通过菜单“工具”|“新建 UCS”，调用 UCS 命令，如图 11-6 所示。

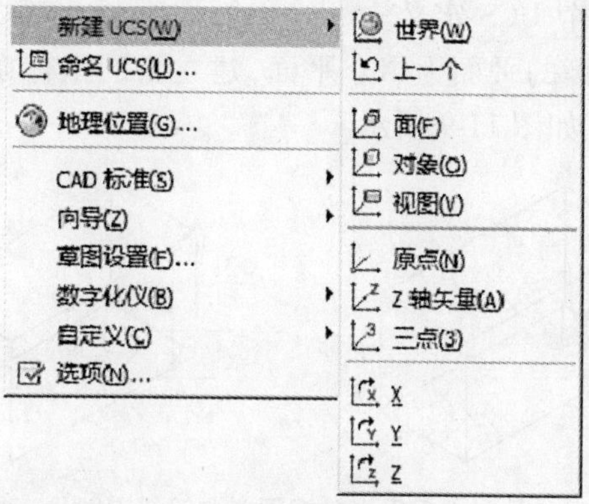

图 11-6　新建 UCS

针对当前视口，可进行如下操作来改变视觉样式。

执行 UCS 命令，命令行提示如下。

指定 UCS 的原点或［面(F)/命名(NA)/对象(OB)/上一个(P)/视图(V)/世界(W)/X/Y/Z/Z 轴(ZA)］＜世界＞：

以上各选项含义和功能说明如下。

“原点”：只改变当前用户坐标系的原点位置，X、Y 轴方向保持不变，创建新的 UCS，如图 11-7 所示。

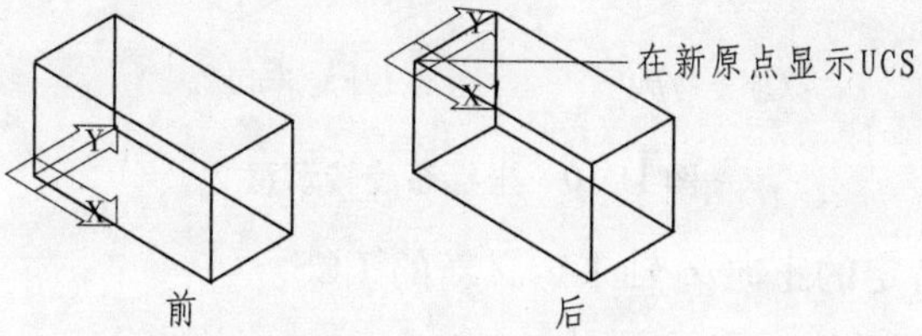

图 11-7　UCS 设置原点

“面”：指定三维实体的一个面，使 UCS 与之对齐。可通过在面的边界内或面所在的边上单击以选择三维实体的一个面，亮显被选中的面。UCS 的 X 轴将与选择的第一个面上的选择点最近的边对齐。

“对象”:可选取弧、圆、标注、线、点、二维多义线、平面或三维面对象来定义新的UCS。此选项不能用于下列对象:三维实体、三维多段线、三维网格、视口、多线、面域、样条曲线、椭圆、射线、构造线、引线、多行文字。选择对象设置 UCS 如图 11-8 所示。

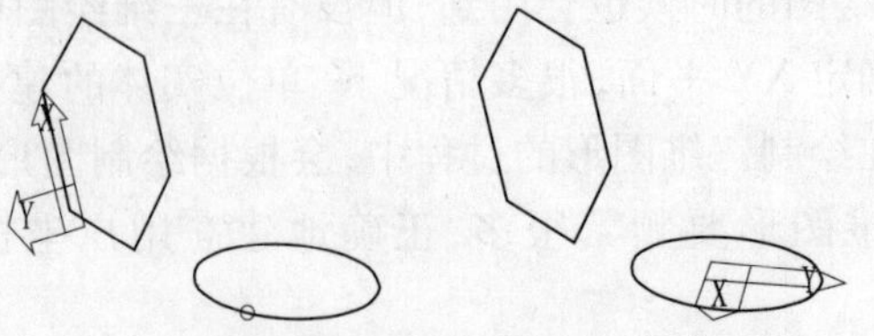

图 11-8 选择对象设置 UCS

“上一个”:取回上一个 UCS 定义。

“视图”:以平行于屏幕的平面为 XY 平面,建立新的坐标系。UCS 原点保持不变。用当前视图方向设置 UCS 如图 11-9 所示。

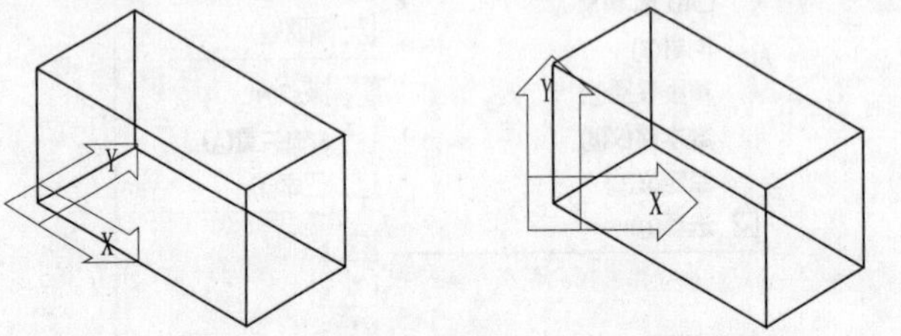

图 11-9 用当前视图方向设置 UCS

“世界”:设置当前用户坐标系为世界坐标系。世界坐标系 WCS 是所有用户坐标系的基准,不能被修改。

“X、Y、Z”:绕着指定的轴旋转当前的 UCS,以创建新的 UCS。坐标系旋转示意如图 11-10 所示。

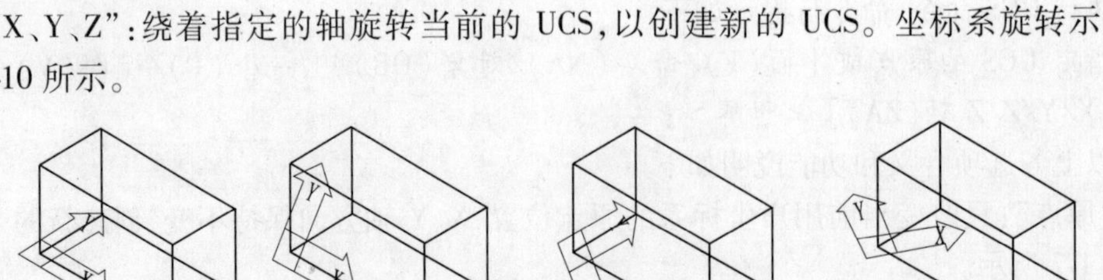

图 11-10 坐标系旋转示意

“Z 轴矢量”:以特定的正向 Z 轴来定义新的 UCS。

(二)命名 UCS

用户可以通过菜单“工具”|“命名 UCS”,调用命名 UCS 命令 。命名 UCS 是 UCS 命令的辅助,通过命名 UCS 可以对以下三个方面进行设置。

(1)“命名 UCS”选项卡:显示当前图形中设定的所有 UCS,并提供详细的信息查询。可选择其中需要的 UCS 坐标置为当前使用,如图 11-11 所示。

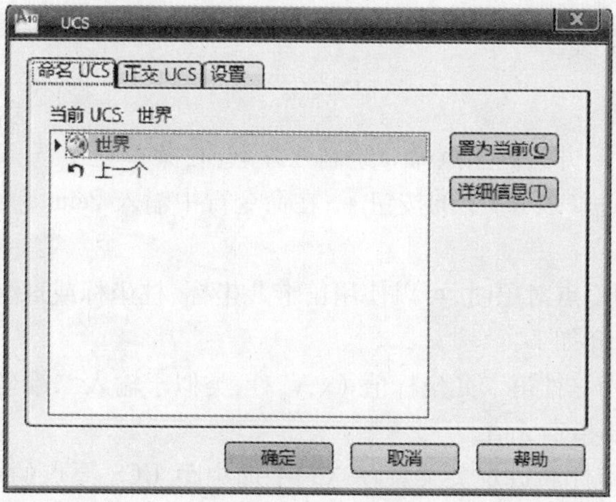

图 11-11 “命名 UCS”选项卡显示和设置

(2)“正交 UCS”选项卡:列出相对于目前 UCS 的 6 个正交坐标系,有详细信息供查询,并提供置为当前功能,如图 11-12 所示。

(3)“设置”选项卡:提供 UCS 的一些基础设置,如图 11-13 所示。一般情况下,若没有特殊需要,不需要调整该设定。

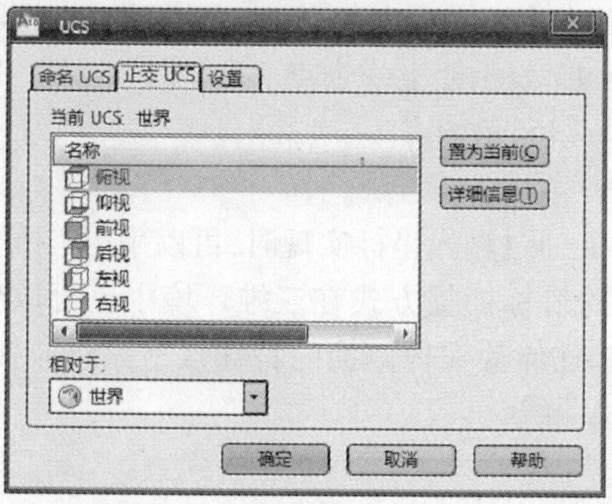

图 11-12 “正交 UCS”选项卡显示和设置

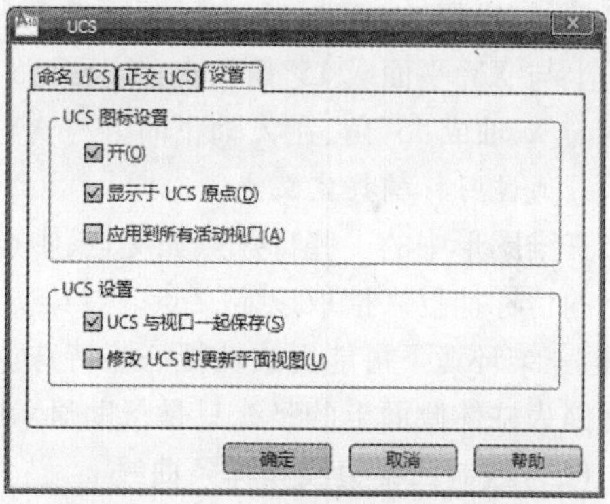

图 11-13 “设置”选项卡的基本设置

第二节 绘制三维模型

随着 AutoCAD 2010 三维建模功能的增强,利用其在工程设计及制图中创建三维图形将成为必然。AutoCAD 2010 可以利用 3 种方法来创建三维图形,即线框模型方式、曲面模型方式和实体模型方式。线框模型仅由描述对象边界的点、直线和曲线组成,没有面和体的特征,这种建模方式可能最为耗时;曲面模型不仅定义三维对象的边界,也定义三维对象的表面,具有面的特征;实体模型不仅具有线和面的特征,还具有体的特征。下面简要介绍如何绘制三维模型。

一、绘制三维曲线

(一)绘制三维点

用户可以采用以下方法调用点命令绘制三维点:在菜单栏中选择“绘图”|“点”|“单点”命令;单击建模面板(展开)上的按钮;在命令行中输入 Point 命令。

1. 通过坐标定义点

在三维空间中创建点对象时,可以使用笛卡儿坐标、柱坐标或球坐标定位点。

各种坐标使用简介如下:

笛卡儿坐标:输入三维笛卡儿坐标值 (x,y,z),类似于输入二维坐标值 (x,y)。除指定 x 和 y 值外,还需要指定 z 值。

柱坐标:三维柱坐标通过定义某点在 XY 平面中距 UCS 原点的距离、在 XY 平面中与 X 轴所成的角度以及 z 值来定位该点。

例如:坐标 5 <30,6 表示在 XY 平面中距当前 UCS 的原点 5 个单位、在 XY 平面中与 X 轴成 30°角、沿 Z 轴 6 个单位的点;坐标@5 <30,6 表示在 XY 平面中距上一点 5 个单位、与 X 轴正向成 30°角、在 Z 轴正向延伸 6 个单位的点。

球坐标:三维球坐标通过指定某点距当前 UCS 原点的距离、与 X 轴所成的角度(在 XY 平面中)以及与 XY 平面所成的角度来定位点,每个角度前面加了一个左尖括号 (<)。

例如:坐标 5 <45 <15 表示距原点 5 个单位、在 XY 平面中与 X 轴成 45°角、在 Z 轴正向上与 XY 平面成 15°角的点;坐标@ 5 <45 <15 表示距上一个点 5 个单位、在 XY 平面中与 X 轴成 45°角、在 Z 轴正向上与 XY 平面成 15°角的点。

2. 通过目标捕捉定义点

三维图形中的一些特殊点如交点、中点等不能通过输入坐标实现时,可以采用三维坐标下的目标捕捉来拾取以定义点。二维方式下的目标捕捉方式在三维环境中也可以使用,但三维环境下可能无法捕捉一些特殊点,例如柱体等实体侧面的特殊点将无法捕捉,这是因为柱体侧面上的竖线只是帮助显示的模拟曲线。

(二)绘制三维直线和样条曲线

1. 绘制三维直线

用户可以采用以下方法调用直线命令绘制三维直线:在菜单栏中选择“绘图”|“直线”命令;单击建模面板上的按钮;在命令行中输入 Line 命令。

当提示指定点时,可以通过输入点的三维坐标或在三维坐标下执行目标捕捉来确定点。当指定了两个点后,这两个点之间的连线就是一条 3D 直线。

2. 绘制三维样条曲线

用户可以采用以下方法调用样条曲线命令绘制三维样条曲线:在菜单栏中选择“绘图”|“样条曲线”命令;单击建模面板上的按钮;在命令行中输入 Spline 命令。

通过输入点的三维坐标或捕捉指定一系列不共面的点,即可绘制出三维样条曲线。

(三)绘制三维多段线

用户可以采用以下方法调用三维多段线命令绘制三维多段线:在菜单栏中选择“绘图”|“三维多段线”命令;单击建模面板上的按钮;在命令行中输入 3Dpoly 命令。

指定一系列不同的三维点后，即可得到一条三维多段线。绘制三维多段线的过程与二维多段线绘制有相似之处，但是三维多段线命令中只有直线段，没有圆弧段。

（四）绘制三维螺旋线

用户可以采用以下方法调用螺旋线命令绘制三维螺旋线：在菜单栏中选择“绘图”|“螺旋”命令；单击建模面板（展开）上的按钮；在命令行中输入 Helix 命令。

调用命令后，依次指定螺旋底面中心点、底面半径（或直径）、顶面半径（或直径），命令行继续提示：

指定螺旋高度或［轴端点(A)/圈数(T)/圈高(H)/扭曲(W)］<1.0000>：

各选项功能如下。

“指定螺旋高度”：此为默认选项，直接输入螺旋线的高度绘制螺旋线。

“轴端点(A)”：该选项要求指定螺旋轴端点的位置。轴端点可以位于三维空间的任意位置。轴端点定义了螺旋的长度和方向。

“圈数(T)”：该选项要求指定螺旋的圈（旋转）数。圈数的默认值为 3，螺旋的圈数不能超过 500。绘制图形时，圈数的默认值始终是先前输入的圈数值。

“圈高(H)”：指定螺旋内一个完整圈的高度。当指定圈高值时，螺旋中的圈数将相应地自动更新。如果已指定螺旋的圈数，则不能输入圈高的值。

“扭曲(W)”：指定以顺时针（CW）方向还是逆时针方向（CCW）绘制螺旋。螺旋扭曲的默认值是逆时针方向。

例如：试绘制一个底面中心在当前 UCS 原点，底面半径为 80，顶面半径为 30，螺旋间距为 15，高度为 120 的顺时针旋转的螺旋线。

操作步骤如下：

(1)在三维导航区域选择视图下拉控制框中选择“西南等轴测”，将视图切换到西南等轴测视图。

(2)调用螺旋（Helix）命令。

(3)当提示“指定底面的中心点：”时，输入 0,0，将螺旋底面中心点指定在当前 UCS 坐标系的原点。

(4)当提示“指定底面半径或［直径(D)］<1.0000>：”时，输入 80，指定底面半径值。

(5)当提示“指定顶面半径或［直径(D)］<80.0000>：”时，输入 30，指定顶面半径值。

(6)当提示“指定螺旋高度或［轴端点(A)/圈数(T)/圈高(H)/扭曲(W)］<1.0000>：”时，输入 H 并回车，以设置圈高，当提示“指定圈间距 <0.25000>：”时，输入 15 确定圈间距值。

(7)当提示“指定螺旋高度或［轴端点(A)/圈数(T)/圈高(H)/扭曲(W)］<1.0000>：”时，输入 W 并回车，以设置螺旋线的扭曲方式，当提示“输入螺旋的扭曲方向［顺时针(CW)/逆时针(CCW)］<CCW>：”时，输入 CW 将螺旋扭曲方式修改为顺时针。

(8)当提示“指定螺旋高度或［轴端点(A)/圈数(T)/圈高(H)/扭曲(W)］<1.0000>：”时，输入 120 作为螺旋高度值。

至此，螺旋绘制完毕，效果如图 11-14 所示。

以上步骤的命令行提示如下：

命令：_view 输入选项［？/删除（D）/正交（O）/恢复（R）/保存（S）/设置（E）/窗口（W）］：_seiso 正在重生成模型。

命令：_helix

圈数 =3.0000　　扭曲 =CCW

指定底面的中心点：0,0

指定底面半径或［直径（D）］ <1.0000>：80

指定顶面半径或［直径（D）］ <80.0000>：30

指定螺旋高度或［轴端点（A）/圈数（T）/圈高（H）/扭曲（W）］ <1.0000>：H

指定圈间距 <0.2500>：15

指定螺旋高度或［轴端点（A）/圈数（T）/圈高（H）/扭曲（W）］ <1.0000>：W

输入螺旋的扭曲方向［顺时针（CW）/逆时针（CCW）］ <CCW>：CW

指定螺旋高度或［轴端点（A）/圈数（T）/圈高（H）/扭曲（W）］ <1.0000>：120

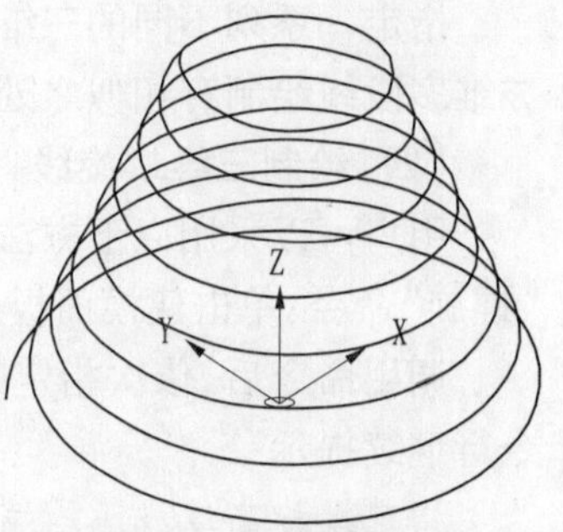

图 11-14　三维螺旋线

二、创建网格曲面

网格由若干网格面组成，由于网格面是平面，因此网格只能是近似曲面。网格密度控制镶嵌面的数目，它由包含 M×N 个顶点的矩阵定义，类似于由行和列组成的栅格。M 和 N 分别指定给定顶点的列和行的位置，M 和 N 方向类似于 XY 平面 X 轴和 Y 轴方向。网格可以是开放的，也可以是闭合的，如果在某个方向上网格的起始边和终止边没有接触，则网格就是开放的。

当需要使用消隐、着色和渲染功能，但又不需要提供模型的质量、体积、重心、惯性矩等物理特性时，可以使用网格。

通过在菜单栏选择“绘图”|“建模”|“网格”子菜单中的命令可以绘制多种网格，如图 11-15 所示。

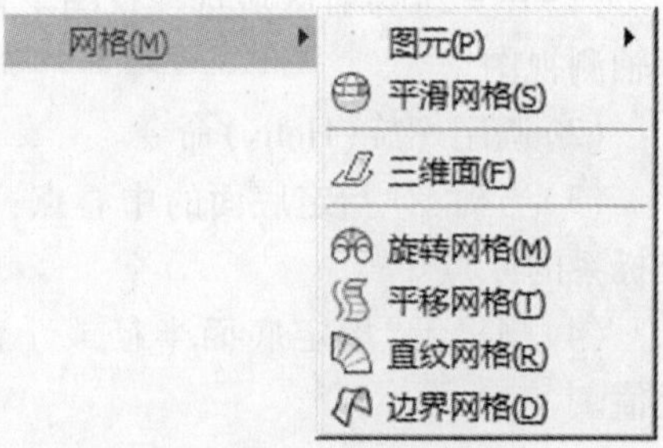

图 11-15　“网格”菜单

（一）三维面与多边三维面

用户可以采用以下方法调用三维面命令绘制三维面：在菜单栏中选择“绘图”|“网格”|“三维面”命令；在命令行中输入 3Dface 命令。

三维面命令用于在三维空间任意位置创建具有三边或四边的平面网格，它没有厚度，也没有质量属性。

调用该命令后，命令行提示如下：

指定第一点或［不可见（I）］：

在该提示下，直接输入点或输入“I”以控制边为不可见，然后依次指定第二点、第三点和第四点，绘制出一个四条边的面，在要求指定第四点时，也可直接回车绘制一个三条边的面。在指定了第三点及第四点后，会重复提示指定第三点和第四点，直到回车为止。

三维面命令只能画出具有三条边或四条边的三维面。若要画出具有多条边的三维面，则必须使用 Pface 命令，在该命令提示下，依次输入多个点，然后在命令行依次输入顶点编号，回车结束命令即可。

例如：创建依次指定了点(0,0,0)、(40,0,0)(40,0,30)、(0,0,30)、(0,30,30)、(40,30,30)、(40,40,0)的三侧面。

操作步骤如下：

(1)调用三侧面(3Dface)命令。

(2)当提示"指定第一点或［不可见(I)］："时，输入0,0,0，将三侧面的起始点指定在当前UCS的原点。

(3)当提示"指定第二点或［不可见(I)］："时，输入40,0,0。

(4)当提示"指定第三点或［不可见(I)］ <退出>："时，输入40,0,30。

(5)当提示"指定第四点或［不可见(I)］ <创建三侧面>："时，输入0,0,30。

(6)在指定了第三点及第四点后，按重复提示指定第三点和第四点，直到回车为止。

(7)在菜单栏中选择"视图"|"三维视图"|"东南等轴测"命令，将视图切换到东南等轴测视图，如图11-16所示。

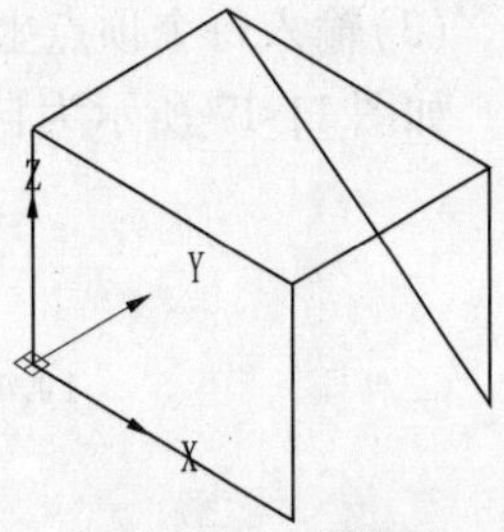

图 11-16　三维面

以上步骤的命令行提示如下：

命令：_3dface

指定第一点或［不可见(I)］：0,0,0

指定第二点或［不可见(I)］：40,0,0

指定第三点或［不可见(I)］ <退出>：40,0,30

指定第四点或［不可见(I)］ <创建三侧面>：0,0,30

指定第三点或［不可见(I)］ <退出>：0,30,30

指定第四点或［不可见(I)］ <创建三侧面>：40,30,30

指定第三点或［不可见(I)］ <退出>：40,30,0

指定第四点或［不可见(I)］ <创建三侧面>：

指定第三点或［不可见(I)］ <退出>：

命令：_view

输入选项［?/删除(D)/正交(O)/恢复(R)/保存(S)/设置(E)/窗口(W)］：_seiso

正在重生成模型。

(二)三维网格与预定义三维网格

1. 三维网格

该命令用于创建自由格式的多边形网格。多边形网格由矩阵定义，其大小由 M 和 N 的尺寸值决定，M 乘以 N 等于必须指定的顶点数。网格中每个顶点的位置由 m 和 n(即顶点的行下标和列下标)定义。

调用该命令创建三维网格时，只需要依次指定 M × N 个顶点即可。定义顶点首先从

顶点 (0,0) 开始。在指定行 m + 1 上的顶点之前,必须先提供行 m 上的每个顶点的坐标位置。

三维网格命令主要是为程序员而设计,一般用户应使用预定义三维网格命令。

例如:创建一个自由格式的多边形网格,M = 4, N = 3,每个顶点坐标为(10,1,3)、(10,5,5)、(10,10,3)(15,1,0)、(15,5,0)、(15,10,0)、(20,1,0)、(20,5,1)、(20,10,0)、(25,10,0)、(25,5,0)和(25,1,0)。

操作步骤如下:

(1)在菜单栏中选择"视图"|"三维视图"|"东南等轴测",将视图切换到东南等轴测视图。

(2)调用"三维网格"(3Dmesh)命令。

(3)输入每个顶点坐标。

如图 11-17 所示为自由格式的多边形网格在线框下的效果。

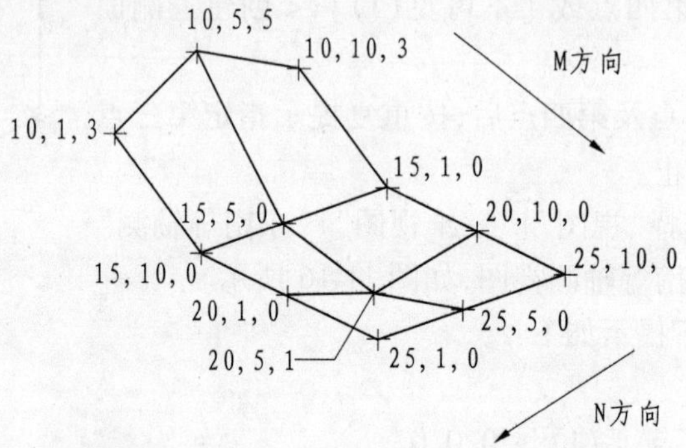

图 11-17　用 3Dmesh 命令创建的多边形网格

以上操作步骤的命令行提示如下:

命令:_view 输入选项 [?/删除(D)/正交(O)/恢复(R)/保存(S)/设置(E)/窗口(W)]:_seiso

正在重生成模型。

命令: _3dmesh 输入 M 方向上的网格数量: 4

输入 N 方向上的网格数量: 3

为顶点 (0, 0) 指定位置: 10,1,3

为顶点 (0, 1) 指定位置: 10,5,5

为顶点 (0, 2) 指定位置: 10,10,3

为顶点 (1, 0) 指定位置: 15,1,0

为顶点 (1, 1) 指定位置: 15,5,0

为顶点 (1, 2) 指定位置: 15,10,0

为顶点 (2, 0) 指定位置: 20,1,0

为顶点 (2, 1) 指定位置: 20,5,1

为顶点 (2, 2) 指定位置: 20,10,0

为顶点 (3, 0) 指定位置: 25,10,0

为顶点（3，1）指定位置：25,5,0

为顶点（3，2）指定位置：25,1,0

2. 预定义三维网格

该命令用于在可以隐藏、着色或渲染的常见几何体中创建三维多边形网格对象。

在命令提示行输入3D命令后，系统提示：

输入选项

[长方体表面(B)/圆锥面(C)/下半球面(DI)/上半球面(DO)/网格(M)/棱锥面(P)/球面(S)/圆环面(T)/楔体表面(W)]：

调用各选项可绘制出相应的常见几何体的三维网格。

例如：创建长方体表面、下半球面和圆环面。

(1)在菜单栏中选择"视图"|"三维视图"|"东南等轴测"命令，将视图切换到东南等轴测视图。

(2)调用三维网格(3D)命令。

(3)依次选择"长方体表面(B)"、"下半球面(DI)"和"圆环面(T)"选项创建长方体表面、下半球面和圆环面。

如图11-18所示为长方体表面、下半球面和圆环面绘制出的三维网格在线框下的效果。

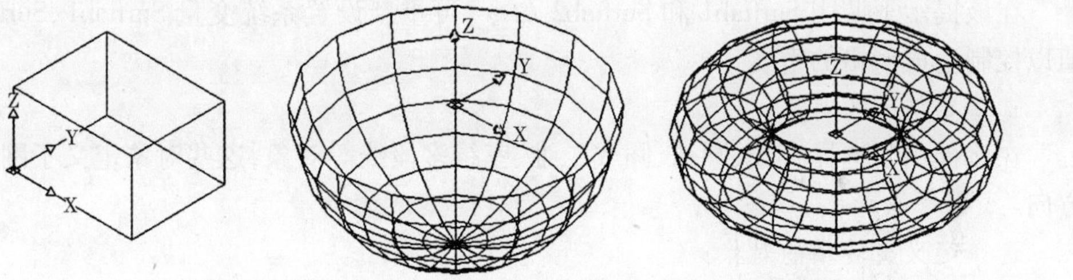

图11-18　用3D命令创建的长方体表面、下半球面和圆环面

以上操作步骤的命令行提示如下：

命令：_view 输入选项[？/删除(D)/正交(O)/恢复(R)/保存(S)/设置(E)/窗口(W)]：_seiso 正在重生成模型。

命令：_3d

输入选项[长方体表面(B)/圆锥面(C)/下半球面(DI)/上半球面(DO)/网格(M)/棱锥体(P)/球面(S)/圆环面(T)/楔体表面(W)]：B

指定角点给长方体：0,0,0

指定长度给长方体：50

指定长方体表面的宽度或[立方体(C)]：40

指定高度给长方体：30

指定长方体表面绕Z轴旋转的角度或[参照(R)]：

输入选项[长方体表面(B)/圆锥面(C)/下半球面(DI)/上半球面(DO)/网格(M)/棱锥体(P)/球面(S)/圆环面(T)/楔体表面(W)]：DI

指定中心点给下半球面：0,0,0

指定下半球面的半径或［直径(D)］：50

输入曲面的经线数目给下半球面 <16>：

输入曲面的纬线数目给下半球面 <8>：

输入选项［长方体表面(B)/圆锥面(C)/下半球面(DI)/上半球面(DO)/网格(M)/棱锥体(P)/球面(S)/圆环面(T)/楔体表面(W)］:T

指定圆环面的中心点：0,0,0

指定圆环面的半径或［直径(D)］：50

指定圆管的半径或［直径(D)］：15

输入环绕圆管圆周的线段数目 <16>：

输入环绕圆环面圆周的线段数目 <16>：

(三)旋转网格

用户可以采用以下方法调用旋转网格命令绘制旋转网格：在菜单栏中选择“绘图”|“建模”|“网格”|“旋转网格”命令；单击网格建模面板上的按钮；在命令行中输入 Revsurf 命令。

调用该命令后，命令行提示如下：

当前线框密度：SURFTAB1 =6　SURFTAB2 =6

在该提示下调用 Surftab1 和 Surftab2 命令，可重新设置系统变量 Surftab1、Surftab2 的值以控制生成网格的密度。

选择要旋转的对象：

在该提示下选择直线、圆弧、圆或二维、三维多段线等对象，这些对象定义了网格的 N 方向。

选择定义旋转轴的对象：

在该提示下选择直线或开放的二维、三维多段线等对象，如果选择多段线，矢量设置从第一个顶点指向最后一个顶点的方向为旋转轴，旋转轴定义网格的 M 方向。

然后要求指定起点角度和包含角，如果指定的起点角度不为零，则将在与路径曲线偏移该角度的位置生成网格。包含角指定网格沿旋转轴的延伸程度。

例如：将如图 11-19(a)所示的曲线绕直线轴旋转 360°，其中系统变量 Surftab1 = 20，Surftab2 = 15。

操作步骤如下：

(1)调用 Surftab1 和 Surftab2 命令，把系统变量 Surftab1 和 Surftab2 设置为 20 和 15。

(2)输入 Revsurf 命令。

(3)当提示“选择要旋转的对象：”时，单击曲线。

(4)当提示“选择定义旋转轴的对象：”时，单击直线轴。

(5)当提示“指定起点角度 <0>：”时，输入旋转角度 360。

(6)当提示“指定包含角（+ =逆时针，- =顺时针）<360>：”时，按回车键。

如图 11-19 所示，图(b)为图(a)曲线绕直线轴旋转 360°时的效果。

以上操作步骤的命令行提示如下：

命令:_surftab1

输入 SURFTAB1 的新值 <6>: 20

命令:_surftab2

输入 SURFTAB2 的新值 <6>: 15

命令: _revsurf

当前线框密度: SURFTAB1 = 20 SURFTAB2 = 15

选择要旋转的对象:

选择定义旋转轴的对象:

指定起点角度 <0>: 360

指定包含角 (+ = 逆时针, - = 顺时针) <360>:

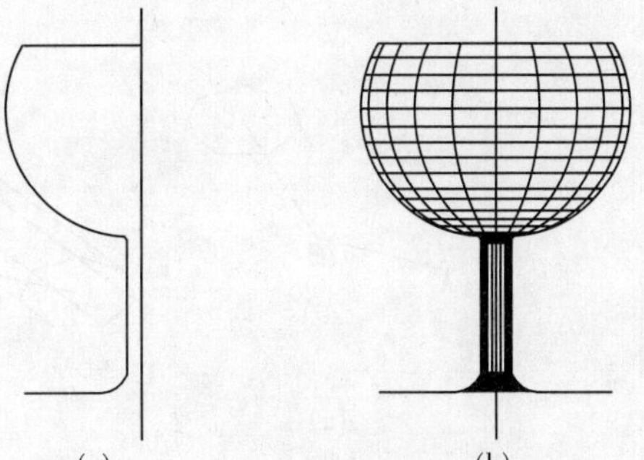

(a) (b)

图 11-19 旋转网格

(四)平移网格

用户可以采用以下方法调用平移网格命令绘制平移网格:在菜单栏中选择“绘图”|“建模”|“网格”|“平移网格”命令;单击网格建模面板上的按钮;在命令行中输入 Tabsurf命令。

调用该命令后,命令行提示如下:

选择用做轮廓曲线的对象:

在该提示下选择用做轮廓曲线的对象。

选择用做方向矢量的对象:

在该提示下选择用做方向矢量的对象。

该命令可构造一个 2×n 的沿路径曲线和方向矢量的网格。网格的 M 方向始终为 2 且沿着方向矢量的方向,路径曲线可以是直线、圆弧、圆、椭圆、二维或三维多段线,它定义多边形网格的近似曲面。方向矢量可以是直线或开放的多段线,它指出形状的拉伸方向和长度。当方向矢量为多段线时,考虑多段线的第一点和最后一点,而忽略中间的顶点,在多段线或直线上选定的端点决定了拉伸的方向。

例如:如图 11-20(a)所示,正七边形为路径曲线,多段线 ABC 为方向矢量,绘制出选择方向矢量时接近端点 C 创建的平移网格和选择方向矢量时接近端点 A 创建的平移网格。

操作步骤如下:

(1)输入 Tabsurf 命令。

(2)提示“选择用做轮廓曲线的对象:”时,单击正七边形。

(3)提示“选择用做方向矢量的对象:”时,单击方向矢量。

如图 11-20 所示,图(b)和图(c)为图(a)所创建的平移网格。

以上操作步骤的命令行提示如下:

命令:_tabsurf

当前线框密度: SURFTAB1 = 20

选择用做轮廓曲线的对象:

选择用做方向矢量的对象:

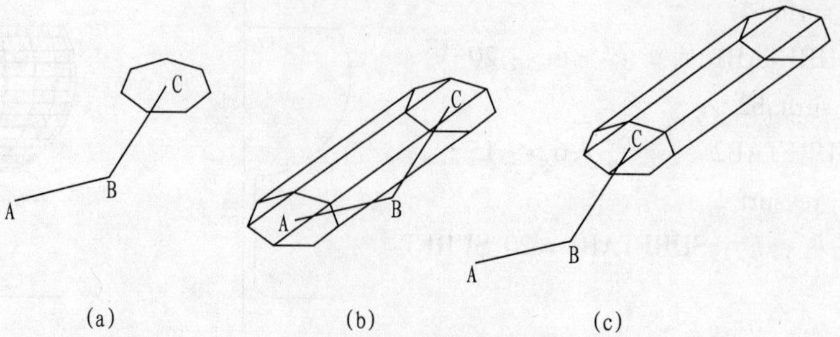

图 11-20　平移网格

命令：_tabsurf

当前线框密度：SURFTAB1 = 20

选择用做轮廓曲线的对象：

选择用做方向矢量的对象：

（五）直纹网格

用户可以采用以下方法调用直纹网格命令绘制直纹网格：在菜单栏中选择“绘图”|“建模”|“网格”|“直纹网格”命令；单击网格建模面板上的按钮；在命令行中输入 Rulesurf 命令。

调用该命令后，命令行提示如下：

选择第一条定义曲线：

在该提示下选择第一条定义曲线。

选择第二条定义曲线：

在该提示下选择第二条定义曲线。

该命令在两条直线或曲线之间创建一个表示直纹曲面的多边形网格。选定的对象用于定义直纹网格的边。该对象可以是点、直线、样条曲线、圆、圆弧或多段线。如果有一个边界是闭合的，那么另一个边界也必须是闭合的。可以将一个点作为开放或闭合曲线的另一个边界，但是只能有一个边界曲线可以是一个点。

直纹网格以 2 × n 多边形网格的形式构造，n 由 Surftab1 系统变量确定。

例如：如图 11-21 所示，图（a）是两个对象均为开放的样条曲线，图（b）是两个对象分别为圆和点，图（c）为两个对象均圆。绘制出各自的直纹网络。

操作步骤如下：

（1）输入 Rulesurf 命令。

（2）当提示“选择第一条定义曲线：”时，选择对象 1。

（3）当提示“选择第二条定义曲线：”时，选择对象 2。

如图 11-22（a）、（b）和（c）所示为绘制出的直纹网络。

以上操作步骤的命令行提示如下：

命令：_rulesurf

当前线框密度：SURFTAB1 = 20

选择第一条定义曲线：

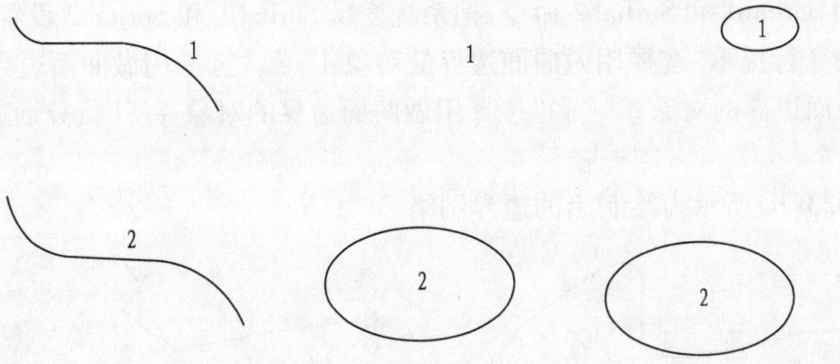

(a)　　(b)　　(c)

图 11-21　原对象

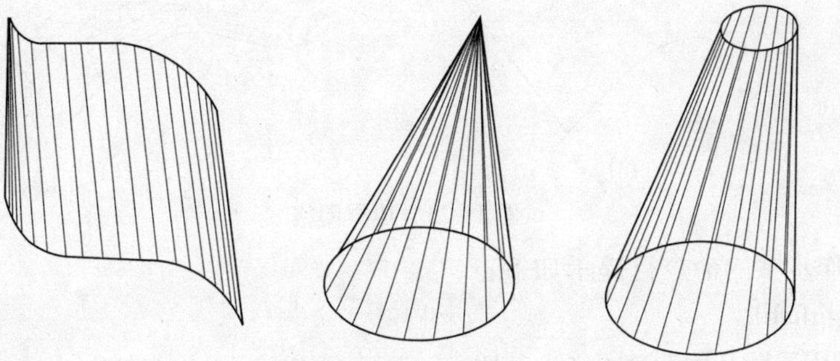

(a)　　(b)　　(c)

图 11-22　直纹网格

选择第二条定义曲线:

(六)边界网格

用户可以采用以下方法调用边界网格命令绘制边界网格:在菜单栏中选择"绘图"|"建模"|"网格"|"边界网格"命令;单击网格建模面板上的按钮;在命令行中输入 Edgesurf 命令。

调用该命令后,命令行提示如下:

选择用做曲面边界的对象 1:

选择用做曲面边界的对象 2:

选择用做曲面边界的对象 3:

选择用做曲面边界的对象 4:

分别选择 4 个用做曲面边界的对象。

该命令可创建由 4 条邻接边生成的三维多边形网格。邻接边可以是直线、圆弧、样条曲线或开放的二维或三维多段线,这些边必须在端点处相交以形成一个拓扑形式的矩形的闭合路径。可以用任何次序选择这 4 条边。第一条边决定了生成网格的 M 方向,该方向是从距选择点最近的端点延伸到另一端。与第一条边相接的两条边形成了网格的 N 方向的边。

例如:如图 11-23(a)所示,作出系统变量 Surftab1 = 10, Surftab2 = 15 时的边界网格。

操作步骤如下:

（1）调用 Surftab1 和 Surftab2 命令，把系统变量 Surftab1 和 Surftab2 设置为 10 和 15。

（2）当命令行提示“选择用做曲面边界的对象 1：”、“选择用做曲面边界的对象 2：”、“选择用做曲面边界的对象 3：”和“选择用做曲面边界的对象 4：”时，分别选择对象 1、2、3 和 4。

如图 11-23（b）所示为绘制出的边界网络。

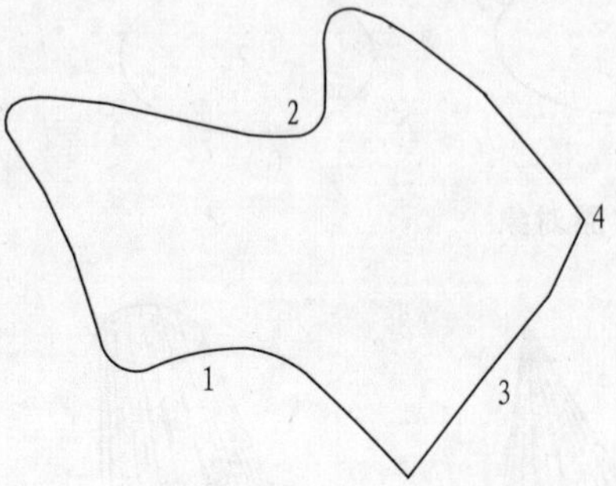

(a)

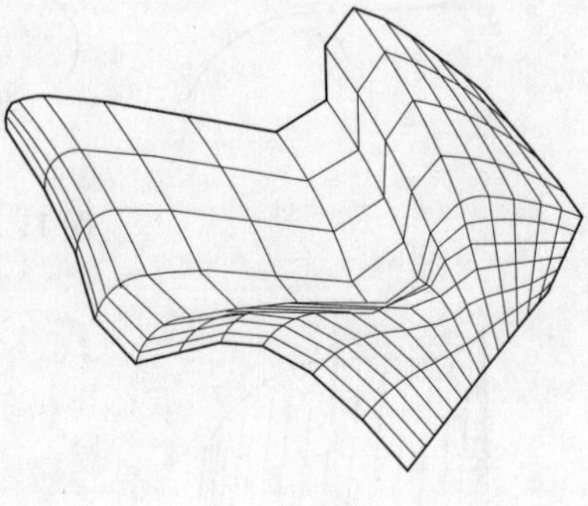
(b)

图 11-23　边界网格

以上操作步骤的命令行提示如下：

命令：_surftab1

输入 SURFTAB1 的新值 <6>：10

命令：_surftab2

输入 SURFTAB2 的新值 <6>：15

命令：_edgesurf

当前线框密度：SURFTAB1 = 10　SURFTAB2 = 15

选择用做曲面边界的对象 1：

选择用做曲面边界的对象 2：

选择用做曲面边界的对象 3：

选择用做曲面边界的对象 4：

三、绘制三维实体

在 AutoCAD 2010 中，可以创建的基本三维造型（实体图元）有多段体、长方体、圆锥体、圆柱体、球体、楔体、棱锥体和圆环体。以后可以对这些基本实体进行布尔运算生成更为复杂的实体。

可以通过以下几种方法调用命令以创建基本实体：选择“绘图”|“建模”子菜单中的命令；单击三维空间下的面板上的建模区域各命令按钮；在命令行中输入各基本实体的相应命令。如图 11-24 所示为“建模”子菜单及“建模”面板。

（一）多段体

用户可以采用以下方法调用多段体命令创建三维多实体：在菜单栏中选择“绘图”|“建模”|“多段体”命令；单击建模面板上的按钮；在命令行中输入 Polysolid 命令。

调用命令后，会提示当前多段体高度、宽度的当前值以及当前绘制多段体采用的对正

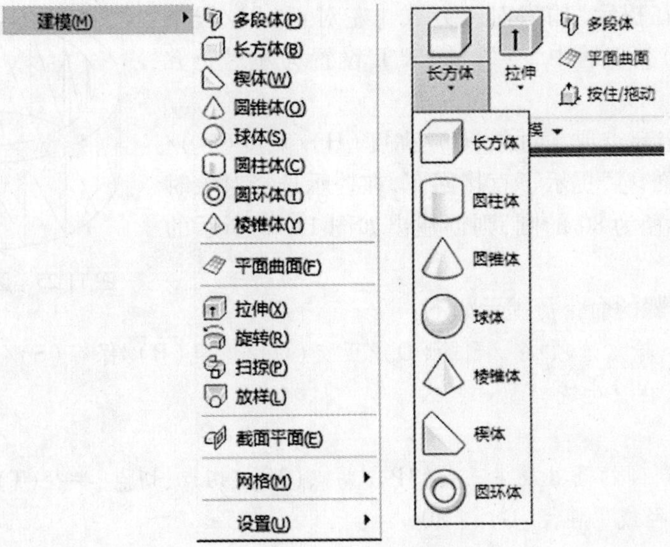

图 11-24 “建模”子菜单及“建模”面板

方式(通过选项可修改这些值),并同时提示:

指定起点或［对象(O)/高度(H)/宽度(W)/对正(J)］<对象>:

各选项功能如下。

“指定起点”:默认选项,可以像画多段线的方法一样来绘制多段体,默认通过指定一系列点绘制出直线段,也可切换到“圆弧”状态下绘制曲线段,多段体可以包含曲线段,但是默认情况下轮廓始终为矩形。

“对象(O)”:该选项可以将现有直线、二维多线段、圆弧或圆等对象转换为具有矩形轮廓的实体。

“高度(H)”:调用该选项可重新设置多段体的高度。

“宽度(W)”:调用该选项可重新设置多段体的宽度。

“对正(J)”:调用该选项可重新设置多段体的对正方式,如左对正、居中和右对正,默认为居中对正方式。

例如:绘制内径为 80,外径为 100,高为 80 的圆管状多段体。

操作步骤如下:

(1)在菜单栏中选择“视图”|“三维视图”|“东南等轴测”命令,将视图切换到东南等轴测视图。

(2)输入 C,调用画圆命令,以(0,0,0)为圆心画一半径为 80 的圆。

(3)输入 Polysolid,调用画多段体命令。

(4)在“指定起点或［对象(O)/高度(H)/宽度(W)/对正(J)］<对象>:”提示下输入 H 并回车,在提示指定高度时输入 80 指定多段体高度。

(5)在“指定起点或［对象(O)/高度(H)/宽度(W)/对正(J)］<对象>:”提示下输入 W 并回车,在提示指定宽度时输入 20 指定多段体宽度。

(6)在“指定起点或［对象(O)/高度(H)/宽度(W)/对正(J)］<对象>:”提示下

输入J并回车,在提示“输入对正方式[左对正(L)/居中(C)/右对正(R)] <居中>:”时输入L设置为左对正方式。

(7)在“指定起点或[对象(O)/高度(H)/宽度(W)/对正(J)] <对象>:”提示下直接回车,在提示选择对象时单击绘制出的半径为80的圆,则创建出如图11-25所示的圆管状多段体。

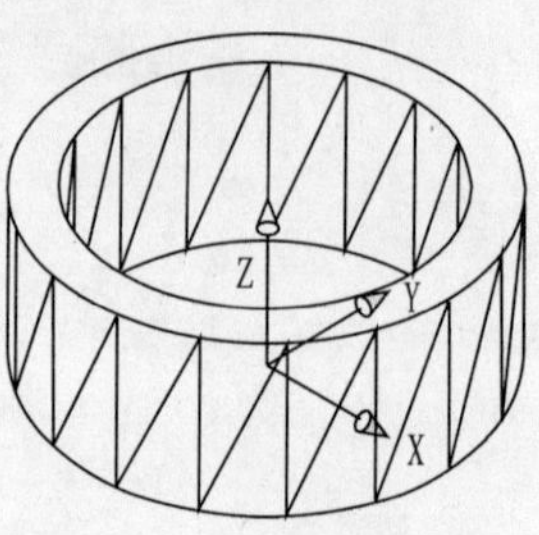

图11-25　圆管状多段体

以上操作步骤的命令行提示如下:

命令: _view 输入选项[?/删除(D)/正交(O)/恢复(R)/保存(S)/设置(E)/窗口(W)]: _seiso 正在重生成模型。

命令:_c

CIRCLE 指定圆的圆心或[三点(3P)/两点(2P)/切点、切点、半径(T)]: 0,0,0

指定圆的半径或[直径(D)]: 80

命令:_polysolid

高度 = 80.0000, 宽度 = 5.0000, 对正 = 居中

指定起点或[对象(O)/高度(H)/宽度(W)/对正(J)] <对象>: H

指定高度 <80.0000>: 80

高度 = 80.0000, 宽度 = 5.0000, 对正 = 居中

指定起点或[对象(O)/高度(H)/宽度(W)/对正(J)] <对象>: W

指定宽度 <5.0000>: 20

高度 = 80.0000, 宽度 = 20.0000, 对正 = 居中

指定起点或[对象(O)/高度(H)/宽度(W)/对正(J)] <对象>:J

输入对正方式[左对正(L)/居中(C)/右对正(R)] <居中>:l

高度 = 80.0000, 宽度 = 20.0000, 对正 = 左对齐

指定起点或[对象(O)/高度(H)/宽度(W)/对正(J)] <对象>:

选择对象:

命令: _hide

正在重生成模型。

(二)长方体

用户可以采用以下方法调用长方体命令创建三维多实体:在菜单栏中选择“绘图”|“建模”|“长方体”命令;单击“建模”工具栏上的按钮;在命令行中输入Box命令。

调用命令后,命令行会提示:

指定第一个角点或[中心(C)]:

在该提示下可以输入长方体的一个角点或输入C以指定长方体的中心点形式来构建长方体。默认情况下通过指定角点来绘制长方体,当指定了长方体的一个角点后,命令行继续提示:

指定其他角点或[立方体(C)/长度(L)]:

在该提示下直接指定另一角点,将根据指定点的位置来创建长方体,若该角点与第一

角点在同一平面上，还要求指定长方体的高度。若该角点与第一角点不在同一平面上，系统将以这两个角点作为长方体的对角点创建出长方体。

以上各选项含义和功能说明如下。

“指定第一个角点”：指定长方体的第一个角点。

“中心(C)”：通过指定长方体的中心点绘制长方体。

“立方体(C)”：指定长方体的长、宽、高都为相同长度。

“长度(L)”：通过指定长方体的长、宽、高来创建三维长方体。

例如：绘制 80×40×50 的长方体。

操作步骤如下：

(1)在菜单栏中选择“视图”|“三维视图”|“东南等轴测”命令，将视图切换到东南等轴测视图。

(2)输入 Box 调用长方体命令。

(3)当提示“指定第一个角点或［中心(C)］：”时，单击任意指定一点。

(4)当提示“指定其他角点或［立方体(C)/长度(L)］：”时，输入 L，通过输入长方体的长度、宽度和高度的方式来绘制长方体。

(5)当提示指定长度时，结合正交方式开，在 X 方向输入 80 指定长方体的长度值；当提示指定宽度时，结合正交方式开，在 Y 方向输入 40 指定长方体的宽度值；当提示指定高度时，输入 50 指定长方体的高度值。

(6)绘制好的长方体在“概念”视觉样式下的效果如图 11-26所示。

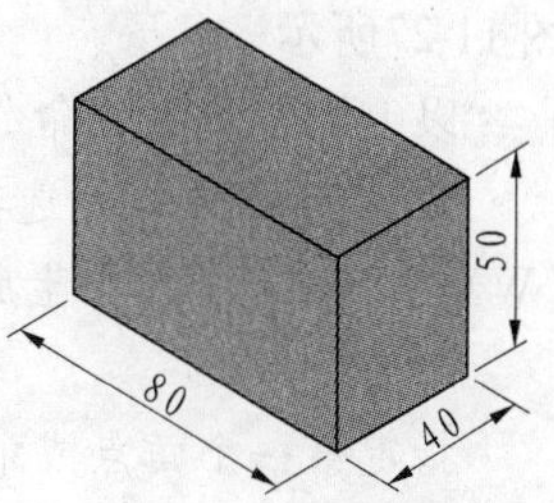

图 11-26　长方体

以上操作步骤的命令行提示如下：

命令：_view 输入选项［？/删除(D)/正交(O)/恢复(R)/保存(S)/设置(E)/窗口(W)］：_seiso 正在重生成模型。

命令：_box

指定第一个角点或［中心(C)］：

指定其他角点或［立方体(C)/长度(L)］：L

指定长度 <10.0000>：80

指定宽度：40

指定高度或［两点(2P)］<10.0000>：50

命令：_vscurrent

输入选项［二维线框(2)/三维线框(3)/三维隐藏(H)/真实(R)/概念(C)/其他(O)］<二维线框>：_C

(三)楔体

用户可以采用以下方法调用楔体命令创建三维多实体：在菜单栏中选择“绘图”|“建模”|“楔体”命令；单击“建模”工具栏上的按钮；在命令行中输入 Wedge 命令。

调用命令后，命令行会提示：

指定第一个角点或［中心(C)］：

在 AutoCAD 2010 中,创建楔体与创建长方体的操作步骤相同,楔体是长方体沿对角线切成两半后的效果。

例如:绘制 80×40×50 的楔体。

操作步骤如下:

(1)在菜单栏中选择“视图”|“三维视图”|“东南等轴测”命令,将视图切换到东南等轴测视图。

(2)输入 Wedge 调用楔体命令。

(3)当提示“指定第一个角点或[中心(C)]:”时,单击任意指定一点。

(4)当提示“指定其他角点或[立方体(C)/长度(L)]:”时,输入 L,通过输入楔体的长度、宽度和高度的方式来绘制楔体。

(5)当提示指定长度时,结合正交方式开,在 X 方向输入 80 指定楔体的长度值;当提示指定宽度时,结合正交方式开,在 Y 方向输入 40 指定楔体的宽度值;当提示指定高度时,输入 50 指定楔体的高度值。

(6)绘制好的楔体在“概念”视觉样式下的效果如图 11-27所示。

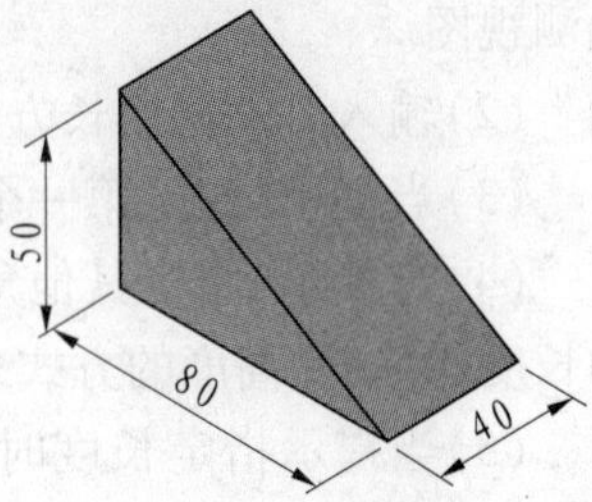

图 11-27 楔体

以上操作步骤的命令行提示如下:

命令:_view 输入选项[?/删除(D)/正交(O)/恢复(R)/保存(S)/设置(E)/窗口(W)]:_seiso 正在重生成模型。

命令:_wedge

指定第一个角点或[中心(C)]:

指定其他角点或[立方体(C)/长度(L)]:l

指定长度 <10.0000>:80

指定宽度:40

指定高度或[两点(2P)] <10.0000>:50

命令:_vscurrent

输入选项[二维线框(2)/三维线框(3)/三维隐藏(H)/真实(R)/概念(C)/其他(O)] <二维线框>:_C

(四)圆柱体

用户可以采用以下方法调用圆柱体命令创建三维多实体:在菜单栏中选择“绘图”|“建模”|“圆柱体”命令;单击“建模”工具栏上的按钮;在命令行中输入 Cylinder 命令。

调用命令后,命令行会提示:

指定底面的中心点或[三点(3P)/两点(2P)/切点、切点、半径(T)/椭圆(E)]:

在此提示下,默认要求指定底面中心点、底面半径或直径来定义圆柱体的底面。也可通过输入 3P 指定三点定义底面、输入 2P 指定圆柱体底面直径两个端点、输入 T 捕捉两个已知的相切对象并指定半径来确定圆柱体的底面。“椭圆(E)”选项可以绘制横截为椭圆的椭圆柱体,底面椭圆的绘制与平面图形中的椭圆命令操作方法相同。

确定了圆柱体底面后,命令行继续提示:

指定高度或［两点(2P)/轴端点(A)］

在此提示下可直接输入高度值，或者输入 2P 回到绘图区域拾取两个点，这两个点连线长度将作为圆柱体高度，也可输入 A 指定圆柱体另一底面的中心点位置，中心点位置连线方向将作为圆柱体的轴线方向。

以上各选项含义和功能说明如下。

“指定底面的中心点”：通过指定圆柱体底面圆的圆心来创建圆柱体对象。

“椭圆(E)”：绘制底面为椭圆的三维圆柱体对象。

例如：绘制半径为 30、高度为 40 的圆柱体。

操作步骤如下：

(1)在菜单栏中选择“视图”|“三维视图”|“东南等轴测”命令，将视图切换到东南等轴测视图。

(2)输入 Cylinder 调用圆柱体命令。

(3)当提示“指定底面的中心点或［三点(3P)/两点(2P)/切点、切点、半径(T)/椭圆(E)］:”时，单击任意指定一点。

(4)当提示“指定底面半径或［直径(D)］: ”和“指定高度或［两点(2P)/轴端点(A)］”时，分别输入底面半径 30 和高度 40。

(5)绘制好的圆柱体在“概念”视觉样式下的效果如图 11-28 所示。

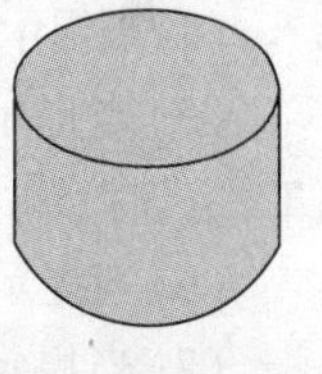

图 11-28　圆柱体

以上操作步骤的命令行提示如下：

命令: _view

输入选项［?/删除(D)/正交(O)/恢复(R)/保存(S)/设置(E)/窗口(W)］: _seiso 正在重生成模型。

命令:_cylinder

指定底面的中心点或［三点(3P)/两点(2P)/切点、切点、半径(T)/椭圆(E)］:

指定底面半径或［直径(D)］: 30

指定高度或［两点(2P)/轴端点(A)］ <50.0000>: 40

命令: _vscurrent

输入选项［二维线框(2)/三维线框(3)/三维隐藏(H)/真实(R)/概念(C)/其他(O)］ <二维线框>: _C

(五)圆锥体

用户可以采用以下方法调用圆锥体命令创建三维多实体：在菜单栏中选择“绘图”|“建模”|“圆锥体”命令；单击“建模”工具栏上的按钮；在命令行中输入 Cone 命令。

调用命令后，命令行会提示：

指定底面的中心点或［三点(3P)/两点(2P)/切点、切点、半径(T)/椭圆(E)］:

在该提示下确定圆锥体的底面，方法与绘制圆柱体底面完全相同。

用以上方法指定了底面后，命令行继续提示：

指定高度或［两点(2P)/轴端点(A)/顶面半径(T)］

在此提示下，默认直接输入数值作为圆锥体的高度。调用“两点(2P)”选项可回到绘图区域拾取两点作为圆锥体的高度。调用“轴端点(A)”选项可指定圆锥体的轴端点，底面中心点与轴端点的连线将作为圆锥体的轴线。调用“顶面半径(T)”选项要求指定圆锥体的顶面半径,若顶面半径不为零,则可以绘制出圆锥台。

以上各选项含义和功能说明如下。

“指定底面的中心点”:指定圆锥体底面的中心点来创建三维圆锥体。

“椭圆(E)”:创建一个底面为椭圆的三维圆锥体对象。

“指定高度”:指定圆锥体的高度。输入正值,则以当前 UCS 的 Z 轴正方向绘制圆锥体;输入负值,则以 UCS 的 Z 轴负方向绘制圆锥体。

例如:绘制底面半径为 30、顶面半径为 20、高为 40 的圆锥台。

操作步骤如下:

(1)在菜单栏中选择“视图”|“三维视图”|“东南等轴测”命令,将视图切换到东南等轴测视图。

(2)输入 Cone 调用圆柱体命令。

(3)当提示“指定底面的中心点或[三点(3P)/两点(2P)/切点、切点、半径(T)/椭圆(E)]:”时,单击任意指定一点。

(4)当提示“指定底面半径或[直径(D)]:”时,输入底面半径 30。

(5)当提示“指定高度或[两点(2P)/轴端点(A)/顶面半径(T)]:”时,输入 T。

(6)当提示“指定顶面半径 <0.0000>:”时,输入顶面半径 20。

(7)当提示“指定高度或[两点(2P)/轴端点(A)]:”时,输入高度 40。

(8)绘制好的圆锥台在“概念”视觉样式下的效果如图 11-29 所示。

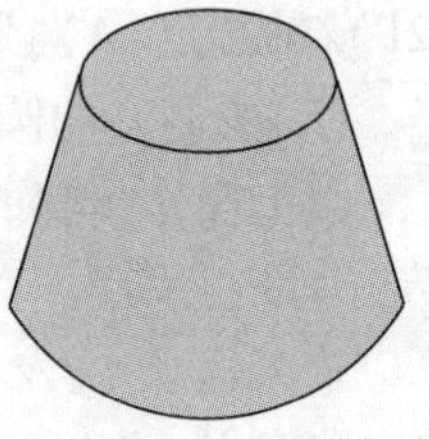

图 11-29 圆锥台

以上操作步骤的命令行提示如下:

命令: _view 输入选项[?/删除(D)/正交(O)/恢复(R)/保存(S)/设置(E)/窗口(W)]: _seiso 正在重生成模型。

命令: _cone

指定底面的中心点或[三点(3P)/两点(2P)/切点、切点、半径(T)/椭圆(E)]:

指定底面半径或[直径(D)] <30.0000>: 30

指定高度或[两点(2P)/轴端点(A)/顶面半径(T)] <40.0000>: T

指定顶面半径 <0.0000>: 20

指定高度或[两点(2P)/轴端点(A)] <40.0000>: 40

命令: _vscurrent

输入选项[二维线框(2)/三维线框(3)/三维隐藏(H)/真实(R)/概念(C)/其他(O)] <二维线框>: _C

(六)球体

用户可以采用以下方法调用球体命令创建三维多实体:在菜单栏中选择“绘图”|“建模”|“球体”命令;单击“建模”工具栏上的按钮;在命令行中输入 Sphere 命令。

绘制三维球体对象时,默认情况下,球体的中心轴平行于当前用户坐标系(UCS)的

Z 轴。纬线与 XY 平面平行。

调用命令后,命令行会提示:

指定中心点或［三点(3P)/两点(2P)/切点、切点、半径(T)］:

默认情况下,通过指定球体的中心点、球体的半径或直径来绘制球体。“三点(3P)”选项通过在三维空间的任意位置指定 3 个点来定义球体的圆周,这 3 个指定点还定义了圆周平面。“两点(2P)”选项通过在三维空间的任意位置指定两个点来定义球体的圆周,圆周平面由第一个点的 Z 值定义。“切点、切点、半径(T)”选项可定义具有指定半径,且与两个对象相切的球体。

以上各选项含义和功能说明如下。

“球体半径(R)”:绘制基于球体中心和球体半径的球体对象。

“直径(D)”:绘制基于球体中心和球体直径的球体对象。

例如:绘制半径为 50 的球体。

操作步骤如下:

(1)在菜单栏中选择“视图”|“三维视图”|“东南等轴测”命令,将视图切换到东南等轴测视图。

(2)输入 Isolines 调用系统变量。

(3)当提示“输入 ISOLINES 的新值 <4>:”时,输入 20。

(4)输入 Sphere 调用球体命令。

(5)当提示“指定中心点或［三点(3P)/两点(2P)/切点、切点、半径(T)］:”时,以(0,0,0)为球心。

(6)当提示“指定半径或［直径(D)］:”时,输入 50。

(7)绘制好的球体的效果如图 11-30 所示。

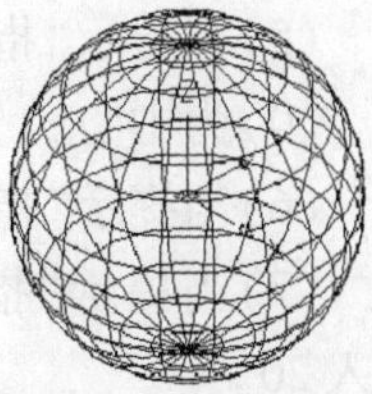

图 11-30　球体

以上操作步骤的命令行提示如下:

命令:_view 输入选项［?/删除(D)/正交(O)/恢复(R)/保存(S)/设置(E)/窗口(W)］: _seiso 正在重生成模型。

命令:_isolines

输入 ISOLINES 的新值 <4>: 20

命令:_sphere

指定中心点或［三点(3P)/两点(2P)/切点、切点、半径(T)］: 0,0,0

指定半径或［直径(D)］: 50

(七)圆环体

用户可以采用以下方法调用圆环体命令创建三维多实体:在菜单栏中选择“绘图”|“建模”|“圆环体”命令;单击“建模”工具栏上的按钮;在命令行中输入 Torus 命令。

调用命令后,命令行会提示:

指定中心点或［三点(3P)/两点(2P)/切点、切点、半径(T)］:

默认通过指定圆环体的中心点与两个半径(或直径)来绘制圆环体,一个是从圆环体中心到圆管中心的距离,另一个是圆管的半径。

当指定了圆环体的中心点后,命令行继续提示:

指定半径或［直径(D)］<当前值>:

此时应当输入圆环体的半径值,即圆环体中心到圆管中心的距离值。

指定了圆环体半径后,命令行继续提示:

指定圆管半径或［两点(2P)/直径(D)］

输入圆管的半径。

以上各选项含义和功能说明如下:

“半径”:指定圆环体的半径。

“直径”:指定圆环体的直径。

例如:绘制圆环体半径为50,圆管半径为20的圆环体。

操作步骤如下:

(1)在菜单栏中选择“视图”|“三维视图”|“东南等轴测”命令,将视图切换到东南等轴测视图。

(2)输入Isolines调用系统变量。

(3)当提示“输入ISOLINES的新值 <4>:”时,输入20。

(4)输入Torus调用圆环体命令。

(5)当提示“指定中心点或［三点(3P)/两点(2P)/切点、切点、半径(T)］:”时,以(0,0,0)为中心。

(6)当提示“指定半径或［直径(D)］:”时,输入50。

(7)当提示“指定圆管半径或［两点(2P)/直径(D)］:”时,输入20。

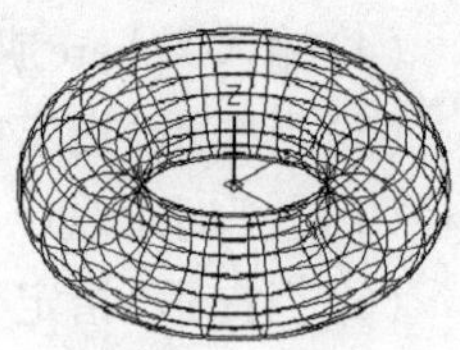

图 11-31　圆环体

(8)绘制好的圆环体的效果如图11-31所示。

以上操作步骤的命令行提示如下:

命令:_view 输入选项［?/删除(D)/正交(O)/恢复(R)/保存(S)/设置(E)/窗口(W)］:_seiso 正在重生成模型。

命令:_isolines

输入ISOLINES的新值 <4>:20

命令:_torus

指定中心点或［三点(3P)/两点(2P)/切点、切点、半径(T)］:0,0,0

指定半径或［直径(D)］:50

指定圆管半径或［两点(2P)/直径(D)］:20

(八)棱锥体

用户可以采用以下方法调用棱锥体命令创建三维多实体:在菜单栏中选择“绘图”|“建模”|“棱锥体”命令;单击“建模”工具栏上的按钮;在命令行中输入Pyramid命令。

调用命令后,命令行会提示:

指定底面的中心点或［边(E)/侧面(S)］:

在此提示下若直接指定中心点,命令行继续提示:“指定底面半径或［内接(I)］<当前值>:”,可直接输入半径值或输入I改变底面多边形与虚拟圆的关系(内接或外切,默认为外切)。

当提示:“指定高度或［两点(2P)/轴端点(A)/顶面半径(T)］<60.0000>”时,可直接输入棱锥体的高度值,或指定棱锥体另一底面的中心点,也可输入 T 调用“顶面半径”选项来创建棱锥台,其顶面逐渐缩小到一个与底面边数相同的平整面。

以上各选项含义和功能说明如下。

“边(E)”:可以通过指定棱锥体底面一条边来确定底面的方位。

“侧面(S)”:可设置棱锥体的侧面数(侧面数可在 3 ~32)。

例如:绘制外切底面半径为 50,顶面半径为 30, 高度为 50 的七棱台。

操作步骤如下:

(1)在菜单栏中选择“视图”|“三维视图”|“东南等轴测”,将视图切换到东南等轴测视图。

(2)输入 Pyramid 调用棱锥体命令。

(3)当提示“指定底面的中心点或［边(E)/侧面(S)］:”时,输入 S。

(4)当提示“输入侧面数 <4>:”时,输入 7。

(5)当提示“指定底面的中心点或［边(E)/侧面(S)］:”时,以(0,0,0)为中心。

(6)当提示“指定底面半径或［外切(C)］:”时,输入 50。

(7)当提示“指定高度或［两点(2P)/轴端点(A)/顶面半径(T)］:”时,输入 T。

(8)当提示“指定顶面半径 <20.0000>:”时,输入 30。

(9)当提示“指定高度或［两点(2P)/轴端点(A)］:”时,输入 50。

(10)绘制好的七棱台的效果如图 11-32 所示。

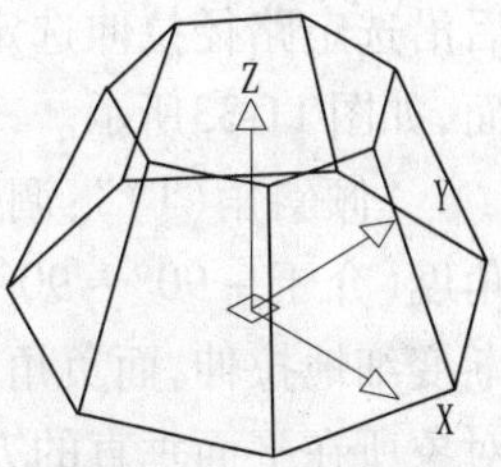

图11-32　七棱台

以上操作步骤的命令行提示如下:

命令: _view 输入选项［?/删除(D)/正交(O)/恢复(R)/保存(S)/设置(E)/窗口(W)］: _seiso 正在重生成模型。

命令:_pyramid

4 个侧面　内接

指定底面的中心点或［边(E)/侧面(S)］: S

输入侧面数 <4>: 7

指定底面的中心点或［边(E)/侧面(S)］: 0,0,0

指定底面半径或［外切(C)］: 50

指定高度或［两点(2P)/轴端点(A)/顶面半径(T)］:T

指定顶面半径 <20.0000>: 30

指定高度或［两点(2P)/轴端点(A)］: 50

(九)拉伸

拉伸命令通过沿指定的方向将对象或平面拉伸指定距离来创建三维实体或曲面。若被拉伸的对象是封闭的二维对象或平面,则拉伸出三维实体;若被拉伸的对象是不封闭的二维对象,则拉伸出曲面。

用户可以采用以下方法调用拉伸命令创建三维多实体:在菜单栏中选择“绘图”|“建模”|“拉伸”命令;单击“建模”工具栏上的按钮;在命令行中输入 Extrude 命令。

调用命令后,当提示选择对象时请选择要拉伸的对象。可以拉伸的对象有直线、圆弧、椭圆弧、二维多段线、二维样条曲线、圆、椭圆、二维实体、宽线、面域、平面、三维多段线、三维平面、平面曲面、实体上的平面。不能拉伸包含在块中的对象,也不能拉伸具有相交或自交线段的多段线。

选择好对象后,命令行继续提示:

指定拉伸的高度或[方向(D)/路径(P)/倾斜角(T)]<当前值>:

各选项功能如下。

"指定拉伸的高度":默认选项,通过直接输入拉伸高度值来拉伸对象。如果输入正值,将沿对象所在坐标系的 Z 轴正方向拉伸对象;如果输入负值,将沿 Z 轴负方向拉伸对象。

"方向(D)":调用该选项,通过指定的两点确定拉伸的长度和方向。

"路径(P)":调用该选项,要求选择基于指定曲线对象的拉伸路径。路径将移动到轮廓的质心,然后沿选定路径拉伸选定对象的轮廓以创建实体或曲面,如图 11-33所示。

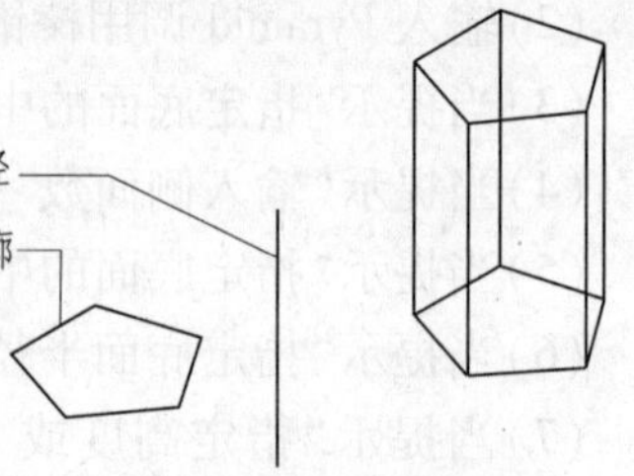

图 11-33　用路径拉伸图形示意

"倾斜角(T)":调用该选项,要求指定一个拉伸角度(介于 -90°~90°),正角度表示从基准对象逐渐变细地拉伸,而负角度则表示从基准对象逐渐变粗地拉伸。默认角度 0°表示在与二维对象所在平面垂直的方向上进行拉伸。

例如:试将如图 11-34(a)所示的平面曲线拉伸成实体,拉伸高度为 10,拉伸角度为 5°。

(1)绘制如图 11-34(a)所示的平面图形。

(2)调用面域命令将刚绘制的外围边界轮廓创建为面域。

(3)调用拉伸命令,当提示选择拉伸对象时,选择面域和圆同时进行拉伸。

(4)当提示"指定拉伸的高度或[方向(D)/路径(P)/倾斜角(T)]<当前值>:"时,输入 T,以指定拉伸角度。

(5)当提示"指定拉伸倾斜角度"时,输入 5。

(6)当提示"指定拉伸的高度或[方向(D)/路径(P)/倾斜角(T)]<当前值>:"时,输入 10。

(7)切换视图至东南等轴测,观察到拉伸出的实体效果如图 11-34(b)所示。

以上操作步骤的命令行提示如下:

命令:_isolines

输入 ISOLINES 的新值 <4>:20

命令:_boundary

拾取内部点:正在选择所有对象...

正在选择所有可见对象...

正在分析所选数据...

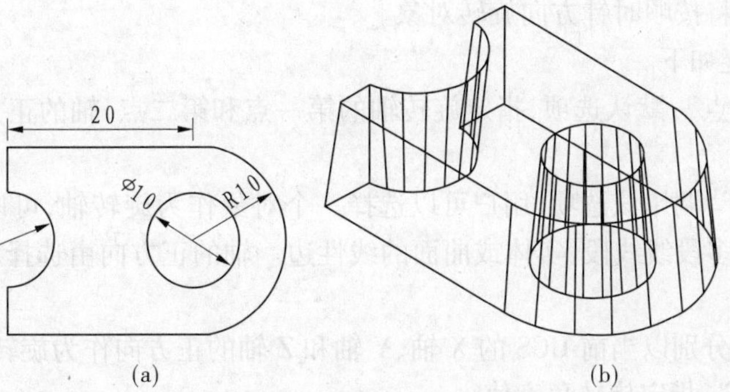

图 11-34　将二维图形拉伸成实体

正在分析内部孤岛...

拾取内部点:

BOUNDARY 已创建 2 个多段线

命令:_extrude

当前线框密度:ISOLINES = 20

选择要拉伸的对象:找到 1 个

选择要拉伸的对象:找到 1 个,总计 2 个

选择要拉伸的对象:

指定拉伸的高度或[方向(D)/路径(P)/倾斜角(T)]:T

指定拉伸的倾斜角度:5

值必须非零。

指定拉伸的高度或[方向(D)/路径(P)/倾斜角(T)]:10

命令:_view 输入选项[?/删除(D)/正交(O)/恢复(R)/保存(S)/设置(E)/窗口(W)]: _seiso 正在重生成模型。

(十)旋转

使用旋转命令可以通过绕轴旋转开放或闭合对象来创建实体或曲面。旋转对象定义实体或曲面的轮廓。如果旋转闭合对象,则生成实体;如果旋转开放对象,则生成曲面。

用户可以采用以下方法调用旋转命令创建三维多实体:在菜单栏中选择"绘图"|"建模"|"旋转"命令;单击"建模"工具栏上的按钮;在命令行中输入 Revolve 命令。

调用命令后,当提示选择对象时请选择要旋转的对象。可以旋转的对象有直线、圆弧、椭圆弧、二维多段线、二维样条曲线、圆、椭圆、二维实体、宽线、面域、三维平面、平面曲面、实体上的平面等。无法对包含相交线段的块或多段线内的对象使用 Revolve 命令。

选择好对象后,命令行提示:

指定轴起点或根据以下选项之一定义轴[对象(O)/ X/Y/Z]<对象>:

在该提示下定义旋转轴。

指定了旋转轴后,命令行继续提示:

指定旋转角度或[起点角度(ST)]<360>:

此时默认输入旋转角度值(介于 -360°~360°),数值为正时将按逆时针方向旋转对象,数值为负时将按顺时针方向旋转对象。

各选项功能如下。

“指定轴起点”:默认选项,指定旋转轴的第一点和第二点,轴的正方向从第一点指向第二点。

“对象(O)”:调用该选项,用户可以选择一个对象作为旋转轴,可以作为旋转轴的对象有直线、线性多段线线段、实体或曲面的线性边。轴的正方向由选择对象时的最近端点指向最远端点。

“X/Y/Z”:分别以当前 UCS 的 X 轴、Y 轴和 Z 轴的正方向作为旋转轴的正方向。

“旋转角度”:指定旋转角度值。

例如:试将如图 11-35(a)所示的封闭二维多段线对象绕直线分别旋转 270°和 360°生成三维实体。

操作步骤如下:

(1)用多段线绘制如图 11-35(a)所示的平面图形。

(2)调用旋转命令,当提示“选择要旋转的对象”时,选择封闭二维多段线。

(3)当提示“指定轴起点或根据以下选项之一定义轴［对象(O)/X/Y/Z］<对象>:”时,输入 O,以指定对象。

(4)当提示“选择对象:”时,选择直线。

(5)当提示“指定旋转角度或［起点角度(ST)］<360>:”时,输入 270。

(6)切换视图至东南等轴测,观察旋转的实体消隐后的效果,如图 11-35(b)所示。

(7)旋转 360°方法与旋转 270°方法相同,效果如图 11-35(c)所示。

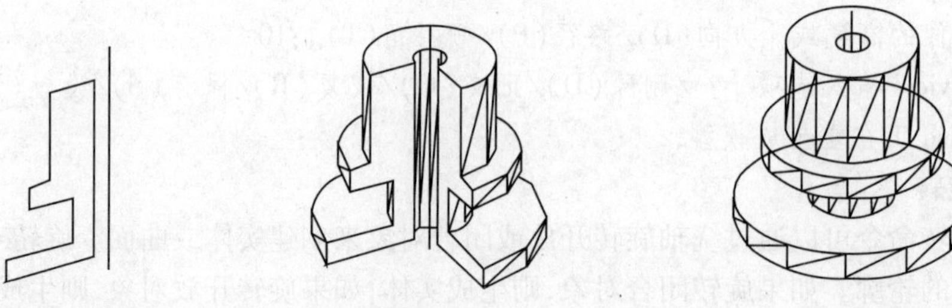

(a)平面对象　　(b)旋转270°　　(c)旋转360°

图 11-35　将二维图形旋转成实体

以上操作步骤的命令行提示如下:

命令:_revolve

当前线框密度: ISOLINES = 4

选择要旋转的对象: 找到 1 个

选择要旋转的对象:

指定轴起点或根据以下选项之一定义轴［对象(O)/X/Y/Z］<对象>:O

选择对象:

指定旋转角度或［起点角度(ST)］<360>: 270

命令:_view 输入选项［?/删除(D)/正交(O)/恢复(R)/保存(S)/设置(E)/窗口

(W)]: _seiso 正在重生成模型。

命令:_hide

正在重生成模型。

(十一)扫掠

使用扫掠命令可以通过沿开放或闭合的二维或三维路径扫掠开放或闭合的平面曲线(轮廓)来创建新曲面或实体。如果沿一条路径扫掠闭合的曲线,则生成实体;如果沿一条路径扫掠开放的曲线,则生成曲面。

用户可以采用以下方法调用扫掠命令创建三维多实体:在菜单栏中选择“绘图”|“建模”|“扫掠”命令;单击“建模”工具栏上的按钮;在命令行中输入 Sweep 命令。

调用命令后,命令行会提示:

选择要扫掠的对象:

可以扫掠的对象有直线、圆弧、椭圆弧、二维多段线、二维样条曲线、圆、椭圆、二维实体、宽线、面域、三维平面、平面曲面、实体上的平面等。无法对包含相交线段的块或多段线内的对象使用 Sweep 命令。

选择好扫掠对象回车后,命令行继续提示:

选择扫掠路径或[对齐(A)/基点(B)/ 比例(S)/扭曲(T)]:

在该提示下,可直接指定扫掠路径。

各选项功能如下。

“对齐(A)”:该选项用于设置扫掠前是否对齐垂直于路径的扫掠对象,默认是对齐的。

“基点(B)”:该选项用于重新设置扫掠的基点。

“比例(S)”:该选项用于设置扫掠的比例因子,指定了该参数后,扫掠效果与单击扫掠路径的位置有关。

“扭曲(T)”:该选项用于设置被扫掠的对象的扭曲角度或指定被扫掠的曲线是否沿三维扫掠路径自然倾斜(旋转)。

例如:用扫掠命令绘制如图 11-36(a)所示圆沿螺旋路径扫掠生成的三维实体。

操作步骤如下:

(1)在菜单栏中选择“视图”|“三维视图”|“东南等轴测”命令,将视图切换到东南等轴测视图。

(2)绘制如图 11-36(a)所示的平面图形。

(3)调用扫掠命令,当提示“选择要扫掠的对象”时,选择圆图形。

(4)当提示“选择扫掠路径或[对齐(A)/基点(B)/比例(S)/扭曲(T)]:”时,选择螺旋线。

(5)观察到旋转后的实体线框显示效果如图 11-36(b)所示,消隐后的效果如图 11-36(c)所示。

以上操作步骤的命令行提示如下:

命令:_view 输入选项[?/删除(D)/正交(O)/恢复(R)/保存(S)/设置(E)/窗口(W)]: _seiso 正在重生成模型。

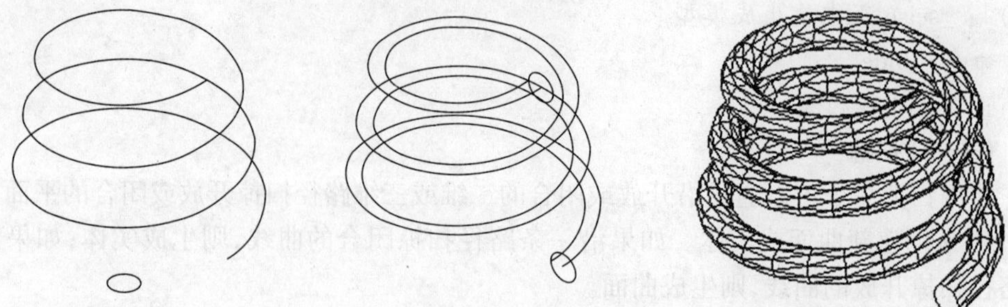

(a) 圆与螺旋路径　　(b) 扫掠后线框显示效果　　(c) 扫掠后消隐效果

图 11-36　将二维图形扫掠成实体

命令:_sweep

当前线框密度: ISOLINES = 4

选择要扫掠的对象: 找到 1 个

选择要扫掠的对象:

选择扫掠路径或［对齐(A)/基点(B)/比例(S)/扭曲(T)］:

命令:_hide

正在重生成模型。

(十二)放样

使用放样命令可以通过对包含两条或两条以上横截面曲线(曲线或直线)的一组曲线进行放样来创建三维实体或曲面。横截面定义了实体或曲面的轮廓形状,在使用放样命令时至少必须指定两个横截面。如果对一组闭合的横截面曲线进行放样,则生成实体;如果对一组开放的横截面曲线进行放样,则生成曲面。

用户可以采用以下方法调用放样命令创建三维多实体:在菜单栏中选择“绘图”|“建模”|“放样”命令;单击“建模”工具栏上的按钮;在命令行中输入 Loft 命令。

调用命令后,命令行会提示:

按放样次序选择横截面:

请选择要放样的横截面曲线对象(至少两个)。

命令行继续提示:

输入选项［导向(G)/路径(P)/仅横截面(C)］ <仅横截面>:

各选项功能如下。

“导向(G)”:该选项使用导向曲线控制放样,每条导向曲线必须与每一个截面相交,并且起始于第一个截面,终止于最后一个截面。可以为放样曲面或实体选择任意数量的导向曲线。

“路径(P)”:该选项要求指定放样实体或曲面的单一路径,该路径必须与全部或部分截面相交。

“仅横截面(C)”:使用该选项将打开“放样设置”对话框,可以设置放样横截面上的曲面控制选项,如图 11-37 所示。

例如:将如图 11-38(a)所示二维对象放样生成三维实体。

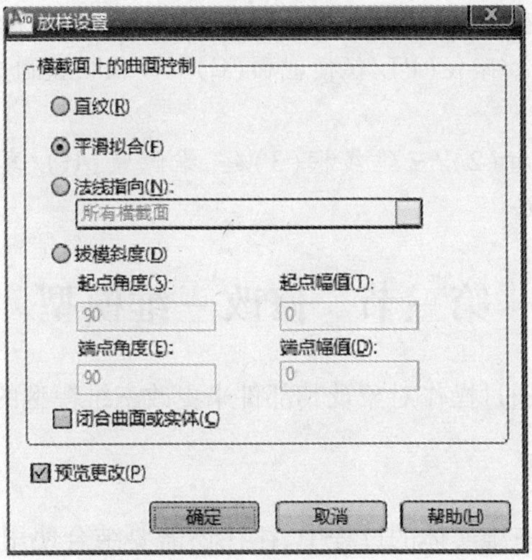

图 11-37 “放样设置”对话框

操作步骤如下：

(1)在菜单栏中选择“视图”|“三维视图”|“东南等轴测”命令，将视图切换到东南等轴测视图。

(2)绘制如图 11-38(a)所示的平面图形。

(3)调用放样命令，当提示“按放样次序选择横截面”时，选择 4 个二维图形。

(4)当提示“输入选项［导向(G)/路径(P)/仅横截面(C)］<仅横截面>:”时，出现“放样设置”对话框，点击“确定”按钮。

(5)观察到旋转后的实体线框显示效果如图 11-38(b)所示，在“概念”视觉模式下的效果如图 11-38(c)所示。

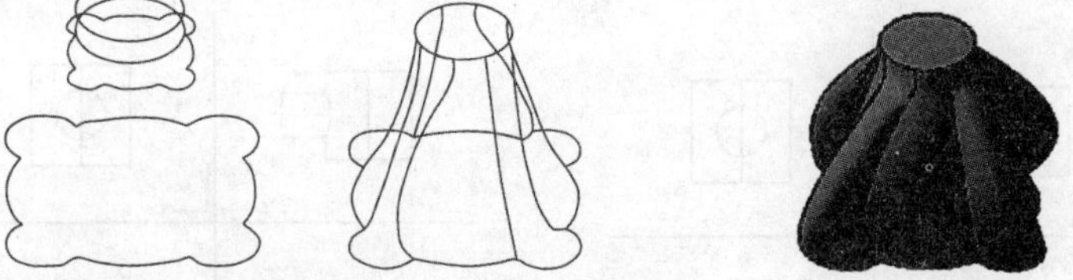

(a)4 个二维图形　(b) 放样后线框显示效果　(c)“概念”视觉模式下的效果

图 11-38 将二维图形放样成实体

以上操作步骤的命令行提示如下：

命令：_view 输入选项［？/删除(D)/正交(O)/恢复(R)/保存(S)/设置(E)/窗口(W)］：_seiso 正在重生成模型。

命令：_loft

按放样次序选择横截面：找到 1 个

按放样次序选择横截面：找到 1 个，总计 2 个

按放样次序选择横截面：找到 1 个，总计 3 个

按放样次序选择横截面：找到 1 个，总计 4 个

按放样次序选择横截面:

输入选项［导向(G)/路径(P)/仅横截面(C)］<仅横截面>:

命令: _vscurrent

输入选项［二维线框(2)/三维线框(3)/三维隐藏(H)/真实(R)/概念(C)/其他(O)］<二维线框>: _C

第三节 修改三维模型

修改三维模型可以通过操作对象及其部件来更改三维模型的外观。

一、编辑三维模型

在创建较为复杂的三维实体的过程中,往往还需要结合使用三维对象的编辑修改命令。三维编辑命令包括:布尔运算(求并集、差集、交集等);在三维空间中移动、复制、镜像、阵列、对齐等操作;剖切实体;编辑实体的面、边或体。

(一)并集

通过并集运算可以将多个实体重新组合成为一个新的实体。该命令主要用于将多个相交或相接触的对象组合在一起;当组合多个不相交的实体时,其显示效果看起来还是多个实体,但实际上却被当做一个实体对象。得到的组合实体包括所有选定实体所封闭的空间。得到的组合面域包括子集中所有面域所封闭的面积。

用户可以采用以下方法调用并集命令编辑三维多实体:在菜单栏中选择"修改"|"实体编辑"|"并集"命令;单击"实体编辑"工具栏上的按钮;在命令行中输入 Union 命令。

调用命令后,当提示"选择对象"时,依次选择要合并在一起的三维实体对象即可。如图 11-39 所示为将两个待合并的三维实体求并集后的效果。

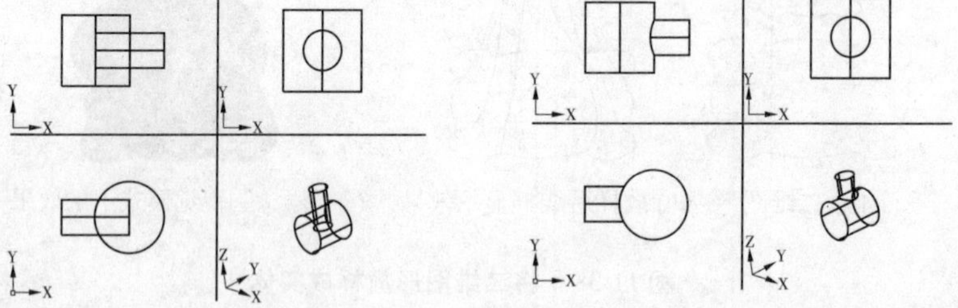

(a)用做并集运算的实体　　(b)求并集后的效果

图 11-39　并集运算

(二)差集

通过差集运算可以从一组实体中删除与另一组实体的公共区域。

用户可以采用以下方法调用差集命令编辑三维多实体:在菜单栏中选择"修改"|"实体编辑"|"差集"命令;单击"实体编辑"工具栏上的按钮;在命令行中输入 Subtract 命令。

使用差集命令时,要注意选择对象的次序,次序不同效果将不一样。应当首先选择被减的实体，回车确定，然后选择要减去的实体。如图 11-40 所示为用 Subtract 命令将大圆柱体求差集的效果。

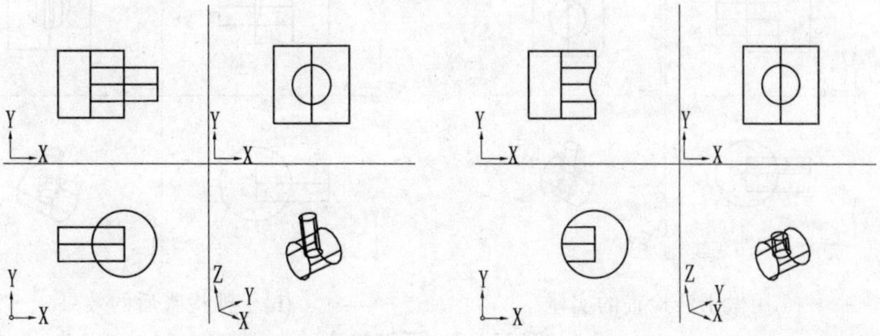

(a)用做差集运算的实体　　　　(b)求差集后的效果

图 11-40　差集运算

(三)交集

选取两个或多个实体或面域的相交的公共部分交集，创建复合实体或面域，并删除交集以外的部分。

用户可以采用以下方法调用交集命令编辑三维多实体：在菜单栏中选择“修改”|“实体编辑”|“交集”命令；单击“实体编辑”工具栏上的按钮；在命令行中输入 Intersect 命令。

调用命令后，当提示“选择对象”时，依次选择要求交集的三维实体对象即可。如图 11-41所示为用 Intersect 命令将三维实体求交集后的效果。

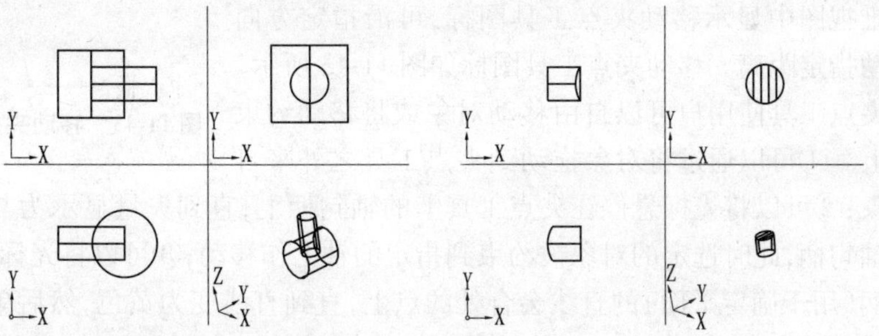

(a)用做交集运算的实体　　　　(b)求交集后的效果

图 11-41　交集运算

(四)干涉检查

用户可以采用以下方法调用干涉检查命令编辑三维多实体：在菜单栏中选择“修改”|“三维操作”|“干涉检查”命令；单击“实体编辑”工具栏上的按钮；在命令行中输入 Interfere 命令。

可以通过对比两组对象或一对一地检查所有实体，把原实体保留下来，并用两个实体的交集生成一个新实体。

例如，对图 11-42(a)中的两个圆柱体求干涉集，调用干涉命令后，单击大圆柱并回车作为实体的第一集合，单击小圆柱体并回车作为第二集合，在弹出的“干涉检查”对话框中去除“关闭时删除已创建的干涉对象”复选框，结果如图 11-42(b) 所示。

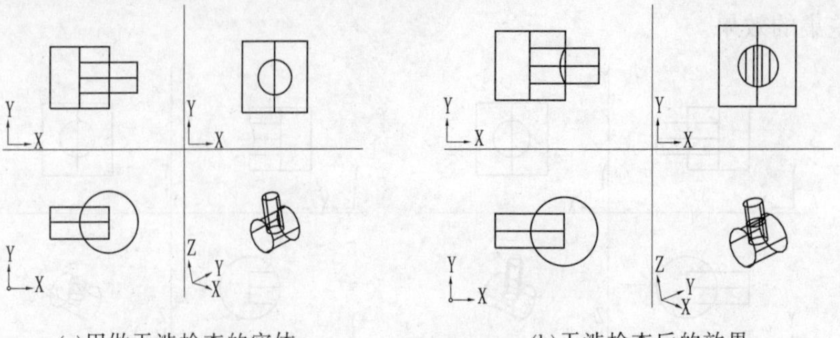

(a)用做干涉检查的实体　　(b)干涉检查后的效果

图 11-42　干涉检查

当生成的干涉对象被创建它的原对象挡住看不清时，可以将其移动到其他位置或创建一个新的图层来放置创建出的干涉实体。

(五) 实体编辑

许多编辑二维图形的命令同样也适用于编辑三维实体，如复制、删除、缩放、分解等。以下介绍几种适用于三维实体的编辑修改命令。

1. 三维移动

用户可以采用以下方法调用三维移动命令编辑三维多实体：在菜单栏中选择“修改”|“三维操作”|“三维移动”命令；在命令行中输入 3Dmove 命令。

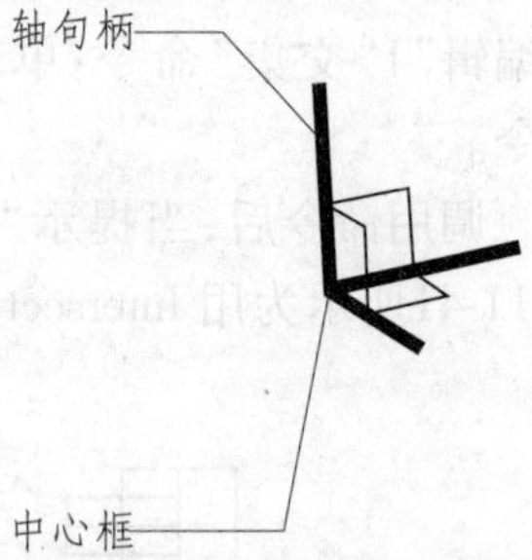

图 11-43　移动夹点工具图标

在三维视图中显示移动夹点工具图标，可沿指定方向将对象移动指定距离。移动夹点工具图标如图 11-43 所示。

移动夹点工具使用户可以自由移动对象或将移动约束到轴或面上。①可以通过将对象拖动到夹点工具之外来自由移动对象；②可以将光标悬停在夹点工具上的轴句柄上，直到矢量显示为与该轴对齐，然后单击轴句柄，此时选定的对象被约束到指定的轴上作移动；③可以将光标悬停在两条远离轴句柄（用于确定平面）的直线会合处的点上，直到直线变为黄色，然后单击该点，此时选定的对象被约束到指定的面上作移动。

2. 三维旋转

用户可以采用以下方法调用三维旋转命令编辑三维多实体：在菜单栏中选择“修改”|“三维操作”|“三维旋转”命令；在命令行中输入 3Drotate 命令。

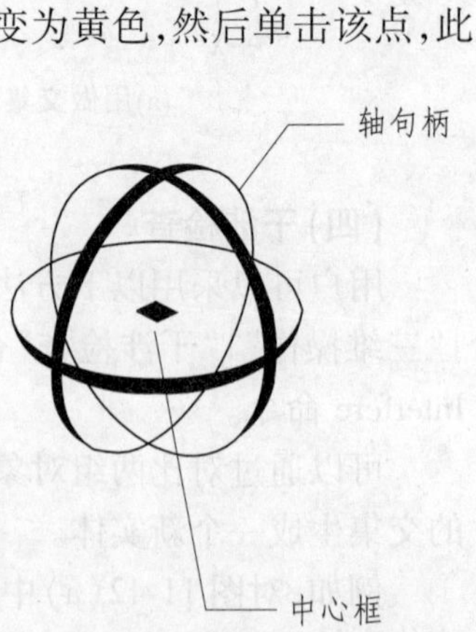

图 11-44　旋转夹点工具图标

在三维视图中显示旋转夹点工具图标，可围绕基点旋转对象。旋转夹点工具图标如图 11-44 所示。

旋转夹点工具使用户可以自由旋转对象或将旋转约束到轴上。①可以通过将对象拖动到夹点工具之外来自由旋转对象；②可以将光标悬停在夹点工具上的轴句柄上，直到光标变为黄色且黄色矢量显示为与该轴对齐，然后单击轴句柄，此时选定的对象被约束到指定的轴上作旋转。

3. 三维对齐

用户可以采用以下方法调用三维对齐命令编辑三维多实体：在菜单栏中选择“修改”|“三维操作”|“三维对齐”命令；在命令行中输入 3Dalign 命令。

可在三维空间中使一个对象与另一个对象对齐。可以指定至多 3 个点以定义源平面，然后指定至多 3 个点以定义目标平面。

调用命令并选择要进行三维对齐的对象后，命令行会提示：

指定源平面和方向...

依次指定源平面上的基点、第二点和第三点（如图 11-45(a) 中的 A、B、C 3 点）。

命令行继续提示：

指定目标平面和方向...

依次指定目标平面上与源平面对应的 3 个点（如图 11-45(a) 中的 A′、B′、C′ 3 点）。进行三维对齐后在“概念”视觉样式下的效果如图 11-45(b) 所示。

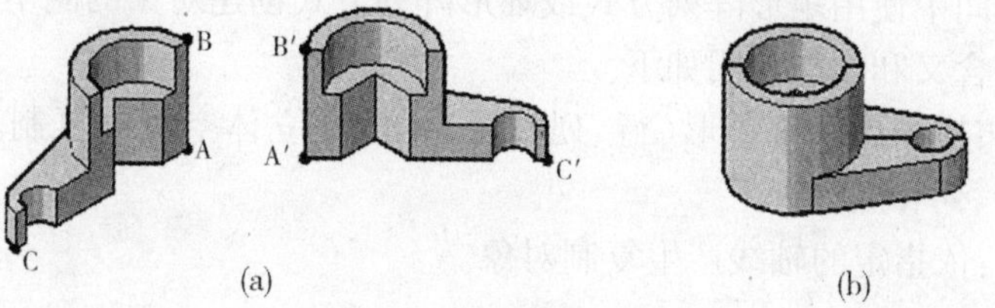

图 11-45　三维对齐操作

4. 三维镜像

用户可以采用以下方法调用三维镜像命令编辑三维多实体：在菜单栏中选择“修改”|“三维操作”|“三维镜像”命令；在命令行中输入 Mirror3d 命令。

可在三维空间中通过指定镜像平面来镜像对象。

调用命令并选择要进行三维镜像的对象后，命令行提示：

指定镜像平面（三点）的第一个点或[对象(O)/最近的(L)/Z 轴(Z)/视图(V)/XY 平面(XY)/YZ 平面(YZ)/ZX 平面(ZX)/三点(3)]

在该提示下要求定义镜像平面，默认通过三点定义镜像平面，也可采用其他选项来定义镜像平面。与平面图形的镜像类似，三维镜像同样可以选择是否删除源对象。

以上各选项含义和功能说明如下。

“三点”：通过指定三个点来确定镜像平面。

“对象(O)”：以对象作为镜像平面创建三维镜像副本。

“最近的(L)”：以最近一次指定的镜像平面为本次创建三维镜像所需要的镜像平面。

“Z 轴(Z)”：以平面上的一点和垂直于平面的法线上的一点来定义镜像平面。

“视图(V)”：以当前视图的观测平面来镜像对象。

“XY 平面”、“YZ 平面”、“ZX 平面”：以 XY、YZ 或 ZX 平面来定义镜像平面。

如图 11-46 所示，对图(a)进行三维镜像，镜像面由 A、B、C 三点定义，三维镜像后的效果如图(b)所示。

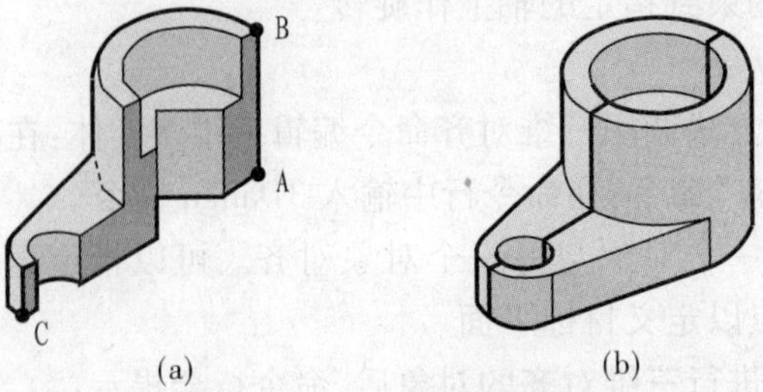

图 11-46 “三维镜像”操作

5. 三维阵列

用户可以采用以下方法调用三维阵列命令编辑三维多实体：在菜单栏中选择“修改”|“三维操作”|“三维阵列”命令；在命令行中输入 3Darray 命令。

调用命令后选择对象后，命令行提示：

输入阵列类型［矩形(R)/环形(P)］<矩形>：

可在三维空间中使用矩形阵列方式或环形阵列方式创建对象的副本。

以上各选项含义和功能说明如下。

“矩形(R)”：对象以三维矩形（行、列和层）样式在立体空间中复制。一个阵列必须具有至少两个行、列和层。

“环形(P)”：依指定的轴线产生复制对象。

1）矩形阵列

在命令行的“输入阵列类型［矩形(R)/环形(P)］<矩形>：”提示下，输入 R 或直接回车，可以以矩形阵列方式复制对象，此时需要依次指定阵列的行数、列数、层数和行间距、列间距及层间距。其中，行、列、层分别沿着当前 UCS 的 X 轴、Y 轴、Z 轴的方向，若输入的间距值为正，表示将沿相应坐标轴的正方向阵列，否则沿反方向阵列。

例如：试在如图 11-47 所示长方体（120×80×30）中创建 6 个半径为 8 的孔。

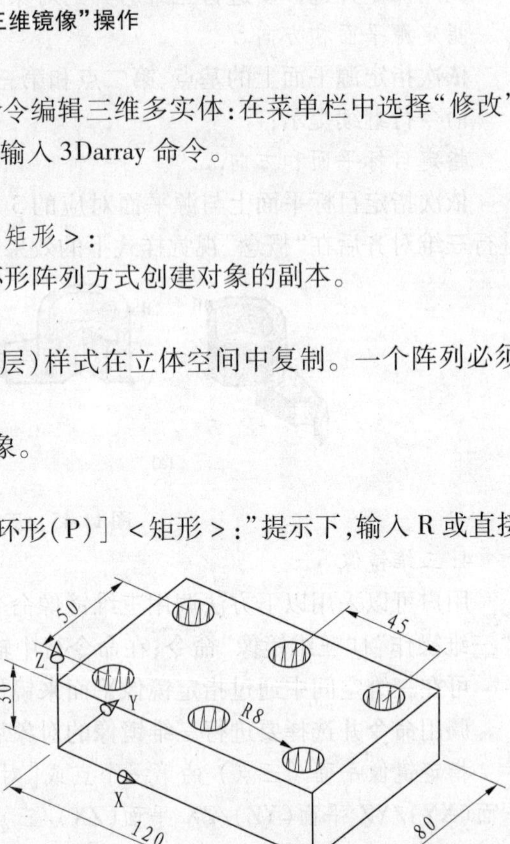

图 11-47 三维阵列——矩形阵列

操作步骤如下：

(1) 单击“三维制作”面板上的按钮，调用长方体（Box）命令。以点（0,0,0）为第一个角点，绘制一个长为 120、宽为 80、高为 30 的长方体。

(2) 单击“三维制作”面板上的按钮，调用圆柱体（Cylinder）命令。以点（15,15,0）为第一个底面中心，绘制一个半径为 8、高为 30 的圆柱体。

(3) 选择“修改”|“三维操作”|“三维阵列”命令，选择圆柱体作为要阵列的对象，回车。当提示“输入阵列类型［矩形(R)/环形(P)］<矩形>：”时，直接回车。输入行数 2、列数 3、层数 1，指定行间距 50、列间距 45，阵列结果如图 11-48 所示。

(4) 单击“三维制作”面板上的按钮，调用差集（Subtract）命令。先选择长方体，回车;然后选择 6 个圆柱体,执行差集运算。

消隐图形后效果如图 11-49 所示。

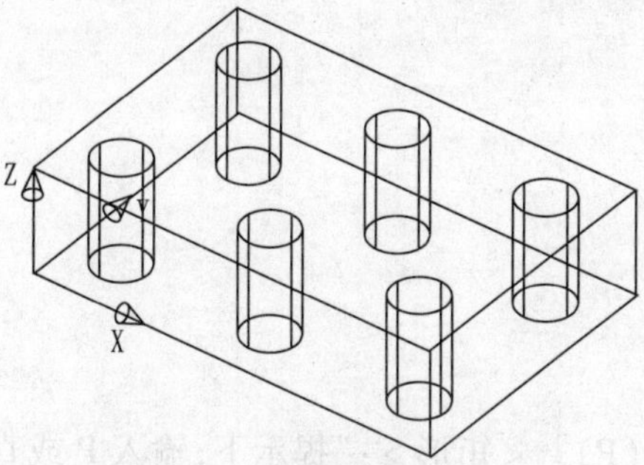

图 11-48　矩形阵列结果

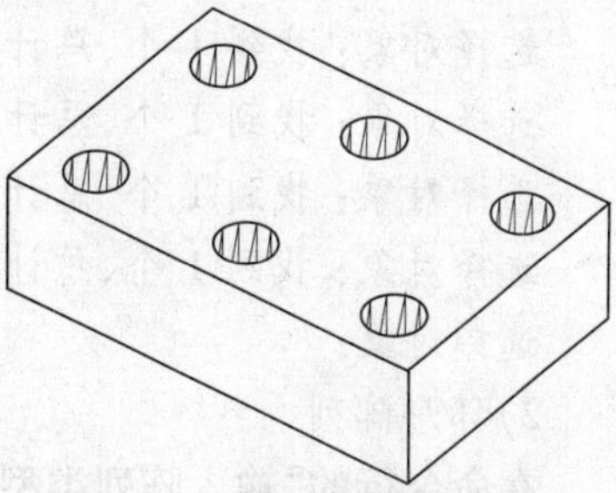

图 11-49　消隐后的视图效果

以上操作步骤的命令行提示如下:

命令: _view 输入选项［?/删除(D)/正交(O)/恢复(R)/保存(S)/设置(E)/窗口(W)］: _seiso 正在重生成模型。

命令:_box

指定第一个角点或［中心(C)］: 0,0,0

指定其他角点或［立方体(C)/长度(L)］:I

指定长度: 120

指定宽度: 80

指定高度或［两点(2P)］ <80.0000>: 30

命令:_cylinder

指定底面的中心点或［三点(3P)/两点(2P)/切点、切点、半径(T)/椭圆(E)］: 15,15,0

指定底面半径或［直径(D)］: 8

指定高度或［两点(2P)/轴端点(A)］ <30.0000>: 30

命令:_3darray

选择对象: 找到 1 个

选择对象:

输入阵列类型［矩形(R)/环形(P)］ <矩形>:

输入行数 (---) <1>: 2

输入列数 (|||) <1>: 3

输入层数 (...) <1>: 1

指定行间距 (---): 50

指定列间距 (|||): 45

命令:_subtract

选择要从中减去的实体、曲面和面域...

选择对象: 找到 1 个

选择对象:

选择要减去的实体、曲面和面域...
选择对象: 找到 1 个
选择对象: 找到 1 个,总计 2 个
选择对象: 找到 1 个,总计 3 个
选择对象: 找到 1 个,总计 4 个
选择对象: 找到 1 个,总计 5 个
选择对象: 找到 1 个,总计 6 个
选择对象:

2)环形阵列

在命令行的"输入阵列类型[矩形(R)/环形(P)] <矩形>:"提示下,输入 P 或直接回车,可以以环形阵列方式复制对象,此时需要输入阵列的项目个数,并指定环形阵列的填充角度,确认是否要进行自身旋转,然后指定阵列的中心点及旋转轴上的另一点,确定旋转轴。

例如:试在如图 11-50 所示圆柱体(半径为 50,高为 40)中创建 7 个半径为 8 的孔。

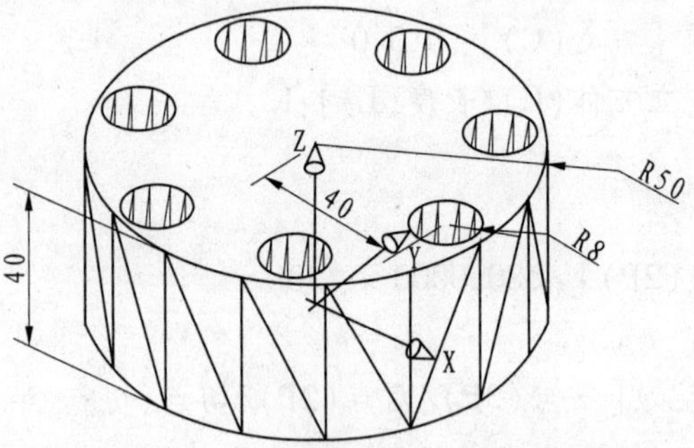

图 11-50 "三维阵列"——环形阵列

操作步骤如下:

(1)单击"三维制作"面板上的按钮,调用圆柱体(Cylinder)命令。以点(0,0,0)为底面中心,绘制一个半径为 50、高为 40 的圆柱体。

(2)按回车,重复圆柱体(Cylinder)命令。以点(40,0,0)为第一个底面中心,绘制一个半径为 8、高为 40 的圆柱体。

(3)选择"修改"|"三维操作"|"三维阵列"命令,选择半径为 8 的圆柱体作为要阵列的对象,回车。当提示"输入阵列类型[矩形(R)/环形(P)] <矩形>:"时,输入 P 并回车。输入阵列数目 7,指定填充角度 360,输入 Y 以确认阵列时要进行旋转,捕捉半径为 50 的圆柱体底面中心点为阵列中心,捕捉其顶面中心点作为旋转轴上的另一点。阵列结果如图 11-51 所示。

(4)单击"三维制作"面板上的按钮,调用差集(Subtract)命令。先选择半径为 50 的圆柱体,回车;然后选择 7 个半径为 8 的圆柱体,执行差集运算。

消隐图形后效果如图 11-52 所示。

以上操作步骤的命令行提示如下:

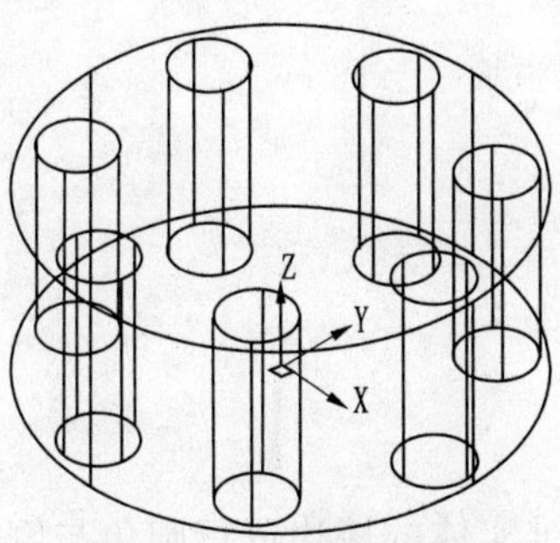

图 11-51　环形阵列结果

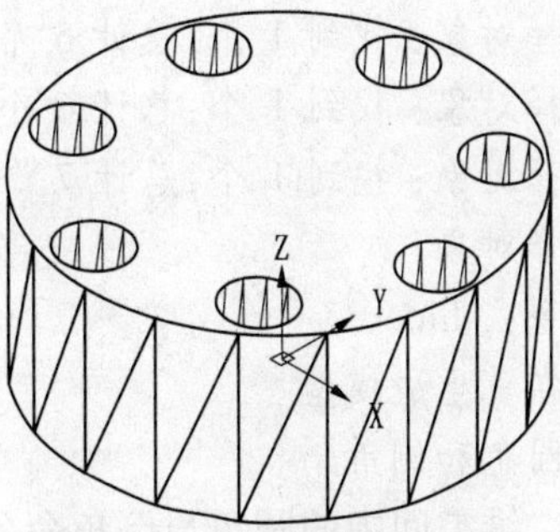

图 11-52　消隐后的视图效果

命令：_view 输入选项[？/删除(D)/正交(O)/恢复(R)/保存(S)/设置(E)/窗口(W)]：_seiso 正在重生成模型。

命令：_cylinder

指定底面的中心点或[三点(3P)/两点(2P)/切点、切点、半径(T)/椭圆(E)]：0,0,0

指定底面半径或[直径(D)]：50

指定高度或[两点(2P)/轴端点(A)] <30.0000>：40

命令：_cylinder

指定底面的中心点或[三点(3P)/两点(2P)/切点、切点、半径(T)/椭圆(E)]：40,0,0

指定底面半径或[直径(D)] <50.0000>：8

指定高度或[两点(2P)/轴端点(A)] <40.0000>：40

命令：_3darray

选择对象：找到 1 个

选择对象：

输入阵列类型[矩形(R)/环形(P)] <矩形>：P

输入阵列中的项目数目：7

指定要填充的角度（+=逆时针，-=顺时针）<360>：

旋转阵列对象？[是(Y)/否(N)] <Y>：Y

指定阵列的中心点：0,0,0

指定旋转轴上的第二点：

命令：_subtract

选择要从中减去的实体、曲面和面域...

选择对象：找到 1 个

选择对象：

选择要减去的实体、曲面和面域...

选择对象：找到 1 个

选择对象：找到 1 个，总计 2 个

选择对象：找到 1 个，总计 3 个

选择对象：找到 1 个，总计 4 个

选择对象: 找到 1 个,总计 5 个
选择对象: 找到 1 个,总计 6 个
选择对象: 找到 1 个,总计 7 个
选择对象:
命令: _hide
正在重生成模型。

6. 圆角和倒角

在二维空间中的圆角与倒角命令也适用于对三维实体的棱边进行圆角与倒角处理。调用命令后,若选择的对象是三维实体,则自动对三维实体的棱边进行圆角与倒角处理。

用户可以采用以下方法调用圆角命令编辑三维多实体:在菜单栏中选择"修改"|"圆角"命令;在命令行中输入 Fillet 命令。

可以为实体的棱边修圆角,从而在两个相邻面之间生成一个圆滑过渡的曲面。在对相交于同一点的几条边修圆角时,如果圆角半径相同,则会在该公共点上生成球面的一部分。

用户可以采用以下方法调用倒角命令编辑三维多实体:在菜单栏中选择"修改"|"倒角"命令;在命令行中输入 Chamfer 命令。

可以对实体的棱边修倒角,从而在相邻的曲面之间生成一个平坦的过渡面。

例如:试在如图 11-53(a)中的 A、B 两棱边处进行半径均为 5 的圆角处理,在 C、D 两棱边处进行距离均为 2 的倒角处理。

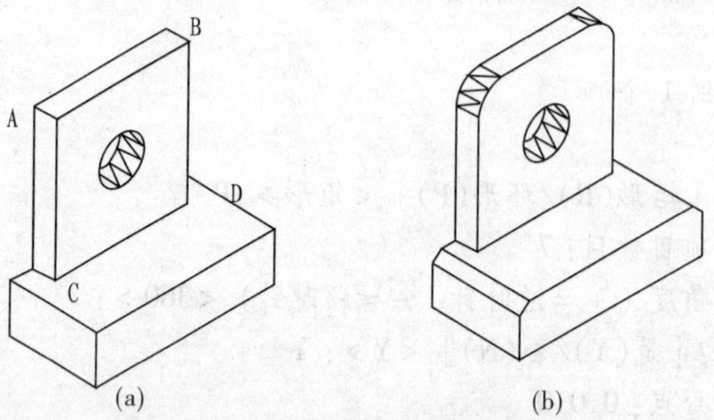

图 11-53 对三维实体进行圆角与倒角

操作步骤如下:

(1)选择"修改"|"圆角"命令,当提示选择对象时,拾取棱边 A 待用;当提示"输入圆角半径"时输入 5;当提示"选择边或[链(C)/半径(R)]:"时,拾取棱边 B,回车即可对这两处进行半径为 5 的圆角处理。

(2)选择"修改"|"倒角"命令,当提示选择对象时,拾取棱边 C 待用;当提示"输入曲面选择选项[下一个(N)/当前(OK)] <当前(OK)>:"时,直接回车;当提示"指定基面的倒角距离 <当前值>:"时输入 2;当提示"指定其他曲面的倒角距离 <当前值>:"时输入 2;当提示"选择边或[环(L)]:"时,单击 C 处的棱边。

(3)用同样的方法对 D 处的棱边修倒角。

圆角与倒角后的效果如图 11-53(b)所示。

以上操作步骤的命令行提示如下:

命令:_view 输入选项[?/删除(D)/正交(O)/恢复(R)/保存(S)/设置(E)/窗口(W)]: _seiso 正在重生成模型。

命令:_fillet

当前设置: 模式 = 修剪,半径 = 0.0000

选择第一个对象或[放弃(U)/多段线(P)/半径(R)/修剪(T)/多个(M)]:

输入圆角半径: 5

选择边或[链(C)/半径(R)]:

选择边或[链(C)/半径(R)]:

已选定 2 个边用于圆角。

命令:_chamfer

("修剪"模式) 当前倒角距离 1 = 0.0000,距离 2 = 0.0000

选择第一条直线或[放弃(U)/多段线(P)/距离(D)/角度(A)/修剪(T)/方式(E)/多个(M)]:

基面选择...

输入曲面选择选项[下一个(N)/当前(OK)] <当前(OK)>:

指定基面的倒角距离: 2

指定其他曲面的倒角距离 <2.0000>: 2

选择边或[环(L)]:

选择边或[环(L)]: 选择边或[环(L)]:

7. 剖切

用户可以采用以下方法调用剖切命令编辑三维多实体:在菜单栏中选择"修改"|"三维操作"|"剖切"命令;单击"实体编辑"工具栏上的按钮;在命令行中输入 Slice 命令。

可以使用平面剖切一组实体。剖切平面可以是对象、Z 轴、视图、XY/YX/ZX 平面或指定三点定义剖切平面。

如图 11-54(a)所示为待剖切的实体,剖切平面与当前 UCS 的 ZX 轴平行并通过圆心,保留 Y 轴正向一侧的实体,剖切后的实体如图 11-54(b)所示。

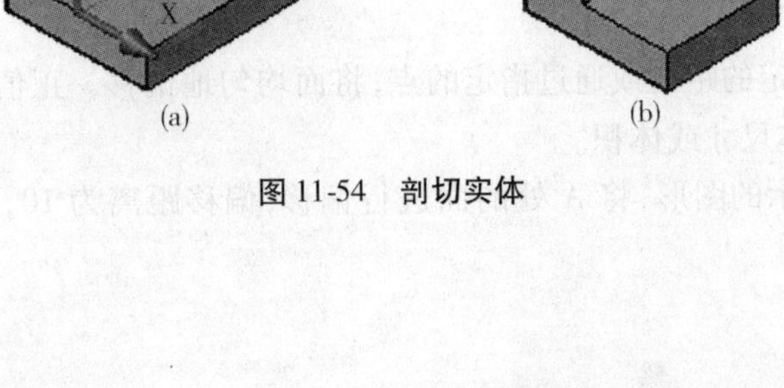

(a) (b)

图 11-54 剖切实体

8. 加厚

用户可以采用以下方法调用加厚命令编辑三维多实体：在菜单栏中选择“修改”|“三维操作”|“加厚”命令；单击“实体编辑”工具栏上的按钮；在命令行中输入 Thicken 命令。

可以为任意类型的曲面添加厚度，使其成为一个三维实体。

调用加厚命令，分别选择图 11-55（a）、（b）左侧的曲面，在命令行“指定厚度”提示下输入厚度 3，结果分别如图 11-55（a）、（b）右侧图形所示。

(a)将由样条曲线拉伸而成的曲面加厚　　(b)将平面曲面加厚

图 11-55　加厚曲面成为实体

（六）编辑实体面

选择“修改”|“实体编辑”子菜单中的命令，可以对实体面进行拉伸、移动、偏移、删除、旋转、倾斜、着色和复制等操作。

“实体编辑”子菜单如图 11-56 所示。

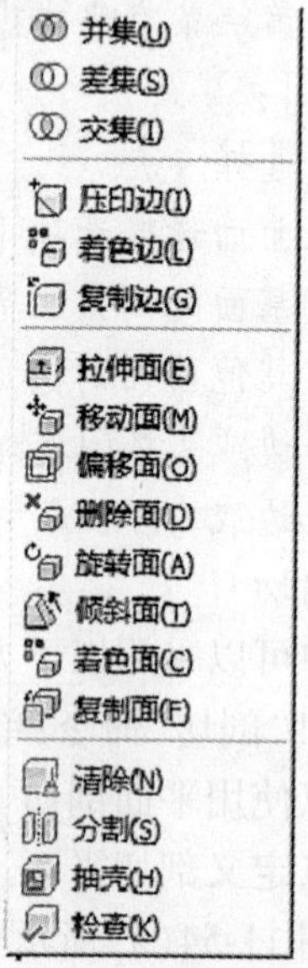

图 11-56　“实体编辑”子菜单

1. 拉伸面

拉伸面是将选定的三维实体对象的面拉伸到指定的高度或沿一路径拉伸。此命令的操作方法与用 Extrude 命令将二维对象拉伸成实体相似，只不过拉伸面命令只适用于对三维实体上的面进行操作，而无法对二维空间中的对象和面域进行拉伸操作。

如图 11-57 所示的图形，将 A 处的面拉伸，拉伸高度为 10 个单位，拉伸角度为 5°，结果如图 11-58 所示。

2. 移动面

移动面是沿指定的高度或距离移动选定的三维实体对象的面。

如图 11-57 所示的图形，将 A 处的面进行移动，位移的基点为（0，0，0），位移的第二点为（10，0，0），移动面的结果如图 11-59 所示。

3. 偏移面

偏移面是按指定的距离或通过指定的点，将面均匀地偏移。正值增大实体尺寸或体积，负值则减小实体尺寸或体积。

如图 11-57 所示的图形，将 A 处的面进行偏移，偏移距离为 10，偏移后的结果也如图 11-59所示。

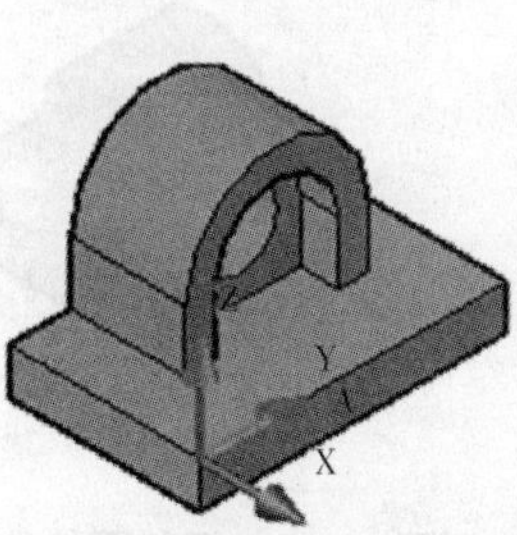

图 11-57　待编辑面的实体

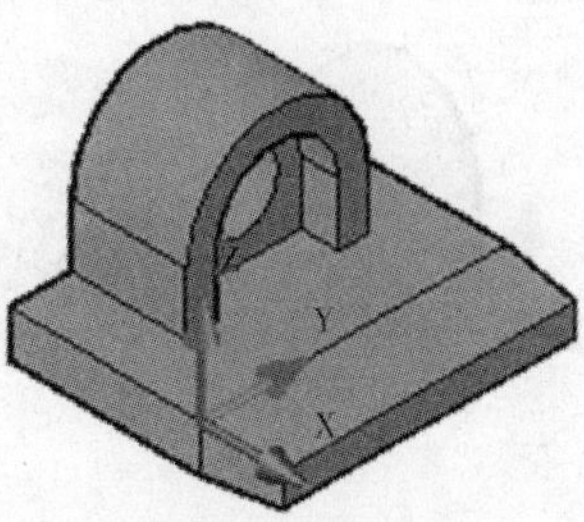

图 11-58　拉伸面的结果

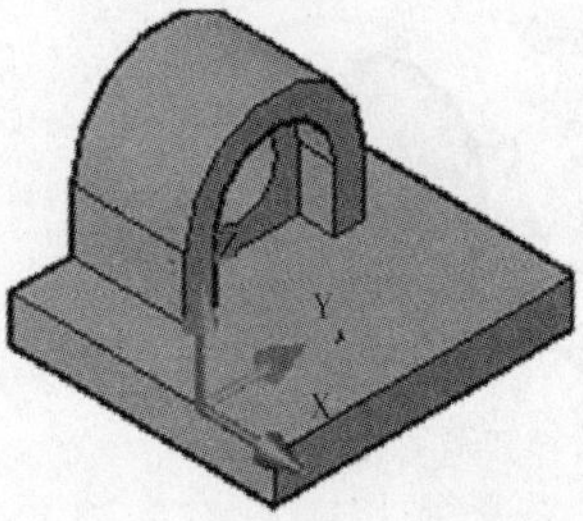

图 11-59　移动面的结果

4. 删除面

删除面用于删除实体上圆角和倒角而成的面。

如图 11-60 所示，图 11-60(a)中的 A 面为对实体倒角后的面，删除 A 面的结果如图 11-60(b)所示。

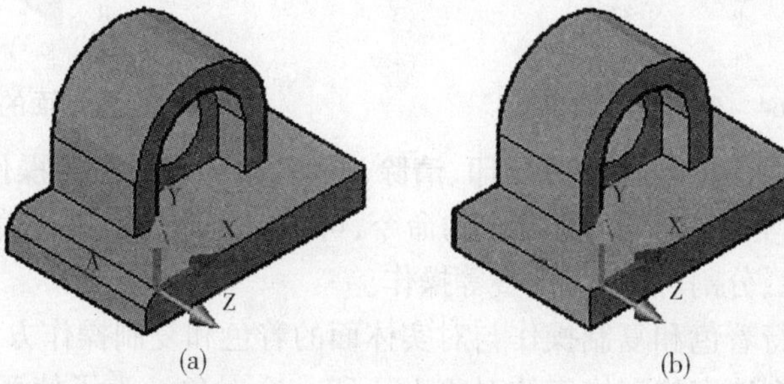

图 11-60　删除面的结果

5. 旋转面

旋转面是绕指定的轴旋转一个或多个面或实体的某些部分。

如图 11-61 所示的图形，将 A 处的面进行旋转，轴点为 B 点，旋转轴的另一点为 C 点，旋转角为 －15°，旋转面的结果如图 11-62 所示。

6. 倾斜面

倾斜面是按一个角度将面进行倾斜。倾斜角的旋转方向由选择基点和第二点(沿选定矢量)的顺序决定。

如图 11-61 所示的图形，将 A 处的面进行倾斜，基点为 B 点，倾斜轴的另一点 C 点，倾斜角为 15°，倾斜面的结果如图 11-63 所示。

7. 着色面

着色面是修改面的颜色。

如图 11-61 所示的图形，将 A 处的面进行着色，着色面的结果如图 11-64 所示。

8. 复制面

复制面是将面复制为面域或体。

如图 11-61 所示的图形，将 A 处的面复制，基点为 B 点，第二点沿 X 方向距离 B 点 10 个单位，复制面的结果如图 11-65 所示。

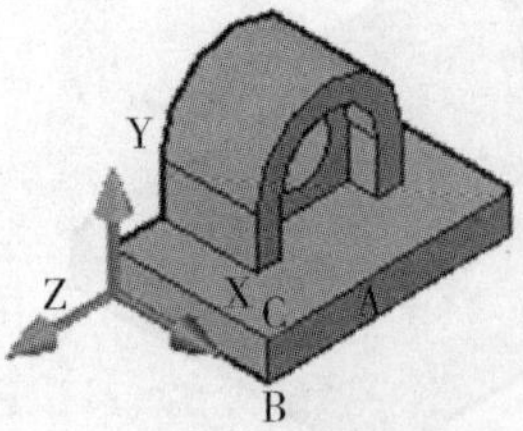

图 11-61　待编辑面的实体

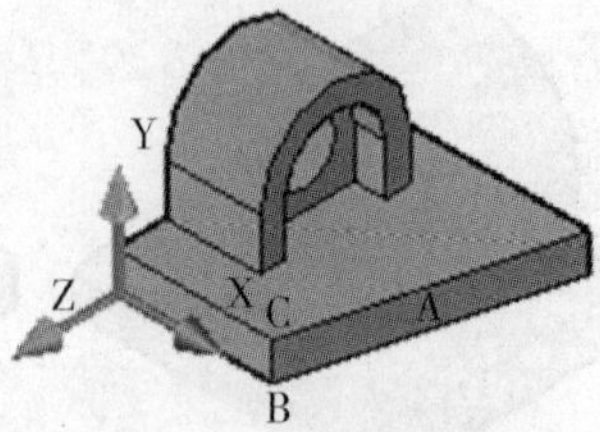

图 11-62　旋转面的结果

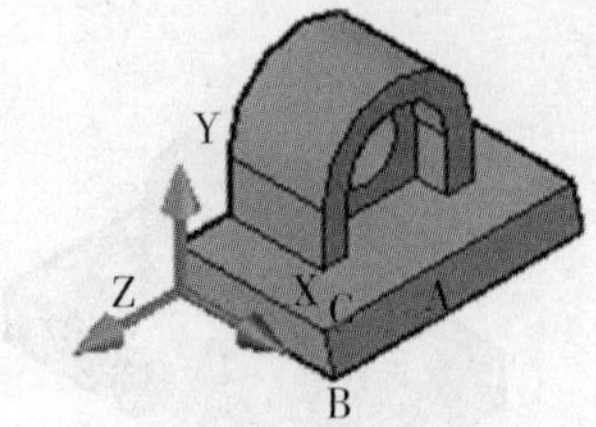

图 11-63　倾斜面的结果

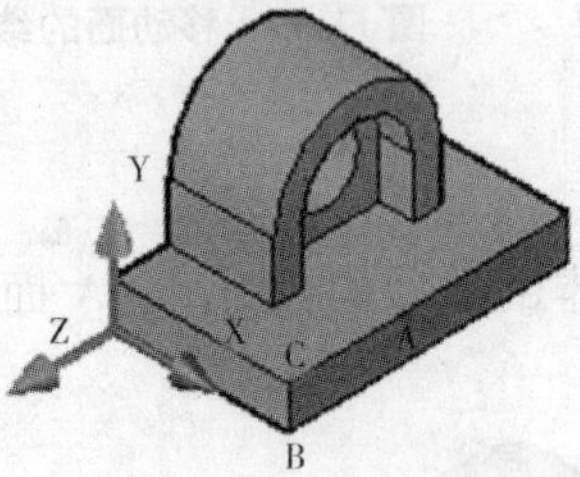

图 11-64　着色面的结果

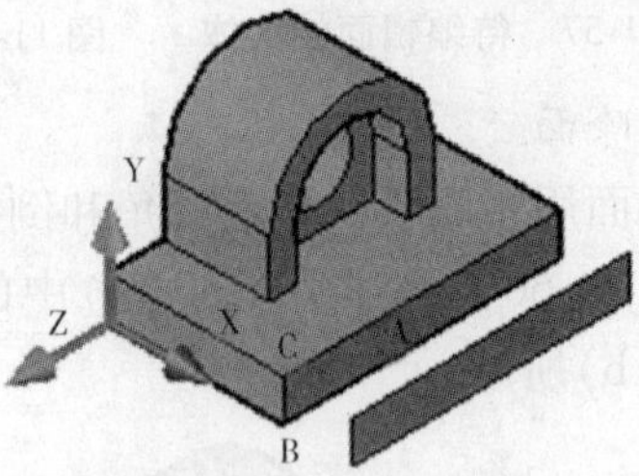

图 11-65　复制面的结果

(七)编辑实体边及对实体进行压印、清除、分割、抽壳与检查等操作

选择“修改”|“实体编辑”子菜单中的命令,可以对实体的边进行着色和复制,以及对实体进行压印、清除、分割、抽壳与检查等操作。

对实体的边进行着色和复制操作与对实体面的着色和复制操作方法相同。

压印操作用于在选定的三维实体对象上压印一个对象。为了使压印操作成功,被压印的对象必须与选定对象的一个或多个面相交。“压印”选项仅限于以下对象执行:圆弧、圆、直线、二维和三维多段线、椭圆、样条曲线、面域、体和三维实体。如图 11-66 所示为将 4 个圆压印到长方体表面并删除源对象的结果。

清除操作与压印相对应,使用该命令可以将三维实体对象上所有多余的、压印的以及未使用的边都删除。

分割操作可以将组合实体分割成零件。组合三维实体对象不能共享公共的面积或体积。将三维实体分割后,独立的实体将保留原来的图层和颜色。所有嵌套的三维实体对象都将分割成最简单的结构。

抽壳操作可以在三维实体对象中创建指定厚度的薄壁。通过将现有面向原位置的内部或外部偏移来创建新的面,正的偏移值在面的正方向上创建抽壳,负的偏移值则在面的负方向上创建抽壳。偏移时,将连续相切的面看做一个面。如图 11-67 所示,将左侧图形的圆锥台进行抽壳,中间图形为删除顶面且抽壳距离为 2 的结果,右侧图形为删除顶面且抽壳距离为 -2 的结果。

检查操作用于检查三维对象是否为有效的实体。

二、渲染三维图形

渲染基于三维场景来创建二维图像。它使用已设置的光源、已应用的材质和环境设置(例如背景和雾化),为场景的几何图形着色。

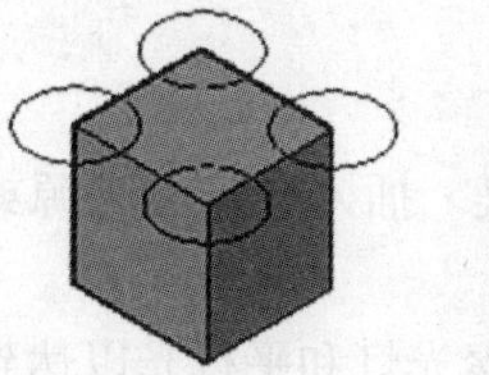

图 11-66　压印的结果

图 11-67　对实体抽壳的结果

可以使用“视图”|“渲染”子菜单(如图 11-68 所示)中的命令设置光源、材质、渲染环境及调用渲染(Render)命令;也可以在“三维建模”工作空间下面板(如图 11-69 所示)相应区域设置光源、材质、渲染环境以及调用渲染命令进行快速渲染。

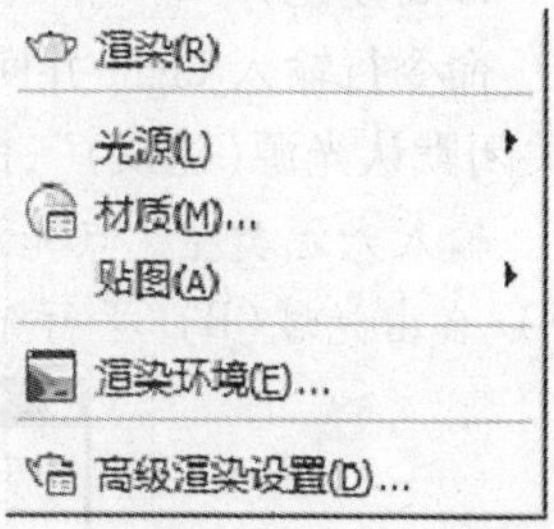

图 11-68　“渲染”子菜单

(一)快速渲染

通过渲染可以创建三维线框或实体模型的照片级真实感着色图像。

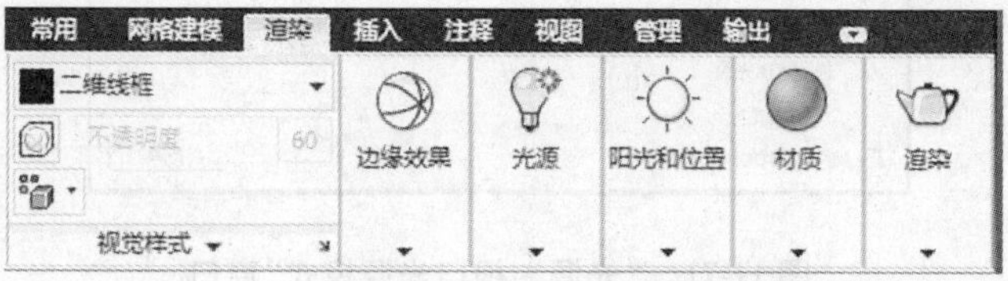

图 11-69　面板上与“渲染”相关的区域

普通用户可以使用 Render 命令来渲染模型,而不应用任何材质、添加任何光源或设置场景。而要达到用户想像中的照片级真实感着色图像,在渲染前还需要为渲染设置光源、材质、环境等。

如图 11-70(a)所示为未应用材质、未添加光源的渲染结果,如图 11-70(b)所示为应用木材材质后的渲染结果。

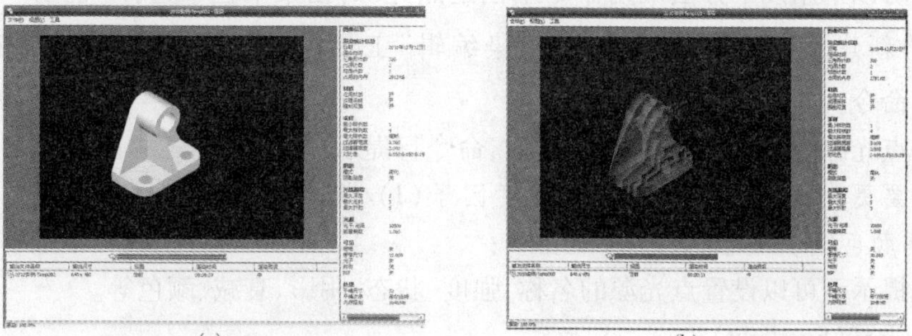

(a)　　(b)

图 11-70　“快速渲染”窗口

“快速渲染”窗口中显示了当前视图中图形的渲染效果。在右边的列表中,显示了图像的质量、光源和材质等详细信息;在下面的列表中显示了当前渲染图像的文件名、大小、渲染时间等信息。右击某一渲染图形,在弹出的快捷菜单中可以选择命令保存、清理渲染图像等。

（二）设置光源

场景中没有光源时，将使用默认光源对场景进行着色或渲染。插入自定义光源或启用阳光时，将会为用户提供禁用默认光源的选项。

添加光源可以为场景提供更真实的外观，可以创建点光源、聚光灯和平行光以达到想要的效果。

1. 创建光源

命令行输入 Light 并回车，会出现“光源 - 视口光源模式”窗口，如图 11-71 所示，选择“关闭默认光源（建议）”，命令行提示：

输入光源类型［点光源(P)/聚光灯(S)/光域网(W)/目标点光源(T)/自由聚光灯(F)/自由光域(B)/平行光(D)］＜自由聚光灯＞：

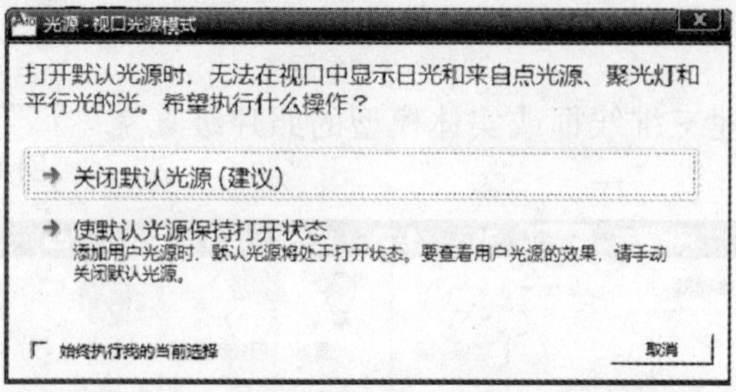

图 11-71 “光源 - 视口光源模式”窗口

在该提示下通过各选项可创建相应类型的光源，这些选项分别与 Pointlight、Spotlight、Weblight、Targetpoint、Freespot、Freeweb 或 Distantlight 命令中的提示相同。下面简单介绍点光源（Pointlight）、聚光灯（Spotlight）、平行光（Distantlight）的创建。

1）点光源（Pointlight）

点光源从其所在位置向四周发射光线，使用点光源以达到基本的照明效果。

用户可以采用以下方法调用命令来创建点光源：在菜单栏中选择“视图”|“渲染”|“光源”|“新建点光源”命令；单击“渲染编辑”工具栏上的按钮；在命令行中输入 Pointlight 命令。

创建点光源时，当指定了光源位置后，命令行提示：

输入要更改的选项［名称(N)/强度因子(I)/状态(S)/光度(P)/阴影(W)/衰减(A)/过滤颜色(C)/退出(X)］＜退出＞：

在此提示下可以设置点光源的名称、强度、状态、阴影、衰减、颜色等。

2）聚光灯（Spotlight）

聚光灯分布投射一个聚焦光束，发射定向锥形光，可以控制光源的方向和圆锥体的尺寸。聚光灯的强度始终相对于聚光灯的目标矢量的角度衰减，此衰减由聚光灯的聚光角角度和照射角角度控制。聚光灯可用于亮显模型中的特定特征和区域。

用户可以采用以下方法调用命令来创建聚光灯光源：在菜单栏中选择“视图”|“渲染”|“光源”|“新建聚光灯”命令；单击“渲染编辑”工具栏上下拉按钮；在命令行中输

入 Spotlight 命令。

创建聚光灯时,当指定了光源位置和目标位置后,命令行提示:

输入要更改的选项[名称(N)/强度因子(I)/状态(S)/光度(P)/聚光角(H)/照射角(F)/阴影(W)/衰减(A)/过滤颜色(C)/退出(X)] <退出>:

在该提示下可以设置光源的名称、强度、状态、聚光角、照射角、阴影、衰减、颜色等。

3)平行光(Distantlight)

平行光仅向一个方向发射统一的平行光光线。平行光的强度并不随着距离的增加而衰减,对于每个照射的面,平行光的亮度都与其在光源处相同。可以用平行光统一照亮对象或背景。

用户可以采用以下方法调用命令来创建平行光光源:在菜单栏中选择"视图"|"渲染"|"光源"|"新建平行光"命令;单击"渲染编辑"工具栏上的下拉按钮;在命令行中输入 Distantlight 命令。

在命令行输入 Distantlight 并回车后,会出现"光源 - 光度控制平行光"窗口,如图 11-72所示,选择"允许平行光",命令行提示:

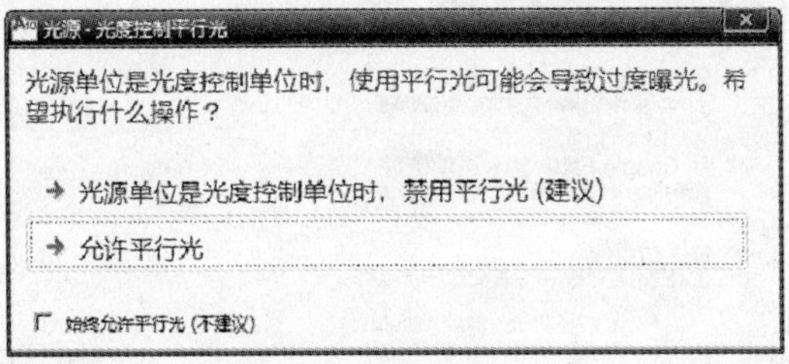

图 11-72 "光源 – 光度控制平行光"窗口

指定光源来向 <0,0,0> 或[矢量(V)]:

指定光源去向 <1,1,1>:

当指定了光源来向和光源去向后,命令行继续提示:

输入要更改的选项[名称(N)/强度因子(I)/状态(S)/光度(P)/阴影(W)/过滤颜色(C)/退出(X)] <退出>:

在该提示下可以设置光源的名称、强度、状态、阴影、颜色等。

2. 光源列表

创建了光源后,用户可以采用以下方法调用命令来打开"模型中的光源"窗口(如图 11-73所示),查看创建的光源:在菜单栏中选择"视图"|"渲染"|"光源"|"光源列表"命令;单击"光源编辑"工具栏上的按钮;在命令行中输入 Lightlist 命令。

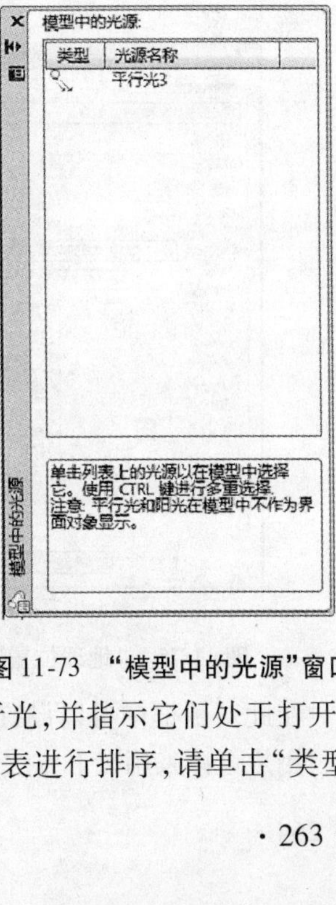

图 11-73 "模型中的光源"窗口

"类型"列中的图标指示光源类型:点光源、聚光灯或平行光,并指示它们处于打开还是关闭状态。选择列表中的光源以在图形中选择它。要对列表进行排序,请单击"类型"

或“光源名称”列标题。选定一个或多个光源后，单击鼠标右键并单击“删除光源”，可以从图形中删除不需要的光源。选定一个或多个光源后，单击鼠标右键并单击“特性”，以修改光源特性以及打开和关闭光源。

3. 光线轮廓

用户可以采用以下方法调用命令在图形中显示或隐藏光源的光线轮廓：在菜单栏中选择“视图”|“渲染”|“光源”|“光线轮廓”命令；单击“光源编辑”工具栏上的下拉按钮；在命令行中输入 Lightglyphdisplay 命令。

4. 地理位置与阳光特性

用户可以采用以下方法调用命令打开“地理位置”对话框：单击“阳光和位置”工具栏上的按钮；在命令行中输入 Geographiclocation 命令。

在命令行输入 Geographiclocation 并回车，会出现“地理位置 - 定义地理位置”窗口，如图 11-74 所示，选择“输入位置值”，出现“地理位置”对话框，如图 11-75 所示，点击“使用地图”，出现“位置选择器” 对话框，如图 11-76 所示。

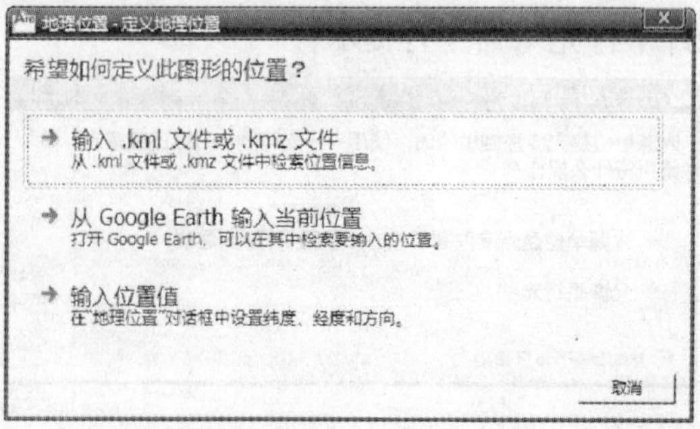

图 11-74 “地理位置 - 定义地理位置”窗口

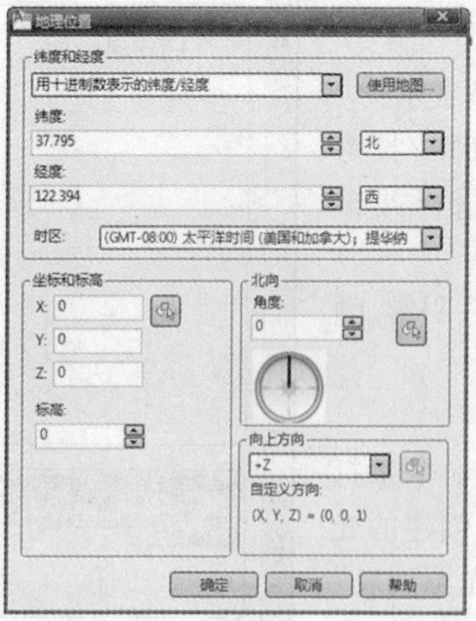

图 11-75 “地理位置”对话框

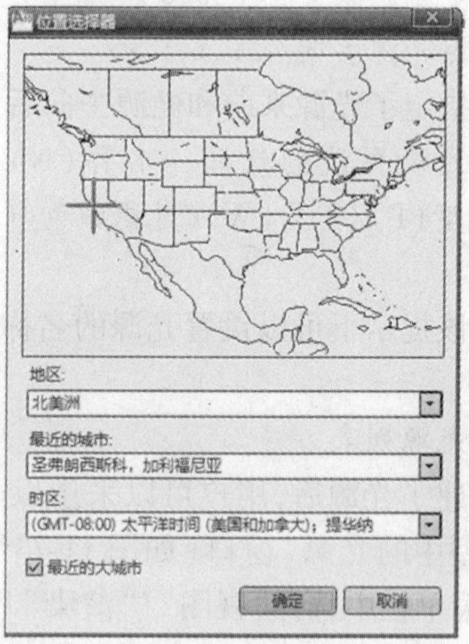

图 11-76 “位置选择器”对话框

在此对话框中可以设置光源的地理位置，例如地区、纬度、经度和北向等。

用户可以采用以下方法调用命令来打开“阳光特性”对话框：在菜单栏中选择“视图”|

“渲染”|“光源”|“阳光特性”命令；单击“阳光和位置”工具栏上的按钮；在命令行中输入 Sunproperties 命令。

在此对话框中可以设置阳光的基本信息、天光特性、太阳角度计算、渲染着色细节等，如图 11-77 所示。

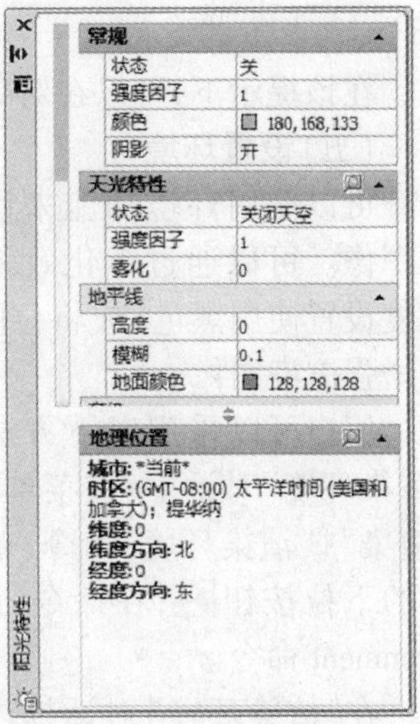

图 11-77 **“阳光特性”对话框**

（三）设置材质

向对象添加材质会显著增强模型的真实感。

用户可以采用以下方法调用命令来打开“材质”窗口：在菜单栏中选择“视图”|“渲染”|“材质”命令；单击“材质”工具栏上的按钮；在命令行中输入 Materials 命令。

在“材质”窗口中可以创建新材质并修改材质的若干特性，如图 11-78 所示。

“工具选项板”窗口中的“材质”工具选项板（如图 11-79所示）提供了已为用户创建的大量材质。使用这些材质工具也可以将材质应用到场景中的对象。

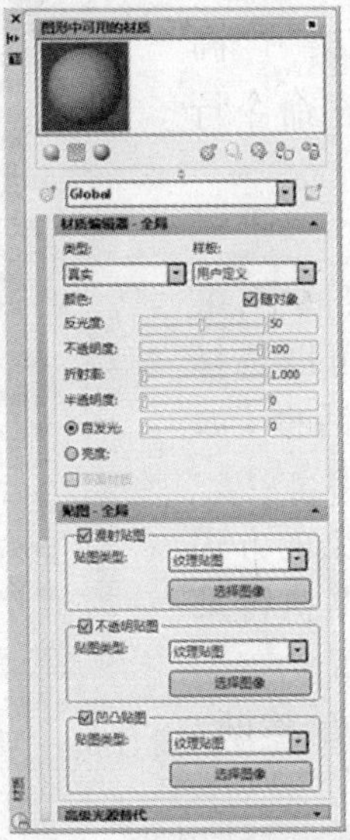

图 11-78 **“材质”窗口**

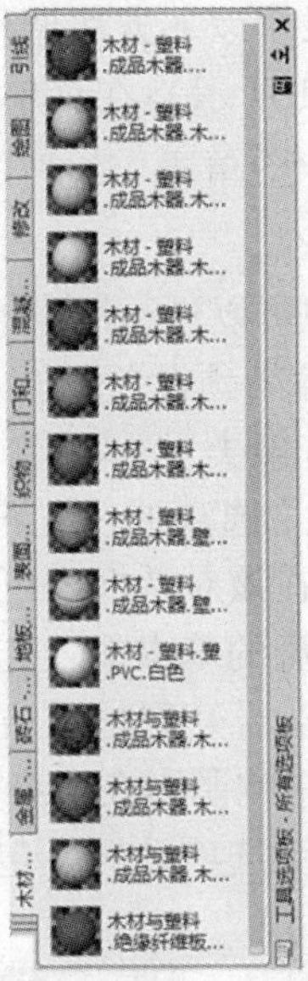

图 11-79 **“材质”工具选项板**

（四）设置贴图

将贴图应用到材质并且根据用户偏好进行修改后，可以使用“材质”面板上的多种工具在对象上调整贴图。

用户可以采用以下方法调用命令来调整面或对象上的贴图：在菜单栏中选择“视图”|“渲染”|“贴图”命令，弹出按钮（长方体贴图、平面贴图、球面贴图、柱面贴图）；单击“材质”工具栏上的按钮；在命令行中输入 Materialmap 命令。

在命令行中输入 Geographiclocation 后，命令行提示：

选择选项［长方体(B)/平面(P)/球面(S)/柱面(C)/复制贴图至(Y)/重置贴图

(R)] <长方体>:

在该提示下,可以在对象上调整贴图。

(五)设置环境

可以使用环境功能来设置雾化效果或背景图像。可以通过雾化效果(雾化使用白色,深度设置使用黑色)或将位图图像添加为背景来增强渲染图像。

用户可以采用以下方法调用命令来打开“渲染环境”对话框:在菜单栏中选择“视图”|“渲染”|“渲染环境”命令;单击“渲染”工具栏上的下拉按钮;在命令行中输入 Renderenvironment 命令。

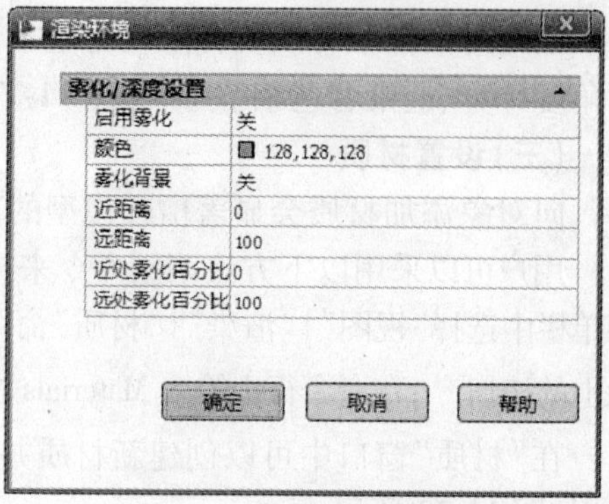

图 11-80 “渲染环境”对话框

在“渲染环境”对话框内可以设置使用雾化背景、颜色、距离、雾化百分率等参数,如图 11-80所示。

(六)高级渲染设置

用户可以采用以下方法调用命令来打开“高级渲染设置”窗口(如图 11-81 所示):在菜单栏中选择“视图”|“渲染”|“高级渲染设置”命令;单击“渲染”工具栏上的按钮;在命令行中输入 Rpref 命令。

图 11-81 “高级渲染设置”窗口

在该窗口中可以进行渲染的高级选项设置:

(1)“管理渲染预设”下拉列表框。在该下拉列表框中,可以选择预设的渲染类型(草稿、低、中、高、演示),还可以选择“管理渲染预设”选项打开“渲染预设管理器”对话框(如图 11-82所示),在该对话框中可以自定义渲染预设。

(2)渲染类型的基本设置。包含影响模型获得渲染的方式的设置;影响渲染器处理材质方式的设置;控制渲染器执行采样方式的设置;影响阴影在渲染图像中显示方式的设置。

(3)其他高级选项设置。包括光线跟踪、间接发光、诊断、外理等参数的设置。

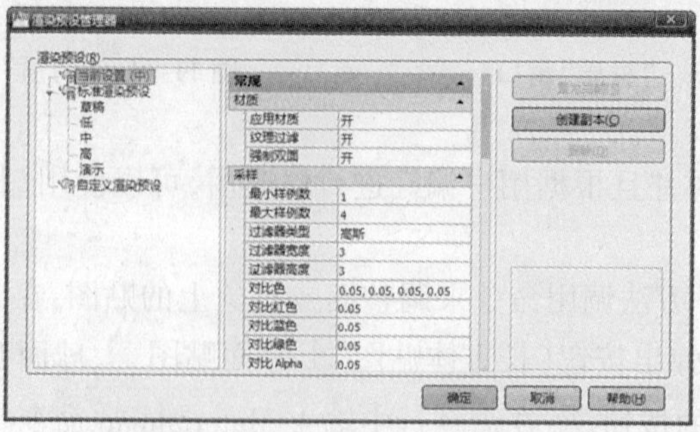

图 11-82 “渲染预设管理器”对话框

第十二章　三维图形绘制综合实例

前面已经讲述了绘制和编辑三维对象的一系列命令,本章在此基础上通过讲解三维图形绘图实例来进一步熟悉这些命令,掌握三维图形绘制的方法并提高三维绘图的速度和效率。

现用实例详细讲解绘制三维图形。

实例一:试绘制如图 12-1 所示轴承支座的三维实体

本实例通过轴承支座的绘制,学习图层的设置、图形的尺寸输入。根据绘图需要灵活掌握用户坐标的使用,学会三维实体的镜像操作命令。掌握三维实体圆角和倒角,注意与平面的区别。

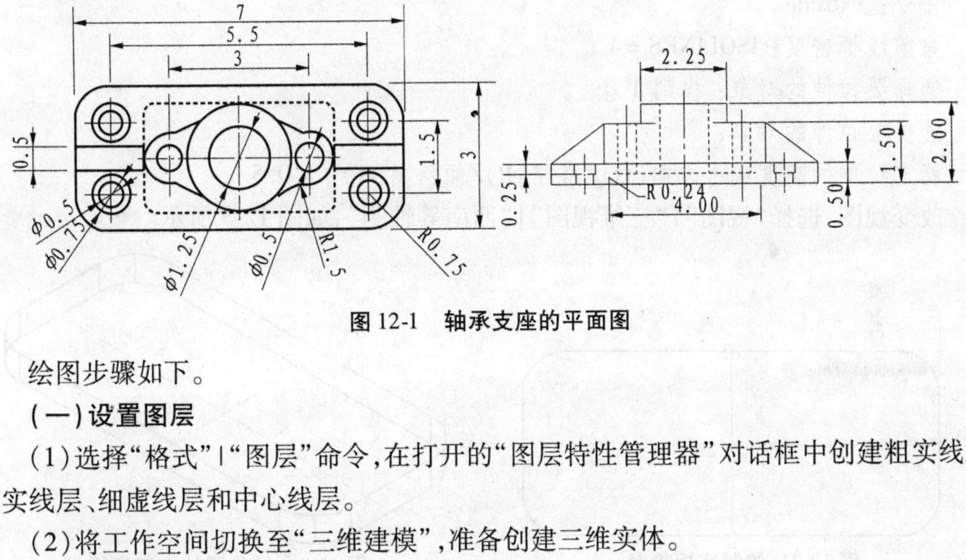

图 12-1　轴承支座的平面图

绘图步骤如下。

(一)设置图层

(1)选择“格式”|“图层”命令,在打开的“图层特性管理器”对话框中创建粗实线层、细实线层、细虚线层和中心线层。

(2)将工作空间切换至“三维建模”,准备创建三维实体。

(二)画轴承支座底板

(1)选择中心线层,绘制中心线。

命令:_line

指定第一点:

指定下一点或[放弃(U)]:@7,0(画水平线)

指定下一点或[放弃(U)]:@0,1.5(画垂直线)

指定下一点或[闭合(C)/放弃(U)]:

命令:_mirror(镜像垂直线)

选择对象:找到 1 个

选择对象:

指定镜像线的第一点:

指定镜像线的第二点:

要删除源对象吗? [是(Y)/否(N)] <N>:

(2)绘制矩形。

选择"绘图"|"矩形"命令,调用矩形命令。

命令: _rectang

指定第一个角点或 [倒角(C)/标高(E)/圆角(F)/厚度(T)/宽度(W)]:F

指定矩形的圆角半径 <0.0000>: 0.75(输入圆角半径)

指定第一个角点或 [倒角(C)/标高(E)/圆角(F)/厚度(T)/宽度(W)]: <极轴 开>(画矩形)

指定另一个角点或 [面积(A)/尺寸(D)/旋转(R)]:(利用极轴捕捉角点)

结果如图 12-2 所示。

(3)拉伸完成支座底板。

选择"绘图"|"建模"|"拉伸"命令,调用拉伸(Extrude)命令。

命令:_extrude

当前线框密度: ISOLINES =4

选择要拉伸的对象: 找到 1 个

选择要拉伸的对象:

指定拉伸的高度或 [方向(D)/路径(P)/倾斜角(T)] : 0.5

改变视图:选择"视图"|"三维视图"|"西南等轴测",如图 12-3 所示。

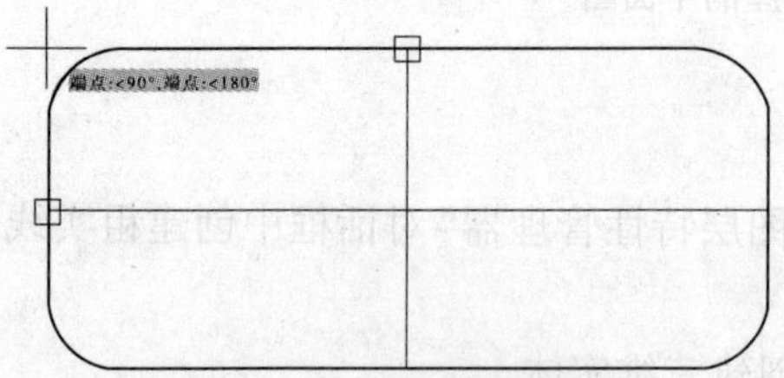

图 12-2　绘制底板轮廓

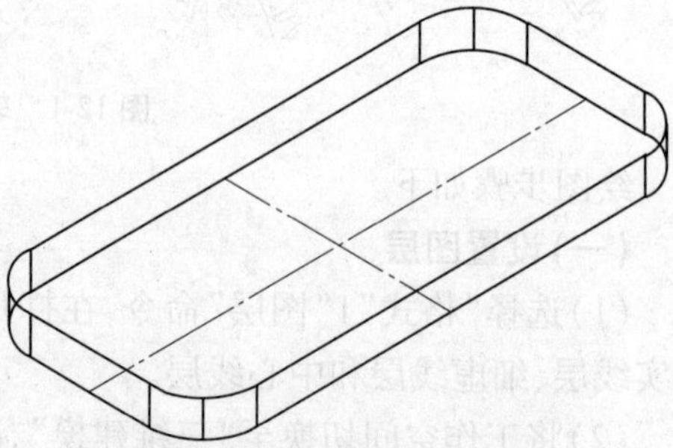

图 12-3　拉伸后的支座底板

命令: _view 输入选项 [? /删除(D)/正交(O)/恢复(R)/保存(S)/设置(E)/窗口(W)]: _seiso 正在重生成模型。

(4)绘制 4 个台阶孔。

①设置新坐标原点。

选择"工具"|"新建 UCS"|"原点"命令,调用设置新坐标原点命令。

命令:_ucs(设置新用户坐标原点)

当前 UCS 名称: *世界*

指定 UCS 的原点或 [面(F)/命名(NA)/对象(OB)/上一个(P)/视图(V)/世界(W)/X/Y/Z/Z 轴(ZA)] <世界>:

指定 X 轴上的点或 <接受>:(捕捉矩形的圆角半径圆心)

②绘制圆。

命令:_circle

CIRCLE 指定圆的圆心或[三点(3P)/两点(2P)/切点、切点、半径(T)]:0,0,0

指定圆的半径或[直径(D)]:D(绘制直径 0.75 的圆)

指定圆的直径:0.75

命令:_circle

CIRCLE 指定圆的圆心或[三点(3P)/两点(2P)/切点、切点、半径(T)]:0,0,0

指定圆的半径或[直径(D)] <0.3750>:D

指定圆的直径 <0.7500>:0.5(绘制直径 0.5 的圆)

③拉伸圆。

命令:_extrude

当前线框密度:ISOLINES =4

选择要拉伸的对象:找到 1 个

选择要拉伸的对象:

指定拉伸的高度或[方向(D)/路径(P)/倾斜角(T)] <0.5000>:-0.25(直径 0.75的圆向下拉伸产生圆柱)

命令:_extrude

当前线框密度:ISOLINES =4

选择要拉伸的对象:找到 1 个

选择要拉伸的对象:

指定拉伸的高度或[方向(D)/路径(P)/倾斜角(T)] <-0.2500>:-0.5(直径 0.5 的圆向下拉伸产生圆柱)

结果如图 12-4 所示。

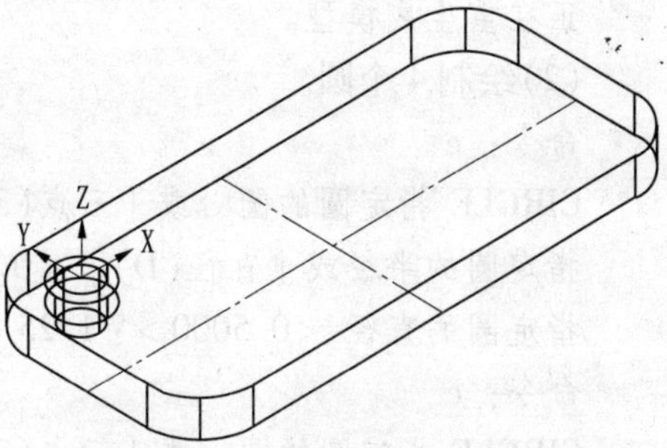

图 12-4　拉伸完成的两个圆柱

④三维阵列圆柱实形。

选择"修改"|"三维操作"|"三维阵列"命令,调用三维阵列命令。

命令:_3darray

正在初始化... 已加载 3DARRAY。

选择对象:找到 1 个

选择对象:找到 1 个,总计 2 个(选择两个圆柱)

选择对象:

输入阵列类型[矩形(R)/环形(P)]<矩形>:

输入行数 (---) <1>:2

输入列数 (|||) <1>:2

输入层数 (...) <1>:1

指定行间距 (---):1.5(指定行间距 1.5)

指定列间距 (|||):5.5(指定列间距 5.5)

⑤差集运算。

选择“修改”|“实体编辑”|“差集”命令,调用差集命令。

命令:_subtract

选择要从中减去的实体、曲面和面域...

选择对象:找到 1 个(选择调底板)

选择对象:

选择要减去的实体、曲面和面域...

选择对象:找到 1 个(选择大圆柱)

选择对象:找到 1 个,总计 2 个(选择小圆柱)

分别进行 4 个差集运算,结果如图 12-5 所示。

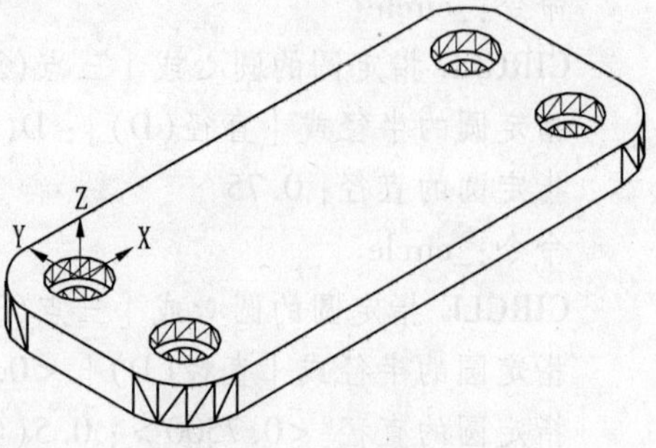

图 12-5　完成支座底板

(三)绘制支承孔

(1)改变用户坐标。

选择“视图”|“三维视图”|“平面视图”|“当前 UCS”命令,调用当前 UCS 命令。

命令:_plan

输入选项[当前 UCS(C)/UCS(U)/世界(W)] <当前 UCS>:

正在重生成模型。

(2)绘制 4 个圆。

命令:_c

CIRCLE 指定圆的圆心或[三点(3P)/两点(2P)/切点、切点、半径(T)]:

指定圆的半径或[直径(D)] <0.2500>: D

指定圆的直径 <0.5000>: 1.25

命令:_c

CIRCLE 指定圆的圆心或[三点(3P)/两点(2P)/切点、切点、半径(T)]:

指定圆的半径或[直径(D)] <0.6250>:D

指定圆的直径 <1.2500>: 2.25

命令:_c

CIRCLE 指定圆的圆心或[三点(3P)/两点(2P)/切点、切点、半径(T)]: _from

基点: <偏移>:@1.5,0

指定圆的半径或[直径(D)] <1.1250>: 0.5

命令:_c

CIRCLE 指定圆的圆心或[三点(3P)/两点(2P)/切点、切点、半径(T)]:

指定圆的半径或[直径(D)] <0.5000>: 0.25

结果如图 12-6 所示。

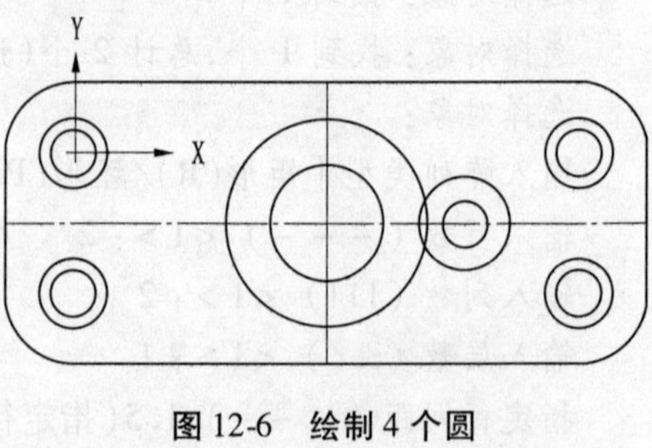

图 12-6　绘制 4 个圆

(3)绘制切圆、修剪,二维镜像凸耳。

命令：_fillet

当前设置：模式 = 修剪，半径 = 0.0000

选择第一个对象或［放弃(U)/多段线(P)/半径(R)/修剪(T)/多个(M)］：R

指定圆角半径 <0.0000 >：1.5

选择第一个对象或［放弃(U)/多段线(P)/半径(R)/修剪(T)/多个(M)］：

选择第二个对象，或按住 Shift 键选择要应用角点的对象：

命令：_break

选择对象：

指定第二个打断点或［第一点(F)］：

命令：_break

选择对象：

指定第二个打断点或［第一点(F)］：

命令：_mirror

选择对象：找到 1 个

选择对象：找到 1 个，总计 2 个

选择对象：找到 1 个，总计 3 个

选择对象：找到 1 个，总计 4 个

选择对象：

指定镜像线的第一点：指定镜像线的第二点：

要删除源对象吗？［是(Y)/否(N)］ <N >：

结果如图 12-7 所示。

(4)拉伸支承孔。

①改变用户坐标系，原点设置在中心线的交点。

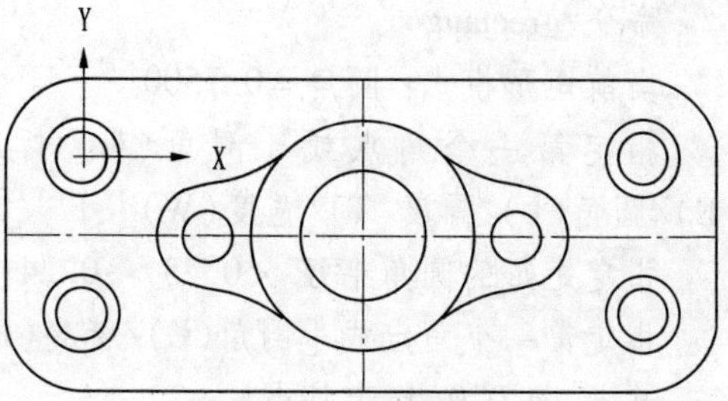

图 12-7　二维镜像凸耳

命令：_ucs

当前 UCS 名称：*没有名称*

指定 UCS 的原点或［面(F)/命名(NA)/对象(OB)/上一个(P)/视图(V)/世界(W)/X/Y/Z/Z 轴(ZA)］ <世界 >：

指定 X 轴上的点或 <接受 >：

②使用“边界”命令，将凸耳轮廓线变为多段线。

命令：_boundary

拾取内部点：正在选择所有对象...

正在选择所有可见对象...

正在分析所选数据...

正在分析内部孤岛...

拾取内部点：(选取左边凸耳)

正在分析内部孤岛...

拾取内部点:(选取右边凸耳)
BOUNDARY 已创建 4 个多段线
③分别拉伸圆柱和凸耳。
命令:_extrude
当前线框密度:ISOLINES =4
选择要拉伸的对象:找到 1 个
选择要拉伸的对象:找到 1 个,总计 2 个(选择两个圆)
选择要拉伸的对象:
指定拉伸的高度或[方向(D)/路径(P)/倾斜角(T)] <-0.5000>: 2(拉伸高度)
命令:_extrude
当前线框密度: ISOLINES =4
选择要拉伸的对象: 找到 1 个
选择要拉伸的对象: 找到 1 个,总计 2 个
选择要拉伸的对象: 找到 1 个,总计 3 个
选择要拉伸的对象: 找到 1 个,总计 4 个(选择凸耳)
选择要拉伸的对象:
指定拉伸的高度或[方向(D)/路径(P)/倾斜角(T)] <2.0000>: 1.5(拉伸高度)
结果如图 12-8 所示。

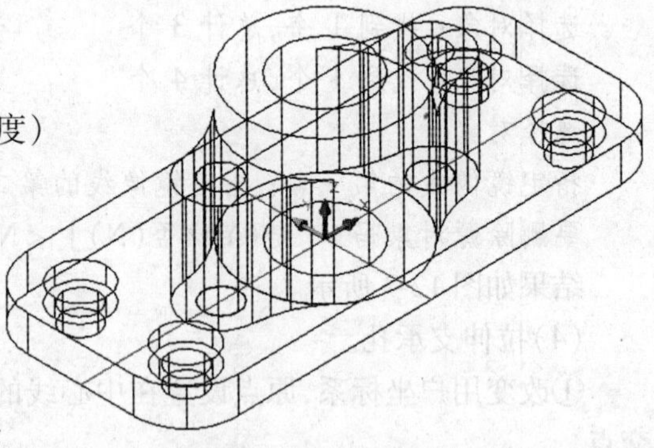
图 12-8 拉伸结果

(四)底板挖槽

(1)绘制矩形。
命令:_rectang
当前矩形模式: 圆角 =0.7500
指定第一个角点或[倒角(C)/标高(E)/圆角(F)/厚度(T)/宽度(W)]:F
指定矩形的圆角半径 <0.75>:0.24(输入圆角半径)
指定第一个角点或[倒角(C)/标高(E)/圆角(F)/厚度(T)/宽度(W)]:_from
基点: 0,0,0(指定基点)
<偏移>: @2,1.125(确定右上角)
指定另一个角点或[面积(A)/尺寸(D)/旋转(R)]:@-4,-2.25(确定左下角)
(2)拉伸。
命令:_extrude
当前线框密度: ISOLINES =4
选择要拉伸的对象: 找到 1 个
选择要拉伸的对象:
指定拉伸的高度或[方向(D)/路径(P)/倾斜角(T)] <1.5000>: 0.25
结果如图 12-9 所示。
(3)差集底板挖槽和挖孔。

命令:_union
选择对象: 找到 1 个
选择对象: 找到 1 个,总计 2 个
选择对象: 找到 1 个,总计 3 个
选择对象: 找到 1 个,总计 4 个(将底板、支承孔、凸耳做并集)
选择对象:
命令:_subtract
选择要从中减去的实体、曲面和面域...
选择对象: 找到 1 个(底板挖槽)
选择对象:
选择要减去的实体、曲面和面域...
选择对象: 找到 1 个
选择对象: 找到 1 个,总计 2 个
选择对象: 找到 1 个,总计 3 个
选择对象: 找到 1 个,总计 4 个(底板挖孔)
选择对象:
结果如图 12-10 所示。

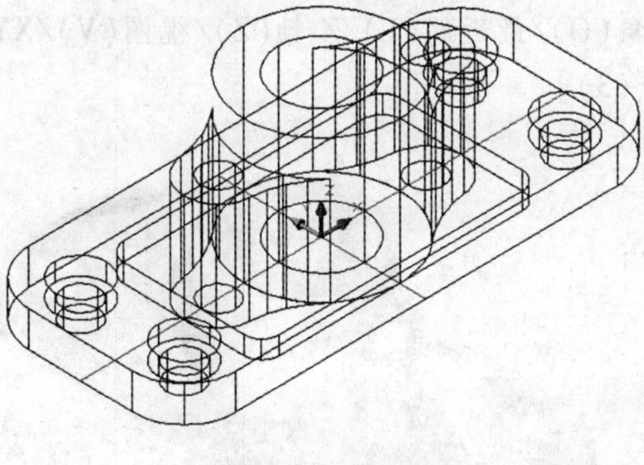

图 12-9 拉伸底板

图 12-10 底板挖槽、挖孔结果

(五) 画加强筋

(1)绘制三角形。

选择"视图"|"三维视图"|"平面视图"|"当前 UCS"命令,调用当前 UCS 命令。
命令: _plan
输入选项 [当前 UCS(C)/UCS(U)/世界(W)] <当前 UCS>:
命令:_pline(画三角形)
指定起点:
当前线宽为 0.0000
指定下一点或 [圆弧(A)/半宽(H)/长度(L)/放弃(U)/宽度(W)]: @1.6,0
指定下一点或 [圆弧(A)/闭合(C)/半宽(H)/长度(L)/放弃(U)/宽度(W)]: @0,1

指定下一点或［圆弧(A)/闭合(C)/半宽(H)/长度(L)/放弃(U)/宽度(W)］: C

(2)拉伸完成楔形实体。

命令:_extrude

当前线框密度: ISOLINES =4

选择要拉伸的对象: 找到 1 个

选择要拉伸的对象:

指定拉伸的高度或［方向(D)/路径(P)/倾斜角(T)］ <0.2500>: 0.5

(3)移动楔形实体。

命令: _move

选择对象: 找到 1 个

选择对象:

指定基点或［位移(D)］ <位移>:(选取楔形实体底面中心)

指定第二个点或 <使用第一个点作为位移>:(选取底板上面短边的中心)

(4)三维镜像楔形实体。

命令:_mirror3d

选择对象: 找到 1 个

选择对象:

指定镜像平面 (三点) 的第一个点或［对象(O)/最近的(L)/Z 轴(Z)/视图(V)/XY 平面(XY)/YZ 平面(YZ)/ZX 平面(ZX)/三点(3)］

指定镜像平面上的第一点:

指定镜像平面上的第二点:

要删除源对象吗?［是(Y)/否(N)］ <N>:

(5)合并实体。

命令:_union

选择对象: 找到 1 个

选择对象: 找到 1 个,总计 2 个

选择对象: 找到 1 个,总计 3 个

(6)渲染。

结果如图 12-11 所示。

图 12-11　绘制完成的轴承支座

实例二:试绘制如图 12-12 所示箱体的三维实体

本实例综合使用三维建模的各种命令绘制一个箱体,学习抽壳命令的使用,该命令是绘制薄壁类机械零部件的一个重要方法。剖切命令是绘制剖视图的一种方法,先画出完整的实体,再用剖切命令将其剖开,选取保留的部分,再加上剖面线。

(一)设置图层

(1)选择“格式”|“图层”命令,在打开的图层特性管理器中创建三维实体层。将三维实体层置为当前图层。

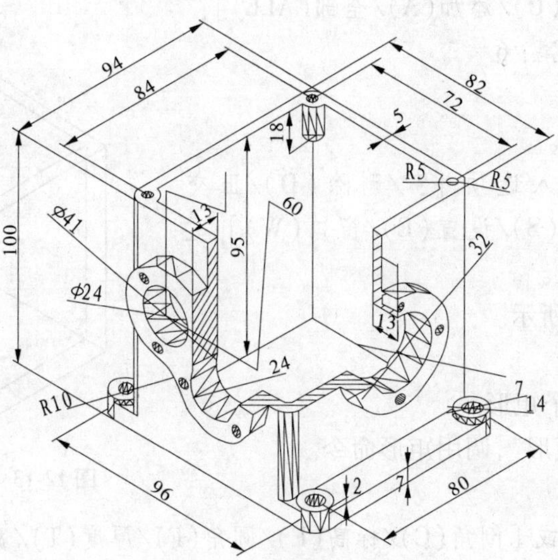

图 12-12　箱体模型尺寸

(2)将工作空间切换至“三维建模”,准备创建三维实体。

(二)绘制箱体

(1)绘制矩形。

选择“绘图”|“矩形”,调用矩形命令。

命令: _rectang

指定第一个角点或 [倒角(C)/标高(E)/圆角(F)/厚度(T)/宽度(W)]:

指定另一个角点或 [面积(A)/尺寸(D)/旋转(R)]: @94,82

(2)拉伸实体。

选择“绘图”|“建模”|“拉伸”,调用拉伸命令。

命令: _extrude

当前线框密度: ISOLINES = 4

选择要拉伸的对象: 找到 1 个

选择要拉伸的对象:

指定拉伸的高度或 [方向(D)/路径(P)/倾斜角(T)]: 100

(3)抽壳命令完成箱体。

选择“修改”|“实体编辑”|“抽壳”,调用抽壳命令。

命令: _solidedit

实体编辑自动检查: SOLIDCHECK = 1

输入实体编辑选项 [面(F)/边(E)/体(B)/放弃(U)/退出(X)] <退出>: _body

输入体编辑选项[压印(I)/分割实体(P)/抽壳(S)/清除(L)/检查(C)/放弃(U)/退出(X)] <退出>: _shell

选择三维实体:(选择实体)

删除面或 [放弃(U)/添加(A)/全部(ALL)]: 找到一个面,已删除 1 个(选择上面)

删除面或［放弃(U)/添加(A)/全部(ALL)］：

输入抽壳偏移距离：6

已开始实体校验。

已完成实体校验。

命令：_view 输入选项［?/删除(D)/正交(O)/恢复(R)/保存(S)/设置(E)/窗口(W)］：_seiso 正在重生成模型。

结果如图 12-13 所示。

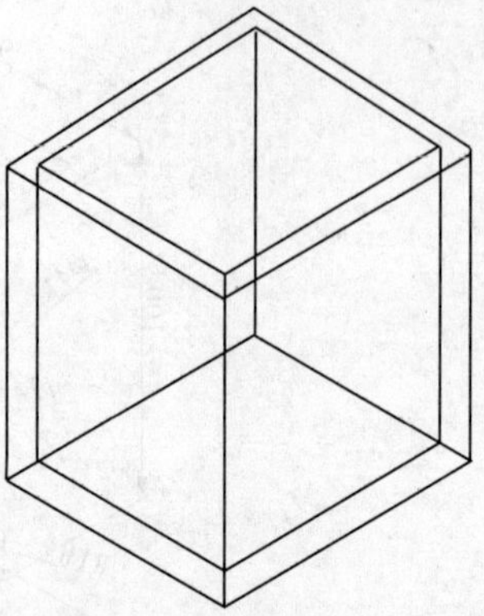

图 12-13 抽壳完成的箱体

(三)建立底凸台

(1)绘制凸台两个矩形。

选择"绘图"|"矩形"，调用矩形命令。

命令：_rectang

指定第一个角点或［倒角(C)/标高(E)/圆角(F)/厚度(T)/宽度(W)］：(捕捉箱体底角)

指定另一个角点或［面积(A)/尺寸(D)/旋转(R)］：@94，-14

命令：_rectang

指定第一个角点或［倒角(C)/标高(E)/圆角(F)/厚度(T)/宽度(W)］：(捕捉箱体另一边底角)

指定另一个角点或［面积(A)/尺寸(D)/旋转(R)］：@94,14

(2)拉伸两个矩形。

选择"绘图"|"建模"|"拉伸"，调用拉伸命令。

命令：_extrude

当前线框密度：ISOLINES = 4

选择要拉伸的对象：找到 1 个

选择要拉伸的对象：找到 1 个，总计 2 个

选择要拉伸的对象：

指定拉伸的高度或［方向(D)/路径(P)/倾斜角(T)］<100.0000>：7

(3)合并实体。

选择"修改"|"实体编辑"|"并集"，调用并集命令。

命令：_union

选择对象：找到 1 个

选择对象：找到 1 个，总计 2 个

选择对象：找到 1 个，总计 3 个

选择对象：

(4)对箱体和凸台圆角。

选择"修改"|"圆角"，调用圆角命令。

命令：_fillet

当前设置：模式 = 修剪，半径 = 0.0000

选择第一个对象或 [放弃(U)/多段线(P)/半径(R)/修剪(T)/多个(M)]: M
选择第一个对象或 [放弃(U)/多段线(P)/半径(R)/修剪(T)/多个(M)]:
输入圆角半径: 6(箱体圆角半径)
选择边或 [链(C)/半径(R)]:
已选定 1 个边用于圆角。
选择第一个对象或 [放弃(U)/多段线(P)/半径(R)/修剪(T)/多个(M)]:
输入圆角半径 <6.0000>:
选择边或 [链(C)/半径(R)]:
已选定 1 个边用于圆角。
选择第一个对象或 [放弃(U)/多段线(P)/半径(R)/修剪(T)/多个(M)]:
输入圆角半径 <6.0000>:
选择边或 [链(C)/半径(R)]:
已选定 1 个边用于圆角。
选择第一个对象或 [放弃(U)/多段线(P)/半径(R)/修剪(T)/多个(M)]:
输入圆角半径 <6.0000>:
选择边或 [链(C)/半径(R)]:
已选定 1 个边用于圆角。
选择第一个对象或 [放弃(U)/多段线(P)/半径(R)/修剪(T)/多个(M)]:
输入圆角半径 <6.0000>: 7(凸台圆角半径)
选择边或 [链(C)/半径(R)]:
已选定 1 个边用于圆角。
选择第一个对象或 [放弃(U)/多段线(P)/半径(R)/修剪(T)/多个(M)]:
输入圆角半径 <7.0000>:
选择边或 [链(C)/半径(R)]:
已选定 1 个边用于圆角。
选择第一个对象或 [放弃(U)/多段线(P)/半径(R)/修剪(T)/多个(M)]:
输入圆角半径 <7.0000>:
选择边或 [链(C)/半径(R)]:
已选定 1 个边用于圆角。
选择第一个对象或 [放弃(U)/多段线(P)/半径(R)/修剪(T)/多个(M)]:
输入圆角半径 <7.0000>:
选择边或 [链(C)/半径(R)]:
已选定 1 个边用于圆角。
选择第一个对象或 [放弃(U)/多段线(P)/半径(R)/修剪(T)/多个(M)]: * 取消 *
结果如图 12-14 所示。

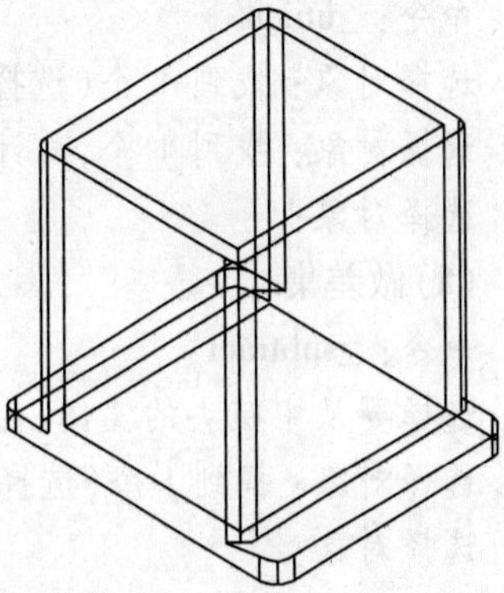

图 12-14 箱体与凸台圆角

(四)绘制箱体前面圆凸台和孔

(1)在箱体侧面建立用户坐标系。

选择"工具"|"新建"|"三点",调用建立用户坐标系命令。

命令: _ucs

当前 UCS 名称: *俯视*

指定 UCS 的原点或[面(F)/命名(NA)/对象(OB)/上一个(P)/视图(V)/世界(W)/X/Y/Z/Z 轴(ZA)] <世界>: _3(使用三点法)

指定新原点 <0,0,0>:

在正 X 轴范围上指定点 <1189.1799,628.6794,6.0000>:(捕捉凸台底线)

在 UCS XY 平面的正 Y 轴范围上指定点 <1188.1799,629.6794,6.0000>:

(2)画圆。

命令:_c

CIRCLE 指定圆的圆心或[三点(3P)/两点(2P)/切点、切点、半径(T)]: 47.5,42

指定圆的半径或[直径(D)]: 24

命令:_c

CIRCLE 指定圆的圆心或[三点(3P)/两点(2P)/切点、切点、半径(T)]: 47.5,42

指定圆的半径或[直径(D)] <24.0000>: 16

(3)拉伸圆凸台。

选择"绘图"|"建模"|"拉伸",调用拉伸命令。

命令: _extrude

当前线框密度: ISOLINES=4

选择要拉伸的对象: 找到 1 个(选择半径 24 的圆)

选择要拉伸的对象: 找到 1 个,总计 2 个(选择半径 16 的圆)

选择要拉伸的对象:

指定拉伸的高度或[方向(D)/路径(P)/倾斜角(T)] <14.0000>: -14

(4)做并集。

命令: _union

选择对象: 找到 1 个(选择箱体)

选择对象: 找到 1 个,总计 2 个(选择半径 24 的圆柱)

选择对象:

(5)做差集。

命令: _subtract

选择要从中减去的实体、曲面和面域...

选择对象: 找到 1 个(选择箱体)

选择对象:

选择要减去的实体、曲面和面域...

选择对象: 找到 1 个(选择半径 16 的圆柱)

选择对象:

结果如图 12-15 所示。

(6)画螺钉孔。

选择“工具”|“新建 UCS”|“原点”,调用设置新坐标原点命令。

命令: _ucs

当前 UCS 名称: *没有名称*

指定 UCS 的原点或[面(F)/命名(NA)/对象(OB)/上一个(P)/视图(V)/世界(W)/X/Y/Z/Z 轴(ZA)] <世界>: _O

指定新原点 <0,0,0>:(指定原点到圆凸台中心)

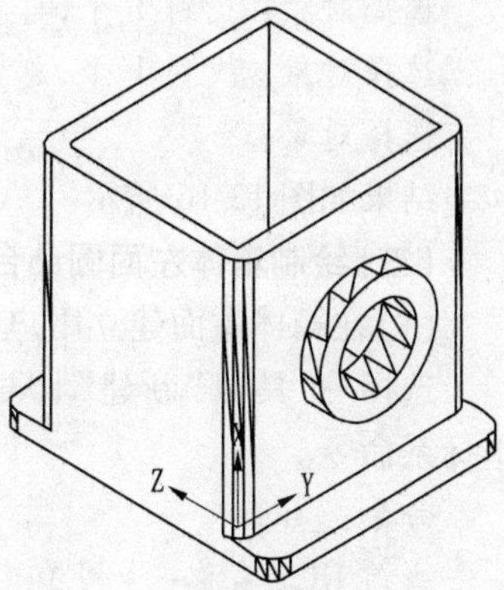

图 12-15　绘制箱体圆凸台和孔

命令:_c

CIRCLE 指定圆的圆心或[三点(3P)/两点(2P)/切点、切点、半径(T)]: 0,20

指定圆的半径或[直径(D)] <16.0000>: 2

(7)拉伸圆柱。

命令: _extrude

当前线框密度: ISOLINES =4

选择要拉伸的对象: 找到 1 个

选择要拉伸的对象:

指定拉伸的高度或[方向(D)/路径(P)/倾斜角(T)] < -14.0000>: 8

(8)三维阵列。

选择“修改”|“三维操作”|“三维阵列(3)”,调用三维阵列命令。

命令: _3darray

选择对象: 找到 1 个

选择对象:

输入阵列类型[矩形(R)/环形(P)] <矩形>:P

输入阵列中的项目数目: 4

指定要填充的角度(+=逆时针, -=顺时针) <360>:

旋转阵列对象?[是(Y)/否(N)] <Y>:

指定阵列的中心点:(选择圆心)

指定旋转轴上的第二点:(选择圆心)

(9)做差集。

命令: _subtract

选择要从中减去的实体、曲面和面域...

选择对象: 找到 1 个

选择对象:

选择要减去的实体、曲面和面域...

选择对象: 找到 1 个

选择对象: 找到 1 个,总计 2 个

选择对象: 找到 1 个,总计 3 个

选择对象: 找到 1 个,总计 4 个

选择对象:

结果如图 12-16 所示。

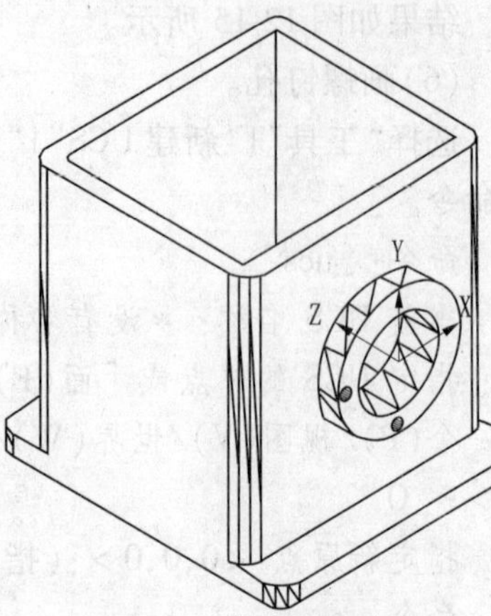

图 12-16　绘制螺钉孔

(五)绘制箱体左面圆凸台和孔

(1)在箱体左面建立用户坐标系。

选择"工具"|"新建"|"三点(3)",调用建立用户坐标系命令。

命令: _ucs

当前 UCS 名称: * 没有名称 *

指定 UCS 的原点或 [面(F)/命名(NA)/对象(OB)/上一个(P)/视图(V)/世界(W)/X/Y/Z/Z 轴(ZA)] <世界>: _3

指定新原点 <0,0,0>:

在正 X 轴范围上指定点 <-46.5000, -42.0000,84.0000>:(捕捉水平边)

在 UCS XY 平面的正 Y 轴范围上指定点 <-47.5000,-41.0000,84.0000>:(捕捉垂直边)

(2)画圆。

命令:_c

CIRCLE 指定圆的圆心或 [三点(3P)/两点(2P)/切点、切点、半径(T)]: 22.6,60

指定圆的半径或 [直径(D)] <2.0000>: 20.5

命令:_c

CIRCLE 指定圆的圆心或 [三点(3P)/两点(2P)/切点、切点、半径(T)]: 22.6,60

指定圆的半径或 [直径(D)] <20.5000>: 12

命令:_c

CIRCLE 指定圆的圆心或 [三点(3P)/两点(2P)/切点、切点、半径(T)]: 47,40

指定圆的半径或 [直径(D)] <12.0000>: 20

命令:_c

CIRCLE 指定圆的圆心或 [三点(3P)/两点(2P)/切点、切点、半径(T)]: 47,40

指定圆的半径或 [直径(D)] <20.0000>: 12

(3)拉伸圆柱。

命令: _extrude

当前线框密度: ISOLINES =4

选择要拉伸的对象: 找到 1 个

选择要拉伸的对象: 找到 1 个,总计 2 个

选择要拉伸的对象: 找到 1 个,总计 3 个

选择要拉伸的对象: 找到 1 个,总计 4 个

选择要拉伸的对象:

指定拉伸的高度或［方向(D)/路径(P)/倾斜角(T)］ <8.0000 >: 14

(4)做并集。

命令: _union

选择对象: 找到 1 个

选择对象: 找到 1 个,总计 2 个

选择对象: 找到 1 个,总计 3 个

选择对象:

(5)做差集。

命令: _subtract

选择要从中减去的实体、曲面和面域...

选择对象: 找到 1 个

选择对象:

选择要减去的实体、曲面和面域...

选择对象: 找到 1 个

选择对象: 找到 1 个,总计 2 个

选择对象:

(6)对圆柱交线修圆角。

命令: _fillet

当前设置: 模式 = 修剪,半径 = 7.0000

选择第一个对象或［放弃(U)/多段线(P)/半径(R)/修剪(T)/多个(M)］: M

选择第一个对象或［放弃(U)/多段线(P)/半径(R)/修剪(T)/多个(M)］:

输入圆角半径 <7.0000 >: 10

选择边或［链(C)/半径(R)］:

已选定 1 个边用于圆角。

选择第一个对象或［放弃(U)/多段线(P)/半径(R)/修剪(T)/多个(M)］:

输入圆角半径 <10.0000 >:

选择边或［链(C)/半径(R)］:

已选定 1 个边用于圆角。

选择第一个对象或［放弃(U)/多段线(P)/半径(R)/修剪(T)/多个(M)］: *取消*

结果如图 12-17 所示。

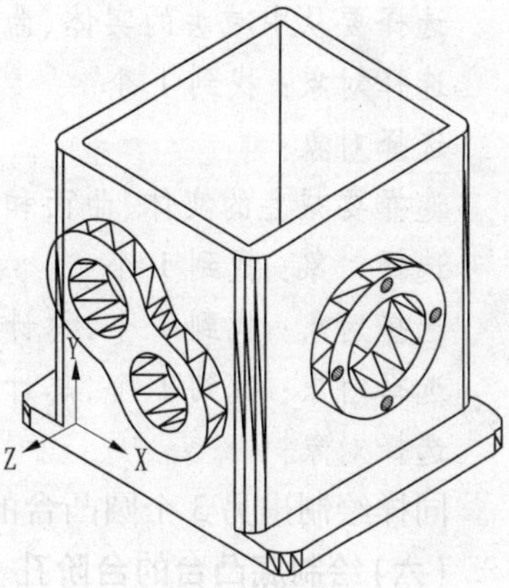

图 12-17　绘制的箱体左面圆凸台

(7)圆凸台的孔。

命令: _ucs

当前 UCS 名称: *左视*(建立用户坐标系)

指定 UCS 的原点或［面(F)/命名(NA)/对象(OB)/上一个(P)/视图(V)/世界(W)/X/Y/Z/Z 轴(ZA)］ <世界 >: _3

指定新原点 <0,0,0 >:

在正 X 轴范围上指定点 < -650.6794,46.0000, -1174.1799 >:(捕捉水平边)

在 UCS XY 平面的正 Y 轴范围上指定点 < -651.0455,46.7734, -1174.1799 >:(捕捉垂直边)

命令:_c(绘制凸台孔的圆)

CIRCLE 指定圆的圆心或[三点(3P)/两点(2P)/切点、切点、半径(T)]: 16,0

指定圆的半径或[直径(D)] <12.0000>: 2

命令: _extrude

当前线框密度: ISOLINES=4

选择要拉伸的对象: 找到 1 个

选择要拉伸的对象:

指定拉伸的高度或[方向(D)/路径(P)/倾斜角(T)] < -8.0000>: -8

命令: _3darray

选择对象: 找到 1 个

选择对象:

输入阵列类型[矩形(R)/环形(P)] <矩形>:P

输入阵列中的项目数目: 3

指定要填充的角度(+ =逆时针, - =顺时针) <360>:

旋转阵列对象?[是(Y)/否(N)] <Y>:

指定阵列的中心点:

指定旋转轴上的第二点:

命令: _subtract

选择要从中减去的实体、曲面和面域...

选择对象: 找到 1 个

选择对象:

选择要减去的实体、曲面和面域...

选择对象: 找到 1 个

选择对象: 找到 1 个,总计 2 个

选择对象: 找到 1 个,总计 3 个

选择对象:

同样绘制出另 3 个圆凸台的孔,如图 12-18 所示。

(六)绘制底凸台的台阶孔

命令:_ucs

当前 UCS 名称: *没有名称*(建立用户坐标系)

指定 UCS 的原点或[面(F)/命名(NA)/对象(OB)/上一个(P)/视图(V)/世界(W)/X/Y/Z/Z 轴(ZA)] <世界>: _3

指定新原点 <0,0,0>:(选取底凸台上的圆心)

在正 X 轴范围上指定点 <89.5521, -12.7546,

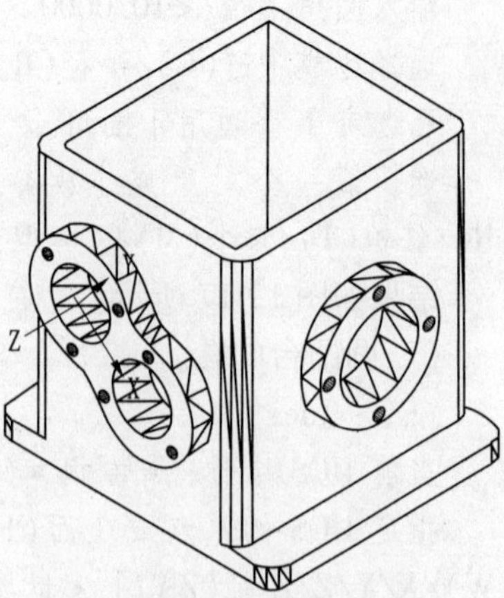

图 12-18 绘制圆凸台的孔

-15.0000 >:

在 UCS XY 平面的正 Y 轴范围上指定点 <88.5521, -11.7546, -15.0000 >:

命令:_c(绘制底凸台上的台阶孔的大圆)

CIRCLE 指定圆的圆心或 [三点(3P)/两点(2P)/切点、切点、半径(T)]:

指定圆的半径或 [直径(D)] <2.0000 >: 7

命令:_c(绘制底凸台上的台阶孔的小圆)

CIRCLE 指定圆的圆心或 [三点(3P)/两点(2P)/切点、切点、半径(T)]:

指定圆的半径或 [直径(D)] <7.0000 >: 3.5

命令: _extrude

当前线框密度:ISOLINES =4

选择要拉伸的对象: 找到 1 个

选择要拉伸的对象: 找到 1 个,总计 2 个

选择要拉伸的对象:

指定拉伸的高度或[方向(D)/路径(P)/倾斜角(T)] < -8.0000 >: 9

命令:_3darray(三维阵列绘制底凸台上的台阶孔)

选择对象: 找到 1 个

选择对象: 找到 1 个,总计 2 个

选择对象:

输入阵列类型 [矩形(R)/环形(P)] <矩形>:

输入行数 (---) <1>: 2

输入列数 (|||) <1>: 2

输入层数 (...) <1>: 1

指定行间距 (---): 96

指定列间距 (|||): 80

命令: _union

选择对象: 找到 1 个

选择对象: 找到 1 个,总计 2 个

选择对象: 找到 1 个,总计 3 个

选择对象: 找到 1 个,总计 4 个

选择对象: 找到 1 个,总计 5 个

选择对象:

命令:_subtract

选择要从中减去的实体、曲面和面域...

选择对象: 找到 1 个

选择对象:

选择要减去的实体、曲面和面域...

选择对象: 找到 1 个

选择对象: 找到 1 个,总计 2 个

选择对象: 找到 1 个,总计 3 个

选择对象: 找到 1 个,总计 4 个

选择对象:

结果如图 12-19 所示。

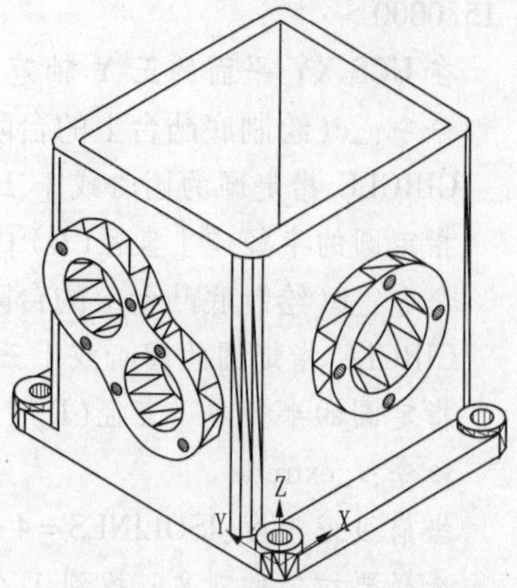

图 12-19　绘制底凸台的台阶孔

(七)剖切箱体

(1)绘制长方体。

选择"绘图"|"建模"|"长方体",调用绘制长方体命令。

命令: _box

指定第一个角点或[中心(C)]: 0,0,0

指定其他角点或[立方体(C)/长度(L)]:L

指定长度: 60

指定宽度: 60

指定高度或[两点(2P)] <9.0000>: 60

(2)移动长方体。

命令: _move

选择对象: 找到 1 个

选择对象:(选取长方体)

指定基点或[位移(D)]<位移>:(选取长方体左上角点)

指定第二个点或 <使用第一个点作为位移>:(选取箱体上平面的中点)

(3)做差集剖切箱体。

命令: _subtract

选择要从中减去的实体、曲面和面域...

选择对象: 找到 1 个(选取箱体)

选择对象:

选择要减去的实体、曲面和面域...

选择对象: 找到 1 个(选取长方体)

选择对象:

结果如图 12-20 所示。

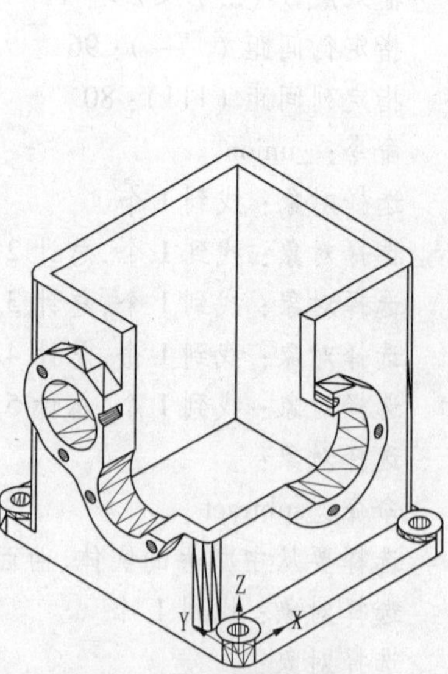

图 12-20　剖切的箱体

(4)绘制剖切面图案。

命令:_ucs(设置用户坐标系)

当前 UCS 名称: *没有名称*

指定 UCS 的原点或[面(F)/命名(NA)/对象(OB)/上一个(P)/视图(V)/世界(W)/X/Y/Z/Z 轴(ZA)]<世界>: _3

指定新原点 <0,0,0>:

在正 X 轴范围上指定点 <-14.0000,45.1900,53.7165>:(选择剖切面的水平边)

在 UCS XY 平面的正 Y 轴范围上指定点<-15.0000,46.1900,53.7165>:

指定基点或［位移(D)］<位移>：指定第二个点或 <使用第一个点作为位移>：

选择“绘图”|“图案填充”，调用图案填充命令，出现如图 12-21 所示的对话框。

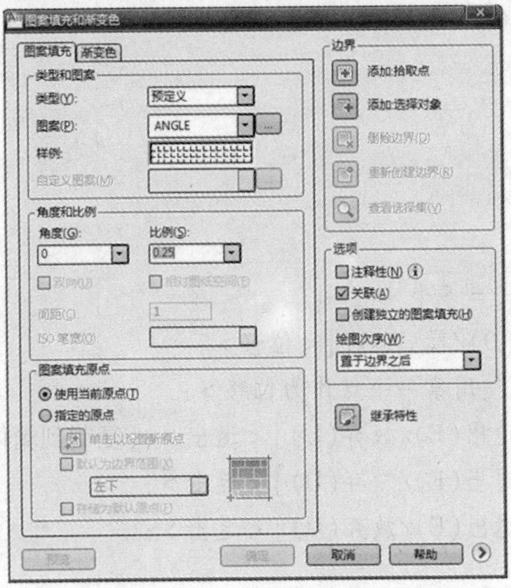

图 12-21 “图案填充”对话框

命令：_bhatch(图案填充垂直剖切面)

拾取内部点或［选择对象(S)/删除边界(B)］：正在选择所有对象...

正在选择所有可见对象...

正在分析所选数据...

正在分析内部孤岛...

拾取内部点或［选择对象(S)/删除边界(B)］：

同理，填充两个水平剖切面，操作结果如图 12-22 所示。

(八)构建连接螺钉孔

(1)画圆柱。

命令：_cylinder

指定底面的中心点或［三点(3P)/两点(2P)/切点、切点、半径(T)/椭圆(E)］：0,0,0

指定底面半径或［直径(D)］：6

指定高度或［两点(2P)/轴端点(A)］:18

(2)画球体。

命令：_sphere

指定中心点或［三点(3P)/两点(2P)/切点、切点、半径(T)］：0,0,0

指定半径或［直径(D)］<6.0000>：6

(3)合并。

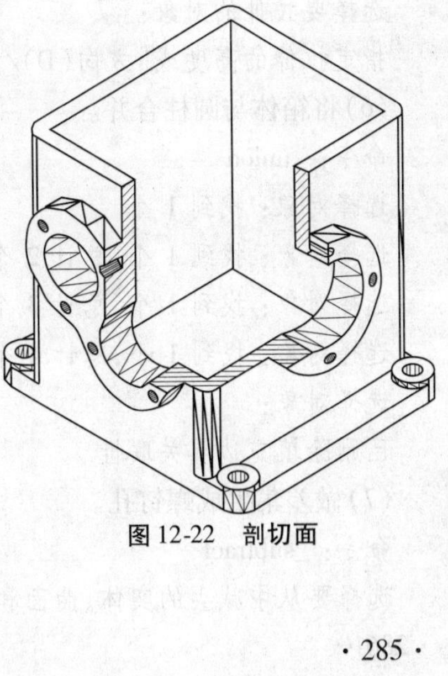

图 12-22 剖切面

命令：_union(合并圆柱体和球体得到新的实体)
选择对象：找到 1 个
选择对象：找到 1 个，总计 2 个
选择对象：
(4)复制实体。
命令：_copy
选择对象：找到 1 个
选择对象：
当前设置：复制模式 = 多个
指定基点或［位移(D)/模式(O)］<位移>：
指定第二个点或 <使用第一个点作为位移>：
指定第二个点或［退出(E)/放弃(U)］<退出>：(复制到箱体的角点)
指定第二个点或［退出(E)/放弃(U)］<退出>：
指定第二个点或［退出(E)/放弃(U)］<退出>：
(5)拉伸连接圆柱。
命令：_c
CIRCLE 指定圆的圆心或［三点(3P)/两点(2P)/切点、切点、半径(T)］：
指定圆的半径或［直径(D)］：2
命令：_extrude
当前线框密度：ISOLINES = 4
选择要拉伸的对象：找到 1 个
选择要拉伸的对象：找到 1 个，总计 2 个
选择要拉伸的对象：找到 1 个，总计 3 个
选择要拉伸的对象：
指定拉伸的高度或［方向(D)/路径(P)/倾斜角(T)］ <18.0000>： -8(螺钉孔深)
(6)将箱体与圆柱合并。
命令：_union
选择对象：找到 1 个
选择对象：找到 1 个，总计 2 个
选择对象：找到 1 个，总计 3 个
选择对象：找到 1 个，总计 4 个
选择对象：
已删除填充边界关联性。
(7)做差集生成螺钉孔。
命令：_subtract
选择要从中减去的实体、曲面和面域...

选择对象: 找到 1 个
选择对象:
选择要减去的实体、曲面和面域...
选择对象: 找到 1 个
选择对象: 找到 1 个,总计 2 个
选择对象: 找到 1 个,总计 3 个
选择对象:

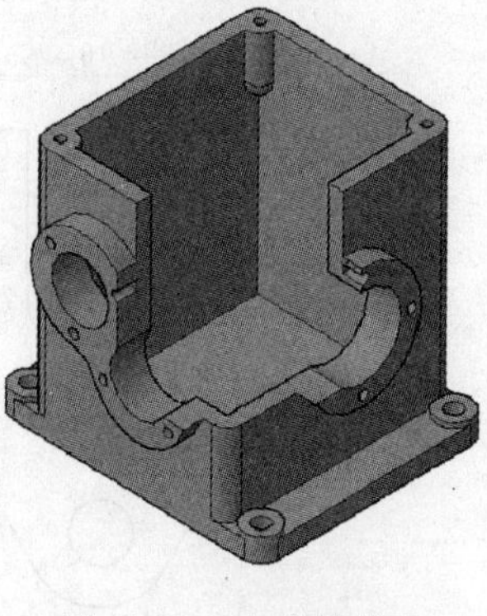

图 12-23 完成的效果

完成的效果如图 12-23 所示。

给合上面的两个详细实例讲解,下面再讲解几个实例,进一步熟悉三维图形的绘制。

实例三:试绘制如图 12-24 所示的三维实体

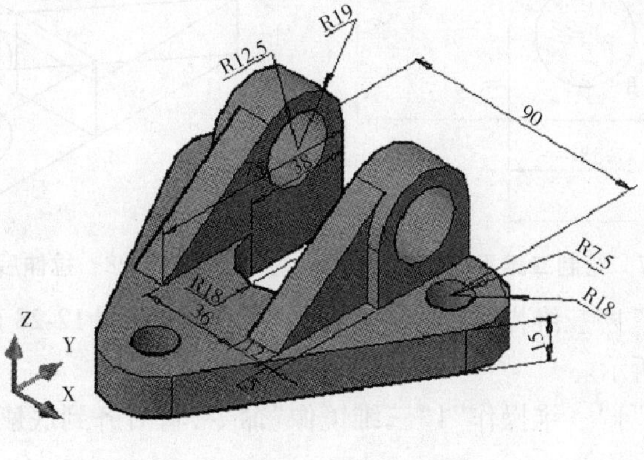

图 12-24 三维图形绘图综合实例三

(1)选择“格式”|“图层”命令,在打开的图层特性管理器中创建三维实体层。将三维实体层置为当前图层。

(2)将工作空间切换至“三维建模”,准备创建三维实体。

(3)绘制底座二维平面图形,如图 12-25 所示。

(4)选择“绘图”|“面域”命令,将外轮廓创建为面域。

(5)单击面板“三维制作”区域的按钮,调用拉伸(Extrude)命令,选择创建好的面域和 3 个小圆,指定拉伸高度为 15。将视图切换至“东南等轴测”查看拉伸的结果,如图 12-26所示。

(6)单击面板“三维制作”区域的按钮,调用差集命令,在底座上挖去 3 个圆孔。

(7)将视图切换至俯视图,绘制图 12-27 所示的二维平面图形。

(8)选择“绘图”|“边界”命令,通过在图 12-27 所示图形中的 A、B 区域内拾取点来创建面域。

(9)单击面板“三维制作”区域的按钮,调用拉伸(Extrude)命令,选择 B 区面域和半径 12.5 的圆,指定拉伸高度为 17。重复拉伸命令,选择 A 区面域,指定拉伸高度为 12,切换到“东南等轴测”视图下查看拉伸后的结果,如图 12-28 所示。

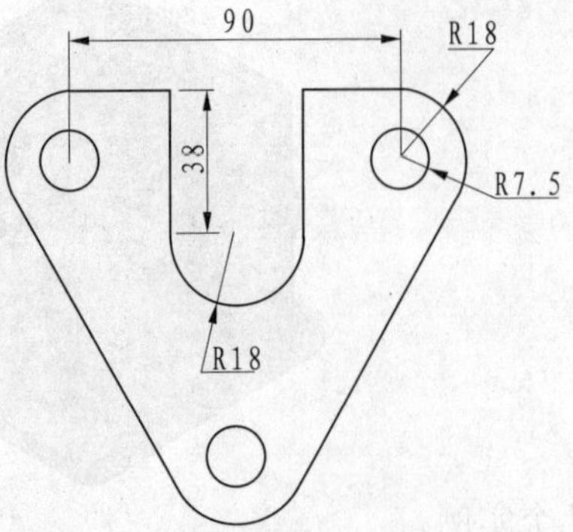

图 12-25　底座二维平面图形

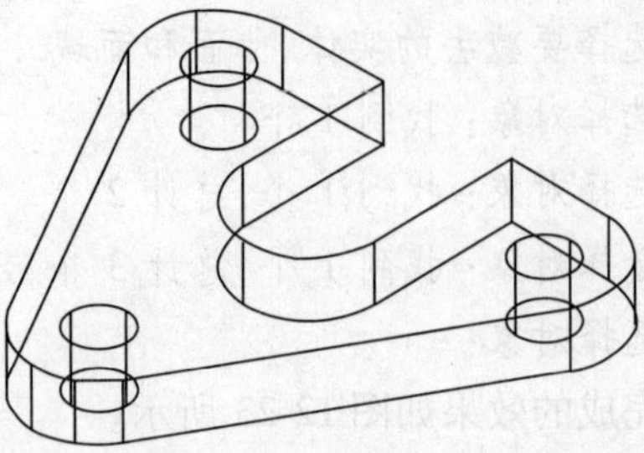

图 12-26　拉伸二维对象以生成三维实体

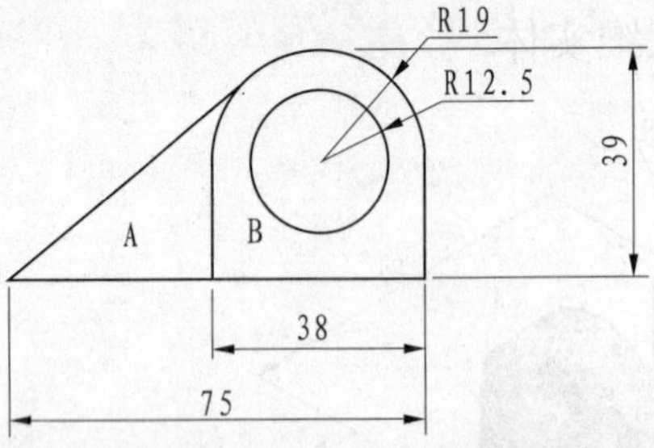

图 12-27　绘制二维平面图形

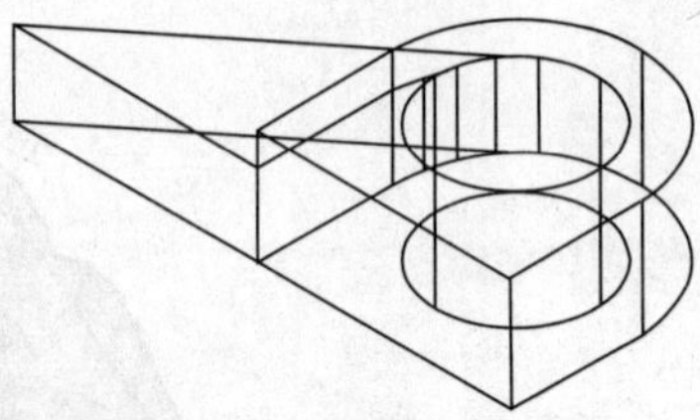

图 12-28　拉伸后的结果

(10)选择“修改”|“三维操作”|“三维对齐”命令，将如图 12-28 所示图形对齐到底座上，结果如图 12-29 所示。

(11)选择“修改”|“三维操作”|“三维镜像”命令，将对齐到底座上的图形进行镜像，结果如图 12-30 所示。

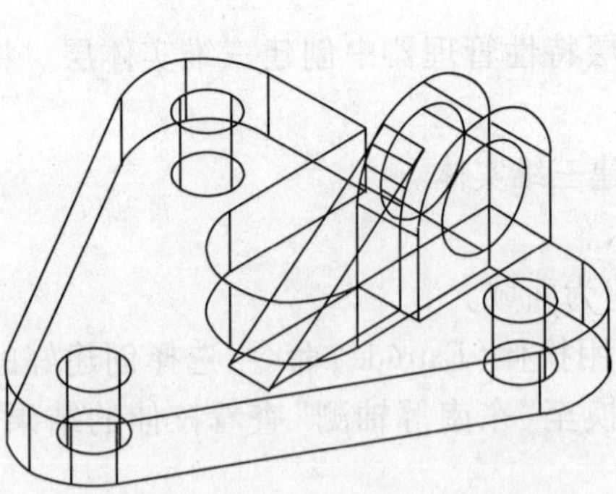

图 12-29　三维对齐的结果

图 12-30　三维镜像的结果

(12)单击面板“三维制作”区域的按钮，调用并集命令，将由 A、B 区域拉伸而成的实体与底座合并。

(13)单击面板“三维制作”区域的按钮，调用差集命令，挖去两个圆孔。

(14)在面板“视觉样式”区域的下拉列表中，选择“概念”，结果如图 12-31 所示。

图 12-31 “概念”视觉样式下看到的三维实体

实例四:试绘制如图 12-32 所示的三维实体(右侧为剖切开后原对象图形的一半)

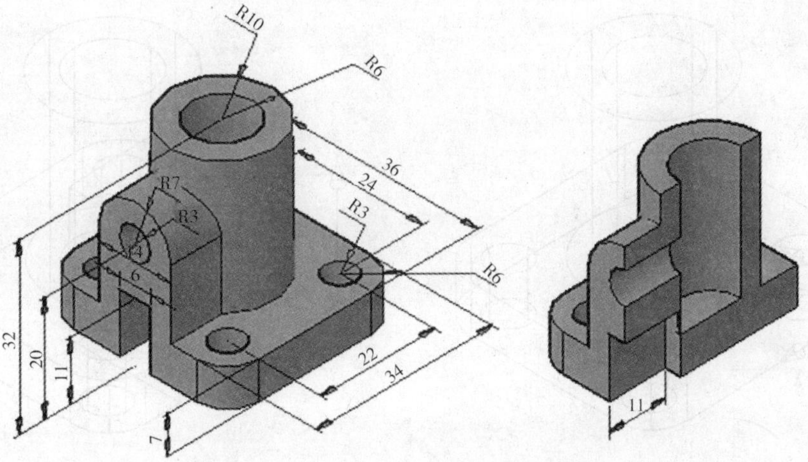

图 12-32 三维图形绘图综合实例四

(1)选择“格式”|“图层”命令,在打开的图层特性管理器中创建三维实体层。将三维实体层置为当前图层。

(2)将工作空间切换至“三维建模”,将视图切换到“东南等轴测”,准备创建三维实体。

(3)单击面板“三维制作”区域的按钮,以(0,0,0)为第一个角点,绘制一个 36 × 34 ×7的长方体。单击面板“三维制作”区域的按钮,以(6,6,0)为底面圆心,绘制一个半径为 3、高为 7 的圆柱体,结果如图 12-33 所示。

(4)选择“修改”|“圆角”对长方体的 4 条立边进行半径为 6 的圆角;选择“修改”|“三维操作”|“三维阵列”,阵列行数 2,列数 2,层数 1,行间距 22,列间距 24。圆角与阵列后的结果如图 12-34 所示。

(5)单击面板“三维制作”区域的按钮,以长方体顶面中心点为底面圆心,绘制一个半径为 6、高为 25 的圆柱体;重复圆柱体命令,捕捉到刚绘制的圆柱体底面中心为圆

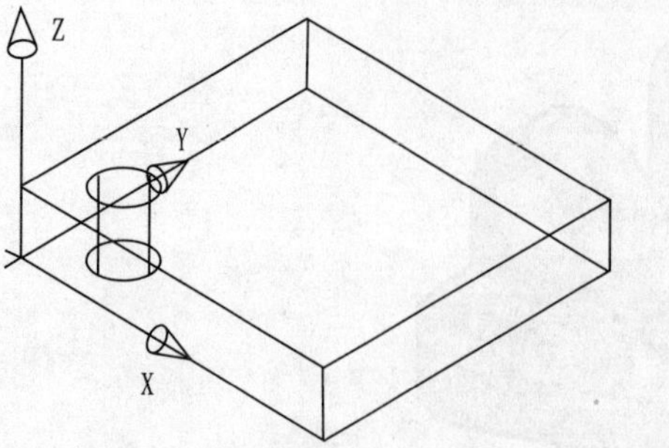

图 12-33　绘制长方体与圆柱体

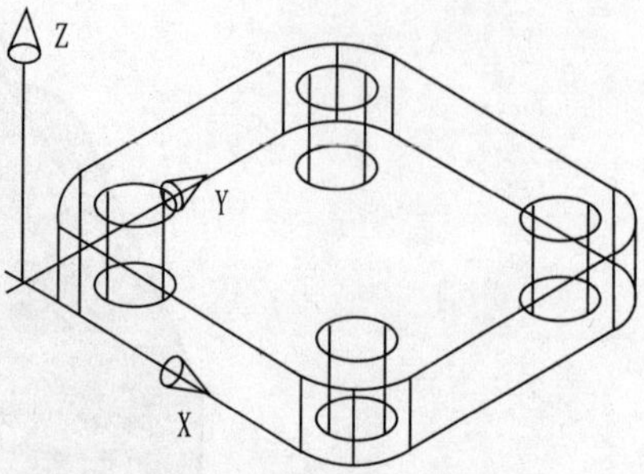

图 12-34　圆角与矩形阵列后的结果

心，绘制一个半径为 10、高为 25 的圆柱体。结果如图 12-35 所示。

(6) 单击面板"三维制作"区域的按钮，以(15,0,0)为第一角点，绘制一个 6×11×11 的长方体；重复长方体命令，以(11,0,0)为第一角点，绘制一个 14×17×20 的长方体。结果如图 12-36 所示。

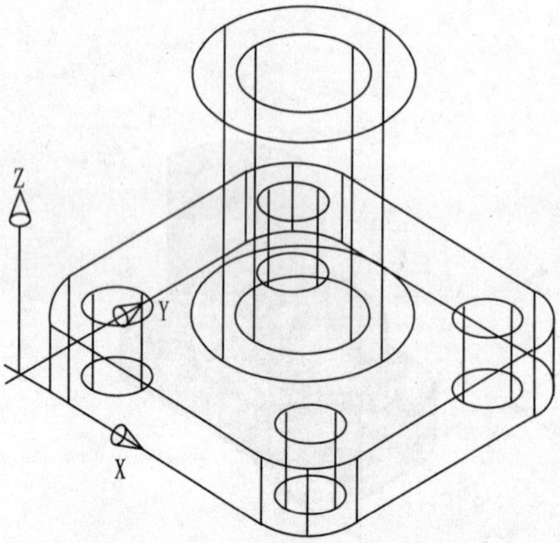

图 12-35　绘制上部的两个圆柱体

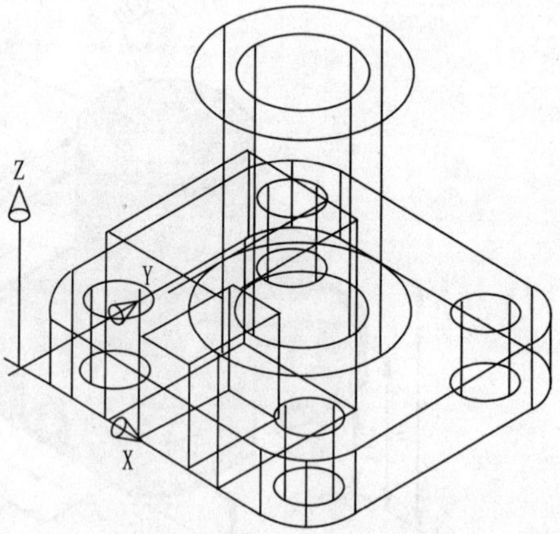

图 12-36　绘制左侧面的长方体

(7) 单击面板"三维制作"区域的按钮，单击状态行按钮 DUCS，允许动态 UCS，以刚绘制出的长方体左侧面为临时 XY 平面，上方棱边的中心点为底面圆心，绘制一个半径为 3、高为 17 的圆柱体；用同样的方法绘制半径为 7、高为 17 的圆柱体，结果如图 12-37 所示。

(8) 单击面板"三维制作"区域的按钮，调用并集命令，将图 12-38 中编号为 1 ~ 4 的 4 个对象进行并集运算。

(9) 单击面板"三维制作"区域的按钮，调用差集命令，在刚合并而成的实体中减去底座上的 4 个圆柱以及编号为 5、6 的两个对象。

(10) 在面板"视觉样式"区域的下拉列表中，选择"概念"，查看进行布尔运算后的结果，如图 12-39 所示。

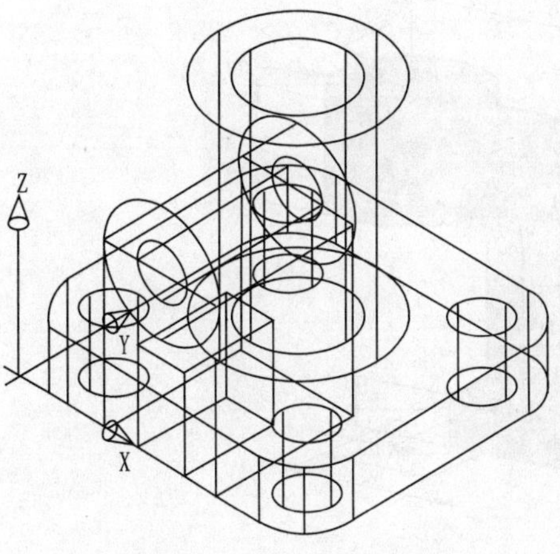

图 12-37　绘制左侧面两圆柱体

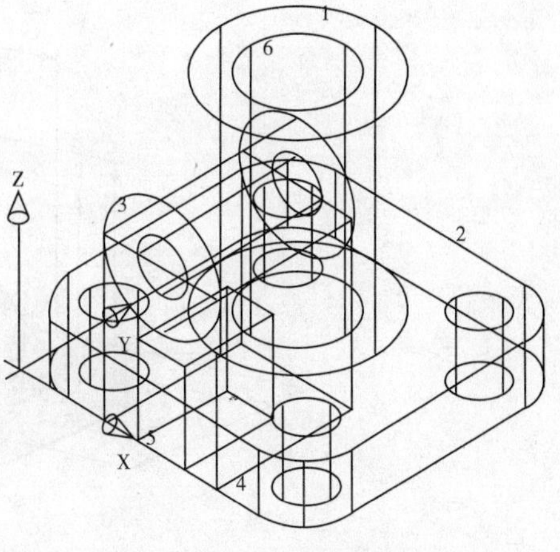

图 12-38　将三维实体编号

图 12-39　进行布尔运算后在“概念”视觉样式下看到的效果

实例五:试绘制如图 12-40 所示的三维实体

(1)选择“格式”|“图层”命令,在打开的图层特性管理器中创建三维实体层。将三维实体层置为当前图层。

(2)将工作空间切换至“三维建模”,将视图切换到“东南等轴测”,准备创建三维实体。

(3)单击面板“三维制作”区域的按钮,以(0,0,0)为第一个角点,绘制一个 42×28×7 的长方体;单击面板“三维制作”区域的按钮,以(10,10,0)为底面圆心,绘制一个半径为 6.5、高为 7 的圆柱体;结合正交打开,将刚绘制的圆柱体沿 X 轴正向 22 个单位复制出一圆柱体;选择“修改”|“圆角”命令对长方体两竖直边进行半径为 4 的圆角;结果如图 12-41所示。

(4)调用 UCS 命令,重新定义坐标系,如图 12-42 所示。

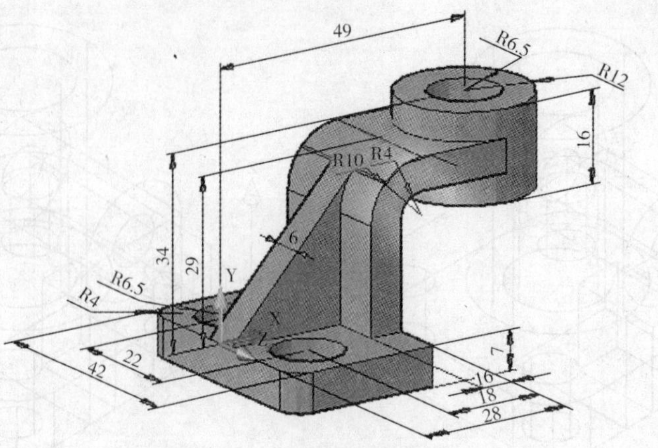

图 12-40　三维图形绘图综合实例五

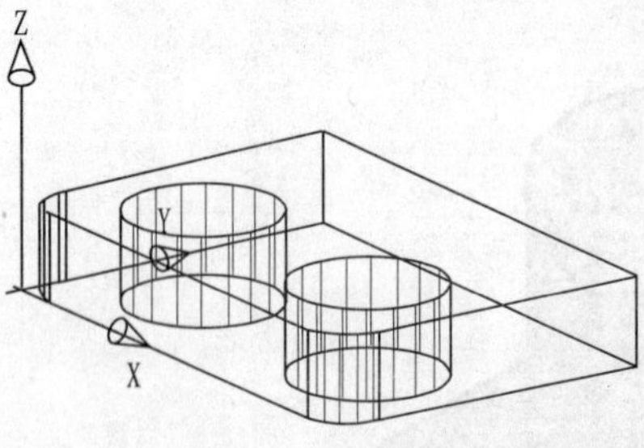

图 12-41　绘制底座

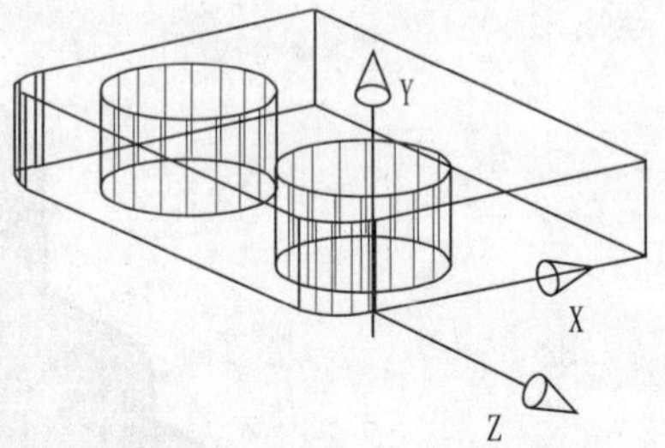

图 12-42　重新定义坐标系

(5)在当前 XY 平面内绘制如图 12-43 所示的二维平面图形。

(6)选择“绘图”|“边界”命令，通过在 A、B 区域内拾取点的方式创建面域边界。单击面板“三维制作”区域的按钮，调用拉伸命令，选择 A 区面域，指定拉伸高度为 6。重复拉伸命令，选择 B 区面域，指定拉伸高度为 24。结果如图 12-44 所示。

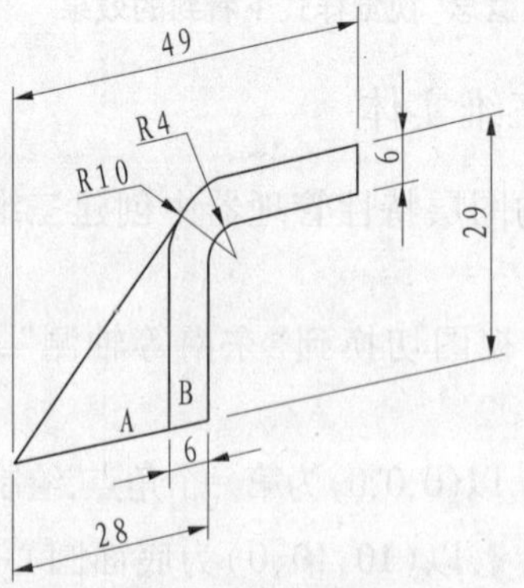

图 12-43　绘制二维平面图形

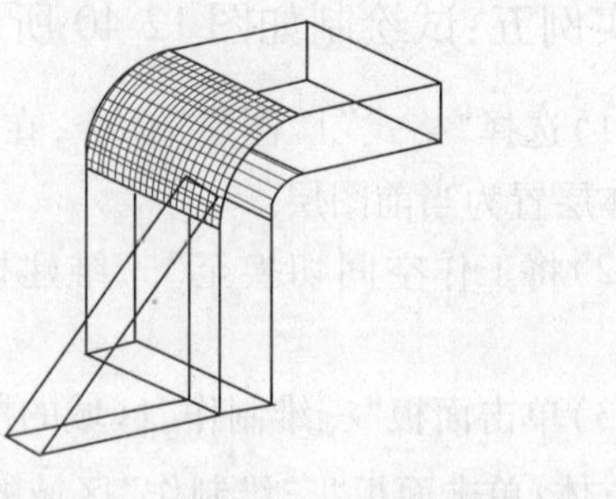

图 12-44　将面域拉伸成实体

(7)将图 12-44 中由 B 区生成的实体移动到底座上，移动时基点及目标点均通过捕捉棱边的中点来实现；用类似的方法移动由 A 区生成的实体。结果如图 12-45 所示(也可采用对齐命令完成此操作)。

(8)调用 UCS 命令,重新定义坐标系,如图 12-46 所示。

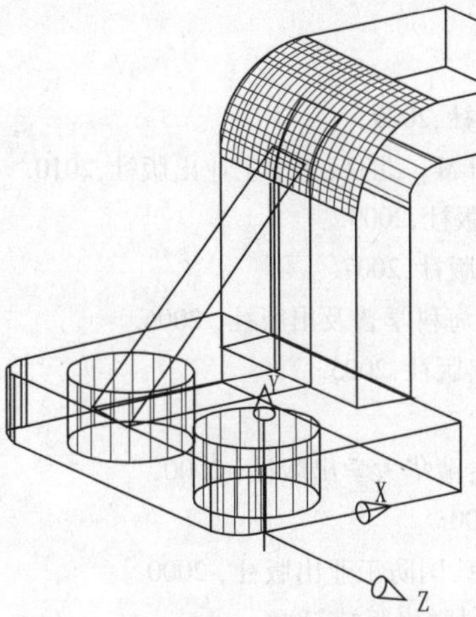

图 12-45　移动或对齐实体

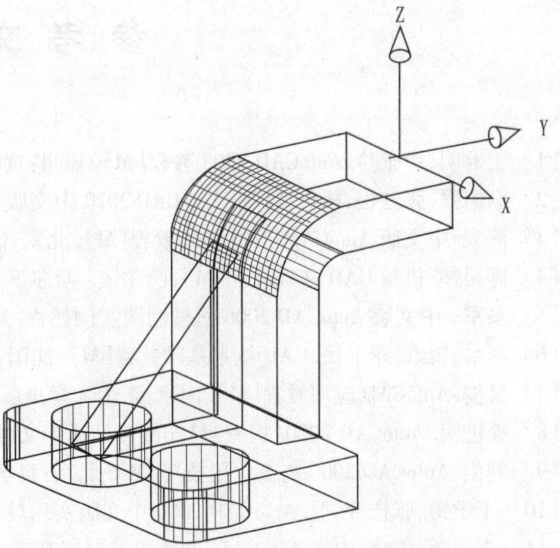

图 12-46　重新定义坐标系

(9)单击面板“三维制作”区域的按钮，以(0,0,5)为底面圆心,绘制一个半径为 6.5、高为 16 的圆柱体;用类似的方法绘制半径为 12、高为 16 的圆柱体。结果如图 12-47 所示。

(10)进行布尔运算(先求并集,再从中减去 3 个半径为 6.5 的圆孔)。

(11)在面板“视觉样式”区域的下拉列表中,选择“概念”,查看进行布尔运算后的结果,如图 12-48 所示。

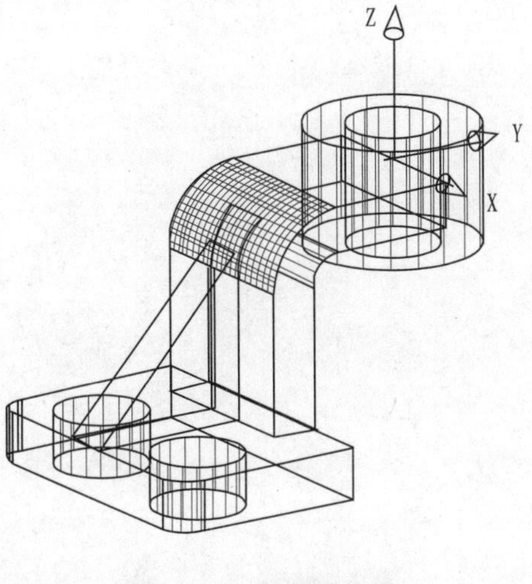

图 12-47　绘制圆柱体

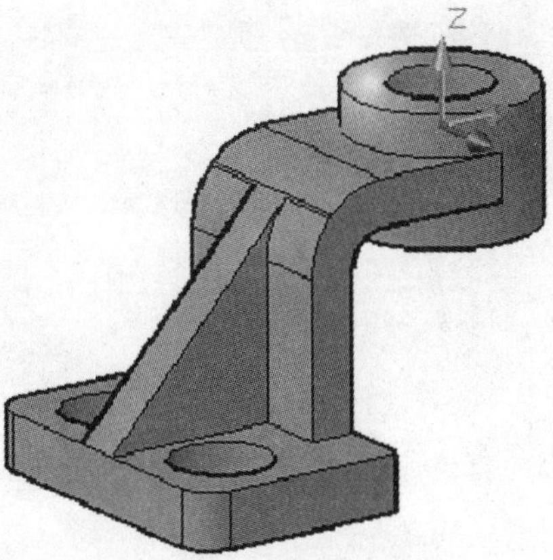

图 12-48　“概念”视觉样式下看到的效果

参 考 文 献

[1] 王君明,卢玉玲. AutoCAD 2008 教程[M]. 郑州:黄河水利出版社,2009.
[2] 耿国强,张红松,胡仁喜,等. AutoCAD 2010 中文版入门与提高[M]. 北京:化学工业出版社,2010.
[3] 薛焱. 中文版 AutoCAD 2010 基础教程[M]. 北京:清华大学出版社,2009.
[4] 席振鹏. 机械 CAD 基础教程[M]. 哈尔滨: 哈尔滨工业大学出版社,2007.
[5] 马军. 中文版 AutoCAD 2006 机械制图实例教程[M]. 上海:上海科学普及出版社, 2006.
[6] 李雷,曾红,李卫民. CAD 技术基础教程[M]. 沈阳:东北大学出版社,2005.
[7] 吴俊. AutoCAD 应用教程[M]. 南京:东南大学出版社,2005.
[8] 徐进明. AutoCAD 2000(机械版)实战与精通中文版[M]. 北京:清华大学出版社, 2000.
[9] 刘韬. AutoCAD 2000 高级应用技巧[M]. 北京:科学出版社,2000.
[10] 丁学钧,张桂玲,等. AutoCAD 2000 中文版实用教程[M]. 北京:国防工业出版社, 2000.
[11] 李建跃,雷鸣. 中文 AutoCAD 2004 机械制图基础[M]. 北京:科学出版社,2006.